应用型本科院校"十三五"规划教材/数学

主　编　王晓春
副主编　武　斌

线性代数

（第3版）

Linear Algebra

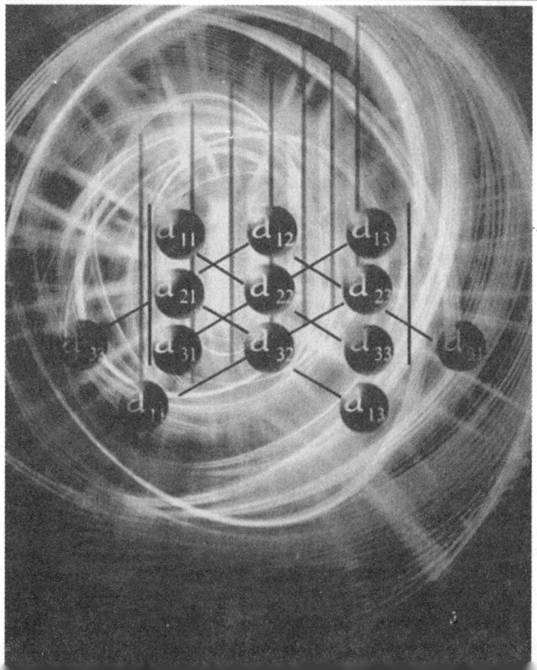

哈爾濱工業大學出版社

内容简介

本书依据工科类本科线性代数课程教学基本要求,并在编者多年课堂教学实践的基础上编写而成。符合独立学院及应用学科的大多数普通高等院校的办学定位和人才培养目标。本书涵盖了行列式、矩阵、线性方程组、相似矩阵、二次型、线性空间与线性变换等内容。

本书可供应用型本科院校各专业学生及工程类、经济管理类院校学生使用,也可供科技人员参考使用。

图书在版编目(CIP)数据

线性代数/王晓春主编.—3 版.—哈尔滨:哈尔滨工业大学出版社,2018.1(2021.8 重印)

ISBN 978-7-5603-6756-9

Ⅰ.①线… Ⅱ.①王… Ⅲ.①线性代数-高等学校-教材 Ⅳ.①O151.2

中国版本图书馆 CIP 数据核字(2017)第 157537 号

策划编辑 杜 燕
责任编辑 王勇钢
出版发行 哈尔滨工业大学出版社
社　　址 哈尔滨市南岗区复华四道街 10 号 邮编 150006
传　　真 0451-86414749
网　　址 http://hitpress.hit.edu.cn
印　　刷 肇东市一兴印刷有限公司
开　　本 787 mm×1092 mm 1/16 印张 17.75 字数 378 千字
版　　次 2013 年 1 月第 2 版 2018 年 1 月第 3 版
　　　　 2021 年 8 月第 3 次印刷
书　　号 ISBN 978-7-5603-6756-9
定　　价 32.80 元

序

哈尔滨工业大学出版社策划的《应用型本科院校“十三五”规划教材》即将付梓，诚可贺也。

该系列教材卷帙浩繁，凡百余种，涉及众多学科门类，定位准确，内容新颖，体系完整，实用性强，突出实践能力培养。不仅便于教师教学和学生学习，而且满足就业市场对应用型人才的迫切需求。

应用型本科院校的人才培养目标是面对现代社会生产、建设、管理、服务等一线岗位，培养能直接从事实际工作、解决具体问题、维持工作有效运行的高等应用型人才。应用型本科与研究型本科和高职高专院校在人才培养上有着明显的区别，其培养的人才特征是：①就业导向与社会需求高度吻合；②扎实的理论基础和过硬的实践能力紧密结合；③具备良好的人文素质和科学技术素质；④富于面对职业应用的创新精神。因此，应用型本科院校只有着力培养“进入角色快、业务水平高、动手能力强、综合素质好”的人才，才能在激烈的就业市场竞争中站稳脚跟。

目前国内应用型本科院校所采用的教材往往只是对理论性较强的本科院校教材的简单删减，针对性、应用性不够突出，因材施教的目的难以达到。因此亟须既有一定的理论深度又注重实践能力培养的系列教材，以满足应用型本科院校教学目标、培养方向和办学特色的需要。

哈尔滨工业大学出版社出版的《应用型本科院校“十三五”规划教材》，在选题设计思路上认真贯彻教育部关于培养适应地方、区域经济和社会发展需要的“本科应用型高级专门人才”精神，根据前黑龙江省委书记吉炳轩同志提出的关于加强应用型本科院校建设的意见，在应用型本科试点院校成功经验总结的基础上，特邀请黑龙江省9所知名的应用型本科院校的专家、学者联合编写。

本系列教材突出与办学定位、教学目标的一致性和适应性，既严格遵照学科体系的知识构成和教材编写的一般规律，又针对应用型本科人才培养目标及与之相适应的教学特点,精心设计写作体例,科学安排知识内容,围绕应用讲授理论,做到"基础知识够用、实践技能实用、专业理论管用"。同时注意适当融入新理论、新技术、新工艺、新成果,并且制作了与本书配套的PPT多媒体教学课件,形成立体化教材,供教师参考使用。

《应用型本科院校"十三五"规划教材》的编辑出版,是适应"科教兴国"战略对复合型、应用型人才的需求,是推动相对滞后的应用型本科院校教材建设的一种有益尝试,在应用型创新人才培养方面是一件具有开创意义的工作,为应用型人才的培养提供了及时、可靠、坚实的保证。

希望本系列教材在使用过程中,通过编者、作者和读者的共同努力,厚积薄发、推陈出新、细上加细、精益求精,不断丰富、不断完善、不断创新,力争成为同类教材中的精品。

第 3 版前言

线性代数是应用型本科院校经济、管理、工程等专业的基础必修课，也可以说是一门入门级的数学，但是由于线性代数具有高度的抽象性、整体性和计算复杂性等特点，使学生感到难以理解，掌握困难。本教材依据工科类本科线性代数课程教学基本要求，特别是针对应用型本科院校学生，根据实际工作技能需要，结合应用型人才培养目标，为了符合应用学科的大多数普通高等院校的办学定位和人才培养目标，在编者多年课堂教学实践的基础上编写而成。按照应用型本科院校各专业的培养方案编排教材内容，考虑到工科学生的实际情况，本教材行文力求通俗易懂且实用，为了方便学生自学，对于某些比较复杂的证明也给出了详尽地证明（用仿宋体）并且范例比较多。

本书是为应用型本科院校工科专业编写的线性代数教材，充分考虑了应用型本科院校以培养具有实践能力和创新能力的应用型人才的宗旨，为了学生更好理解本书的理论知识，在考虑课程自身的系统性和科学性的基础上，编写过程中进行了以下几个方面的努力：

（1）突出其应用性；

（2）内容安排由浅入深，先直观、后抽象；

（3）注重基本概念、基本方法和基本运算，书中基本概念的引入；力求直观，尽量减少其抽象性；

（4）在每章后增设了“百花园”，增加了综合性或技能性难度较强的考研题目，以适应不同层次学生的需求；

（5）为了方便学生自学，本书每章习题均配有习题答案。

本书涵盖了行列式、矩阵及其运算、线性方程组的解、矩阵及矩阵的特征值、对称矩阵对角化、二次型及二次型化标准型、线性空间与线性变换（该部分内容为选学内容）等内容。

本教材主编王晓春负责对全书进行统稿并编写第 1 章、第 2 章、第 3 章、第 4 章；副主编武斌负责编写第 5 章、第 6 章，曾昭英、张春志教授对全书进行了审阅，同时感谢数学教研室的各位老师帮助修改、校验。

我们致力于编写一本适用于应用型本科院校的较高水平的优秀教材，编者做了大量准备工作，讲授本教材大约为 36 学时（选修）或 51 学时（必修），使用者可依据所在学校的实际要求和学生的实际情况相应处理。

编　者

2019 年 6 月

目　　录

第 1 章

行列式

1.1 n阶行列式

1.1.1 引言

解方程与解线性方程组是代数的基本问题. 对于一个线性方程组我们所关注的问题主要是:一个线性方程组是否有解,在有解的时候它会有多少解,如何求出它的通解. 所有这些问题的解决都要涉及行列式以及矩阵的理论. 在本章我们先介绍关于 n 阶行列式的有关理论与方法. 对于行列式运算比较重要的 Cramer 法则,本书将在 2.2 节给出.

1.1.2 排列

1. 排列

n 个数码 $1,2,\cdots,n$ 的一个排列是指由这 n 个数码组成的一个有序组,例如1234,2341都是四个数码的排列.

n 个数码 $1,2,\cdots,n$ 的全部排列共有 $n!$ 个.

2. 反序与反序数

在一个排列里,如果较大的数码排在较小的数码前面,我们就说这两个数码构成了一个反序. 一个排列里反序的个数叫做这个排列的反序数.

计算一个排列 $i_1i_2\cdots i_n$ 的反序数的方法是:先从数码1开始,看在1的前面有几个数码比它大,记为 m_1,划去数码1;再看在数码2的前面有几个数码比它大,记为 m_2,……,以此类推,直到划去排列中最大的数码为止. 于是该排列的反序数是

$$\pi(i_1i_2\cdots i_n) = m_1 + m_2 + \cdots + m_n$$

例1 计算下列排列的反序数:

(1)523146 与 623145;

(2)$n,n-1,\cdots,2,1$;

(3)$2k,1,2k-1,2,\cdots,k+1,k$.

解 (1)$\pi(523146)=3+1+1+1+0+0=6,\pi(623145)=3+1+1+1+1+0=7$;

(2)$\pi(n,n-1,\cdots,2,1)=(n-1)+(n-2)+\cdots+1+0=\dfrac{n(n-1)}{2}$;

(3)$\pi(2k,1,2k-1,2,\cdots,k+1,k)=(1+2+3+\cdots+k)+(0+1+2+\cdots+k-1)=k^2$.

如果一个排列的反序数是偶数,就称这个排列是偶排列,否则称为奇排列.例如,523146 就是一个偶排列,623145 就是一个奇排列.

如果交换一个排列中两个数码的位置,其余的数码保持不变,那么就得到一个新的排列.对于排列所施行的这样一个变换叫做一个对换,就说对该排列施行了一个对换,并且用符号(i,j)来表示.例如,排列 623145 就是由排列 523146 施行了一个对换(6,5)得到的,就是 $623145\xrightarrow{(6,5)}523146$.

例 2 试将排列 623145 通过对换变成 123456.

解 先将 6 换到第六的位置

$$623145\xrightarrow{(6,5)}523146$$

再将 5 换到第五的位置

$$523146\xrightarrow{(5,4)}423156$$

再把 4 换到第四的位置

$$423156\xrightarrow{(4,1)}123456$$

由于 3 本来就在第三的位置,而 1,2 已经被换到自己的位置,所以,变换结束.

上面的由排列 623145 得出排列 123456 的方法具有普遍性.

为此得到下面的结论:

定理 1 设 $i_1,i_2,\cdots,i_n$ 与 $j_1,j_2,\cdots,j_n$ 是 n 个数码的任意两个排列,则可以通过一系列对换由 $i_1,i_2,\cdots,i_n$ 变成 $j_1,j_2,\cdots,j_n$.

证明 已经知道,通过一系列对换可以由 $i_1,i_2,\cdots,i_n$ 得出 $1,2,\cdots,n$,我们只需要证明,通过一系列对换可由 $1,2,\cdots,n$,得出 $j_1,j_2,\cdots j_n$ 即可.事实上,可以由 $j_1,j_2,\cdots,j_n$ 通过一系列对换得出 $1,2,\cdots,n$,从而按照相反的顺序施行这些对换,就可以由 $1,2,\cdots,n$,得出 $j_1,j_2,\cdots,j_n$.

从上面的例题中,我们看到排列 523146 与 623145 的奇偶性发生了改变,进一步我们还有

定理 2 每一个对换都改变排列的奇偶性.

证明 分两种情况进行证明:

第一种情况:当被对换的两个数码是相邻的,设给定的排列是

$$\overbrace{\cdots}^{A},i,j,\overbrace{\cdots}^{B}$$

其中,A,B 都代表若干个数码,施行对换(i,j)得

$$\overbrace{\cdots}^{A},j,i,\overbrace{\cdots}^{B}$$

可以看出，属于 A 或 B 中的数码所构成的逆序数没有改变，同时数码 i,j 与 A 或 B 中的数码所构成的逆序数也没有改变. 若在给定的排列中 $i<j$，那么经过对换 (i,j) 后，i 与 j 就构成一个逆序，因而后一个排列的逆序数比前一个排列的逆序数增多一个. 若在给定的排列中 $i>j$，那么经过对换 (i,j) 后，后一个排列的逆序数比前一个排列的逆序数减少一个. 不论哪种情况，排列的奇偶性都发生了改变.

第二种情况：设 i 与 j 之间有 s 个数码，用 $k_1,k_2,\cdots,k_s$ 来代表，这时给定的排列为

$$\cdots,i,k_1,k_2,\cdots,k_s,j,\cdots \tag{1}$$

将 i 依次与 $k_1,k_2,\cdots,k_s$ 交换，这样经过 s 次相邻两个数码的对换(1) 变成

$$\cdots,k_1,k_2,\cdots,k_s,i,j,\cdots$$

再将 j 依次与 $i,k_s,k_{s-1},\cdots,k_2,k_1$ 交换，经过 $s+1$ 次相邻两个数码的对换，排列变成

$$\cdots,j,k_1,k_2,\cdots,k_s,i,\cdots \tag{2}$$

但是(2) 正是(1) 施行了对换 (i,j) 得到的，因此，对(1) 施行对换 (i,j) 就相当于连续施行了 $2s+1$ 次相邻数码的对换，由第一种情况可知，每经过一次相邻数码的对换，都改变排列的奇偶性，而 $2s+1$ 是奇数，所以(1) 与(2) 的奇偶性相反.

定理 3　n 个数码排列共有 $n!$ 个，其中偶排列与奇排列都是 $\frac{1}{2}n!$ 个. n 个数码 $1,2,\cdots,n$ 的全部排列共有 $n!$ 个，其中奇排列与偶排列各有 $\frac{n!}{2}$ 个.

证明　设奇排列个数为 p，偶排列的个数为 q.

对这 p 个奇排列施行同一个对换，则得到 p 个偶排列，于是 $p\leqslant q$.

同样地对这 q 个偶排列施行同一个对换，则得到 q 个奇排列，于是 $q\leqslant p$.

综合有 $p=q=\frac{n!}{2}$.

1.1.3　置换

将两个 n 阶排列写成 $\begin{pmatrix} i_1 & i_2 & \cdots & i_n \\ j_1 & j_2 & \cdots & j_n \end{pmatrix}$ 的形式就得到一个 n 阶置换. 我们约定，一个 n 阶置换总是写成 $\begin{pmatrix} 1 & 2 & \cdots & n \\ \alpha_1 & \alpha_2 & \cdots & \alpha_n \end{pmatrix}$ 的形式. 于是 n 阶置换个数也是 $n!$ 个.

例如，三阶置换为

$$\begin{pmatrix} 1 & 2 & 3 \\ 1 & 2 & 3 \end{pmatrix},\begin{pmatrix} 1 & 2 & 3 \\ 1 & 3 & 2 \end{pmatrix},\begin{pmatrix} 1 & 2 & 3 \\ 2 & 1 & 3 \end{pmatrix},\begin{pmatrix} 1 & 2 & 3 \\ 2 & 3 & 1 \end{pmatrix},\begin{pmatrix} 1 & 2 & 3 \\ 3 & 1 & 2 \end{pmatrix},\begin{pmatrix} 1 & 2 & 3 \\ 3 & 2 & 1 \end{pmatrix}$$

共 6 个.

如果一个置换的上下两个排列的反序数之和是偶数(奇数)，则称该置换为偶置换(奇置换). 一个固定的置换实质就是一个一一映射，当对置换的第一行的排列施行一个对换时，它的下面一行的排列也会相应地施行对换，保持着对应关系不变. 因此有性质：

性质 1　设对置换$\begin{pmatrix} i_1 & i_2 & \cdots & i_n \\ j_1 & j_2 & \cdots & j_n \end{pmatrix}$的第一行施行对换得到$\begin{pmatrix} 1 & 2 & \cdots & n \\ \alpha_1 & \alpha_2 & \cdots & \alpha_n \end{pmatrix}$，则$\begin{pmatrix} i_1 & i_2 & \cdots & i_n \\ j_1 & j_2 & \cdots & j_n \end{pmatrix}$的奇偶性与$\begin{pmatrix} 1 & 2 & \cdots & n \\ \alpha_1 & \alpha_2 & \cdots & \alpha_n \end{pmatrix}$的奇偶性完全相同.

证明　事实上，设对排列$i_1i_2\cdots i_n$施行了m次对换得到排列$12\cdots n$，则对$j_1j_2\cdots j_n$也相应地施行了m次对换得到$\alpha_1\alpha_2\cdots\alpha_n$，因此前后两个置换的上下两个排列的反序总数之和相差$2m$，故前后两个置换的奇偶性没有变化.

性质 2　$\begin{pmatrix} i_1 & i_2 & \cdots & i_n \\ j_1 & j_2 & \cdots & j_n \end{pmatrix}$与$\begin{pmatrix} j_1 & j_2 & \cdots & j_n \\ i_1 & i_2 & \cdots & i_n \end{pmatrix}$奇偶性相同.

证明　显然$(-1)^{\pi(i_1i_2\cdots i_n)+\pi(j_1j_2\cdots j_n)}=(-1)^{\pi(j_1j_2\cdots j_n)+\pi(i_1i_2\cdots i_n)}$，所以命题成立.

一般地，我们总把一个置换写成$\begin{pmatrix} 1 & 2 & \cdots & n \\ k_1 & k_2 & \cdots & k_n \end{pmatrix}$的形式.

性质 3　将一个置换的第一行进行一个对换，而另一行的排列顺序不变，则改变这个置换的奇偶性.

证明　必须注意，当将一个置换的第一行进行一个对换，而另一行的排列顺序不变时，这已经不是原来的那个置换了. 这时第一行排列的奇偶性发生了改变，而另一行排列的奇偶性没发生改变，所以这个新的置换的奇偶性发生了改变.

1.1.4　二、三阶行列式

一个二元一次方程组

$$\begin{cases} a_{11}x+a_{12}y=b_1 \\ a_{21}x+a_{22}y=b_2 \end{cases}$$

它的系数排列成一个正方形，再加两条竖线就得到二阶行列式

$$\begin{vmatrix} a_{11} & a_{12} \\ a_{21} & a_{22} \end{vmatrix}$$

一个三元一次方程组

$$\begin{cases} a_{11}x+a_{12}y+a_{13}z=b_1 \\ a_{21}x+a_{22}y+a_{23}z=b_2 \\ a_{31}x+a_{32}y+a_{33}z=b_3 \end{cases}$$

它的系数排列成一个正方形，再加两条竖线就得到一个三阶行列式

$$\begin{vmatrix} a_{11} & a_{12} & a_{13} \\ a_{21} & a_{22} & a_{23} \\ a_{31} & a_{32} & a_{33} \end{vmatrix}$$

二阶行列式 的计算方法如下

$$\begin{vmatrix} a_{11} & a_{12} \\ a_{21} & a_{22} \end{vmatrix}=a_{11}a_{22}-a_{12}a_{21}$$

三阶行列式的计算方法就是所谓的对角线法则

$$\begin{vmatrix} a_{11} & a_{12} & a_{13} \\ a_{21} & a_{22} & a_{23} \\ a_{31} & a_{32} & a_{33} \end{vmatrix} = a_{11}a_{22}a_{33} + a_{12}a_{23}a_{31} + a_{13}a_{21}a_{32} - a_{11}a_{23}a_{32} - a_{12}a_{21}a_{33} - a_{13}a_{22}a_{31}$$

探求上面二、三阶行列式的展开方法,我们可以得到下面的结论.

(1) 二阶行列式有2!项;三阶行列式有3!项.

(2) 每一项的构成都是不同行不同列元素的乘积.

(3) 每一项的符号是$(-1)^{\tau}$, τ是由组成每一项元素的行标组成的排列在上,列标组成的排列在下构成的置换的反序数之和.

例如,三阶行列式的项 $a_{12}a_{23}a_{31}$ 的行列组成的置换是$\begin{pmatrix} 1 & 2 & 3 \\ 2 & 3 & 1 \end{pmatrix}$,$\tau=0+2=2$,所以符号为正,$a_{12}a_{21}a_{33}$ 的行列组成的置换是$\begin{pmatrix} 1 & 2 & 3 \\ 2 & 1 & 3 \end{pmatrix}$,$\tau=0+1=1$,所以符号为负.

由此就可以定义 n 阶行列式了.

1.1.5　n 阶行列式

定义1　将 n^2 个数排列成 n 行 n 列,并加左右两条竖线

$$\begin{vmatrix} a_{11} & a_{12} & \cdots & a_{1n} \\ a_{21} & a_{22} & \cdots & a_{2n} \\ \vdots & \vdots & & \vdots \\ a_{n1} & a_{n2} & \cdots & a_{nn} \end{vmatrix}$$

组成一个 n 阶行列式,它是一个代数和.

(1) 共有 $n!$项.

(2) 每一项的构成是由行列式中不同行不同列的元素的乘积,就是 $a_{1k_1}a_{2k_2}\cdots a_{nk_n}$.

(3)$a_{1k_1}a_{2k_2}\cdots a_{nk_n}$ 的符号为$(-1)^{\tau}$,$\tau=\pi(12\cdots n)+\pi(k_1k_2\cdots k_n)$,于是

$$\begin{vmatrix} a_{11} & a_{12} & \cdots & a_{1n} \\ a_{21} & a_{22} & \cdots & a_{2n} \\ \vdots & \vdots & & \vdots \\ a_{n1} & a_{n2} & \cdots & a_{nn} \end{vmatrix} = \sum_{(k_1k_2\cdots k_n)} (-1)^{\tau} a_{1k_1}a_{2k_2}\cdots a_{nk_n}$$

我们把横的叫行,竖的叫列,项 $a_{1k_1}a_{2k_2}\cdots a_{nk_n}$ 中前面的足标对应着该元素所在的行,后面的足标对应着该元素所在的列.

例3
$$\begin{vmatrix} a_{11} & 0 & \cdots & \cdots & 0 \\ a_{21} & a_{22} & 0 & \cdots & 0 \\ a_{31} & a_{32} & a_{33} & \cdots & 0 \\ \vdots & \vdots & \vdots & & \vdots \\ a_{n1} & a_{n2} & a_{n3} & \cdots & a_{nn} \end{vmatrix} = a_{11}a_{22}\cdots a_{nn}.$$

证明　由定义可知,行列式的每一项的构成是 $a_{1k_1}a_{2k_2}\cdots a_{nk_n}$,第一行只能选取 a_{11},因为其余各项都为零.

选取第二行的元素有两个选项,即 a_{21} 与 a_{22},但是 a_{21} 所在的列已经选取,故只能选择 a_{22},……考虑第 i 行元素的选择,有 i 个选项,即 $a_{i1},a_{i2},\cdots,a_{ii}$,由于 $a_{i1},a_{i2},\cdots,a_{i,i-1}$ 所在的列已经选取,故只能选择 a_{ii},以此类推可得到结论.

同理有

$$\begin{vmatrix} a_{11} & a_{12} & \cdots & \cdots & a_{1n} \\ 0 & a_{22} & a_{23} & \cdots & a_{2n} \\ 0 & 0 & a_{33} & \cdots & a_{3n} \\ \vdots & \vdots & \vdots & & \vdots \\ 0 & 0 & 0 & \cdots & a_{nn} \end{vmatrix} = a_{11}a_{22}\cdots a_{nn}$$

上面的行列式叫三角行列式,今后我们进行行列式计算时总是把它化成三角行列式.

例 4　证明 $D = \begin{vmatrix} 0 & 0 & \cdots & 0 & a_{1n} \\ 0 & 0 & \cdots & a_{2(n-1)} & 0 \\ \vdots & \vdots & & \vdots & \vdots \\ 0 & a_{(n-1)2} & \cdots & 0 & 0 \\ a_{n1} & 0 & \cdots & 0 & 0 \end{vmatrix} = (-1)^{\frac{n(n-1)}{2}} a_{1n}a_{2(n-1)}\cdots a_{n1}$.

证明　由例题 3 可知 D 中不为零的项只有 $a_{1n}a_{2(n-1)}\cdots a_{n1}$,而这一项的符号为 $(-1)^{\pi(n,n-1,\cdots,2,1)} = (-1)^{\frac{n(n-1)}{2}}$,所以命题成立.

例 5　求 $f(x) = \begin{vmatrix} 1 & 2 & x+3 & 2 \\ 0 & 2 & 7 & 5 \\ 3 & 3 & 3x+3 & 8 \\ 4 & 8 & 1 & 4x+4 \end{vmatrix}$ 中 x^2 的系数.

解　含有 x^2 的项只能出现在含有 $a_{13}a_{44}$ 与含有 $a_{33}a_{44}$ 的项中,由

$$\begin{pmatrix} 1 & 2 & 3 & 4 \\ 3 & 1 & 2 & 4 \end{pmatrix},\begin{pmatrix} 1 & 2 & 3 & 4 \\ 3 & 2 & 1 & 4 \end{pmatrix}$$

可知含有 $a_{13}a_{44}$ 的项有

$$(-1)^{\pi(3124)}a_{13}a_{21}a_{32}a_{44} = (-1)^2 a_{13}a_{21}a_{32}a_{44} = a_{13}a_{21}a_{32}a_{44}$$

和

$$(-1)^{\pi(3214)}a_{13}a_{22}a_{31}a_{44} = (-1)^3 a_{13}a_{22}a_{31}a_{44} = -a_{13}a_{22}a_{31}a_{44}$$

注意到 $a_{13} = x+3, a_{21} = 0$,所以

$$a_{13}a_{21}a_{32}a_{44} = 0$$

$$a_{13} = x+3, a_{22} = 2, a_{31} = 3, a_{44} = 4x+4$$

所以 $-a_{13}a_{22}a_{31}a_{44}$ 中 x^2 系数 $=-24$.

同理,由置换 $\begin{pmatrix} 1 & 2 & 3 & 4 \\ 1 & 2 & 3 & 4 \end{pmatrix},\begin{pmatrix} 1 & 2 & 3 & 4 \\ 2 & 1 & 3 & 4 \end{pmatrix}$ 中的对应关系,可知含有 $a_{33}a_{44}$ 的项有

$$(-1)^{\pi(1234)}a_{11}a_{22}a_{33}a_{44}=a_{11}a_{22}a_{33}a_{44}$$

和
$$(-1)^{\pi(2134)}a_{12}a_{21}a_{33}a_{44}=-a_{12}a_{21}a_{33}a_{44}$$

注意到

$$a_{11}=1,a_{22}=2,a_{33}=3x+3x,a_{44}=4x+4$$

所以 $a_{11}a_{22}a_{33}a_{44}$ 中 x^2 系数 $=24$,而

$$a_{12}=2,a_{21}=0$$

所以 $-a_{13}a_{22}a_{31}a_{44}$ 中 x^2 系数 $=0$.

综合有 $f(x)$ 中 x^2 系数 $=-24+24=0$.

1.2 n 阶行列式的性质及计算

1.2.1 n 阶行列式的性质

关于 n 阶行列式的性质,由于学时有限,可以述而不证.

性质1 把行列式 D 的行换成相应的列,就得到 D 的转置行列式,记做 D^{T},并且有 $D=D^{\mathrm{T}}$. 即,若

$$D=\begin{vmatrix} a_{11} & a_{12} & \cdots & a_{1n} \\ a_{21} & a_{22} & \cdots & a_{2n} \\ \vdots & \vdots & & \vdots \\ a_{n1} & a_{n2} & \cdots & a_{nn} \end{vmatrix}=\sum_{(k_1k_2\cdots k_n)}(-1)^{\tau}a_{1k_1}a_{2k_2}\cdots a_{nk_n}$$

则

$$D^{\mathrm{T}}=\begin{vmatrix} a_{11} & a_{21} & \cdots & a_{n1} \\ a_{12} & a_{22} & \cdots & a_{n2} \\ \vdots & \vdots & & \vdots \\ a_{1n} & a_{2n} & \cdots & a_{nn} \end{vmatrix}=\sum_{(k_1k_2\cdots k_n)}(-1)^{\tau}a_{k_11}a_{k_22}\cdots a_{k_nn}$$

证明 由定义可知两者的项数都是 $n!$,即项数相同. 另外考虑项 $a_{1k_1}a_{2k_2}\cdots a_{nk_n}$,它是 D 中的一项,它的元素位于 D 的不同行不同列,也位于 D 的不同列不同行,所以也是 D^{T} 的一项. 由置换的性质可知,这一项在 D 中的符号是 $(-1)^{\pi(k_1k_2\cdots k_n)}$,在 D^{T} 中的符号也是 $(-1)^{\pi(k_1k_2\cdots k_n)}$. 反过来,$a_{k_11}a_{k_22}\cdots a_{k_nn}$ 是 D^{T} 的一项,也是 D 中的一项,并且符号相同,所以 D 与 D^{T} 是带有相同符号的相同项的代数和,所以 $D=D^{\mathrm{T}}$.

有了这个性质,行列式的其他性质对行成立的,对列也成立,所以对其他性质我们只对行的情况加以证明即可.

性质2 交换一个行列式的两行(或者两列),行列式改变符号一次.

证明 设

$$D=\begin{vmatrix} a_{11} & a_{12} & \cdots & a_{1n} \\ \vdots & \vdots & & \vdots \\ a_{i1} & a_{i2} & \cdots & a_{in} \\ \vdots & \vdots & & \vdots \\ a_{j1} & a_{j2} & \cdots & a_{jn} \\ \vdots & \vdots & & \vdots \\ a_{n1} & a_{n2} & \cdots & a_{nn} \end{vmatrix},\ D_1=\begin{vmatrix} a_{11} & a_{12} & \cdots & a_{1n} \\ \vdots & \vdots & & \vdots \\ a_{j1} & a_{j2} & \cdots & a_{jn} \\ \vdots & \vdots & & \vdots \\ a_{i1} & a_{i2} & \cdots & a_{in} \\ \vdots & \vdots & & \vdots \\ a_{n1} & a_{n2} & \cdots & a_{nn} \end{vmatrix}$$

D 中的每一项可以写成 $a_{1k_1}\cdots a_{ik_i}\cdots a_{jk_j}\cdots a_{nk_n}$，由于这一形的元素位于 D_1 不同行不同列，所以也是 D_1 中的项，反过来 D_1 中的项也是 D 中的项，并且 D 中的不同项对应着 D_1 中的不同项，因此两者具有完全相同的项.

$a_{1k_1}\cdots a_{ik_i}\cdots a_{jk_j}\cdots a_{nk_n}$ 在 D 中的符号是 $(-1)^{\pi(k_1\cdots k_i\cdots k_j\cdots k_n)}$，在 D_1 中，原来行列式的第 i 行换成了第 j 行，第 j 行元素换成了第 i 行，而列的次序没变，所以由置换的性质有 $a_{1k_1}\cdots a_{jk_i}\cdots a_{ik_j}\cdots a_{nk_n}$ 的符号为 $(-1)^{\pi(1\cdots j\cdots i\cdots n)+\pi(k_1\cdots k_i\cdots k_j\cdots k_n)}=(-1)^{\pi(k_1\cdots k_i\cdots k_j\cdots k_n)+1}$，因此在 D_1 中的符号与在 D 中的符号相反，所以行列式改变符号一次.

性质 3　如果一个行列式的两行(列)完全相同，那么这个行列式等于零.

证明　由性质 2 可知交换行列式中相同两行，则改变符号，但是，被交换的这两行完全一样，实际上等于没有交换，所以有 $D=-D$，故 $D=0$.

性质4　把一个行列式的某一行(列)的所有元素同乘以一个数 k，等于这个数 k 乘以行列式.

证明　设把行列式 D 的第 i 行元素 $a_{i1},a_{i2},\cdots,a_{in}$ 乘以 k 而得到行列式 D_1，那么 D_1 的第 i 行元素是 $ka_{i1},ka_{i2},\cdots,ka_{in}$.

D 的每一项可以写做 $a_{1j_1}\cdots a_{ij_i}\cdots a_{nj_n}$，在 D 中的符号是 $(-1)^{\pi(j_1j_2\cdots j_n)}$.

D_1 的每一项可以写做 $a_{1j_1}\cdots(ka_{ij_i})\cdots a_{nj_n}=k(a_{1j_1}\cdots a_{ij_i}\cdots a_{nj_n})$，在 D_1 中的符号是 $(-1)^{\pi(j_1j_2\cdots j_n)}$

所以 $D_1=kD$.

推论 1　一个行列式的某一行(列)所有元素的公因子可以提到行列式符号的外面.

推论 2　如果一个行列式的某一行(列)所有元素都是零，那么这个行列式等于零.

推论 3　如果一个行列式的某两行(列)的对应元素成比例，那么这个行列式等于零.

性质 5　设一个行列式的第 i 行(列)的所有元素都可以表示成两项的和

$$D=\begin{vmatrix} a_{11} & a_{12} & \cdots & a_{1n} \\ \vdots & \vdots & & \vdots \\ b_{i1}+c_{i1} & b_{i2}+c_{i2} & \cdots & b_{in}+c_{in} \\ \vdots & \vdots & & \vdots \\ a_{n1} & a_{n2} & \cdots & a_{nn} \end{vmatrix}$$

那么
$$D=D_1+D_2$$

其中
$$D_1=\begin{vmatrix} a_{11} & a_{12} & \cdots & a_{1n} \\ \vdots & \vdots & & \vdots \\ b_{i1} & b_{i2} & \cdots & b_{in} \\ \vdots & \vdots & & \vdots \\ a_{n1} & a_{n2} & \cdots & a_{nn} \end{vmatrix},D_2=\begin{vmatrix} a_{11} & a_{12} & \cdots & a_{1n} \\ \vdots & \vdots & & \vdots \\ c_{i1} & c_{i2} & \cdots & c_{in} \\ \vdots & \vdots & & \vdots \\ a_{n1} & a_{n2} & \cdots & a_{nn} \end{vmatrix}$$

证明　D 的每一项可以写成 $(-1)^{\pi(j_1j_2\cdots j_n)}a_{1j_1}\cdots(b_{ij_i}+c_{ij_i})\cdots a_{nj_n}$，去掉括号得

$$(-1)^{\pi(j_1j_2\cdots j_n)}a_{1j_1}\cdots(b_{ij_i}+c_{ij_i})\cdots a_{nj_n}=$$
$$(-1)^{\pi(j_1j_2\cdots j_n)}a_{1j_1}\cdots b_{ij_i}\cdots a_{nj_n}+(-1)^{\pi(j_1j_2\cdots j_n)}a_{1j_1}\cdots c_{ij_i}\cdots a_{nj_n}$$

$(-1)^{\pi(j_1j_2\cdots j_n)}a_{1j_1}\cdots b_{ij_i}\cdots a_{nj_n}$ 是 D_1 的一般项，$(-1)^{\pi(j_1j_2\cdots j_n)}a_{1j_1}\cdots c_{ij_i}\cdots a_{nj_n}$ 是 D_2 的一般项，所以 $D=D_1+D_2$.

性质6　把一个行列式的某一行(列)的元素乘以同一个数后加到另一行(列)对应的元素上，行列式不变.

证明　设给定的行列式为

$$D=\begin{vmatrix} a_{11} & a_{12} & \cdots & a_{1n} \\ \vdots & \vdots & & \vdots \\ a_{i1} & a_{i2} & \cdots & a_{in} \\ \vdots & \vdots & & \vdots \\ a_{j1} & a_{j2} & \cdots & a_{jn} \\ \vdots & \vdots & & \vdots \\ a_{n1} & a_{n2} & \cdots & a_{nn} \end{vmatrix}$$

把 D 的第 j 行的元素乘以 k 后加到第 i 行得

$$D_1=\begin{vmatrix} a_{11} & a_{12} & \cdots & a_{1n} \\ \vdots & \vdots & & \vdots \\ a_{i1}+ka_{j1} & a_{i2}+ka_{j2} & \cdots & a_{in}+ka_{jn} \\ \vdots & \vdots & & \vdots \\ a_{j1} & a_{j2} & \cdots & a_{jn} \\ \vdots & \vdots & & \vdots \\ a_{n1} & a_{n2} & \cdots & a_{nn} \end{vmatrix}$$

由性质5

$$D_1=\begin{vmatrix} a_{11} & a_{12} & \cdots & a_{1n} \\ \vdots & \vdots & & \vdots \\ a_{i1} & a_{i2} & \cdots & a_{in} \\ \vdots & \vdots & & \vdots \\ a_{j1} & a_{j2} & \cdots & a_{jn} \\ \vdots & \vdots & & \vdots \\ a_{n1} & a_{n2} & \cdots & a_{nn} \end{vmatrix}+\begin{vmatrix} a_{11} & a_{12} & \cdots & a_{1n} \\ \vdots & \vdots & & \vdots \\ ka_{j1} & ka_{j2} & \cdots & ka_{jn} \\ \vdots & \vdots & & \vdots \\ a_{j1} & a_{j2} & \cdots & a_{jn} \\ \vdots & \vdots & & \vdots \\ a_{n1} & a_{n2} & \cdots & a_{nn} \end{vmatrix}=\begin{vmatrix} a_{11} & a_{12} & \cdots & a_{1n} \\ \vdots & \vdots & & \vdots \\ a_{i1} & a_{i2} & \cdots & a_{in} \\ \vdots & \vdots & & \vdots \\ a_{j1} & a_{j2} & \cdots & a_{jn} \\ \vdots & \vdots & & \vdots \\ a_{n1} & a_{n2} & \cdots & a_{nn} \end{vmatrix}=D$$

我们给出几个利用行列式性质简化行列式计算的例子. 约定,用下面的符号表示行列式的变化:

(1) 用 r_i 表示行列式的第 i 行,用 c_j 表示行列式的第 j 列;

(2) $r_i \leftrightarrow r_j$ 表示两行互换;

(3) 用 $r_i + kr_j$ 表示把行列式的第 j 行元素乘以数 k 后加到第 i 行的对应元素上.

例 1 计算 $D = \begin{vmatrix} 1+a_1 & 2+a_1 & 3+a_1 \\ 1+a_2 & 2+a_2 & 3+a_2 \\ 1+a_3 & 2+a_3 & 3+a_3 \end{vmatrix}$.

解 $c_2 - c_1, c_3 - c_1$,得

$$D = \begin{vmatrix} 1+a_1 & 1 & 2 \\ 1+a_2 & 1 & 2 \\ 1+a_3 & 1 & 2 \end{vmatrix} = 0$$

例 2 计算 $D = \begin{vmatrix} 0 & 1 & 1 & \cdots & 1 \\ 1 & 0 & 1 & \cdots & 1 \\ 1 & 1 & 0 & \cdots & 1 \\ \vdots & \vdots & \vdots & & \vdots \\ 1 & 1 & 1 & \cdots & 0 \end{vmatrix}$.

解 $r_1 + r_2 + r_3 + \cdots + r_n$,并提取公因子得

$$D = (n-1)\begin{vmatrix} 1 & 1 & 1 & \cdots & 1 \\ 1 & 0 & 1 & \cdots & 1 \\ 1 & 1 & 0 & \cdots & 1 \\ \vdots & \vdots & \vdots & & \vdots \\ 1 & 1 & 1 & \cdots & 0 \end{vmatrix}$$

再进行 $r_k - r_1 (k = 2,3,\cdots,n)$ 得

$$D = (n-1)\begin{vmatrix} 1 & 1 & 1 & \cdots & 1 \\ 0 & -1 & 0 & \cdots & 0 \\ 0 & 0 & -1 & \cdots & 1 \\ \vdots & \vdots & \vdots & & \vdots \\ 0 & 0 & 0 & \cdots & -1 \end{vmatrix} = (-1)^{n-1}(n-1)$$

例 3 计算 $D = \begin{vmatrix} x & a & a & \cdots & a \\ a & x & a & \cdots & a \\ a & a & x & \cdots & a \\ \vdots & \vdots & \vdots & & \vdots \\ a & a & a & \cdots & x \end{vmatrix}$.

解 $r_1 + r_k (k = 2,3,\cdots,n)$ 并提取公因子得

$$D=[x+(n-1)a]\begin{vmatrix}1&1&1&\cdots&1\\a&x&a&\cdots&a\\a&a&x&\cdots&a\\\vdots&\vdots&\vdots&&\vdots\\a&a&a&\cdots&x\end{vmatrix}$$

再进行 $r_k-ar_1(k=2,3,\cdots,n)$ 得

$$D=[x+(n-1)a]\begin{vmatrix}1&1&1&\cdots&1\\0&x-a&0&\cdots&0\\0&0&x-a&\cdots&0\\\vdots&\vdots&\vdots&&\vdots\\0&0&0&\cdots&x-a\end{vmatrix}=$$

$$[x+(n-1)a](x-a)^{n-1}$$

例 4　计算 $D_{2n}=\begin{vmatrix}a&&&\cdots&&&b\\&\ddots&&&&\unicode{x22F0}&\\&&a&&b&&\\\vdots&&c&&d&&\vdots\\&\unicode{x22F0}&&&&\ddots&\\c&&&\cdots&&&d\end{vmatrix}(a,b,c,d\neq 0)$.

解　$r_{2n+1-k}-\dfrac{c}{a}r_k(k=1,2,\cdots,n)$ 得

$$D_{2n}=\begin{vmatrix}a&&&\cdots&&&b\\&\ddots&&&&\unicode{x22F0}&\\&&a&&b&&\\\vdots&&0&&\dfrac{ad-bc}{a}&&\vdots\\&\unicode{x22F0}&&&&\ddots&\\0&&&\cdots&&&\dfrac{ad-bc}{a}\end{vmatrix}=a^n\cdot\frac{(ad-bc)^n}{a^n}=(ad-bc)^n$$

例 5　设

$$D=\begin{vmatrix}a_{11}&\cdots&a_{1k}&0&\cdots&0\\\vdots&&\vdots&\vdots&&\vdots\\a_{k1}&\cdots&a_{kk}&0&\cdots&0\\c_{11}&\cdots&c_{1k}&b_{11}&\cdots&b_{1n}\\\vdots&&\vdots&\vdots&&\vdots\\c_{n1}&\cdots&c_{nk}&b_{n1}&\cdots&b_{nn}\end{vmatrix}$$

$$D_1=\begin{vmatrix}a_{11}&\cdots&a_{1k}\\\vdots&&\vdots\\a_{k1}&\cdots&a_{kk}\end{vmatrix},\ D_2=\begin{vmatrix}b_{11}&\cdots&b_{1n}\\\vdots&&\vdots\\b_{n1}&\cdots&b_{nn}\end{vmatrix}$$

证明：$D = D_1 D_2$.

证明　对 D_1 作关于行的运算 $r_i + \lambda r_j$，总可以化成下三角行列式

$$D_1 = \begin{vmatrix} a_{11} & \cdots & a_{1k} \\ \vdots & & \vdots \\ a_{k1} & \cdots & a_{kk} \end{vmatrix} = \begin{vmatrix} p_{11} & \cdots & 0 \\ \vdots & & \vdots \\ p_{k1} & \cdots & p_{kk} \end{vmatrix} = p_{11}p_{22}\cdots p_{kk}$$

对 D_2 作关于列的运算 $c_i + \lambda c_j$，总可以化成下三角行列式

$$D_2 = \begin{vmatrix} b_{11} & \cdots & b_{1n} \\ \vdots & & \vdots \\ b_{n1} & \cdots & b_{nn} \end{vmatrix} = \begin{vmatrix} q_{11} & \cdots & 0 \\ \vdots & & \vdots \\ q_{n1} & \cdots & q_{nn} \end{vmatrix} = q_{11}q_{22}\cdots q_{nn}$$

对 D 的前 k 行做与 D_1 相同的运算，再对 D 的后 n 列做与 D_2 相同的运算，就把 D 化成了三角行列式

$$D = \begin{vmatrix} p_{11} & 0 & & \cdots & & 0 \\ \vdots & \ddots & \ddots & & & \vdots \\ p_{k1} & \cdots & p_{kk} & 0 & \cdots & 0 \\ c_{11} & \cdots & c_{1k} & q_{11} & \ddots & 0 \\ \vdots & & \vdots & \vdots & \ddots & \vdots \\ c_{n1} & \cdots & c_{nk} & q_{n1} & \cdots & q_{nn} \end{vmatrix} = p_{11}p_{22}\cdots p_{kk}q_{11}q_{22}\cdots q_{nn} = D_1 D_2$$

1.3　子式、余子式与 Laplace 定理

对于三阶行列式而言，不难验证

$$\begin{vmatrix} a_{11} & a_{12} & a_{13} \\ a_{21} & a_{22} & a_{23} \\ a_{31} & a_{32} & a_{33} \end{vmatrix} = a_{11}\begin{vmatrix} a_{22} & a_{23} \\ a_{32} & a_{33} \end{vmatrix} - a_{12}\begin{vmatrix} a_{21} & a_{23} \\ a_{31} & a_{33} \end{vmatrix} + a_{13}\begin{vmatrix} a_{21} & a_{22} \\ a_{31} & a_{32} \end{vmatrix}$$

这样，三阶行列式可以归结为二阶行列式的计算. 一般的行列式，也可以归结为降低一阶行列式的计算，这就是著名的 Laplace 定理的特例，按行(列) 展开定理.

首先引进子式和代数余子式的概念.

定义 2　在一个行列式中任意取定 k 行 k 列，位于这些行列相交处的元素所构成的行列式叫做行列式的一个 k 阶子式.

例如，在四阶行列式 $\begin{vmatrix} a_{11} & a_{12} & a_{13} & a_{14} \\ a_{21} & a_{22} & a_{23} & a_{24} \\ a_{31} & a_{32} & a_{33} & a_{34} \\ a_{41} & a_{42} & a_{43} & a_{44} \end{vmatrix}$ 中取定第二行和第三行，第一列与第四列，那么位于这些行列的相交处的元素所构成的行列式就是

$$M = \begin{vmatrix} a_{21} & a_{24} \\ a_{31} & a_{34} \end{vmatrix}$$

就是所给的四阶行列式的一个2阶子式.

定义3　划去$n(n>1)$阶行列式的元素a_{ij}所在的行和列,所余下$n-1$阶行列式叫叫做a_{ij}的余子式,记为M_{ij}.

记$(-1)^{i+j}M_{ij}=A_{ij}$,叫做a_{ij}的代数余子式.

定理4(Laplace定理)　行列式等于它的任一行(列)的各元素与其代数余子式乘积之和.

证明　先证明一个特例

$$\begin{vmatrix} a_{11} & 0 & \cdots & 0 \\ a_{21} & a_{22} & \cdots & a_{2n} \\ \vdots & \vdots & & \vdots \\ a_{n1} & a_{n2} & \cdots & a_{nn} \end{vmatrix} = a_{11}\begin{vmatrix} a_{22} & \cdots & a_{2n} \\ \vdots & & \vdots \\ a_{n2} & \cdots & a_{nn} \end{vmatrix} = a_{11}(-1)^{1+1}M_{11} = a_{11}A_{11}$$

由1.2例5可知命题成立.

再证明

$$\begin{vmatrix} a_{11} & \cdots & a_{1j} & \cdots & a_{1n} \\ \vdots & & \vdots & & \vdots \\ 0 & \cdots & a_{ij} & \cdots & 0 \\ \vdots & & \vdots & & \vdots \\ a_{n1} & \cdots & a_{nj} & \cdots & a_{nn} \end{vmatrix} = a_{ij}A_{ij}$$

做$r_i \leftrightarrow r_k(k=i-1,i-2,\cdots,2,1)$及$c_j \leftrightarrow c_l(l=j-1,j-2,\cdots,2,1)$得到

$$D=(-1)^{i+j}\begin{vmatrix} a_{ij} & 0 & \cdots & 0 & 0 & \cdots & 0 \\ a_{1j} & a_{11} & \cdots & a_{1,j-1} & a_{1,j+1} & \cdots & a_{1n} \\ \vdots & \vdots & & \vdots & \vdots & & \vdots \\ a_{i-1,j} & a_{i-1,1} & \cdots & a_{i-1,j-1} & a_{i-1,j+1} & \cdots & a_{i-1,n} \\ a_{i+1,j} & a_{i+1,1} & \cdots & a_{i+1,j-1} & a_{i+1,j+1} & \cdots & a_{i+1,n} \\ \vdots & \vdots & & \vdots & \vdots & & \vdots \\ a_{nj} & a_{n1} & \cdots & a_{n,j-1} & a_{n,j+1} & \cdots & a_{nn} \end{vmatrix} =$$

$$a_{ij}(-1)^{i+j}M_{ij} = a_{ij}A_{ij}$$

继续证明一般情况.

我们把行列式的第i行的每一个元素写成n项和的形式,就是

$$D=\begin{vmatrix} a_{11} & \cdots & a_{1j} & \cdots & a_{1n} \\ \vdots & & \vdots & & \vdots \\ a_{i1}+0+\cdots+0 & \cdots & a_{ij}+0+\cdots+0 & \cdots & a_{in}+0+\cdots+0 \\ \vdots & & \vdots & & \vdots \\ a_{n1} & \cdots & a_{nj} & \cdots & a_{nn} \end{vmatrix}$$

根据行列式的性质5,D可以表示成n个行列式的和,就是

$$D = \begin{vmatrix} a_{11} & \cdots & a_{1j} & \cdots & a_{1n} \\ \vdots & & \vdots & & \vdots \\ a_{i1} & \cdots & 0 & \cdots & 0 \\ \vdots & & \vdots & & \vdots \\ a_{n1} & \cdots & a_{nj} & \cdots & a_{nn} \end{vmatrix} + \cdots + \begin{vmatrix} a_{11} & \cdots & a_{1j} & \cdots & a_{1n} \\ \vdots & & \vdots & & \vdots \\ 0 & \cdots & 0 & \cdots & a_{in} \\ \vdots & & \vdots & & \vdots \\ a_{n1} & \cdots & a_{nj} & \cdots & a_{nn} \end{vmatrix}$$

由第一步的证明有

$$D = a_{i1}A_{i1} + a_{i2}A_{i2} + \cdots + a_{in}A_{in} \quad (i = 1,2,\cdots,n)$$

对于列也有

$$D = a_{1j}A_{1j} + a_{2j}A_{2j} + \cdots + a_{nj}A_{nj} \quad (j = 1,2,\cdots,n)$$

定理 5 行列式的某一行(列)的元素与另外一行(列)的代数余子式乘积的和等于零.

证明 看下面两个行列式

$$D = \begin{vmatrix} a_{11} & a_{12} & \cdots & a_{1n} \\ \vdots & \vdots & & \vdots \\ a_{i1} & a_{i2} & \cdots & a_{in} \\ \vdots & \vdots & & \vdots \\ a_{j1} & a_{j2} & \cdots & a_{jn} \\ \vdots & \vdots & & \vdots \\ a_{n1} & a_{n2} & \cdots & a_{nn} \end{vmatrix}, D_1 = \begin{vmatrix} a_{11} & a_{12} & \cdots & a_{1n} \\ \vdots & \vdots & & \vdots \\ a_{i1} & a_{i2} & \cdots & a_{in} \\ \vdots & \vdots & & \vdots \\ a_{i1} & a_{i2} & \cdots & a_{in} \\ \vdots & \vdots & & \vdots \\ a_{n1} & a_{n2} & \cdots & a_{nn} \end{vmatrix}$$

D_1 的第 i 行与第 j 行完全相同,所以 $D_1 = 0$. 另一方面,D_1 与 D 只有第 j 行不同,因此 D_1 的第 j 行元素的代数余子式与 D 的第 j 行对应元素的代数余子式完全相同,所以把 D_1 按照第 j 行展开有

$$a_{i1}A_{j1} + a_{i2}A_{j2} + \cdots + a_{in}A_{jn} = D_1 = 0$$

综合起来就是

$$a_{i1}A_{j1} + a_{i2}A_{j2} + \cdots + a_{in}A_{jn} = \begin{cases} D & i = j \\ 0 & i \neq j \end{cases}$$

$$a_{1i}A_{1j} + a_{2i}A_{2j} + \cdots + a_{ni}A_{nj} = \begin{cases} D & i = j \\ 0 & i \neq j \end{cases}$$

例 1 计算 $D = \begin{vmatrix} 3 & 1 & -1 & 2 \\ -5 & 1 & 3 & -4 \\ 2 & 0 & 1 & -1 \\ 1 & -5 & 3 & -3 \end{vmatrix}$.

解 (1)$c_1 - 2c_3, c_4 + c_3$ 得

$$D = \begin{vmatrix} 5 & 1 & -1 & 1 \\ -11 & 1 & 3 & -1 \\ 0 & 0 & 1 & 0 \\ -5 & -5 & 3 & 0 \end{vmatrix}$$

(2) 再按照第三行展开有

$$D=1\times(-1)^{3+3}\begin{vmatrix}5 & 1 & 1\\ -11 & 1 & -1\\ -5 & -5 & 0\end{vmatrix}=\begin{vmatrix}5 & 1 & 1\\ -11 & 1 & -1\\ -5 & -5 & 0\end{vmatrix}$$

(3)r_2+r_1 得

$$D=\begin{vmatrix}5 & 1 & 1\\ -6 & 2 & 0\\ -5 & -5 & 0\end{vmatrix}=\begin{vmatrix}-6 & 2\\ -5 & -5\end{vmatrix}=40$$

例2　设

$$D=\begin{vmatrix}7 & 15 & 21 & 14\\ 1 & 1 & 0 & -5\\ -1 & 3 & 1 & 3\\ 2 & -4 & 1 & -3\end{vmatrix}$$

计算 $A_{11}+A_{12}+A_{14}$.

解　注意到行列式中某个元素的代数余子式与该元素的大小无关，用(1　1　0　1)替换行列式的第一行元素(7　15　21　14)，再按照第一行展开得

$$D_1=\begin{vmatrix}1 & 1 & 0 & 1\\ 1 & 1 & 0 & -5\\ -1 & 3 & 1 & 3\\ 2 & -4 & 1 & -3\end{vmatrix}=A_{11}+A_{12}+A_{14}$$

计算 D_1 即可(不必计算每一个 $A_{1k}(k=1,2,3,4)$)，r_3-r_4，得

$$D_1=\begin{vmatrix}1 & 1 & 0 & 1\\ 1 & 1 & 0 & -5\\ -3 & 7 & 0 & 6\\ 2 & -4 & 1 & -3\end{vmatrix}=1\times(-1)^{4+3}\begin{vmatrix}1 & 1 & 1\\ 1 & 1 & -5\\ -3 & 7 & 6\end{vmatrix}=-\begin{vmatrix}1 & 1 & 1\\ 1 & 1 & -5\\ -3 & 7 & 6\end{vmatrix}$$

r_2-r_1,r_3+3r_1，得

$$D=-\begin{vmatrix}1 & 1 & 1\\ 0 & 0 & -6\\ 0 & 10 & 9\end{vmatrix}=(-1)\times1\times(-1)^{1+1}\begin{vmatrix}0 & -6\\ 10 & 9\end{vmatrix}=-60$$

例3　计算 n 阶范德蒙德(Vandermonde)行列式

$$V_n=\begin{vmatrix}1 & 1 & 1 & \cdots & 1\\ x_1 & x_2 & x_3 & \cdots & x_n\\ x_1^2 & x_2^2 & x_3^2 & \cdots & x_n^2\\ \vdots & \vdots & \vdots & & \vdots\\ x_1^{n-1} & x_2^{n-1} & x_3^{n-1} & \cdots & x_n^{n-1}\end{vmatrix}$$

解　由最后一行开始，每一行减去它的相邻前一行乘以 x_1 得

$$V_n = \begin{vmatrix} 1 & 1 & 1 & \cdots & 1 \\ 0 & x_2 - x_1 & x_3 - x_1 & \cdots & x_n - x_1 \\ 0 & x_2(x_2 - x_1) & x_3(x_3 - x_1) & \cdots & x_n(x_n - x_1) \\ \vdots & \vdots & \vdots & & \vdots \\ 0 & x_2^{n-2}(x_2 - x_1) & x_3^{n-2}(x_3 - x_1) & \cdots & x_n^{n-2}(x_n - x_1) \end{vmatrix}$$

再按照第一列展开后提取公因子得

$$V_n = (x_2 - x_1)(x_3 - x_1)\cdots(x_n - x_1)\begin{vmatrix} 1 & 1 & 1 & \cdots & 1 \\ x_2 & x_3 & x_4 & \cdots & x_n \\ x_2^2 & x_3^2 & x_4^2 & \cdots & x_n^2 \\ \vdots & \vdots & \vdots & & \vdots \\ x_2^{n-2} & x_3^{n-2} & x_4^{n-2} & \cdots & x_n^{n-2} \end{vmatrix}$$

最后的因子是一个 $n-1$ 阶范德蒙德行列式,用 V_{n-1} 表示,于是

$$V_n = (x_2 - x_1)(x_3 - x_1)\cdots(x_n - x_1)V_{n-1}$$

同样得

$$V_{n-1} = (x_3 - x_2)(x_4 - x_2)\cdots(x_n - x_2)V_{n-2}$$

$$\vdots$$

继续下去有

$$V_{n-(n-3)} = (x_{n-1} - x_{n-2})(x_n - x_{n-2})V_{n-(n-2)}$$

$$V_{n-(n-2)} = (x_n - x_{n-1})$$

所以

$$V_n = \prod_{n \geqslant i > j \geqslant 1}(x_i - x_j)$$

例 4 解方程

$$f(x) = \begin{vmatrix} 1 & 1 & 1 & 1 \\ 1 & 2 & 3 & x \\ 1 & 4 & 9 & x^2 \\ 1 & 8 & 27 & x^3 \end{vmatrix} = 0$$

解 方程的左边是四阶范德蒙德行列式

$$(x-1)(x-2)(x-3)(2-1)(3-1)(3-2) = 0$$

就是

$$(x-1)(x-2)(x-3) = 0$$

所以

$$x_1 = 1, x_2 = 2, x_3 = 3$$

例 5 求方程

$$f(x) = \begin{vmatrix} x-2 & x-1 & x-2 & x-3 \\ x & x & x & x \\ 3x-3 & 3x-2 & 4x-5 & 3x-5 \\ 4x & 4x-3 & 5x-7 & 4x-3 \end{vmatrix} = 0$$

根的个数.

解　$c_j - c_1(j=2,3,4)$，得

$$f(x)=\begin{vmatrix} x-2 & 1 & 0 & 1 \\ x & 0 & 0 & 0 \\ 3x-3 & 1 & x-2 & -2 \\ 4x & -3 & x-7 & -3 \end{vmatrix}=0$$

先将行列式展开，按照第 2 行 Laplace 展开

$$D=(-1)^{2+1}x\begin{vmatrix} 1 & 0 & -1 \\ 1 & x-2 & -2 \\ -3 & x-7 & -3 \end{vmatrix}\xlongequal{c_3+c_1}$$

$$(-x)\begin{vmatrix} 1 & 0 & 0 \\ 1 & x-2 & -1 \\ -3 & x-7 & -6 \end{vmatrix}=$$

$$(-x)(-1)^{1+1}\begin{vmatrix} x-2 & -1 \\ x-7 & -6 \end{vmatrix}=5x(x-1)$$

所以 $f(x)=5x(x-1)=0$，解得 $x_1=0, x_2=1$.

方程的根的个数为 2

例 6　求多项式

$$f(x)=\begin{vmatrix} x-2 & x-1 & x-2 & x-3 \\ x & x & x & x \\ 3x-3 & 3x-2 & 4x-5 & 3x-5 \\ 4x & 4x-3 & 5x-7 & 4x-3 \end{vmatrix}$$

的常数项.

解法一　由例 5 可知，$f(x)$ 的常数项为 0.

解法二　$f(x)$ 的常数项就是

$$f(0)=\begin{vmatrix} -2 & -1 & -2 & -3 \\ 0 & 0 & 0 & 0 \\ -3 & -2 & -5 & -5 \\ 0 & -3 & -7 & -3 \end{vmatrix}=0$$

***例 7**　设

$$D=\begin{vmatrix} a_{11} & a_{12} & \cdots & a_{1n} \\ a_{21} & a_{22} & \cdots & a_{2n} \\ \vdots & \vdots & & \vdots \\ a_{n1} & a_{n2} & \cdots & a_{nn} \end{vmatrix}, D_*=\begin{vmatrix} a_{11}+x & a_{12}+x & \cdots & a_{1n}+x \\ a_{21}+x & a_{22}+x & \cdots & a_{2n}+x \\ \vdots & \vdots & & \vdots \\ a_{n1}+x & a_{n2}+x & \cdots & a_{nn}+x \end{vmatrix}$$

并设 D_* 的每一个元素的代数余子式为 A_{ij}，那么有 $D=D_*-x\sum\limits_{i,j=1}^{n}A_{ij}$，特别地当 D_* 为对角形时有 $D=D_*-x\sum\limits_{i=1}^{n}A_{ii}$.

证明　由行列式定义有

$$D_* = \sum_{(i_1,i_2,\cdots,i_n)} (-1)^{\pi(i_1,i_2,\cdots,i_n)}(a_{1i_1}+x)(a_{2i_2}+x)\cdots(a_{ni_n}+x) = \sum_{(i_1,i_2,\cdots,i_n)} (-1)^{\pi(i_1,i_2,\cdots,i_n)} a_{1i_1}a_{2i_2}\cdots a_{ni_n} + x\sum_{(i_1,i_2,\cdots,i_n)} (-1)^{\pi(i_1,i_2,\cdots,i_n)}(a_{2i_2}+x)\cdots(a_{ni_n}+x) + x\sum_{(i_1,i_2,\cdots,i_n)} (-1)^{\pi(i_1,i_2,\cdots,i_n)}(a_{1i_1}+x)(a_{3i_3}+x)\cdots(a_{ni_n}+x) + x\sum_{(i_1,i_2,\cdots,i_n)} (-1)^{\pi(i_1,i_2,\cdots,i_n)}(a_{1i_1}+x)(a_{2i_2}+x)\cdots(a_{(n-1)i_{n-1}}+x)$$

$$D_* = D + x\sum_{i,j=1}^{n} A_{ij}$$

所以
$$D = D_* - x\sum_{i,j=1}^{n} A_{ij}$$

例 8　计算 $D = \begin{vmatrix} a_1+1 & 1 & \cdots & 1 \\ 1 & a_2+1 & \cdots & 1 \\ \vdots & \vdots & & \vdots \\ 1 & 1 & \cdots & a_n+1 \end{vmatrix}$.

解　由上面的例题,将每一项都加上(-1)得

$$D_* = \begin{vmatrix} a_1 & 0 & \cdots & 0 \\ 0 & a_2 & \cdots & 0 \\ \vdots & \vdots & & \vdots \\ 0 & 0 & \cdots & a_n \end{vmatrix} = a_1a_2\cdots a_n$$

$$A_{ii} = \frac{1}{a_i}a_1a_2\cdots a_n \quad i = 1,2,\cdots,n$$

于是
$$D = D_* - (-1)\sum_{i,j=1}^{n} A_{ij} = a_1a_2\cdots a_n\left(1 + \sum_{i=1}^{n}\frac{1}{a_i}\right)$$

本章要点

1. 掌握计算一个 n 阶排列的逆序数的方法,能够熟练判断 $a_{1i_1}a_{2i_2}\cdots a_{ni_n}$ 的符号. 掌握用列向量的形式表示一个行列式的方法.

用$|(\boldsymbol{a}_1,\boldsymbol{a}_2,\cdots,\boldsymbol{a}_i,\cdots,\boldsymbol{a}_j,\cdots,\boldsymbol{a}_n)|$表示一个行列式, $\boldsymbol{a}_i$ 表示第 i 列.

2. 掌握行列式的基本性质:

(1) 行列式与其转置行列式相等, 即$|\boldsymbol{A}| = |\boldsymbol{A}^{\mathrm{T}}|$.

(2) 行列式的两列(行) 互换,行列式变号,即

$$|(\boldsymbol{a}_1,\boldsymbol{a}_2,\cdots,\boldsymbol{a}_i,\cdots,\boldsymbol{a}_j,\cdots,\boldsymbol{a}_n)| = -|(\boldsymbol{a}_1,\boldsymbol{a}_2,\cdots,\boldsymbol{a}_j,\cdots,\boldsymbol{a}_i,\cdots,\boldsymbol{a}_n)|$$

(3) 如果行列式两列(行)元素对应成比例,则行列式为 0,即

$$|(\boldsymbol{a}_1,\boldsymbol{a}_2,\cdots,\boldsymbol{a}_i,\cdots,k\boldsymbol{a}_i,\cdots,\boldsymbol{a}_n)|=0$$

(4) 如果行列式某一行(列)元素都是两数之和,则可以拆成两个行列式之和,即

$$|(\boldsymbol{a}_1,\boldsymbol{a}_2,\cdots,\boldsymbol{a}_i+\boldsymbol{b}_i,\cdots,\boldsymbol{a}_j,\cdots,\boldsymbol{a}_n)|=|(\boldsymbol{a}_1,\boldsymbol{a}_2,\cdots,\boldsymbol{a}_i,\cdots,\boldsymbol{a}_j,\cdots,\boldsymbol{a}_n)|+|(\boldsymbol{a}_1,\boldsymbol{a}_2,\cdots,\boldsymbol{b}_i,\cdots,\boldsymbol{a}_j,\cdots,\boldsymbol{a}_n)|$$

(5) 将行列式的某一列(行)乘以一个数加到另一列(行),行列式不变,即

$$|(\boldsymbol{a}_1,\boldsymbol{a}_2,\cdots,\boldsymbol{a}_i,\cdots,k\boldsymbol{a}_i+\boldsymbol{a}_j,\cdots,\boldsymbol{a}_n)|=|(\boldsymbol{a}_1,\boldsymbol{a}_2,\cdots,\boldsymbol{a}_i,\cdots,\boldsymbol{a}_j,\cdots,\boldsymbol{a}_n)|$$

3. 掌握按列(行)展开的 Laplace 定理

$$D=a_{i1}A_{i1}+a_{i2}A_{i2}+\cdots+a_{in}A_{in}=a_{1i}A_{1i}+a_{2i}A_{2i}+\cdots+a_{ni}A_{ni}$$

4. 掌握几个重要的展开

(1) 范德蒙德行列式

$$\begin{vmatrix}1&1&\cdots&1\\x_1&x_2&\cdots&x_n\\x_1^2&x_2^2&\cdots&x_n^2\\\vdots&\vdots&\vdots&\vdots\\x_1^{n-1}&x_2^{n-1}&\cdots&x_n^{n-1}\end{vmatrix}=\prod_{n\geqslant i,j\geqslant 1}(x_i-x_j)$$

(2) $\begin{vmatrix}a_1&&&\\&a_2&&\\&&\ddots&\\&&&a_n\end{vmatrix}=a_1a_2\cdots a_n,\quad\begin{vmatrix}&&&a_1\\&&a_2&\\&\iddots&&\\a_n&&&\end{vmatrix}=(-1)^{\frac{n(n-1)}{2}}a_1a_2\cdots a_n.$

(3) 设

$$D=\begin{vmatrix}a_{11}&a_{12}&\cdots&a_{1n}\\a_{21}&a_{22}&\cdots&a_{2n}\\\vdots&\vdots&&\vdots\\a_{n1}&a_{n2}&\cdots&a_{nn}\end{vmatrix}$$

$$D_*=\begin{vmatrix}a_{11}+b&a_{12}+b&\cdots&a_{1n}+b\\a_{21}+b&a_{22}+b&\cdots&a_{2n}+b\\\vdots&\vdots&&\vdots\\a_{n1}+b&a_{n2}+b&\cdots&a_{nn}+b\end{vmatrix}$$

则

$$D=D_*-b\sum_{i,j=1}^{n}A_{ij}$$

特别地,当 $D_*=\begin{vmatrix}c_1&0&\cdots&0\\0&c_2&\cdots&0\\\vdots&\vdots&&\vdots\\0&0&\cdots&c_n\end{vmatrix}$ 为对角形时

$$D = D_* - b\sum_{i=1}^{n} A_{ii}$$

(4) $\begin{vmatrix} a_n & & & & & b_n \\ & \ddots & & & \iddots & \\ & & a_1 & b_1 & & \\ & & c_1 & d_1 & & \\ & \iddots & & & \ddots & \\ c_n & & & & & d_n \end{vmatrix}$ 其中没写出的元素都是0.

解：$-\frac{c_k}{a_k}\cdot r_k + r_{2n+1-k}(k=1,2,\cdots,n)$，得到

$$\begin{vmatrix} a_n & & & & & b_n \\ & \ddots & & & \iddots & \\ & & a_1 & b_1 & & \\ & & c_1 & d_1 & & \\ & \iddots & & & \ddots & \\ c_n & & & & & d_n \end{vmatrix} = \begin{vmatrix} a_n & & & & & b_n \\ & \ddots & & & \iddots & \\ & & a_1 & b_1 & & \\ & & 0 & d_1 - \frac{c_1 b_1}{a_1} & & \\ & \iddots & & & \ddots & \\ 0 & & & & & d_n - \frac{c_n b_n}{a_n} \end{vmatrix} =$$

$$a_1 a_2 \cdots a_n \left(d_1 - \frac{c_1 b_1}{a_1}\right)\left(d_2 - \frac{c_2 b_2}{a_2}\right)\cdots\left(d_n - \frac{c_n b_n}{a_n}\right) = \prod_{i=1}^{n}(a_i d_i - b_i c_i)$$

(5) $D = \begin{vmatrix} a & 0 & \cdots & 1 \\ 0 & a & \cdots & 0 \\ \vdots & \vdots & & \vdots \\ 1 & 0 & \cdots & a \end{vmatrix}$ 其中对角线上都是 a，没写出的元素全是0.

解：可得

$$D_n = \begin{vmatrix} a & 0 & \cdots & 1 \\ 0 & a & \cdots & 0 \\ \vdots & \vdots & & \vdots \\ 1 & 0 & \cdots & a \end{vmatrix} \xlongequal{r_1 + r_n} \begin{vmatrix} a+1 & 0 & \cdots & a+1 \\ 0 & a & \cdots & 0 \\ \vdots & \vdots & & \vdots \\ 1 & 0 & \cdots & a \end{vmatrix} =$$

$$(a+1)\begin{vmatrix} 1 & 0 & \cdots & 1 \\ 0 & a & \cdots & 0 \\ \vdots & \vdots & & \vdots \\ 1 & 0 & \cdots & a \end{vmatrix} \xlongequal{r_{n-1} - r_1(a+1)} \begin{vmatrix} 1 & 0 & \cdots & 1 \\ 0 & a & \cdots & 0 \\ \vdots & \vdots & & \vdots \\ 0 & 0 & \cdots & a-1 \end{vmatrix} =$$

$$(a+1)(a-1)a^{n-2} = (a^2-1)a^{n-2}$$

(6) $D=\begin{vmatrix}1+a_1 & 1 & \cdots & 1\\ 1 & 1+a_2 & \cdots & 1\\ \vdots & \vdots & \ddots & \vdots\\ 1 & 1 & \cdots & 1+a_n\end{vmatrix}$ 拆成两项.

解:把每一项都加(-1).

设

$$D_*=\begin{vmatrix}a_1 & 0 & \cdots & 0\\ 0 & a_2 & \cdots & 0\\ \vdots & \vdots & & \vdots\\ 0 & 0 & \cdots & a_n\end{vmatrix}=a_1a_2\cdots a_n$$

$$\sum_{i=1}^{n}A_{ii}=a_1a_2\cdots a_n\left(\frac{1}{a_1}+\frac{1}{a_2}+\cdots+\frac{1}{a_n}\right)$$

于是 $$D=D_*-(-1)\sum_{i=1}^{n}A_{ii}=a_1a_2\cdots a_n\left(1+\frac{1}{a_1}+\frac{1}{a_2}+\cdots+\frac{1}{a_n}\right)$$

还可以建立递推公式,把最后一列拆成两列

$$D_n=\begin{vmatrix}1+a_1 & 1 & \cdots & 1\\ 1 & 1+a_2 & \cdots & 1\\ \vdots & \vdots & & \vdots\\ 1 & 1 & \cdots & 1+a_n\end{vmatrix}=$$

$$\begin{vmatrix}1+a_1 & 1 & \cdots & 1\\ 1 & 1+a_2 & \cdots & 1\\ \vdots & \vdots & & \vdots\\ 1 & 1 & \cdots & 1\end{vmatrix}+\begin{vmatrix}1+a_1 & 1 & \cdots & 0\\ 1 & 1+a_2 & \cdots & 0\\ \vdots & \vdots & & \vdots\\ 1 & 1 & \cdots & a_n\end{vmatrix}=$$

$$\begin{vmatrix}a_1 & 0 & \cdots & 1\\ 0 & a_2 & \cdots & 1\\ \vdots & \vdots & & \vdots\\ 0 & 0 & \cdots & 1\end{vmatrix}+\begin{vmatrix}1+a_1 & 1 & \cdots & 0\\ 1 & 1+a_2 & \cdots & 0\\ \vdots & \vdots & & \vdots\\ 1 & 1 & \cdots & a_n\end{vmatrix}=$$

$$a_nD_{n-1}+a_1a_2\cdots a_{n-1}$$

得到递推公式

$$D_n=a_nD_{n-1}+\frac{1}{a_n}\prod_{i=1}^{n}a_i$$

$$D_{n-1}=a_{n-1}D_{n-2}+\frac{1}{a_{n-1}}\prod_{i=1}^{n-1}a_i$$

$$D_n=a_na_{n-1}D_{n-2}+\frac{1}{a_{n-1}}\prod_{i=1}^{n}a_i+\frac{1}{a_n}\prod_{i=1}^{n}a_i=\cdots=$$

$$a_n a_{n-1}\cdots a_3 D_2 + \prod_{i=1}^{n} a_i\left(\frac{1}{a_n} + \frac{1}{a_{n-1}} + \cdots + \frac{1}{a_3}\right)$$

而
$$D_2 = \begin{vmatrix} 1+a_1 & 1 \\ 1 & 1+a_2 \end{vmatrix} = a_1 + a_2 + a_1 a_2$$

所以

$$a_n a_{n-1}\cdots a_3 D_2 = a_1 a_2\cdots a_n + \frac{1}{a_1}a_1 a_2\cdots a_n + \frac{1}{a_2}a_1 a_2\cdots a_n = \left(1 + \frac{1}{a_1} + \frac{1}{a_2}\right)\prod_{i=1}^{n} a_i$$

$$D_n = a_1 a_2\cdots a_n\left(1 + \sum_{i=1}^{n}\frac{1}{a_i}\right)$$

习题 1

1. 写出四阶行列式中含有元素 a_{23} 的项,并确定该项的符号.

2. 写出六阶行列式中项的符号:

(1) $a_{23}a_{31}a_{42}a_{56}a_{14}a_{65}$;

(2) $a_{21}a_{13}a_{32}a_{55}a_{64}a_{46}$.

3. 计算:

(1) $\begin{vmatrix} 1 & 2 & 0 & 0 & 0 \\ 0 & 3 & 0 & 0 & 0 \\ 0 & 0 & 1 & 0 & 2 \\ 0 & 0 & 1 & 1 & 3 \\ 0 & 0 & 2 & 4 & 5 \end{vmatrix}$;

(2) $\begin{vmatrix} 1 & 2 & 2 & 2 \\ 2 & 1 & 2 & 2 \\ 2 & 2 & 1 & 2 \\ 2 & 2 & 2 & 1 \end{vmatrix}$.

4. 计算:

(1) $D_{2n} = \begin{vmatrix} a & & & & & b \\ & \ddots & & & \iddots & \\ & & a & b & & \\ & & b & a & & \\ & \iddots & & & \ddots & \\ b & & & & & a \end{vmatrix} \quad (a,b \neq 0)$;

$$(2)D_{2n}=\begin{vmatrix} a_n & & & & & b_n \\ & \ddots & & & ⋰ & \\ & & a_1 & b_1 & & \\ & & c_1 & d_1 & & \\ & ⋰ & & & \ddots & \\ c_n & & & & & d_n \end{vmatrix}$$

5. 求解方程

$$\begin{vmatrix} x+1 & 2 & -1 \\ 2 & x+1 & 1 \\ -1 & 1 & x+1 \end{vmatrix}=0$$

6. 设$f(x)=\begin{vmatrix} 2x & x & 1 & 2 \\ 1 & x & 1 & -1 \\ 3 & 2 & x & 1 \\ 1 & 1 & 1 & x \end{vmatrix}$,求 x^3 与 x^4 的系数.

7. 设

$$|A|=\begin{vmatrix} 1 & 2 & 3 & 4 & 5 \\ 1 & 1 & 1 & 2 & 2 \\ 3 & 2 & 1 & 4 & 6 \\ 2 & 2 & 2 & 1 & 1 \\ 4 & 3 & 1 & 5 & 0 \end{vmatrix}$$

计算:(1)$A_{31}+A_{32}+A_{33}$;(2)$A_{34}+A_{35}$;(3)$A_{51}+A_{52}+A_{53}+A_{54}+A_{55}$.

8. 证明:

(1)$\begin{vmatrix} a^2 & ab & b^2 \\ 2a & a+b & 2b \\ 1 & 1 & 1 \end{vmatrix}=(a-b)^3$;

(2)$\begin{vmatrix} ax+by & ay+bz & az+bx \\ ay+bz & az+bx & ax+by \\ az+bx & ax+by & ay+bz \end{vmatrix}=(a^3+b^3)\begin{vmatrix} x & y & z \\ y & z & x \\ z & x & y \end{vmatrix}$.

9. 设4阶行列式 $D_4=\begin{vmatrix} a_1 & a_2 & a_3 & p \\ b_1 & b_2 & b_3 & p \\ c_1 & c_2 & c_3 & p \\ d_1 & d_2 & d_3 & p \end{vmatrix}$,求 $A_{11}+A_{21}+A_{31}+A_{41}$.

10. 设4阶行列式 $D_4=\begin{vmatrix} 3 & 0 & 4 & 0 \\ 2 & 2 & 2 & 2 \\ 0 & -7 & 0 & 0 \\ 5 & 3 & -2 & 2 \end{vmatrix}$,求 $M_{41}+M_{42}+M_{43}+M_{44}$.

11. 计算行列式

$$D_n = \begin{vmatrix} x_1+1 & x_1+2 & \cdots & x_1+n \\ x_2+1 & x_2+2 & \cdots & x_2+n \\ \vdots & \vdots & & \vdots \\ x_n+1 & x_n+2 & \cdots & x_n+n \end{vmatrix} \quad (n \geqslant 2)$$

*12. 计算 $D_n = \begin{vmatrix} 1 & 1 & 1 & \cdots & 1 \\ 1 & 2-x & 1 & \cdots & 1 \\ 1 & 1 & 3-x & \cdots & 1 \\ \vdots & \vdots & \vdots & & \vdots \\ 1 & 1 & 1 & \cdots & (n-1)-x \end{vmatrix}$.

*13. 计算 $D_{n+1} = \begin{vmatrix} x+1 & x & x & \cdots & x \\ x & x+2 & x & \cdots & x \\ x & x & x+2^2 & \cdots & x \\ \vdots & \vdots & \vdots & & \vdots \\ x & x & x & \cdots & x+2^n \end{vmatrix}$.

*14. 计算 $D_n = \begin{vmatrix} 1 & 2 & 2 & \cdots & 2 \\ 2 & 2 & 2 & \cdots & 2 \\ 2 & 2 & 3 & \cdots & 2 \\ \vdots & \vdots & \vdots & & \vdots \\ 2 & 2 & 2 & \cdots & n \end{vmatrix}$.

*15. 求极限 $\lim\limits_{x\to 0} \dfrac{\begin{vmatrix} x & x^2 & x^3 \\ 1 & 2 & 3 \\ \sin x & x & 2 \end{vmatrix}}{\begin{vmatrix} 1 & 1 & 1 \\ 1+\sin x & \cos x & 1 \\ -1 & 0 & 1 \end{vmatrix}}$.

*16. 设 $f(x),g(x),\varphi(x)$ 在闭区间 $[a,b]$ 上连续,在开区间 (a,b) 内可导,试证:至少存在一个 $\xi \in (a,b)$,使 $\begin{vmatrix} f(a) & g(a) & \varphi(a) \\ f(b) & g(b) & \varphi(b) \\ f(\xi) & g(\xi) & \varphi(\xi) \end{vmatrix} = 0$.

单元自测题 1

1. 填空题

(1) 当 $i =$ ______ 且 $j =$ ______ 时,排列 $391i65j47$ 为偶排列.

(2) 设排列 $i_1 i_2 \cdots i_9$ 的逆序数为 20,则排列 $i_9 i_8 \cdots i_2 i_1$ 的逆序数为______.

(3)4 阶行列式中所有带负号且包含 $a_{11}a_{23}$ 的项为______.

(4) $\boldsymbol{A}_1$, $\boldsymbol{A}_2$, $\boldsymbol{A}_3$ 是 3 阶行列式 $|\boldsymbol{A}|$ 的 3 个列, $|\boldsymbol{A}| = |\boldsymbol{A}_1, \boldsymbol{A}_2, \boldsymbol{A}_3| = 2$, 则 $|\boldsymbol{A}_3 - 2\boldsymbol{A}_1, 3\boldsymbol{A}_2, \boldsymbol{A}_3| =$ ______.

(5) 设多项式 $f(x) = \begin{vmatrix} x & x & 3 \\ 5x & 1 & 3 \\ 1 & 2 & -3x \end{vmatrix}$, 则 $f(x)$ 中 x^3 的系数为______.

2. 选择题

(1) 若 $\boldsymbol{\alpha}_1, \boldsymbol{\alpha}_2, \boldsymbol{\alpha}_3, \boldsymbol{\beta}_1, \boldsymbol{\beta}_2$ 都可以作为 4 阶行列式的列, 且 4 阶行列式 $|\boldsymbol{\alpha}_1, \boldsymbol{\alpha}_2, \boldsymbol{\alpha}_3, \boldsymbol{\beta}_1| = m$, $|\boldsymbol{\alpha}_1, \boldsymbol{\alpha}_2, \boldsymbol{\beta}_2, \boldsymbol{\alpha}_3| = n$, 则 $|\boldsymbol{\alpha}_3, \boldsymbol{\alpha}_2, \boldsymbol{\alpha}_1, (\boldsymbol{\beta}_1 + \boldsymbol{\beta}_2)| =$ (　)

A. $m + n$　　B. $-(m + n)$　　C. $n - m$　　D. $m - n$

(2) 线性方程组 $\begin{cases} kx_1 + 2x_2 + x_3 = 0 \\ 2x_1 + kx_2 = 0 \\ x_1 - x_2 + x_3 = 0 \end{cases}$ 仅有零解的充分必要条件是(　)

A. $k = 3$ 或 $k = -2$　　B. $k = 3$ 且 $k = -2$

C. $k \neq 3$ 且 $k \neq -2$　　D. $k \neq 3$ 或 $k \neq -2$

(3) 行列式 $D = 0$, 则必有(　)

A. D 中必有某一行(列)元素为零

B. D 中必有某两行(列)对应成比例

C. D 中必有某一行(列)是另外两行(列)的和

D. D 中必有某一行(列)是其余各行(列)的线性组合

(4) 方程 $\begin{vmatrix} x & 1 & 1 \\ 1 & x & 1 \\ 1 & 1 & x \end{vmatrix} = 0$ 的根是(　)

A. $x_1 = 1, x_2 = 2, x_3 = 3$　　B. $x_1 = x_2 = 1, x_3 = -2$

C. $x_1 = 1, x_2 = x_3 = -2$　　D. $x_1 = -1, x_2 = -2, x_3 = -3$

(5) $\begin{vmatrix} 1 & 0 & 0 & 0 & 0 & 0 \\ 3 & 2 & 0 & 0 & 0 & 0 \\ 2 & 3 & -1 & 0 & 0 & 0 \\ 1 & 0 & 1 & 2 & 3 & 4 \\ 1 & 1 & 0 & 0 & 5 & 7 \\ 0 & 1 & 1 & 0 & 0 & -1 \end{vmatrix} =$ (　)

A. 19　　B. 20　　C. -19　　D. -20

3. 用定义计算:

(1) $\begin{vmatrix} 0 & a & 0 & 0 \\ 0 & 0 & 0 & a \\ 0 & 0 & a & 0 \\ a & 0 & 0 & 0 \end{vmatrix}$;

(2) $\begin{vmatrix} a_1 & b_1 & c_1 & d_1 \\ 0 & 0 & c_2 & d_2 \\ 0 & 0 & c_3 & d_3 \\ 0 & 0 & c_4 & d_4 \end{vmatrix}$;

(3) $\begin{vmatrix} 0 & 1 & 0 & \cdots & 0 \\ 0 & 0 & 2 & \cdots & 0 \\ \vdots & \vdots & \vdots & & \vdots \\ 0 & 0 & 0 & \cdots & n-1 \\ n & 0 & 0 & \cdots & 0 \end{vmatrix}$.

4. 计算行列式:

(1) $\begin{vmatrix} 1 & 2 & 3 & 4 \\ 2 & 3 & 4 & 1 \\ 3 & 4 & 1 & 2 \\ 4 & 1 & 2 & 3 \end{vmatrix}$;

(2) $\begin{vmatrix} a & e & e & e \\ e & b & e & e \\ e & e & c & e \\ e & e & e & d \end{vmatrix}$;

(3) $\begin{vmatrix} 1 & 1 & 1 & 1 \\ 2 & 3 & 4 & 5 \\ 4 & 9 & 16 & 25 \\ 8 & 27 & 64 & 125 \end{vmatrix}$;

(4) 设 $D = \begin{vmatrix} 3 & 1 & -1 & 2 \\ -5 & 1 & 3 & -4 \\ 2 & 0 & 1 & -1 \\ 1 & -5 & 3 & -3 \end{vmatrix}$, D 的 (i,j) 元素的代数余子式为 A_{ij}, 求 $A_{31} + 3A_{32} - 2A_{33} + 2A_{34}$.

5. 证明: $\begin{vmatrix} a & b & a+b \\ b & a+b & a \\ a+b & a & b \end{vmatrix} = -2(a^3+b^3)$.

6. 问 λ, μ 为何值时,齐次线性方程组

$$\begin{cases} \lambda x_1 + x_2 + x_3 = 0 \\ x_1 + \mu x_2 + x_3 = 0 \\ x_1 + 2\mu x_2 + x_3 = 0 \end{cases}$$

有非零解?

考研参考资料

线性代数的主要工具是矩阵,而行列式是矩阵的主要工具,所以关于行列式的计算涉及线性代数的始终.后面的每一章都有关于行列式计算的问题,而纵观最近20多年的考研试题,关于行列式计算的问题 ,也大多是贯穿全书内容的问题.因此下面介绍的资料有些要等到学完后面的内容才能作.

基本的题型大致有

题型Ⅰ 数字型行列式的计算

设
$$\begin{vmatrix} 1 & 2 & 3 & 4 & 5 \\ 1 & 1 & 1 & 2 & 2 \\ 3 & 2 & 1 & 4 & 6 \\ 2 & 2 & 2 & 1 & 1 \\ 4 & 3 & 1 & 5 & 0 \end{vmatrix}$$

计算:(1) $A_{31}+A_{32}+A_{33}$;(2) $A_{34}+A_{35}$;(3) $A_{51}+A_{52}+A_{53}+A_{54}+A_{55}$.

解:这样的题可解答是毋庸置疑的.要寻求比较简单的方法,以便节省时间.注意到元素 a_{ij} 的代数余子式 A_{ij} 仅与 a_{ij} 的位置有关,而与 a_{ij} 的符号及大小无关的性质,我们可以利用 Laplace 定理来简化运算

(1),(2) 一起考虑:由于

$$A_{31}+A_{32}+A_{33}+2A_{34}+2A_{35}=\begin{vmatrix} 1 & 2 & 3 & 4 & 5 \\ 1 & 1 & 1 & 2 & 2 \\ 1 & 1 & 1 & 2 & 2 \\ 2 & 2 & 2 & 1 & 1 \\ 4 & 3 & 1 & 5 & 0 \end{vmatrix}=0$$

$$2A_{31}+2A_{32}+2A_{33}+A_{34}+A_{35}=\begin{vmatrix} 1 & 2 & 3 & 4 & 5 \\ 1 & 1 & 1 & 2 & 2 \\ 2 & 2 & 2 & 1 & 1 \\ 2 & 2 & 2 & 1 & 1 \\ 4 & 3 & 1 & 5 & 0 \end{vmatrix}=0$$

所以可设

$$A_{31}+A_{32}+A_{33}=x, A_{34}+A_{35}=y$$

则有

$$\begin{cases} x+2y=0 \\ 2x+y=0 \end{cases} \Rightarrow \begin{cases} x=0 \\ y=0 \end{cases}$$

所以得

$$A_{31}+A_{32}+A_{33}=0, A_{34}+A_{35}=0$$

(3) 可得

$$A_{51}+A_{52}+A_{53}+A_{54}+A_{55}=\begin{vmatrix}1&2&3&4&5\\1&1&1&2&2\\3&2&1&4&6\\2&2&2&1&1\\1&1&1&1&1\end{vmatrix}\xlongequal[r_4-2r_5]{r_2-r_5}\begin{vmatrix}1&2&3&4&5\\0&0&0&1&1\\3&2&1&4&6\\0&0&0&-1&-1\\1&1&1&1&1\end{vmatrix}=0$$

题型 Ⅱ　n 阶行列式的计算

主要是利用行列式的性质来计算，如化成三角行列式.

计算

$$D_{n+1}=\begin{vmatrix}2&1-\frac{1}{n}&1-\frac{1}{n}&\cdots&1-\frac{1}{n}\\1-\frac{1}{n}&2&1-\frac{1}{n}&\cdots&1-\frac{1}{n}\\1-\frac{1}{n}&1-\frac{1}{n}&2&\cdots&1-\frac{1}{n}\\\vdots&\vdots&\vdots&&\vdots\\1-\frac{1}{n}&1-\frac{1}{n}&1-\frac{1}{n}&\cdots&2\end{vmatrix}$$

解:这是很典型的题，特点是把所有的行都加到第一行，结果第一行元素相等，即形如

$$D_{n+1}=\begin{vmatrix}a&x&\cdots&x\\x&a&\cdots&x\\\vdots&\vdots&&\vdots\\x&x&\cdots&a\end{vmatrix}$$

$r_1+r_2+\cdots+r_{n+1}$，提取公因子得

$$D=(nx+a)\begin{vmatrix}1&1&\cdots&1\\x&a&\cdots&x\\\vdots&\vdots&&\vdots\\x&x&\cdots&a\end{vmatrix}$$

$r_i-xr_1,i=2,3,\cdots,n+1$，得

$$D=(nx+a)\begin{vmatrix}1&1&\cdots&1\\0&a-x&\cdots&0\\\vdots&\vdots&&\vdots\\0&0&\cdots&a-x\end{vmatrix}=(a-x)^n(nx+a)$$

于是

$$D_{n+1}=\begin{vmatrix}2 & 1-\frac{1}{n} & 1-\frac{1}{n} & \cdots & 1-\frac{1}{n}\\ 1-\frac{1}{n} & 2 & 1-\frac{1}{n} & \cdots & 1-\frac{1}{n}\\ 1-\frac{1}{n} & 1-\frac{1}{n} & 2 & \cdots & 1-\frac{1}{n}\\ \vdots & \vdots & \vdots & & \vdots\\ 1-\frac{1}{n} & 1-\frac{1}{n} & 1-\frac{1}{n} & \cdots & 2\end{vmatrix}=$$

$$[2+(n-1)](2-1+\frac{1}{n})^{n}=\frac{(n+1)^{n+1}}{n^{n}}$$

还可以这样计算. 把每个元素都加$\frac{1}{n}-1$,得

$$(D_{n+1})_{*}=\begin{vmatrix}1+\frac{1}{n} & 0 & 0 & \cdots & 0\\ 0 & 1+\frac{1}{n} & 0 & \cdots & 0\\ 0 & 0 & 1+\frac{1}{n} & \cdots & 0\\ \vdots & \vdots & \vdots & & \vdots\\ 0 & 0 & 0 & \cdots & 1+\frac{1}{n}\end{vmatrix}=(1+\frac{1}{n})^{n+1}$$

而

$$A_{ii}=(1+\frac{1}{n})^{n}$$

于是

$$D=D_{*}-(\frac{1}{n}-1)\sum_{i=1}^{n+1}A_{ii}=(1+\frac{1}{n})^{n+1}+(1-\frac{1}{n})(n+1)(1+\frac{1}{n})^{n}=$$

$$(1+\frac{1}{n})^{n}[1+\frac{1}{n}+(1-\frac{1}{n})(n+1)]=$$

$$(1+\frac{1}{n})^{n}[1+\frac{1}{n}+1+n-1-\frac{1}{n}]=\frac{(n+1)^{n+1}}{n^{n}}$$

这类题有很多,如

$$\begin{vmatrix}a_n & & & & & b_n\\ & \ddots & & & \iddots & \\ & & a_1 & b_1 & & \\ & & c_1 & d_1 & & \\ & \iddots & & & \ddots & \\ c_n & & & & & d_n\end{vmatrix}$$

其中空白处的元素都是 0.

解: $-\frac{c_k}{a_k}\cdot r_k+r_{2n+1-k}(k=1,2,\cdots,n)$,得到

$$\begin{vmatrix} a_n & & & & & b_n \\ & \ddots & & & \iddots & \\ & & a_1 & b_1 & & \\ & & c_1 & d_1 & & \\ & \iddots & & & \ddots & \\ c_n & & & & & d_n \end{vmatrix} = \begin{vmatrix} a_n & & & & & b_n \\ & \ddots & & & \iddots & \\ & & a_1 & b_1 & & \\ & & 0 & d_1 - \frac{c_1 b_1}{a_1} & & \\ & \iddots & & & \ddots & \\ 0 & & & & & d_n - \frac{c_n b_n}{a_n} \end{vmatrix} =$$

$$a_1 a_2 \cdots a_n \left(d_1 - \frac{c_1 b_1}{a_1}\right)\left(d_2 - \frac{c_2 b_2}{a_2}\right) \cdots \left(d_n - \frac{c_n b_n}{a_n}\right) = \prod_{i=1}^{n} (a_i d_i - b_i c_i)$$

题型 Ⅲ　抽象行列式的计算

这类题行列式都没有具体给出,要充分利用性质解答.

1. 设A为3阶矩阵,$|A| = \frac{1}{3}$,则$\left|\left(\frac{1}{7}A\right)^{-1} - 12A^*\right| =$ ________.

解:利用可逆矩阵的性质

$$\left|\left(\frac{1}{7}A\right)^{-1} - 12A^*\right| = |7A^{-1} - 12|A|A^{-1}| = |3A^{-1}| = 27|A^{-1}| = 27 \times 3 = 81$$

2. 设A为n阶方阵,满足$AA^{\mathrm{T}} = E$,其中E为n阶单位矩阵,A^{T}是A的转置矩阵,并且$|A| < 0$,求$|A + E|$.

解:$|A + E| = |A + AA^{\mathrm{T}}| = |A||E + A^{\mathrm{T}}| = |A||(E + A)^{\mathrm{T}}| = |A||E + A|$,于是得$(1 - |A|)|A + E| = 0$,而$|A| < 0$,$(1 - |A|) > 0$,所以$|A + E| = 0$.

3. 设矩阵$A = \begin{pmatrix} 2 & 1 & 0 \\ 1 & 2 & 0 \\ 0 & 0 & 1 \end{pmatrix}$,矩阵$B$满足$ABA^* = 2BA^* + E$,计算$|B|$.

解:由于$|A| = 3$,所以$AA^* = A^*A = |A|E = 3E$,对$ABA^* = 2BA^* + E$两边同时右乘A,得$3AB = 6B + A \Rightarrow (3A - 6E)B = A$,所以

$$|B| = \frac{|A|}{|3A - 6E|} = \frac{|A|}{3^3|A - 2E|}$$

而$|A - 2E| = \begin{vmatrix} 0 & 1 & 0 \\ 1 & 0 & 0 \\ 0 & 0 & -1 \end{vmatrix} = 1$,所以$|B| = \frac{3}{27} = \frac{1}{9}$.

4. 设A,B均为3阶矩阵,且$|A| = 3$,$|B| = 2$,$|A^{-1} + B| = 2$,则$|A + B^{-1}| =$ ________.

解:由于$|A| = 3$,$|B| = 2$,则两个矩阵都可逆,所以有$E = AA^{-1} = BB^{-1}$,于是

$$A + B^{-1} = ABB^{-1} + AA^{-1}B^{-1} = A(B + A^{-1})B^{-1}$$

所以
$$|A + B^{-1}| = |A||B + A^{-1}||B^{-1}| = 3 \times 2 \times \frac{1}{2} = 3$$

5. 设A为3阶矩阵,$|A + 2E| = |A + 3E| = |A - 4E| = 0$,$|A^* + 5E| =$ ________.

解:这是用矩阵的特征值的性质问题,由矩阵的特征值的定义可知 $\lambda=-2,\lambda=-3,\lambda=4$ 是3阶矩阵 $\boldsymbol{A}$ 的特征值，于是得 $|\boldsymbol{A}|=24$,这样由 $\boldsymbol{A}^*=|\boldsymbol{A}|\boldsymbol{A}^{-1}$,知 $\boldsymbol{A}^*$ 的特征值为 $\frac{|\boldsymbol{A}|}{\lambda}$,即 $-12,-8,6$,$\boldsymbol{A}^*+5\boldsymbol{E}$ 特征值为 $-7,-3,11$,所以 $|\boldsymbol{A}^*+5\boldsymbol{E}|=(-7)\times(-3)\times(11)=231$.

6. 若 $\boldsymbol{A}$ 为3阶矩阵,$|\boldsymbol{A}+\boldsymbol{E}|=|\boldsymbol{A}-\boldsymbol{E}|=|\boldsymbol{A}+2\boldsymbol{E}|=0$,求 $|\boldsymbol{A}^{-1}|$,$|\boldsymbol{A}^*|$,$|\boldsymbol{A}+7\boldsymbol{E}|$,$|\boldsymbol{A}^2+3\boldsymbol{A}+4\boldsymbol{E}|$.

解:可知 $\lambda=-1,\lambda=1,\lambda=-2$ 是3阶矩阵 $\boldsymbol{A}$ 的特征值，于是得 $|\boldsymbol{A}|=2$,于是 $|\boldsymbol{A}^{-1}|=\frac{1}{2}$,$\boldsymbol{A}^*$ 的特征值为 $\frac{|\boldsymbol{A}|}{\lambda}$,即 $-2,2,-1$,所以 $|\boldsymbol{A}^*|=4$,$|\boldsymbol{A}+7\boldsymbol{E}|=(-1+7)\cdot(1+7)(-2+7)=140$.

设 $\varphi(\boldsymbol{A})=\boldsymbol{A}^2+3\boldsymbol{A}+4\boldsymbol{E}$,则它的特征值为

$$\varphi(-1)=1-3+4=2,\varphi(1)=1+3+4=8,\varphi(-2)=4-6-8=-10$$

所以
$$|\boldsymbol{A}^2+3\boldsymbol{A}+4\boldsymbol{E}|=\varphi(-1)\varphi(1)\varphi(-2)=-160$$

基本题型Ⅳ 判定行列式 $|\boldsymbol{A}|$ 是否等于零

1. 设 $\boldsymbol{A},\boldsymbol{B}$ 是正交矩阵,且 $\frac{|\boldsymbol{A}|}{|\boldsymbol{B}|}=-1$,证明:$|\boldsymbol{A}+\boldsymbol{B}|=0$.

证明:利用正交矩阵的性质 $\boldsymbol{A}\boldsymbol{A}^{\mathrm{T}}=\boldsymbol{B}\boldsymbol{B}^{\mathrm{T}}=\boldsymbol{E}$ 来证明

$$|\boldsymbol{A}+\boldsymbol{B}||\boldsymbol{A}|=|(\boldsymbol{A}+\boldsymbol{B})\boldsymbol{A}^{\mathrm{T}}|=|\boldsymbol{E}+\boldsymbol{B}\boldsymbol{A}^{\mathrm{T}}|=|\boldsymbol{B}\boldsymbol{B}^{\mathrm{T}}+\boldsymbol{B}\boldsymbol{A}^{\mathrm{T}}|=$$
$$|\boldsymbol{B}(\boldsymbol{B}+\boldsymbol{A})^{\mathrm{T}}|=|\boldsymbol{B}||\boldsymbol{A}+\boldsymbol{B}|$$

由题设 $\frac{|\boldsymbol{A}|}{|\boldsymbol{B}|}=-1$,得 $2|\boldsymbol{A}+\boldsymbol{B}|=0$,所以 $|\boldsymbol{A}+\boldsymbol{B}|=0$.

2. 已知 $\boldsymbol{\xi}$ 是 n 维向量,且 $\boldsymbol{\xi}^{\mathrm{T}}\boldsymbol{\xi}=1$,若 $\boldsymbol{A}=\boldsymbol{E}-\boldsymbol{\xi}\boldsymbol{\xi}^{\mathrm{T}}$,证明:$|\boldsymbol{A}|=0$.

证明:由题设有

$$\boldsymbol{A}\boldsymbol{\xi}=(\boldsymbol{E}-\boldsymbol{\xi}\boldsymbol{\xi}^{\mathrm{T}})\boldsymbol{\xi}=\boldsymbol{\xi}-\boldsymbol{\xi}(\boldsymbol{\xi}^{\mathrm{T}}\boldsymbol{\xi})=\boldsymbol{\xi}-\boldsymbol{\xi}=\boldsymbol{0}$$

表明 $\boldsymbol{\xi}$ 是齐次线性方程组 $\boldsymbol{A}\boldsymbol{x}=\boldsymbol{0}$ 的非零解,所以 $|\boldsymbol{A}|=0$.

3. 设 $\boldsymbol{A}$ 为非零 n 阶矩阵,$\boldsymbol{A}^*$,$\boldsymbol{A}^{\mathrm{T}}$ 分别是它的伴随与转置,当 $\boldsymbol{A}^*=\boldsymbol{A}^{\mathrm{T}}$ 时,证明:$|\boldsymbol{A}|\neq 0$.

证法一:用行列式的 Laplace 定理,由于 $\boldsymbol{A}$ 为非零 n 阶矩阵,所以至少有一个元素不为零,不妨设 $a_{ij}\neq 0$,而 $\boldsymbol{A}^*=\boldsymbol{A}^{\mathrm{T}}$,所以 $A_{ij}=a_{ij}(i,j=1,2,\cdots,n)$.

由行列式的 Laplace 定理得

$$|\boldsymbol{A}|=a_{i1}A_{i1}+\cdots+a_{ij}A_{ij}+\cdots+a_{in}A_{in}=a_{i1}^2+\cdots+a_{ij}^2+\cdots+a_{in}^2>0$$

证法二:反证法,设 $|\boldsymbol{A}|=0$,由于 $\boldsymbol{A}^*=\boldsymbol{A}^{\mathrm{T}}$,所以

$$\boldsymbol{A}\boldsymbol{A}^*=\boldsymbol{A}\boldsymbol{A}^{\mathrm{T}}=|\boldsymbol{A}|\boldsymbol{E}=\boldsymbol{O}$$

于是有 $r(\boldsymbol{A})=r(\boldsymbol{A}^{\mathrm{T}})=r(\boldsymbol{A}^*)$,及存在 $A_{ij}=a_{ij}\neq 0$,所以 $r(\boldsymbol{A})=n-1=r(\boldsymbol{A}^{\mathrm{T}})=r(\boldsymbol{A}^*)$ 这与 $r(\boldsymbol{A}^*)=1$ 矛盾.

第 2 章 矩阵及其运算

矩阵是线性代数的主要研究对象之一，线性代数中的很多问题，都可以归结为矩阵的运算与变换. 本章主要讨论有关矩阵运算的一些基本事实.

2.1 矩阵的概念及运算

2.1.1 矩阵的概念

矩阵与行列式一样，是从研究线性方程组的问题引出来的. 不过行列式是从特殊的线性方程组，即未知数的个数与方程的个数相等的线性方程组的问题引出来的，而矩阵则是从最一般的线性方程组的问题引出来的，所以矩阵的应用就比行列式广泛得多. 所谓最一般的方程组就是

$$\begin{cases} a_{11}x_1 + a_{12}x_2 + \cdots + a_{1n}x_n = b_1 \\ a_{21}x_1 + a_{22}x_2 + \cdots + a_{2n}x_n = b_2 \\ \qquad\vdots \\ a_{m1}x_1 + a_{m2}x_2 + \cdots + a_{mn}x_n = b_m \end{cases} \tag{1}$$

其中未知数的个数 n 与方程组的个数 m 未必相同. 如果把未知数的系数按照其在(1) 中原有的位置排成一个矩形的样子，就得出一个所谓 m 行 n 列矩阵.

定义 1 把 mn 个数 $a_{ij}(i = 1,2,\cdots,m; j = 1,2,\cdots,n)$ 排成一个矩形的样子如下

$$\begin{pmatrix} a_{11} & a_{12} & \cdots & a_{1n} \\ a_{21} & a_{22} & \cdots & a_{2n} \\ \vdots & \vdots & & \vdots \\ a_{m1} & a_{m2} & \cdots & a_{mn} \end{pmatrix}$$

则这 mn 个数及其相对位置在一起的这个整体就叫做一个 m 行 n 列矩阵，也称为 $m \times n$ 矩阵. 横的各排叫做矩阵的行，纵的各排叫做矩阵的列；a_{ij} 叫做此矩阵的第 i 行第 j 列的元素，或叫 (i,j) 位置的元素. 通常用一个大写黑斜体的英文字母 $\boldsymbol{A},\boldsymbol{B},\boldsymbol{C},\cdots$ 来表示一个矩

阵,上面的矩阵就可以表示成 $\boldsymbol{A}$,或者 $\boldsymbol{A}_{m\times n}$,或 $(a_{ij})_{m\times n}$;如果 $m = n$,则 $\boldsymbol{A}$ 可简称为正方形矩阵或 n 阶方阵.

必须注意,n 阶矩阵与 n 阶行列式是不同的,虽然它们在外表上仅有一点小小的差别,即前者是用圆括号把 n^2 个数 a_{ij} 括起来,后者是用两条竖线段把 n^2 个数 a_{ij} 围起来,但是它们的意义却有很大的区别. 前者是这 n^2 个数 a_{ij} 及其相对位置的一个整体,后者却是一个复杂的有着 $n!$ 项的代数和,最终表示的是一个数. 即使是一阶矩阵与一阶行列式也是不同的.

当 $m = 1$ 时,$(a_{11}, a_{12}, \cdots, a_{1n})$ 可以简称为一个 n 元行矩阵,也叫做 n 元行向量;当 $n = 1$ 时,$\begin{pmatrix} a_{11} \\ a_{21} \\ \vdots \\ a_{m1} \end{pmatrix}$ 叫做一个 m 元列矩阵或叫做 m 元列向量.

矩阵之所以有用,不在于把一些数排成矩形的样子,主要是我们可以对矩阵进行一些有实际意义的运算,使得它成为我们研究线性方程组的有力工具.

两个矩阵的行数、列数都相同,称它们是同型矩阵,两个同型矩阵的所有的对应位置的元素都相等时,称两个矩阵相等,即

$$(a_{ij})_{m\times n} = (b_{ij})_{m\times n} \Leftrightarrow a_{ij} = b_{ij}(i = 1,2,\cdots,m; j = 1,2,\cdots,n)$$

元素都是零的矩阵叫零矩阵,用大写的黑斜体英文字母 $\boldsymbol{O}$ 表示,即

$$\boldsymbol{O} = (0)_{m\times n} \text{ 或 } \boldsymbol{O} = (0)_{n\times n}$$

零向量一般用 $\mathbf{0}$ 表示.

在 n 阶矩阵中,如果只有对角线上的元素不为零,则叫对角矩阵,一般用大写的黑斜体希腊字母 $\boldsymbol{\Lambda}$ 表示,即

$$\boldsymbol{\Lambda} = \begin{pmatrix} a_1 & & & \\ & a_2 & & \\ & & \ddots & \\ & & & a_n \end{pmatrix}$$

或者用 $\mathrm{diag}(a_1 \quad a_2 \quad \cdots \quad a_n)$ 表示.

在对角矩阵中,如果对角线上的元素都是 1,就称它为单位矩阵,一般用大写的黑斜体英文字母 $\boldsymbol{E}$ 表示,即

$$\boldsymbol{E} = \begin{pmatrix} 1 & & & \\ & 1 & & \\ & & \ddots & \\ & & & 1 \end{pmatrix}$$

如果一个矩阵的每一个元素都是实数,那么这个矩阵叫实矩阵;如果一个矩阵的每一个元素都是复数,那么这个矩阵就叫复矩阵. 本书所研究的矩阵都是实矩阵.

2.1.2　矩阵的运算

定义 2(矩阵的数乘)　数 k 乘以矩阵 $\boldsymbol{A}$ 的每一个元素而得的矩阵叫做 k 与 $\boldsymbol{A}$ 的积,记

做 $k\boldsymbol{A}$,或者 $\boldsymbol{A}k$,就是

$$k\boldsymbol{A} = \boldsymbol{A}k = \begin{pmatrix} ka_{11} & ka_{12} & \cdots & ka_{1n} \\ ka_{21} & ka_{22} & \cdots & ka_{2n} \\ \vdots & \vdots & & \vdots \\ ka_{m1} & ka_{m2} & \cdots & ka_{mn} \end{pmatrix}$$

很容易证明数乘矩阵满足下面的运算规律(设 $\boldsymbol{A},\boldsymbol{B}$ 为同型矩阵,λ,μ 都是实数)

(1)$(\lambda\mu)\boldsymbol{A} = \lambda(\mu\boldsymbol{A})$;

(2)$(\lambda+\mu)\boldsymbol{A} = \lambda\boldsymbol{A}+\mu\boldsymbol{A}$;

(3)$\lambda(\boldsymbol{A}+\boldsymbol{B}) = \lambda\boldsymbol{A}+\lambda\boldsymbol{B}$.

如果把一个矩阵的每一个元素换成它的相反数就相当于用数 -1 去乘这个矩阵,把乘得的矩阵叫做原来矩阵的负矩阵,就是

$$-\boldsymbol{A} = (-a_{ij})_{m\times n}$$

定义 3(矩阵的加法) 设 $\boldsymbol{A},\boldsymbol{B}$ 都是同型矩阵,把它们对应位置的元素相加而得到的矩阵叫做 $\boldsymbol{A},\boldsymbol{B}$ 的和,记做 $\boldsymbol{A}+\boldsymbol{B}$,就是

$$\boldsymbol{A}+\boldsymbol{B} = \begin{pmatrix} a_{11} & a_{12} & \cdots & a_{1n} \\ a_{21} & a_{22} & \cdots & a_{2n} \\ \vdots & \vdots & & \vdots \\ a_{m1} & a_{m2} & \cdots & a_{mn} \end{pmatrix} + \begin{pmatrix} b_{11} & b_{12} & \cdots & b_{1n} \\ b_{21} & b_{22} & \cdots & b_{2n} \\ \vdots & \vdots & & \vdots \\ b_{m1} & b_{m2} & \cdots & b_{mn} \end{pmatrix} =$$

$$\begin{pmatrix} a_{11}+b_{11} & a_{12}+b_{12} & \cdots & a_{1n}+b_{1n} \\ a_{21}+b_{21} & a_{22}+b_{22} & \cdots & a_{2n}+b_{2n} \\ \vdots & \vdots & & \vdots \\ a_{m1}+b_{m1} & a_{m2}+b_{m2} & \cdots & a_{mn}+b_{mn} \end{pmatrix}$$

或者

$$\boldsymbol{A}+\boldsymbol{B} = (a_{ij})_{m\times n} + (b_{ij})_{m\times n} = (a_{ij}+b_{ij})_{m\times n}$$

矩阵的加法满足下面的运算规律:

(1)$\boldsymbol{A}+(\boldsymbol{B}+\boldsymbol{C}) = (\boldsymbol{A}+\boldsymbol{B})+\boldsymbol{C}$;

(2)$\boldsymbol{A}+\boldsymbol{B} = \boldsymbol{B}+\boldsymbol{A}$;

(3)$\boldsymbol{O}+\boldsymbol{A} = \boldsymbol{A}$;

(4) 对于任意矩阵 $\boldsymbol{A}$,都存在同型矩阵 $-\boldsymbol{A}$,使 $\boldsymbol{A}+(-\boldsymbol{A}) = \boldsymbol{O}$,于是有

$$\overbrace{\boldsymbol{A}+\boldsymbol{A}+\cdots+\boldsymbol{A}}^{m} = m\boldsymbol{A},\boldsymbol{A}-\boldsymbol{B} = \boldsymbol{A}+(-\boldsymbol{B})$$

矩阵的加法运算与数乘运算,统称为矩阵的线性运算.

上面的两种运算都很简单,下面要定义一种比较复杂但很重要的运算,即矩阵的乘法运算,我们先看看它是怎样从实际需要中引出的.

当三个变数 x,y,z 有这样的关系:$x = ay$,$y = bz$,直接表示出 x,z 的关系 $x = cz$ 时,只需要把系数 a,b 相乘便可以得到系数 c 了,即 $x = (ab)z$,于是 $ab = c$.(这可以看成是一阶矩阵的情况)

进一步,如果 x_1,x_2 与 y_1,y_2,y_3 有关系

$$\begin{cases} x_1 = a_{11}y_1 + a_{12}y_2 + a_{13}y_3 \\ x_2 = a_{21}y_1 + a_{22}y_2 + a_{23}y_3 \end{cases}$$

设
$$A = \begin{pmatrix} a_{11} & a_{12} & a_{13} \\ a_{21} & a_{22} & a_{23} \end{pmatrix}$$

y_1,y_2,y_3 与 z_1,z_2 有关系

$$\begin{cases} y_1 = b_{11}z_1 + b_{12}z_2 \\ y_2 = b_{21}z_1 + b_{22}z_2 \\ y_3 = b_{31}z_1 + b_{32}z_2 \end{cases}$$

设
$$B = \begin{pmatrix} b_{11} & b_{12} \\ b_{21} & b_{22} \\ b_{31} & b_{32} \end{pmatrix}$$

那么直接表示出 x,z 的关系只需要把 y_1,y_2,y_3 的表达式代入 x_1,x_2 的表达式,即

$$\begin{cases} x_1 = (a_{11}b_{11} + a_{12}b_{21} + a_{13}b_{31})z_1 + (a_{11}b_{12} + a_{12}b_{22} + a_{13}b_{32})z_2 \\ x_2 = (a_{21}b_{11} + a_{22}b_{21} + a_{23}b_{31})z_1 + (a_{21}b_{12} + a_{22}b_{22} + a_{23}b_{32})z_2 \end{cases}$$

$$\begin{cases} x_1 = (\sum_{k=1}^{3} a_{1k}b_{k1})z_1 + (\sum_{k=1}^{3} a_{1k}b_{k2})z_2 \\ x_2 = (\sum_{k=1}^{3} a_{2k}b_{k1})z_1 + (\sum_{k=1}^{3} a_{2k}b_{k2})z_2 \end{cases}$$

设
$$C = \begin{pmatrix} \sum_{k=1}^{3} a_{1k}b_{k1} & \sum_{k=1}^{3} a_{1k}b_{k2} \\ \sum_{k=1}^{3} a_{2k}b_{k1} & \sum_{k=1}^{3} a_{2k}b_{k2} \end{pmatrix}$$

仿照一阶矩阵的情况我们定义 $AB = C$,更一般地有

定义 4　矩阵的乘法

设 $A = (a_{ij})_{m\times p}$,$B = (b_{ij})_{p\times n}$,规定 A 与 B 的乘积是一个 $m\times n$ 型矩阵 $C = (c_{ij})_{m\times n}$,其中

$$c_{ij} = a_{i1}b_{1j} + a_{i2}b_{2j} + \cdots + a_{ip}b_{pj} = \sum_{k=1}^{p} a_{ik}b_{kj} \quad (i = 1,2,\cdots,m;j = 1,2,\cdots,n)$$

记做 $AB = C$. 读做矩阵 A 左乘以矩阵 B,或者矩阵 B 右乘以矩阵 A. 这个乘法表示如下

$$\begin{pmatrix} \cdots & \cdots & \cdots & \cdots \\ a_{i1} & a_{i2} & \cdots & a_{ip} \\ \cdots & \cdots & \cdots & \cdots \\ \cdots & \cdots & \cdots & \cdots \end{pmatrix}\begin{pmatrix} \vdots & b_{1j} & \vdots & \vdots \\ \vdots & b_{2j} & \vdots & \vdots \\ \vdots & \vdots & \vdots & \vdots \\ \vdots & b_{pj} & \vdots & \vdots \end{pmatrix} = \begin{pmatrix} & \vdots & \\ \cdots & c_{ij} & \cdots \\ & \vdots & \end{pmatrix}$$

必须指出:两个矩阵只有当第一个(左边的)矩阵的列数等于第二个(右边的)矩阵的行数时才能相乘.

看几个例子,从中可以看出矩阵的乘法的一些特性.

(1) 设

$$A=\begin{pmatrix}1&0&1\\0&1&2\end{pmatrix},B=\begin{pmatrix}1&1\\0&2\\2&1\end{pmatrix},C=\begin{pmatrix}1&2\\1&3\end{pmatrix}$$

我们有

$$(AB)C=\left(\begin{pmatrix}1&0&1\\0&1&2\end{pmatrix}\begin{pmatrix}1&1\\0&2\\2&1\end{pmatrix}\right)\begin{pmatrix}1&2\\1&3\end{pmatrix}=\begin{pmatrix}3&2\\4&4\end{pmatrix}\begin{pmatrix}1&2\\1&3\end{pmatrix}=\begin{pmatrix}5&12\\8&20\end{pmatrix}$$

$$A(BC)=\begin{pmatrix}1&0&1\\0&1&2\end{pmatrix}\left(\begin{pmatrix}1&1\\0&2\\2&1\end{pmatrix}\begin{pmatrix}1&2\\1&3\end{pmatrix}\right)=\begin{pmatrix}1&0&1\\0&1&2\end{pmatrix}\begin{pmatrix}2&5\\2&6\\3&7\end{pmatrix}=\begin{pmatrix}5&12\\8&20\end{pmatrix}$$

于是猜想:$(AB)C=A(BC)$.

(2) 设

$$A=\begin{pmatrix}3&2\\4&4\end{pmatrix},B=\begin{pmatrix}1&2\\1&3\end{pmatrix}$$

有

$$AB=\begin{pmatrix}3&2\\4&4\end{pmatrix}\begin{pmatrix}1&2\\1&3\end{pmatrix}=\begin{pmatrix}5&12\\8&20\end{pmatrix}$$

$$BA=\begin{pmatrix}1&2\\1&3\end{pmatrix}\begin{pmatrix}3&2\\4&4\end{pmatrix}=\begin{pmatrix}11&10\\15&14\end{pmatrix}$$

表明两个矩阵相乘时,一般不能交换位置,即使能够交换位置,相乘的积也未必相等.

(3) 设

$$A=\begin{pmatrix}1&-1\\-1&1\\1&-1\end{pmatrix},B=\begin{pmatrix}1&2\\1&2\end{pmatrix}$$

有

$$AB=\begin{pmatrix}1&-1\\-1&1\\1&-1\end{pmatrix}\begin{pmatrix}1&2\\1&2\end{pmatrix}=\begin{pmatrix}0&0\\0&0\\0&0\end{pmatrix}$$

表明 $A\neq O,B\neq O$ 时,可能有 $AB=O$.

(4) 设

$$A=\begin{pmatrix}1&0&1\\0&1&2\end{pmatrix},E_3=\begin{pmatrix}1&&\\&1&\\&&1\end{pmatrix},E_2=\begin{pmatrix}1&\\&1\end{pmatrix}$$

有

$$AE_3=\begin{pmatrix}1&0&1\\0&1&2\end{pmatrix}\begin{pmatrix}1&&\\&1&\\&&1\end{pmatrix}=\begin{pmatrix}1&0&1\\0&1&2\end{pmatrix}=A$$

$$E_2A = \begin{pmatrix} 1 & \\ & 1 \end{pmatrix}\begin{pmatrix} 1 & 0 & 1 \\ 0 & 1 & 2 \end{pmatrix} = \begin{pmatrix} 1 & 0 & 1 \\ 0 & 1 & 2 \end{pmatrix} = A$$

综合上面的情况,矩阵的乘法满足下面的运算规律:

(1)$(\boldsymbol{AB})\boldsymbol{C} = \boldsymbol{A}(\boldsymbol{BC})$;

(2)$k(\boldsymbol{AB}) = (k\boldsymbol{A})\boldsymbol{B} = \boldsymbol{A}(k\boldsymbol{B}), k \in \mathbf{R}$;

(3)$\boldsymbol{A}(\boldsymbol{B}+\boldsymbol{C}) = \boldsymbol{AB}+\boldsymbol{AC}, (\boldsymbol{B}+\boldsymbol{C})\boldsymbol{A} = \boldsymbol{BA}+\boldsymbol{CA}$;

(4) $\boldsymbol{E}_m\boldsymbol{A}_{m\times n} = \boldsymbol{A}_{m\times n}, \boldsymbol{A}_{m\times n}\boldsymbol{E}_n = \boldsymbol{A}_{m\times n}$;

(5) 若 $\boldsymbol{AB} = \boldsymbol{O}$,未必有 $\boldsymbol{A} = \boldsymbol{O}$ 或者 $\boldsymbol{B} = \boldsymbol{O}$;$\boldsymbol{A} \neq \boldsymbol{O}, \boldsymbol{B} \neq \boldsymbol{O}$,可能有 $\boldsymbol{AB} = \boldsymbol{O}$.

通过后面的学习将会看到,线性代数的很多问题都是围绕"$\boldsymbol{A} \neq \boldsymbol{O}, \boldsymbol{B} \neq \boldsymbol{O}$,却有 $\boldsymbol{AB} = \boldsymbol{O}$"而展开的.

一个线性方程组

$$\begin{cases} a_{11}x_1 + a_{12}x_2 + \cdots + a_{1n}x_n = b_1 \\ a_{21}x_1 + a_{22}x_2 + \cdots + a_{2n}x_n = b_2 \\ \qquad\qquad\vdots \\ a_{m1}x_1 + a_{m2}x_2 + \cdots + a_{mn}x_n = b_m \end{cases}$$

写成矩阵乘积的形式就是 $\boldsymbol{AX} = \boldsymbol{B}$,其中

$$\boldsymbol{A} = \begin{pmatrix} a_{11} & a_{12} & \cdots & a_{1n} \\ a_{21} & a_{22} & \cdots & a_{2n} \\ \vdots & \vdots & & \vdots \\ a_{m1} & a_{m2} & \cdots & a_{mn} \end{pmatrix}, \boldsymbol{X} = \begin{pmatrix} x_1 \\ x_2 \\ \vdots \\ x_n \end{pmatrix}, \boldsymbol{B} = \begin{pmatrix} b_1 \\ b_2 \\ \vdots \\ b_m \end{pmatrix}$$

所谓的齐线性方程组

$$\begin{cases} a_{11}x_1 + a_{12}x_2 + \cdots + a_{1n}x_n = 0 \\ a_{21}x_1 + a_{22}x_2 + \cdots + a_{2n}x_n = 0 \\ \qquad\qquad\vdots \\ a_{m1}x_1 + a_{m2}x_2 + \cdots + a_{mn}x_n = 0 \end{cases}$$

写成矩阵乘积的形式就是

$$\boldsymbol{Ax} = \boldsymbol{0}$$

线性代数的主要问题就是求出这个齐次线性方程组的非零解(后面将会知道,就是求它的基础解系).

一个所谓的二次型

$$\begin{aligned} f(x_1, x_2, \cdots, x_n) = {} & a_{11}x_1^2 + a_{22}x_2^2 + \cdots + a_{nn}x_n^2 + \\ & 2a_{12}x_1x_2 + 2a_{13}x_1x_3 + \cdots + 2a_{1n}x_1x_n + \\ & 2a_{23}x_2x_3 + 2a_{24}x_2x_4 + \cdots + 2a_{2n}x_2x_n + \cdots + \\ & 2a_{n-1,n}x_{n-1}x_n \end{aligned}$$

可以写成矩阵乘积的形式就是

$$f(x_1, x_2, \cdots, x_n) = \boldsymbol{x}^{\mathrm{T}}\boldsymbol{Ax}$$

其中

$$A = \begin{pmatrix} a_{11} & a_{12} & \cdots & a_{1n} \\ a_{12} & a_{22} & \cdots & a_{2n} \\ \vdots & \vdots & & \vdots \\ a_{1n} & a_{2n} & \cdots & a_{nn} \end{pmatrix}, x = \begin{pmatrix} x_1 \\ x_2 \\ \vdots \\ x_n \end{pmatrix}$$

对于矩阵乘法运算所满足的规律,大多数都很容易证明,我们对较难的结合律给出证明.

先证明:$\sum_{i=1}^{m}\sum_{j=1}^{n} a_i b_j = \sum_{j=1}^{n}\sum_{i=1}^{m} a_i b_j$.

事实上

$$\begin{aligned}\sum_{i=1}^{m} a_i\left(\sum_{j=1}^{n} b_j\right) = \sum_{i=1}^{m} a_i(b_1 + b_2 + \cdots + b_n) = \sum_{i=1}^{m}(a_i b_1 + a_i b_2 \cdots + a_i b_n) = \\ a_1 b_1 + a_1 b_2 + \cdots + a_1 b_n + \\ a_2 b_1 + a_2 b_2 + \cdots + a_2 b_n + \cdots + \\ a_m b_1 + a_m b_2 + \cdots + a_m b_n\end{aligned}$$

同样可有

$$\begin{aligned}\sum_{j=1}^{n}\sum_{i=1}^{m} a_i b_j = b_1 a_1 + b_1 a_2 + \cdots + b_1 a_m + \\ b_2 a_1 + b_2 a_2 + \cdots + b_2 a_m + \cdots + \\ b_n a_1 + b_n a_2 + \cdots + b_n a_m\end{aligned}$$

上面两式显然相等,所以

$$\sum_{i=1}^{m}\sum_{j=1}^{n} a_i b_j = \sum_{j=1}^{n}\sum_{i=1}^{m} a_i b_j$$

这表明:双重和号可以交换次序.

下面证明矩阵乘法运算所满足的结合律.

设 $A = (a_{ij})_{m\times n}, B = (b_{ij})_{n\times p}, C = (c_{ij})_{m\times p}$

那么$(AB)C$与$A(BC)$都是$m \times q$同型矩阵,下面我们仅证明对应元素相等,令

$$AB = U = (u_{ij})_{m\times p}, BC = V = (v_{ij})_{n\times q}$$

由矩阵乘法知

$$u_{il} = \sum_{k=1}^{n} a_{ik} b_{kl}, v_{kj} = \sum_{l=1}^{p} b_{kl} c_{lj}$$

因此$(AB)C = UC$的第i行第j列的元素是

$$\sum_{l=1}^{p} u_{il} c_{lj} = \sum_{l=1}^{p}\left(\sum_{k=1}^{n} a_{ik} b_{kl}\right) c_{lj} = \sum_{l=1}^{p}\sum_{k=1}^{n} a_{ik} b_{kl} c_{lj} \tag{2}$$

另一方面,$A(BC) = AV$的第i行第j列的元素是

$$\sum_{k=1}^{n} a_{ik} v_{kj} = \sum_{k=1}^{n} a_{ik}\left(\sum_{l=1}^{p} b_{kl} c_{lj}\right) = \sum_{k=1}^{n}\sum_{l=1}^{p} a_{ik} b_{kl} c_{lj} \tag{3}$$

由于双重和号可以交换次序,所以(2)和(3)右端相等,所以

$$(AB)C = A(BC)$$

有了矩阵乘法结合律的成立,就可以定义方阵的乘方和幂.

设 $\boldsymbol{A}$ 是一个 n 阶方阵,约定

$$\boldsymbol{A}^0 = \boldsymbol{E}, \boldsymbol{A} = \boldsymbol{A}^1, \boldsymbol{AA} = \boldsymbol{A}^2, \cdots, \overbrace{\boldsymbol{A} \cdot \boldsymbol{A} \cdot \cdots \cdot \boldsymbol{A}}^{n} = \boldsymbol{A}^n$$

并且有

$$\boldsymbol{A}^m \cdot \boldsymbol{A}^n = \boldsymbol{A}^{m+n} = \boldsymbol{A}^{n+m} = \boldsymbol{A}^n \cdot \boldsymbol{A}^m$$

$$(\boldsymbol{A}^m)^n = \boldsymbol{A}^{mn}$$

设有一元 n 次多项式

$$f(x) = a_0 + a_1 x + a_2 x^2 + \cdots + a_n x^n$$

用方阵 $\boldsymbol{A}$ 替代 x 就得到

$$f(\boldsymbol{A}) = a_0 \boldsymbol{E} + a_1 \boldsymbol{A} + a_2 \boldsymbol{A}^2 + \cdots + a_n \boldsymbol{A}^n$$

叫做方阵 $\boldsymbol{A}$ 的 n 次多项式,也可以像多项式一样进行乘法运算与因式分解.

例如,$x^2 + 2x - 3 = (x+3)(x-1)$,那么就有

$$\boldsymbol{A}^2 + 2\boldsymbol{A} - 3\boldsymbol{E} = (\boldsymbol{A} + 3\boldsymbol{E})(\boldsymbol{A} - \boldsymbol{E})$$

2.1.3　矩阵的转置

定义 5　设 $m \times n$ 矩阵

$$\boldsymbol{A} = \begin{pmatrix} a_{11} & a_{12} & \cdots & a_{1n} \\ a_{21} & a_{22} & \cdots & a_{2n} \\ \vdots & \vdots & & \vdots \\ a_{m1} & a_{m2} & \cdots & a_{mn} \end{pmatrix}$$

把 $\boldsymbol{A}$ 的行换成列所得到的 $n \times m$ 矩阵

$$\begin{pmatrix} a_{11} & a_{21} & \cdots & a_{m1} \\ a_{12} & a_{22} & \cdots & a_{m2} \\ \vdots & \vdots & & \vdots \\ a_{1n} & a_{2n} & \cdots & a_{mn} \end{pmatrix}$$

叫做 $\boldsymbol{A}$ 的转置,记为$\boldsymbol{A}^{\mathrm{T}}$.

矩阵的转置满足下列规律:

(1) $(\boldsymbol{A}^{\mathrm{T}})^{\mathrm{T}} = \boldsymbol{A}$;

(2) $(\boldsymbol{A} + \boldsymbol{B})^{\mathrm{T}} = \boldsymbol{A}^{\mathrm{T}} + \boldsymbol{B}^{\mathrm{T}}$;

(3) $(\boldsymbol{AB})^{\mathrm{T}} = \boldsymbol{B}^{\mathrm{T}} \boldsymbol{A}^{\mathrm{T}}$;

(4) $(k\boldsymbol{A})^{\mathrm{T}} = k\boldsymbol{A}^{\mathrm{T}}$.

我们只验证(3),其他的都很好验证.

设

$$\boldsymbol{A} = \begin{pmatrix} a_{11} & a_{12} & \cdots & a_{1n} \\ a_{21} & a_{22} & \cdots & a_{2n} \\ \vdots & \vdots & & \vdots \\ a_{m1} & a_{m2} & \cdots & a_{mn} \end{pmatrix}, \boldsymbol{B} = \begin{pmatrix} b_{11} & b_{12} & \cdots & a_{1p} \\ b_{21} & b_{22} & \cdots & b_{2p} \\ \vdots & \vdots & & \vdots \\ b_{n1} & a_{m2} & \cdots & b_{np} \end{pmatrix}$$

首先看出$(\boldsymbol{AB})^{\mathrm{T}}$和$\boldsymbol{B}^{\mathrm{T}}\boldsymbol{A}^{\mathrm{T}}$都是$p\times m$矩阵,其次位于$(\boldsymbol{AB})^{\mathrm{T}}$的第$i$行第$j$列的元素就是$(\boldsymbol{AB})$的第$j$行第$i$列元素,因而等于

$$a_{j1}b_{1i}+a_{j2}b_{2i}+\cdots+a_{jn}b_{ni}$$

位于$\boldsymbol{B}^{\mathrm{T}}\boldsymbol{A}^{\mathrm{T}}$的第$i$行第$j$列的元素就是$\boldsymbol{B}^{\mathrm{T}}$第$i$行元素与$\boldsymbol{A}^{\mathrm{T}}$第$j$列的对应元素的乘积之和

$$b_{1i}a_{j1}+b_{2i}a_{j2}+\cdots+b_{ni}a_{jn}$$

上面两个式子显然相等,所以(3)成立.

规律(2),(3)可以推广为

$$(\boldsymbol{A}_1+\boldsymbol{A}_2+\cdots+\boldsymbol{A}_n)^{\mathrm{T}}=\boldsymbol{A}_1^{\mathrm{T}}+\boldsymbol{A}_2^{\mathrm{T}}+\cdots+\boldsymbol{A}_n^{\mathrm{T}}$$
$$(\boldsymbol{A}_1\boldsymbol{A}_2\cdots\boldsymbol{A}_n)^{\mathrm{T}}=\boldsymbol{A}_n^{\mathrm{T}}\boldsymbol{A}_{n-1}^{\mathrm{T}}\cdots\boldsymbol{A}_2^{\mathrm{T}}\boldsymbol{A}_1^{\mathrm{T}}$$

2.2 矩阵乘积的行列式、逆矩阵

2.2.1 方阵的行列式

定义6 由n阶方阵$\boldsymbol{A}$的元素(各元素的位置不变)所构成的行列式叫做方阵$\boldsymbol{A}$的行列式,记做$|\boldsymbol{A}|$.

设$\boldsymbol{A},\boldsymbol{B}$都是$n$阶方阵,那么它们满足下列运算规律:

(1) $|\boldsymbol{A}^{\mathrm{T}}|=|\boldsymbol{A}|$;

(2) $|k\boldsymbol{A}|=k^n|\boldsymbol{A}|$;

(3) $|\boldsymbol{AB}|=|\boldsymbol{A}||\boldsymbol{B}|$.

(1),(2)都很容易验证,我们仅证明(3).

设
$$D_{2n}=\begin{vmatrix} a_{11} & \cdots & a_{1n} & 0 & \cdots & 0 \\ \vdots & & \vdots & \vdots & & \vdots \\ a_{n1} & \cdots & a_{nn} & 0 & \cdots & 0 \\ -1 & & & b_{11} & \cdots & b_{1n} \\ & \ddots & & \vdots & & \vdots \\ & & -1 & b_{n1} & \cdots & b_{nn} \end{vmatrix}$$

由1.2节例5可知$D_{2n}=|\boldsymbol{A}||\boldsymbol{B}|$.

在D_{2n}中作运算

$$\begin{gathered} c_{n+j}+b_{1j}c_1 \quad (j=1,2,\cdots,n) \\ c_{n+j}+b_{2j}c_2 \quad (j=1,2,\cdots,n) \\ \vdots \\ c_{n+j}+b_{nj}c_n \quad (j=1,2,\cdots,n) \end{gathered}$$

得到

$$D_{2n}=\begin{vmatrix} a_{11} & \cdots & a_{1n} & c_{11} & \cdots & c_{1n} \\ \vdots & & \vdots & \vdots & & \vdots \\ a_{n1} & \cdots & a_{nn} & c_{n1} & \cdots & c_{nn} \\ -1 & & & 0 & \cdots & 0 \\ & \ddots & & \vdots & & \vdots \\ & & -1 & 0 & \cdots & 0 \end{vmatrix}=\begin{vmatrix} \boldsymbol{A} & \boldsymbol{C} \\ -\boldsymbol{E} & \boldsymbol{O} \end{vmatrix}$$

其中　$$\boldsymbol{C}=(c_{ij})_{n\times n},c_{ij}=b_{1j}a_{i1}+b_{2j}a_{i2}+\cdots+b_{nj}a_{in}$$

所以　$$\boldsymbol{C}=\boldsymbol{AB}$$

再在D_{2n}中作运算：$r_j\leftrightarrow r_{n+j}(j=1,2,\cdots,n)$得到

$$D_{2n}=(-1)^n\begin{vmatrix} -\boldsymbol{E} & \boldsymbol{O} \\ \boldsymbol{A} & \boldsymbol{C} \end{vmatrix}$$

从而一方面有

$$D_{2n}=|\boldsymbol{A}||\boldsymbol{B}|$$

另一方面有

$$D_{2n}=(-1)^n\begin{vmatrix} -\boldsymbol{E} & \boldsymbol{O} \\ \boldsymbol{A} & \boldsymbol{C} \end{vmatrix}=(-1)^n|-\boldsymbol{EC}|=|\boldsymbol{C}|=|\boldsymbol{AB}|$$

所以成立

$$|\boldsymbol{AB}|=|\boldsymbol{A}||\boldsymbol{B}|$$

2.2.2　逆矩阵

在应用上所谓可逆矩阵占一个重要的地位.

定义7　令$\boldsymbol{A}$是一个n阶矩阵，$\boldsymbol{E}$是n阶单位矩阵，若存在一个n阶矩阵$\boldsymbol{B}$，使$\boldsymbol{AB}=\boldsymbol{BA}=\boldsymbol{E}$，那么$\boldsymbol{A}$叫做一个可逆矩阵(或非奇异矩阵)，而$\boldsymbol{B}$叫做$\boldsymbol{A}$的逆矩阵.

如果$\boldsymbol{A}$可逆，那么它的逆矩阵由$\boldsymbol{A}$唯一确定.

事实上，设$\boldsymbol{C}$和$\boldsymbol{B}$都是$\boldsymbol{A}$的逆矩阵，则有

$$\boldsymbol{AB}=\boldsymbol{BA}=\boldsymbol{E},\boldsymbol{AC}=\boldsymbol{CA}=\boldsymbol{E}$$

于是　$$\boldsymbol{B}=\boldsymbol{BE}=\boldsymbol{B}(\boldsymbol{AC})=(\boldsymbol{BA})\boldsymbol{C}=\boldsymbol{EC}=\boldsymbol{C}$$

我们以后把一个可逆矩阵$\boldsymbol{A}$的唯一的逆矩阵用$\boldsymbol{A}^{-1}$表示.

我们有下列简单的事实：

定理1　若$\boldsymbol{A}$可逆，则下列事实成立：

(1) 若$\boldsymbol{A}$可逆，则有$|\boldsymbol{A}|\neq 0$，并且$|\boldsymbol{A}^{-1}|=\dfrac{1}{|\boldsymbol{A}|}$.

这由$|\boldsymbol{A}|\cdot|\boldsymbol{A}^{-1}|=|\boldsymbol{A}\boldsymbol{A}^{-1}|=|\boldsymbol{E}|=1$即可得证.

(2) 可逆矩阵$\boldsymbol{A}$的逆矩阵$\boldsymbol{A}^{-1}$也可逆，并且

$$(\boldsymbol{A}^{-1})^{-1}=\boldsymbol{A}$$

这由 $AA^{-1}=A^{-1}A=E$ 可直接推出. 另外由 $|A^{-1}|=\dfrac{1}{|A|}\neq 0$ 也可推出.

(3) 两个可逆矩阵 A 和 B 的乘积也可逆,并且

$$(AB)^{-1}=B^{-1}A^{-1}$$

这是因为

$$(AB)(B^{-1}A^{-1})=A(BB^{-1})A^{-1}=(AE)A^{-1}=AA^{-1}=E$$
$$(B^{-1}A^{-1})(AB)=B^{-1}(A^{-1}A)B=B^{-1}(EB)=B^{-1}B=E$$

一般地,m 个可逆矩阵$A_1,A_2,\cdots,A_m$ 的乘积也可逆,并且

$$(A_1A_2\cdots A_m)^{-1}=A_m^{-1}A_{m-1}^{-1}\cdots A_2^{-1}A_1^{-1}$$

另外,由 $|A|\neq 0$, $|B|\neq 0$, 可推出 $|A||B|=|AB|\neq 0$,也可证明 AB 可逆.

(4) 可逆矩阵 A 的转置也可逆,并且

$$(A^{T})^{-1}=(A^{-1})^{T}$$

这是因为

$$(AA^{-1})^{T}=(A^{-1})^{T}A^{T}=E^{T}=E$$

另外,由 $|A^{T}|=|A|\neq 0$,也可证明A^{T}可逆.

(5) 若 A 可逆,$k\neq 0$,则 kA 可逆,并且

$$(kA)^{-1}=\frac{1}{k}A^{-1}$$

(6) 设 $$A=\mathrm{diag}(d_1,d_2,\cdots,d_n)\quad (d_i\neq 0, i=1,2,\cdots,n)$$

则 $$A^{-1}=\mathrm{diag}(d_1^{-1},d_2^{-1},\cdots,d_n^{-1})$$

例 1 设 $A=\begin{pmatrix} a_{11} & a_{12} & \cdots & a_{1n} \\ a_{21} & a_{22} & \cdots & a_{2n} \\ \vdots & \vdots & & \vdots \\ a_{n1} & a_{n2} & \cdots & a_{nn}\end{pmatrix}$,记 $|A|$ 的元素 a_{ij} 的代数余子式为 $A_{ij}(i,j=1,2,\cdots,n)$,称矩阵

$$A^{*}=\begin{pmatrix} A_{11} & A_{21} & \cdots & A_{n1} \\ A_{12} & A_{22} & \cdots & A_{n2} \\ \vdots & \vdots & & \vdots \\ A_{1n} & A_{2n} & \cdots & A_{nn}\end{pmatrix}$$

为 A 的伴随矩阵,试证:$AA^{*}=A^{*}A=|A|E$.

证明 由行列式的 Laplace 定理有

$$D=a_{i1}A_{i1}+a_{i2}A_{i2}+\cdots+a_{in}A_{in}\quad (i=1,2,\cdots,n)$$
$$D=a_{1j}A_{1j}+a_{2j}A_{2j}+\cdots+a_{nj}A_{nj}\quad (j=1,2,\cdots,n)$$

于是有

$$AA^{*}=\begin{pmatrix} |A| & & & \\ & |A| & & \\ & & \ddots & \\ & & & |A|\end{pmatrix}=|A|E$$

并且也有

$$A^*A=\begin{pmatrix}|A| & & & \\ & |A| & & \\ & & \ddots & \\ & & & |A|\end{pmatrix}=|A|E$$

所以成立 $AA^*=A^*A=|A|E$.

定理 2　n 阶矩阵 A 可逆 $\Leftrightarrow |A|\neq 0$,并且 $A^{-1}=\frac{1}{|A|}A^*$,其中 A^* 为 A 的伴随矩阵.

证明　必要性:若 n 阶矩阵 A 可逆,由定理 1 的(1),显然有 $|A|\neq 0$.

充分性:若 $|A|\neq 0$,则由例 1 有

$$AA^*=A^*A=|A|E$$

于是有

$$A\left(\frac{1}{|A|}A^*\right)=\left(\frac{1}{|A|}A^*\right)A=E$$

由可逆矩阵的定义可知 A 可逆,并且成立 $A^{-1}=\frac{1}{|A|}A^*$.

例 2　设若 n 阶矩阵 A 可逆,则 A 的伴随矩阵 A^* 也可逆,并且

$$(A^*)^{-1}=(A^{-1})^*$$

证明　由于 $AA^*=A^*A=|A|E$,而 A 可逆,所以 $|A|\neq 0$,于是

$$|AA^*|=|A||A^*|=|A|^n\neq 0$$

可推出 $|A^*|=|A|^{n-1}\neq 0$,所以 A^* 可逆.

由 $A^{-1}=\frac{1}{|A|}A^*$,得 $A^*=|A|A^{-1}$,从而得

$$(A^*)^{-1}=(|A|A^{-1})^{-1}=\frac{1}{|A|}\cdot(A^{-1})^{-1}=\frac{1}{|A|}\cdot\frac{1}{|A^{-1}|}(A^{-1})^*=(A^{-1})^*$$

例 3　设 $ad-bc\neq 0$,则矩阵 $\begin{pmatrix}a & b\\ c & d\end{pmatrix}$ 可逆,且

$$\begin{pmatrix}a & b\\ c & d\end{pmatrix}^{-1}=\frac{1}{ad-bc}\begin{pmatrix}d & -b\\ -c & a\end{pmatrix}$$

证明　很容易求出

$$\begin{pmatrix}a & b\\ c & d\end{pmatrix}^*=\begin{pmatrix}d & -b\\ -c & a\end{pmatrix}\quad\text{(主对易位,副对变号)}$$

$$\begin{vmatrix}a & b\\ c & d\end{vmatrix}=ad-bc\neq 0$$

所以矩阵 $\begin{pmatrix}a & b\\ c & d\end{pmatrix}$ 可逆,由公式

$$A^{-1}=\frac{1}{|A|}A^*$$

得

$$\begin{pmatrix} a & b \\ c & d \end{pmatrix}^{-1} = \frac{1}{ad-bc}\begin{pmatrix} d & -b \\ -c & a \end{pmatrix}$$

例 4 求矩阵

$$A = \begin{pmatrix} 1 & 2 & -1 \\ 3 & 4 & -2 \\ 5 & -3 & 1 \end{pmatrix}$$

的逆矩阵.

解 第一步求 A^*,有

$$A_{11} = \begin{vmatrix} 4 & -2 \\ -3 & 1 \end{vmatrix} = -2, A_{21} = -\begin{vmatrix} 2 & -1 \\ -3 & 1 \end{vmatrix} = 1, A_{31} = \begin{vmatrix} 2 & -1 \\ 4 & -2 \end{vmatrix} = 0$$

$$A_{12} = -\begin{vmatrix} 3 & -2 \\ 5 & 1 \end{vmatrix} = -13, A_{22} = \begin{vmatrix} 1 & -1 \\ 5 & 1 \end{vmatrix} = 6, A_{32} = -\begin{vmatrix} 1 & -1 \\ 3 & -2 \end{vmatrix} = -1$$

$$A_{13} = \begin{vmatrix} 3 & 4 \\ 5 & -3 \end{vmatrix} = -29,\ A_{23} = -\begin{vmatrix} 1 & 2 \\ 5 & -3 \end{vmatrix} = 13, A_{33} = \begin{vmatrix} 1 & 2 \\ 3 & 4 \end{vmatrix} = -2$$

第二步利用 Laplace 定理求 $|A|$,有

$$|A| = 1\times(-2) + 2\times(-13) + (-1)\times(-29) = 1$$

第三步利用公式 $A^{-1} = \frac{1}{|A|}A^*$ 求 A^{-1},有

$$A^{-1} = \begin{pmatrix} -2 & 1 & 0 \\ -13 & 6 & -1 \\ -29 & 13 & -2 \end{pmatrix}$$

例 5 解矩阵方程

$$AXB = C$$

其中

$$A = \begin{pmatrix} 1 & 2 & -1 \\ 3 & 4 & -2 \\ 5 & -3 & 1 \end{pmatrix}, B = \begin{pmatrix} 1 & 1 \\ 1 & 2 \end{pmatrix}, C = \begin{pmatrix} 1 & -4 \\ 1 & 0 \\ 2 & 1 \end{pmatrix}$$

解 易知

$$A^{-1} = \begin{pmatrix} -2 & 1 & 0 \\ -13 & 6 & -1 \\ -29 & 13 & -2 \end{pmatrix}, B^{-1} = \begin{pmatrix} 2 & -1 \\ -1 & 1 \end{pmatrix}$$

所以

$$X = A^{-1}CB^{-1} = \begin{pmatrix} -2 & 1 & 0 \\ -13 & 6 & -1 \\ -29 & 13 & -2 \end{pmatrix}\begin{pmatrix} 1 & -4 \\ 1 & 0 \\ 2 & 1 \end{pmatrix}\begin{pmatrix} 2 & -1 \\ -1 & 1 \end{pmatrix} =$$

$$\begin{pmatrix} -1 & 8 \\ -9 & 51 \\ -20 & 114 \end{pmatrix}\begin{pmatrix} 2 & -1 \\ -1 & 1 \end{pmatrix} = \begin{pmatrix} -10 & 9 \\ -69 & 60 \\ -154 & 134 \end{pmatrix}$$

例 6　设有线性变换

$$\begin{cases} y_1 = x_1 + 2x_2 - x_3 \\ y_2 = 3x_1 + 4x_2 - 2x_3 \\ y_3 = 5x_1 - 3x_2 + x_3 \end{cases}$$

求这个变换的逆变换，即用 y_1, y_2, y_3 来表示 x_1, x_2, x_3.

解　线性变换可表示成

$$\boldsymbol{y} = \boldsymbol{A}\boldsymbol{x}$$

其中

$$\boldsymbol{y} = \begin{pmatrix} y_1 \\ y_2 \\ y_3 \end{pmatrix}, \boldsymbol{x} = \begin{pmatrix} x_1 \\ x_2 \\ x_3 \end{pmatrix}, \boldsymbol{A} = \begin{pmatrix} 1 & 2 & -1 \\ 3 & 4 & -2 \\ 5 & -3 & 1 \end{pmatrix}$$

于是有 $\boldsymbol{x} = \boldsymbol{A}^{-1}\boldsymbol{y}$，而

$$\boldsymbol{A}^{-1} = \begin{pmatrix} -2 & 1 & 0 \\ -13 & 6 & -1 \\ -29 & 13 & -2 \end{pmatrix}$$

所以

$$\begin{cases} x_1 = -2y_1 + y_2 + 0y_3 \\ x_2 = -13y_1 + 6y_2 - y_3 \\ x_3 = -29y_1 + 13y_2 - 2y_3 \end{cases}$$

例 7　设 $\boldsymbol{A}^k = \boldsymbol{O}$（$k$ 为正整数），则 $(\boldsymbol{E} - \boldsymbol{A})^{-1} = \boldsymbol{E} + \boldsymbol{A} + \boldsymbol{A}^2 + \cdots + \boldsymbol{A}^{k-1}$.

证明　因为

$$\boldsymbol{E} = (\boldsymbol{E} - \boldsymbol{A})(\boldsymbol{E} - \boldsymbol{A})^{-1} = (\boldsymbol{E} - \boldsymbol{A})(\boldsymbol{E} + \boldsymbol{A} + \boldsymbol{A}^2 + \cdots + \boldsymbol{A}^{k-1}) =$$
$$\boldsymbol{E} + \boldsymbol{A} + \boldsymbol{A}^2 + \cdots + \boldsymbol{A}^{k-1} - \boldsymbol{A} - \boldsymbol{A}^2 - \cdots - \boldsymbol{A}^{k-1} - \boldsymbol{A}^k = \boldsymbol{E}$$

所以

$$(\boldsymbol{E} - \boldsymbol{A})^{-1} = \boldsymbol{E} + \boldsymbol{A} + \boldsymbol{A}^2 + \cdots + \boldsymbol{A}^{k-1}$$

例 8　设 $\boldsymbol{A}^2 - \boldsymbol{A} - 2\boldsymbol{E} = \boldsymbol{O}$，则 $\boldsymbol{A}$ 及 $\boldsymbol{A} + 2\boldsymbol{E}$ 都可逆，并且求 $\boldsymbol{A}^{-1}$，$(\boldsymbol{A} + 2\boldsymbol{E})^{-1}$.

解　由 $\boldsymbol{A}^2 - \boldsymbol{A} - 2\boldsymbol{E} = \boldsymbol{O}$，得 $\boldsymbol{A}^2 - \boldsymbol{A} = 2\boldsymbol{E}$，就是

$$\boldsymbol{A}(\boldsymbol{A} - \boldsymbol{E}) = 2\boldsymbol{E}$$

表明 $\boldsymbol{A}$ 及 $\boldsymbol{A} - \boldsymbol{E}$ 都可逆，而

$$\boldsymbol{A}^2 = \boldsymbol{A} + 2\boldsymbol{E}$$

所以得 $\boldsymbol{A} + 2\boldsymbol{E}$ 可逆，于是有

$$(\boldsymbol{A}^2)\boldsymbol{A}^{-1} = (\boldsymbol{A} + 2\boldsymbol{E})\boldsymbol{A}^{-1}$$

从而

$$\boldsymbol{A} = \boldsymbol{E} + 2\boldsymbol{A}^{-1}$$

解得

$$\boldsymbol{A}^{-1} = \frac{1}{2}(\boldsymbol{A} - \boldsymbol{E})$$

并且

$$(\boldsymbol{A} + 2\boldsymbol{E})^{-1} = (\boldsymbol{A}^2)^{-1} = (\boldsymbol{A}^{-1})^2 = \frac{1}{4}(\boldsymbol{A} - \boldsymbol{E})^2 = \frac{1}{4}(\boldsymbol{A}^2 - 2\boldsymbol{A} + \boldsymbol{E})$$

而

$$\boldsymbol{A}^2 = \boldsymbol{A} + 2\boldsymbol{E}$$

所以

$$(\boldsymbol{A} + 2\boldsymbol{E})^{-1} = \frac{1}{4}(\boldsymbol{A} + 2\boldsymbol{E} - 2\boldsymbol{A} + \boldsymbol{E}) = \frac{1}{4}(3\boldsymbol{E} - \boldsymbol{A})$$

例 9 设 $\boldsymbol{A}=(a_{ij})_{3\times 3}$ 为 3 阶可逆矩阵，$\boldsymbol{A}^*=\boldsymbol{A}^{\mathrm{T}}$，并且 $a_{11}=a_{12}=a_{13}$，求 a_{11}.

解 根据定义有

$$\boldsymbol{A}^*=\begin{pmatrix}A_{11}&A_{21}&A_{31}\\A_{12}&A_{22}&A_{32}\\A_{13}&A_{23}&A_{33}\end{pmatrix}=\boldsymbol{A}^{\mathrm{T}}=\begin{pmatrix}a_{11}&a_{21}&a_{31}\\a_{12}&a_{22}&a_{32}\\a_{13}&a_{23}&a_{33}\end{pmatrix}$$

于是得到 $a_{ij}=A_{ij}, i,j=1,2,3$.

由 $\boldsymbol{AA}^*=\boldsymbol{AA}^{\mathrm{T}}=|\boldsymbol{A}|\boldsymbol{E}$ 得到 $a_{11}^2+a_{12}^2+a_{13}^2=1$.

对 $\boldsymbol{AA}^{\mathrm{T}}=|\boldsymbol{A}|\boldsymbol{E}$ 两边取行列式得 $|\boldsymbol{A}^{\mathrm{T}}|^2=|\boldsymbol{A}|^2=|\boldsymbol{A}|^3\Rightarrow|\boldsymbol{A}|=1$，而 $a_{11}=a_{12}=a_{13}$，

所以

$$a_{11}=\frac{\sqrt{3}}{3}$$

例 10 设 $\boldsymbol{\Lambda}=\mathrm{diag}(\lambda_1,\lambda_2,\cdots,\lambda_n)$，$\varphi(x)=a_0+a_1x+a_2x^2+\cdots+a_nx^n$.

证明 由矩阵的乘法显然有

$$\boldsymbol{\Lambda}^0=\boldsymbol{E},\boldsymbol{\Lambda}=\mathrm{diag}(\lambda_1,\lambda_2,\cdots,\lambda_n),\boldsymbol{\Lambda}^k=\mathrm{diag}(\lambda_1^k,\lambda_2^k,\cdots,\lambda_n^k)$$

$$\begin{aligned}\varphi(\boldsymbol{\Lambda})=&a_0\mathrm{diag}(1,1,\cdots,1)+a_1\mathrm{diag}(\lambda_1,\lambda_2,\cdots,\lambda_n)+\cdots+a_n\mathrm{diag}(\lambda_1^n,\lambda_2^n,\cdots,\lambda_n^n)=\\&\mathrm{diag}(a_0,a_0,\cdots,a_0)+\mathrm{diag}(a_1\lambda_1,a_1\lambda_2,\cdots,a_1\lambda_n)+\cdots+\\&\mathrm{diag}(a_n\lambda_1^n,a_n\lambda_2^n,\cdots,a_n\lambda_n^n)=\\&\mathrm{diag}(\varphi(\lambda_1),\varphi(\lambda_2),\cdots,\varphi(\lambda_n))\end{aligned}$$

例 11 设 $\boldsymbol{A}=\begin{pmatrix}1&2&3\\2&4&6\\3&6&9\end{pmatrix}$，求 $\boldsymbol{A}^n$.

解 注意到

$$\boldsymbol{A}=\begin{pmatrix}1&2&3\\2&4&6\\3&6&9\end{pmatrix}=\begin{pmatrix}1\\2\\3\end{pmatrix}(1,2,3)$$

设 $\boldsymbol{\alpha}=\begin{pmatrix}1\\2\\3\end{pmatrix}$，$\boldsymbol{\beta}=(1,2,3)$，我们有

$$\boldsymbol{\beta\alpha}=(1,2,3)\begin{pmatrix}1\\2\\3\end{pmatrix}=14$$

于是

$$\begin{aligned}\boldsymbol{A}^n=(\boldsymbol{\alpha\beta})(\boldsymbol{\alpha\beta})\cdots(\boldsymbol{\alpha\beta})=\boldsymbol{\alpha}(\boldsymbol{\beta\alpha})^{n-1}\boldsymbol{\beta}=\\14^{n-1}\boldsymbol{\alpha\beta}=14^{n-1}\boldsymbol{A}\end{aligned}$$

例 12 设 $\boldsymbol{A}=\begin{pmatrix}\lambda&1&0\\0&\lambda&1\\0&0&\lambda\end{pmatrix}$，求 $\boldsymbol{A}^n$.

解　由 $\boldsymbol{A}=\begin{pmatrix}\lambda & 1 & 0\\ 0 & \lambda & 1\\ 0 & 0 & \lambda\end{pmatrix}=\begin{pmatrix}\lambda & 0 & 0\\ 0 & \lambda & 0\\ 0 & 0 & \lambda\end{pmatrix}+\begin{pmatrix}0 & 1 & 0\\ 0 & 0 & 1\\ 0 & 0 & 0\end{pmatrix}=\lambda\boldsymbol{E}+\boldsymbol{B}$

注意到

$$\boldsymbol{B}^2=\begin{pmatrix}0 & 0 & 1\\ 0 & 0 & 0\\ 0 & 0 & 0\end{pmatrix},\boldsymbol{B}^3=\begin{pmatrix}0 & 0 & 0\\ 0 & 0 & 0\\ 0 & 0 & 0\end{pmatrix}$$

于是

$$\boldsymbol{A}^n=(\lambda\boldsymbol{E}+\boldsymbol{B})^n=\lambda^n\boldsymbol{E}+\mathrm{C}_n^1(\lambda^{n-1}E)B+\mathrm{C}_n^2(\lambda^{n-2}E)B^2=$$

$$\begin{pmatrix}\lambda^n & 0 & 0\\ 0 & \lambda^n & 0\\ 0 & 0 & \lambda^n\end{pmatrix}+n\begin{pmatrix}\lambda^{n-1} & 0 & 0\\ 0 & \lambda^{n-1} & 0\\ 0 & 0 & \lambda^{n-1}\end{pmatrix}\begin{pmatrix}0 & 1 & 0\\ 0 & 0 & 1\\ 0 & 0 & 0\end{pmatrix}+$$

$$\frac{n(n-1)}{2}\begin{pmatrix}\lambda^{n-2} & 0 & 0\\ 0 & \lambda^{n-2} & 0\\ 0 & 0 & \lambda^{n-2}\end{pmatrix}\begin{pmatrix}0 & 0 & 1\\ 0 & 0 & 0\\ 0 & 0 & 0\end{pmatrix}=$$

$$\begin{pmatrix}\lambda^n & 0 & 0\\ 0 & \lambda^n & 0\\ 0 & 0 & \lambda^n\end{pmatrix}+n\begin{pmatrix}0 & \lambda^{n-1} & 0\\ 0 & 0 & \lambda^{n-1}\\ 0 & 0 & 0\end{pmatrix}+$$

$$\frac{n(n-1)}{2}\begin{pmatrix}0 & 0 & \lambda^{n-2}\\ 0 & 0 & 0\\ 0 & 0 & 0\end{pmatrix}=\begin{pmatrix}\lambda^n & n\lambda^{n-1} & \frac{n(n-1)}{2}\lambda^{n-2}\\ 0 & \lambda^n & \lambda^{n-1}\\ 0 & 0 & \lambda^n\end{pmatrix}$$

2.2.3　Cramer 法则

定理 3(Cramer 法则)　设 n 元线性方程组

$$\begin{cases}a_{11}x_1+a_{12}x_2+\cdots+a_{1n}x_n=b_1\\ a_{21}x_1+a_{22}x_2+\cdots+a_{2n}x_n=b_2\\ \qquad\qquad\vdots\\ a_{n1}x_1+a_{n2}x_2+\cdots+a_{nn}x_n=b_n\end{cases}$$

如果它的系数行列式 $D\neq 0$,则它有唯一的一组解

$$x_j=\frac{D_j}{D}=\frac{1}{D}(b_1A_{1j}+b_2A_{2j}+\cdots+b_nA_{nj})\quad(j=1,2,\cdots,n)$$

证明　把上面的方程组写成矩阵方程

$$\boldsymbol{Ax}=\boldsymbol{b}$$

这里 $\boldsymbol{A}=(a_{ij})_{n\times n}$,由于 $|\boldsymbol{A}|=D\neq 0$,所以 $\boldsymbol{A}$ 可逆,于是

$$\boldsymbol{x}=\boldsymbol{A}^{-1}\boldsymbol{b}$$

由 $\boldsymbol{A}$ 的逆矩阵的唯一性,可知 $\boldsymbol{x}=\boldsymbol{A}^{-1}\boldsymbol{b}$ 是方程组唯一的解.

注意到

$$A^{-1} = \frac{1}{|A|}A^* = \frac{1}{|A|}$$

所以

$$x = \frac{1}{|A|}(A^* b)$$

就是

$$\begin{pmatrix} x_1 \\ x_2 \\ \vdots \\ x_n \end{pmatrix} = \frac{1}{|A|}\begin{pmatrix} A_{11} & A_{21} & \cdots & A_{n1} \\ A_{12} & A_{22} & \cdots & A_{n2} \\ \vdots & \vdots & & \vdots \\ A_{1n} & A_{2n} & \cdots & A_{nn} \end{pmatrix}\begin{pmatrix} b_1 \\ b_2 \\ \vdots \\ b_n \end{pmatrix} = \frac{1}{|A|}\begin{pmatrix} b_1A_{11} + & b_2A_{21} + & \cdots & + b_nA_{n1} \\ b_1A_{12} + & b_2A_{22} + & \cdots & + b_nA_{n2} \\ \vdots & \vdots & & \vdots \\ b_1A_{1n} + & b_2A_{2n} + & \cdots & + b_nA_{nn} \end{pmatrix}$$

即

$$x_j = \frac{D_j}{D} = \frac{1}{D}(b_1A_{1j} + b_2A_{2j} + \cdots + b_nA_{nj}) \quad (j = 1,2,\cdots,n)$$

Cramer 法则表明 n 元线性方程组的系数行列式 $D \neq 0$ 时有唯一的一组解,每个解的构造在形式上具有一种统一、简单、协调的美感:解表现为一个分数的形式,每个解的分母都是一样的,分子则是用常数项做成的列置换系数行列式中相应的列而得到的行列式.

例 13 解线性方程组

$$\begin{cases} 2x_1 + x_2 - 5x_3 + x_4 = 8 \\ x_1 - 3x_2 - 6x_4 = 9 \\ 2x_2 - x_3 + 2x_4 = -5 \\ x_1 + 4x_2 - 7x_3 + 6x_4 = 0 \end{cases}$$

解 其系数行列式

$$D = \begin{vmatrix} 2 & 1 & -5 & 1 \\ 1 & -3 & 0 & -6 \\ 0 & 2 & -1 & 2 \\ 1 & 4 & -7 & 6 \end{vmatrix} = 27$$

$$D_1 = \begin{vmatrix} 8 & 1 & -5 & 1 \\ 9 & -3 & 0 & -6 \\ -5 & 2 & -1 & 2 \\ 0 & 4 & -7 & 6 \end{vmatrix} = 81$$

$$D_2 = \begin{vmatrix} 2 & 8 & -5 & 1 \\ 1 & 9 & 0 & -6 \\ 0 & -5 & -1 & 2 \\ 1 & 0 & -7 & 6 \end{vmatrix} = -108$$

$$D_3 = \begin{vmatrix} 2 & 1 & 8 & 1 \\ 1 & -3 & 9 & -6 \\ 0 & 2 & -5 & 2 \\ 1 & 4 & 0 & 6 \end{vmatrix} = -27$$

$$D_4 = \begin{vmatrix} 2 & 1 & -5 & 8 \\ 1 & -3 & 0 & 9 \\ 0 & 2 & -1 & -5 \\ 1 & 4 & -7 & 0 \end{vmatrix} = 27$$

得

$$x_1 = 3, x_2 = -4, x_3 = -1, x_4 = 1$$

2.3　矩阵的分块

本节介绍矩阵运算的有用的技巧 —— 矩阵的分块. 这种技巧在处理某些较高阶的矩阵时常常被用到.

设 $\boldsymbol{A}$ 是一矩阵，在它的行或列之间加上一些线，把它分成若干小块，例如设 $\boldsymbol{A}$ 是一个 4×3 矩阵，把它分四块得到

$$\boldsymbol{A} = \left(\begin{array}{c:cc} a_{11} & a_{12} & a_{13} \\ a_{21} & a_{22} & a_{23} \\ \hdashline a_{31} & a_{32} & a_{33} \\ a_{41} & a_{42} & a_{43} \end{array}\right)$$

用这种把矩阵分成若干小块的方法叫做对矩阵 $\boldsymbol{A}$ 的一种分块.

例如，按上面的分块矩阵，$\boldsymbol{A}$ 是由

$$\boldsymbol{A}_{11} = \begin{pmatrix} a_{11} \\ a_{21} \end{pmatrix}, \boldsymbol{A}_{12} = \begin{pmatrix} a_{12} & a_{13} \\ a_{22} & a_{23} \end{pmatrix}$$

$$\boldsymbol{A}_{21} = \begin{pmatrix} a_{31} \\ a_{41} \end{pmatrix}, \boldsymbol{A}_{22} = \begin{pmatrix} a_{32} & a_{33} \\ a_{42} & a_{43} \end{pmatrix}$$

四个矩阵组成的，那么我们可以把矩阵 $\boldsymbol{A}$ 简单地写成

$$\boldsymbol{A} = \begin{pmatrix} \boldsymbol{A}_{11} & \boldsymbol{A}_{12} \\ \boldsymbol{A}_{21} & \boldsymbol{A}_{22} \end{pmatrix}$$

给了一个矩阵可以有不同的分块方法. 例如对于上面的矩阵可以分成两块

$$\boldsymbol{A} = \left(\begin{array}{ccc} a_{11} & a_{12} & a_{13} \\ a_{21} & a_{22} & a_{23} \\ a_{31} & a_{32} & a_{33} \\ \hdashline a_{41} & a_{42} & a_{43} \end{array}\right)$$

简写为

$$\boldsymbol{A} = \begin{pmatrix} \boldsymbol{A}_{11} \\ \boldsymbol{A}_{21} \end{pmatrix}$$

也可以分成六块

$$A=\left(\begin{array}{cc:c} a_{11} & a_{12} & a_{13} \\ \hdashline a_{21} & a_{22} & a_{23} \\ a_{31} & a_{32} & a_{33} \\ \hdashline a_{41} & a_{42} & a_{43} \end{array}\right)$$

简写为

$$A=\begin{pmatrix} A_{11} & A_{12} \\ A_{21} & A_{22} \\ A_{31} & A_{32} \end{pmatrix}$$

矩阵的三种运算可以用到分块矩阵上来.

设矩阵 A,B 都是同型矩阵,并且有相同的分块

$$A=\begin{pmatrix} A_{11} & A_{12} & \cdots & A_{1q} \\ A_{21} & A_{22} & \cdots & A_{2q} \\ \vdots & \vdots & & \vdots \\ A_{p1} & A_{p2} & \cdots & A_{pq} \end{pmatrix},B=\begin{pmatrix} B_{11} & B_{12} & \cdots & B_{1q} \\ B_{21} & B_{22} & \cdots & B_{2q} \\ \vdots & \vdots & & \vdots \\ B_{p1} & B_{p2} & \cdots & B_{pq} \end{pmatrix},k\in \mathbf{R}$$

那么:

(1) $kA=\begin{pmatrix} kA_{11} & kA_{12} & \cdots & kA_{1q} \\ kA_{21} & kA_{22} & \cdots & kA_{2q} \\ \vdots & \vdots & & \vdots \\ kA_{p1} & kA_{p2} & \cdots & kA_{pq} \end{pmatrix}$.

(2) $A+B=\begin{pmatrix} A_{11}+B_{11} & A_{12}+B_{12} & \cdots & A_{1q}+B_{1q} \\ A_{21}+B_{21} & A_{22}+B_{22} & \cdots & A_{2q}+B_{2q} \\ \vdots & \vdots & & \vdots \\ A_{p1}+B_{p1} & A_{p2}+B_{p2} & \cdots & A_{pq}+B_{pq} \end{pmatrix}$.

最有用的是分块矩阵的乘法.

(3) A 是 $m\times l$ 矩阵,B 是 $l\times n$ 矩阵,并且 A 的列的分法与 B 的行的分法一样,则可以利用矩阵的分块作乘法

$$A=\begin{pmatrix} A_{11} & A_{12} & \cdots & A_{1q} \\ A_{21} & A_{22} & \cdots & A_{2q} \\ \vdots & \vdots & & \vdots \\ A_{p1} & A_{p2} & \cdots & A_{pq} \end{pmatrix}$$

$$B=\begin{pmatrix} B_{11} & B_{12} & \cdots & B_{1r} \\ B_{21} & B_{22} & \cdots & B_{2r} \\ \vdots & \vdots & & \vdots \\ B_{q1} & B_{q2} & \cdots & B_{qr} \end{pmatrix}$$

$$AB=C=\begin{pmatrix} C_{11} & C_{12} & \cdots & C_{1r} \\ C_{21} & C_{22} & \cdots & C_{2r} \\ \vdots & \vdots & & \vdots \\ C_{p1} & C_{p2} & \cdots & C_{pr} \end{pmatrix}$$

其中,$A_{i1},A_{i2},\cdots,A_{iq}$ 的列数分别等于$B_{1j},B_{2j},\cdots,B_{qj}$ 的行数,有

$$C_{ij}=\sum_{k=1}^{q}A_{ik}B_{kj}\quad(i=1,2,\cdots,p;j=1,2,\cdots,r)$$

我们通过具体的例题来进行说明.

例 1　$A=\begin{pmatrix} 1 & 0 & 0 & 0 \\ 0 & 1 & 0 & 0 \\ -1 & 2 & 1 & 0 \\ 1 & 1 & 0 & 1 \end{pmatrix}$, $B=\begin{pmatrix} 1 & 0 & 1 & 0 \\ -1 & 2 & 0 & 1 \\ 1 & 0 & 4 & 1 \\ -1 & -1 & 2 & 0 \end{pmatrix}$,求 AB.

解　将 A,B 分块

$$A=\left(\begin{array}{cc:cc} 1 & 0 & 0 & 0 \\ 0 & 1 & 0 & 0 \\ \hdashline -1 & 2 & 1 & 0 \\ 1 & 1 & 0 & 1 \end{array}\right)=\begin{pmatrix} E & O \\ A_{21} & E \end{pmatrix}$$

$$B=\left(\begin{array}{cc:cc} 1 & 0 & 1 & 0 \\ -1 & 2 & 0 & 1 \\ \hdashline 1 & 0 & 4 & 1 \\ -1 & -1 & 2 & 0 \end{array}\right)=\begin{pmatrix} B_{11} & E \\ B_{21} & B_{22} \end{pmatrix}$$

于是

$$AB=\begin{pmatrix} E & O \\ A_{21} & E \end{pmatrix}\begin{pmatrix} B_{11} & E \\ B_{21} & B_{22} \end{pmatrix}=\begin{pmatrix} B_{11} & E \\ A_{21}B_{11}+B_{21} & A_{21}+B_{22} \end{pmatrix}$$

$$A_{21}B_{11}+B_{21}=\begin{pmatrix} -1 & 2 \\ 1 & 1 \end{pmatrix}\begin{pmatrix} 1 & 0 \\ -1 & 2 \end{pmatrix}+\begin{pmatrix} 1 & 0 \\ -1 & -1 \end{pmatrix}=$$

$$\begin{pmatrix} -3 & 4 \\ 0 & 2 \end{pmatrix}+\begin{pmatrix} 1 & 0 \\ -1 & -1 \end{pmatrix}=\begin{pmatrix} -2 & 4 \\ -1 & 1 \end{pmatrix}$$

$$A_{21}+B_{22}=\begin{pmatrix} -1 & 2 \\ 1 & 1 \end{pmatrix}+\begin{pmatrix} 4 & 1 \\ 2 & 0 \end{pmatrix}=\begin{pmatrix} 3 & 3 \\ 3 & 1 \end{pmatrix}$$

所以

$$AB=\left(\begin{array}{cc:cc} 1 & 0 & 1 & 0 \\ -1 & 2 & 0 & 1 \\ \hdashline -2 & 4 & 3 & 3 \\ -1 & 1 & 3 & 1 \end{array}\right)$$

(4) 设

$$A=\begin{pmatrix} A_{11} & A_{12} & \cdots & A_{1q} \\ A_{21} & A_{22} & \cdots & A_{2q} \\ \vdots & \vdots & & \vdots \\ A_{p1} & A_{p2} & \cdots & A_{pq} \end{pmatrix}$$

则有

$$A^{\mathrm{T}} = \begin{pmatrix} A_{11}^{\mathrm{T}} & A_{21}^{\mathrm{T}} & \cdots & A_{p1}^{\mathrm{T}} \\ A_{12}^{\mathrm{T}} & A_{22}^{\mathrm{T}} & \cdots & A_{p2}^{\mathrm{T}} \\ \vdots & \vdots & & \vdots \\ A_{1q}^{\mathrm{T}} & A_{2q}^{\mathrm{T}} & \cdots & A_{pq}^{\mathrm{T}} \end{pmatrix}$$

(5) 设 A 是 n 阶方阵,若 A 的分块只有在主对角线上有非零矩阵,其余的子块都是零矩阵,并且在对角线的子块都是方阵,即

$$A = \begin{pmatrix} A_1 & O & \cdots & O \\ O & A_2 & \cdots & O \\ \vdots & \vdots & & \vdots \\ O & O & \cdots & A_p \end{pmatrix}$$

那么称 A 是对角分块矩阵,也可以写成

$$\Lambda = \mathrm{diag}(A_1, A_2, \cdots, A_p)$$

如果 $|A_i| \neq 0, i = 1,2,\cdots,p$,则

$$A^{-1} = \begin{pmatrix} A_1^{-1} & O & \cdots & O \\ O & A_2^{-1} & \cdots & O \\ \vdots & \vdots & & \vdots \\ O & O & \cdots & A_p^{-1} \end{pmatrix}$$

例 2 设 $A = \begin{pmatrix} 1 & 0 & 0 & 0 \\ 0 & 2 & 0 & 0 \\ 0 & 0 & 1 & 2 \\ 0 & 0 & 2 & 5 \end{pmatrix}$,求 A^{-1}.

解 将 A 分块为

$$A = \begin{pmatrix} S & O \\ O & T \end{pmatrix}$$

$$S^{-1} = \begin{pmatrix} 1 & 0 \\ 0 & \frac{1}{2} \end{pmatrix}$$

$$T^{-1} = \begin{pmatrix} 5 & -2 \\ -2 & 1 \end{pmatrix}$$

所以

$$A^{-1} = \begin{pmatrix} 1 & 0 & 0 & 0 \\ 0 & \frac{1}{2} & 0 & 0 \\ 0 & 0 & 5 & -2 \\ 0 & 0 & -2 & 1 \end{pmatrix}$$

最后说一下矩阵的向量组表示.

设
$$\boldsymbol{A}=\begin{pmatrix} a_{11} & a_{12} & \cdots & a_{1n} \\ a_{21} & a_{22} & \cdots & a_{2n} \\ \vdots & \vdots & & \vdots \\ a_{m1} & a_{m2} & \cdots & a_{mn} \end{pmatrix}$$
是一个 $m\times n$ 矩阵,若将它的第 i 行记为
$$\boldsymbol{a}_i^{\mathrm{T}}=(a_{i1},a_{i2},\cdots,a_{in})$$
称为 $\boldsymbol{A}$ 的第 i 个行向量,此时 $\boldsymbol{A}$ 可以表示成 m 个行向量组成的向量组
$$\boldsymbol{A}=\begin{pmatrix} \boldsymbol{a}_1^{\mathrm{T}} \\ \boldsymbol{a}_2^{\mathrm{T}} \\ \vdots \\ \boldsymbol{a}_m^{\mathrm{T}} \end{pmatrix}$$
同样地,若将它的第 j 列记为
$$\boldsymbol{a}_j=\begin{pmatrix} a_{1j} \\ a_{2j} \\ \vdots \\ a_{mj} \end{pmatrix}$$
称为 $\boldsymbol{A}$ 的第 j 个列向量,此时 $\boldsymbol{A}$ 可以表示成 n 个列向量组成的向量组
$$\boldsymbol{A}=(\boldsymbol{a}_1,\boldsymbol{a}_2,\cdots,\boldsymbol{a}_n)$$

这种表示,在今后的学习中特别有用.

例 3　证明:$\begin{vmatrix} \boldsymbol{O} & \boldsymbol{A} \\ \boldsymbol{B} & \boldsymbol{O} \end{vmatrix}=(-1)^{mn}|\boldsymbol{A}||\boldsymbol{B}|$,其中 $\boldsymbol{A}=(a_{ij})_{n\times n}$,$\boldsymbol{B}=(b_{ij})_{m\times m}$.

证明　对行列式做列变换:第 $m+k$ 列依次与第 $m-1,m-2,\cdots,2,1$ 列互换,$k=1,2,\cdots,n$ 得到
$$\begin{vmatrix} \boldsymbol{O} & \boldsymbol{A} \\ \boldsymbol{B} & \boldsymbol{O} \end{vmatrix}=(-1)^{mn}\begin{vmatrix} \boldsymbol{A} & \boldsymbol{O} \\ \boldsymbol{O} & \boldsymbol{B} \end{vmatrix}=(-1)^{mn}|\boldsymbol{A}||\boldsymbol{B}|$$

本章要点

1. 掌握矩阵的概念,掌握一些特殊的矩阵.(零矩阵、单位矩阵、对角矩阵、对称矩阵)

2. 熟练掌握矩阵的线性运算及运算规律,掌握矩阵的乘法及其运算律,掌握矩阵的转置及其性质,掌握方阵的行列式及其运算性质.

3. 掌握可逆矩阵的概念、性质及判断一个方阵是否可逆的充要条件.

4. 熟悉一个方阵的伴随矩阵的定义及求法,理解方阵与它的伴随矩阵之间的联系及性质.

5. 掌握利用方阵的伴随矩阵求逆矩阵的方法.

6. 掌握利用方阵的逆矩阵解矩阵方程的方法.

7. 了解 Cramer 法则的理论意义.

习题 2

1. 计算下列矩阵的乘积：

(1) $\begin{pmatrix} 4 & 3 & 1 \\ 1 & -2 & 1 \\ 5 & 7 & 0 \end{pmatrix}\begin{pmatrix} 7 \\ 2 \\ 1 \end{pmatrix}$;

(2) $(1,\ 2,\ 3)\begin{pmatrix} 3 \\ 2 \\ 1 \end{pmatrix}$;

(3) $\begin{pmatrix} 2 \\ 1 \\ 3 \end{pmatrix}(-1,\ 2)$;

(4) $\begin{pmatrix} 1 & 2 & 1 \\ 1 & 0 & 3 \\ 2 & 3 & 0 \end{pmatrix}\begin{pmatrix} x \\ y \\ z \end{pmatrix}$;

(5) $(x,\ y,\ z)\begin{pmatrix} 1 & 2 & 1 \\ 2 & 2 & 3 \\ 1 & 3 & 3 \end{pmatrix}\begin{pmatrix} x \\ y \\ z \end{pmatrix}$.

2. 设 $\boldsymbol{A} = \begin{pmatrix} 1 & 1 & 1 \\ 1 & 1 & -1 \\ 1 & -1 & 1 \end{pmatrix}, \boldsymbol{B} = \begin{pmatrix} 1 & 2 & 3 \\ -1 & -2 & 4 \\ 0 & 5 & 1 \end{pmatrix}$

求：$3\boldsymbol{AB} - 2\boldsymbol{A}$ 及 $\boldsymbol{A}^{\mathrm{T}}\boldsymbol{B}$.

3. 已知两个线性变换

$$\begin{cases} x_1 = 2y_1 + y_3 \\ x_2 = -2y_1 + 3y_2 + 2y_3 \\ x_3 = 4y_1 + y_2 + 5y_3 \end{cases}, \begin{cases} y_1 = -3z_1 + z_2 \\ y_2 = 2z_1 + z_3 \\ y_3 = -z_2 + 3z_3 \end{cases}$$

求从 z_1, z_2, z_3 到 x_1, x_2, x_3 的线性变换.

4. 设 $\boldsymbol{A} = \begin{pmatrix} 1 & 0 \\ \lambda & 1 \end{pmatrix}$，求 $\boldsymbol{A}^2, \boldsymbol{A}^3, \cdots, \boldsymbol{A}^k$.

5. 设 $\boldsymbol{A} = \begin{pmatrix} \lambda & 1 & 0 \\ 0 & \lambda & 1 \\ 0 & 0 & \lambda \end{pmatrix}$，求 $\boldsymbol{A}^n$.

6. 求下列矩阵的逆矩阵：

(1) $\begin{pmatrix} 1 & 2 \\ 2 & 5 \end{pmatrix}$;

(2) $\begin{pmatrix} \cos t & -\sin t \\ \sin t & \cos t \end{pmatrix}$;

(3) $\boldsymbol{A}=\begin{pmatrix}1&2&3\\2&2&1\\3&4&3\end{pmatrix}$;

(4) $\begin{pmatrix}1&2&0&0\\2&3&0&0\\0&0&\cos t&-\sin t\\0&0&\sin t&\cos t\end{pmatrix}$;

(5) $\begin{pmatrix}1&0&0&0\\0&3&0&0\\0&0&2&0\\0&0&0&\sqrt{2}\end{pmatrix}$.

7. 解下列矩阵方程:

(1) $\begin{pmatrix}2&5\\1&3\end{pmatrix}\boldsymbol{x}=\begin{pmatrix}4&-6\\2&1\end{pmatrix}$;

(2) $\boldsymbol{x}\begin{pmatrix}2&1&-1\\2&1&0\\1&-1&1\end{pmatrix}=\begin{pmatrix}1&-1&3\\4&3&2\end{pmatrix}$.

8. 设 $\begin{cases}x_1=2y_1+2y_2+y_3\\x_2=3y_1+y_2+5y_3\\x_3=3y_1+2y_2+3y_3\end{cases}$,求从 x_1,x_2,x_3 到 y_1,y_2,y_3 的线性变换.

9. 解线性方程组(利用 Cramer 法则或者逆矩阵):

(1) $\begin{cases}x_1+2x_2+3x_3=1\\2x_1+2x_2+5x_3=2;\\3x_1+5x_2+x_3=3\end{cases}$

(2) $\begin{cases}x_1-x_2-x_3=2\\2x_1-x_2-3x_3=1\ .\\3x_1+2x_2-5x_3=0\end{cases}$

10. 设 $\boldsymbol{P}=\begin{pmatrix}-1&1&1\\1&0&2\\1&1&-1\end{pmatrix}$,$\boldsymbol{\Lambda}=\mathrm{diag}(1,2,-3)$,并且成立 $\boldsymbol{AP}=\boldsymbol{P\Lambda}$.

求 $\varphi(\boldsymbol{A})=\boldsymbol{A}^3+2\boldsymbol{A}^2-3\boldsymbol{A}$.

11. 设 $\boldsymbol{A}$ 为 3 阶矩阵,$|\boldsymbol{A}|=\dfrac{1}{2}$,求 $|(2\boldsymbol{A})^{-1}-5\boldsymbol{A}^*|$.

12. 设 $\boldsymbol{A}=\begin{pmatrix}0&3&3\\1&1&0\\-1&2&3\end{pmatrix}$, $\boldsymbol{AB}=\boldsymbol{A}+2\boldsymbol{B}$,求 $\boldsymbol{B}$.

13. 设$A = \begin{pmatrix} 1 & 0 & 1 \\ 0 & 2 & 0 \\ 1 & 0 & 1 \end{pmatrix}$,$AB + E = A^2 + B$,求$B$.

14. 设$AP = P\Lambda$,$P = \begin{pmatrix} 1 & 1 & 1 \\ 1 & 0 & -2 \\ 1 & -1 & 1 \end{pmatrix}$,$\Lambda = \begin{pmatrix} -1 & 0 & 0 \\ 0 & 1 & 0 \\ 0 & 0 & 5 \end{pmatrix} = \mathrm{diag}(-1,1,5)$.

求:$\varphi(A) = A^8(5E - 6A + A^2)$.

15. 如果$A^{\mathrm{T}} = A$,称A为对称矩阵,试证明:

(1) 如果A为n阶对称矩阵,B为n阶矩阵,则$B^{\mathrm{T}}AB$为n阶对称矩阵;

(2) 如果A,B为n阶对称矩阵,则AB为n阶对称矩阵$\Leftrightarrow AB = BA$.

16. 证明:矩阵$A = O \Leftrightarrow A^{\mathrm{T}}A = O$.

17. 利用矩阵的分块方法解答:

(1)$\begin{pmatrix} 1 & 2 & 1 & 0 \\ 0 & 1 & 0 & 1 \\ 0 & 0 & 2 & 1 \\ 0 & 0 & 0 & 3 \end{pmatrix}\begin{pmatrix} 1 & 0 & 3 & 1 \\ 0 & 1 & 2 & -1 \\ 0 & 0 & -2 & 3 \\ 0 & 0 & 0 & -3 \end{pmatrix}$;

(2) 设$A = \begin{pmatrix} 3 & 4 & 0 & 0 \\ 4 & -3 & 0 & 0 \\ 0 & 0 & 2 & 0 \\ 0 & 0 & 2 & 2 \end{pmatrix}$,求$|A^8|$及$A^4$.

18. 利用矩阵的分块方法求逆矩阵:

(1)$\begin{pmatrix} 5 & 2 & 0 & 0 \\ 2 & 1 & 0 & 0 \\ 0 & 0 & 8 & 3 \\ 0 & 0 & 5 & 2 \end{pmatrix}$;

(2)$\begin{pmatrix} 1 & 0 & 0 & 0 \\ 1 & 2 & 0 & 1 \\ 2 & 1 & 3 & 0 \\ 1 & 2 & 1 & 4 \end{pmatrix}$.

单元自测题 2

1. 填空题

(1) 设$A = (1,2,3)$,$B = (3,2,1)$均为1×3矩阵,则$AB^{\mathrm{T}} =$ ______,$B^{\mathrm{T}}A =$ ______.

(2)$A = \begin{pmatrix} 1 & -1 \\ 1 & -1 \end{pmatrix}$,则$A^{100} =$ ______.

(3) $\boldsymbol{A},\boldsymbol{B}$ 均为 3 阶方阵，且 $|\boldsymbol{A}| = \frac{1}{2}$，$|\boldsymbol{B}| = 2$，则 $|2(\boldsymbol{B}^{\mathrm{T}}\boldsymbol{A})^{-1}\boldsymbol{B}| =$ ______.

(4) $\boldsymbol{A}$ 为 4 阶方阵，$|\boldsymbol{A}| = \frac{1}{3}$，则 $|2\boldsymbol{A}| =$ ______，$\left|\frac{1}{2}\boldsymbol{A}^{\mathrm{T}}\right| =$ ______.

(5) $\boldsymbol{A}$ 为 4 阶方阵，$|\boldsymbol{A}| = 2$，则 $|\boldsymbol{A}^*| =$ ______.

2. 选择题

(1) 若 $\boldsymbol{A},\boldsymbol{B}$ 都是 n 阶方阵，若 $(\boldsymbol{A}+\boldsymbol{B})(\boldsymbol{A}-\boldsymbol{B}) = \boldsymbol{A}^2 - \boldsymbol{B}^2$，则必有(　　)

A. $\boldsymbol{A} = \boldsymbol{B}$　　B. $\boldsymbol{A} = \boldsymbol{E}$　　C. $\boldsymbol{B} = \boldsymbol{E}$　　D. $\boldsymbol{AB} = \boldsymbol{BA}$

(2) 若 $\boldsymbol{A},\boldsymbol{B}$ 都是 n 阶对称方阵，则 $\boldsymbol{AB}$ 仍为对称方阵的充分必要条件是(　　)

A. $\boldsymbol{AB} = \boldsymbol{BA}$　　B. $|\boldsymbol{A}| \neq 0$　　C. $|\boldsymbol{B}| \neq 0$　　D. $|\boldsymbol{AB}| \neq 0$

(3) 设 $\boldsymbol{A} = (a_{ij})_{3\times 2}$，$\boldsymbol{B} = (b_{ij})_{2\times 3}$，$\boldsymbol{C} = (c_{ij})_{3\times 3}$，则下列运算可进行的是(　　)

A. $\boldsymbol{CBA}$　　B. $\boldsymbol{AB} - \boldsymbol{C}$　　C. $\boldsymbol{BA} - \boldsymbol{C}$　　D. $\boldsymbol{AB} - \boldsymbol{AC}$

(4) $\boldsymbol{A},\boldsymbol{B}$ 都是 n 阶非零方阵，$\boldsymbol{AB} = \boldsymbol{O}$，则(　　)

A. $|\boldsymbol{A}| = 0$ 且 $|\boldsymbol{B}| = 0$　　B. $|\boldsymbol{A}| = 0$ 或 $|\boldsymbol{B}| = 0$

C. $\boldsymbol{A} + \boldsymbol{B} = \boldsymbol{O}$　　D. $\boldsymbol{A} - \boldsymbol{B} = \boldsymbol{O}$

(5) 设 $\boldsymbol{A}$ 是 n 阶可逆方阵，则 $(\boldsymbol{A}^*)^* =$ (　　)

A. $|\boldsymbol{A}|^{n-2}A$　　B. $|\boldsymbol{A}|^{n-1}\boldsymbol{A}$

C. $|\boldsymbol{A}|^{n}\boldsymbol{A}$　　D. $|\boldsymbol{A}|^{n+1}\boldsymbol{A}$

3. 计算：

(1) 设

$$\boldsymbol{A} = \begin{pmatrix} 1 & 2 & 1 & 2 \\ 2 & 1 & 2 & 1 \\ 1 & 2 & 3 & 4 \end{pmatrix}, \boldsymbol{B} = \begin{pmatrix} 4 & 3 & 2 & 1 \\ -2 & 1 & -2 & 1 \\ 0 & -1 & 0 & -1 \end{pmatrix}$$

求：① $3\boldsymbol{A} - 2\boldsymbol{B}$；

② $2\boldsymbol{A} + 3\boldsymbol{B}$；

③ 若 $\boldsymbol{x}$ 满足 $\boldsymbol{A} + \boldsymbol{x} = \boldsymbol{B}$，求 $\boldsymbol{x}$.

(2) 设 $\boldsymbol{A} = \begin{pmatrix} x & 0 \\ 7 & y \end{pmatrix}$，$\boldsymbol{B} = \begin{pmatrix} u & v \\ y & 2 \end{pmatrix}$，$\boldsymbol{C} = \begin{pmatrix} 3 & -u \\ u & v \end{pmatrix}$，且 $\boldsymbol{A} + 2\boldsymbol{B} - \boldsymbol{C} = \boldsymbol{O}$.

求 x,y,u,v 的值.

(3) 求 $\begin{pmatrix} \lambda & 1 & 0 \\ 0 & \lambda & 1 \\ 0 & 0 & \lambda \end{pmatrix}^3$.

4. 求下列方阵的逆矩阵：

(1) $\begin{pmatrix} \cos\theta & -\sin\theta \\ \sin\theta & \cos\theta \end{pmatrix}$；

(2) $\begin{pmatrix} 1 & 2 & -2 \\ 3 & 4 & -2 \\ 5 & -4 & 1 \end{pmatrix}$；

(3) $\begin{pmatrix} 5 & 2 & 0 & 0 \\ 2 & 1 & 0 & 0 \\ 0 & 0 & 8 & 3 \\ 0 & 0 & 5 & 2 \end{pmatrix}$.

5. 设 $\boldsymbol{A}$ 是 n 阶可逆矩阵，$\boldsymbol{A}^*$ 是它的伴随矩阵，证明：$\boldsymbol{A}^*$ 可逆，并且 $(\boldsymbol{A}^*)^{-1} = (\boldsymbol{A}^{-1})^*$.

6. 解矩阵方程及解线性方程组：

(1) $\boldsymbol{X}\begin{pmatrix} 2 & 1 & -1 \\ 2 & 1 & 0 \\ 1 & -1 & 1 \end{pmatrix} = \begin{pmatrix} 1 & -1 & 3 \\ 4 & 3 & 2 \end{pmatrix}$.

(2) $\begin{pmatrix} 1 & 4 \\ -1 & 2 \end{pmatrix}\boldsymbol{X}\begin{pmatrix} 2 & 0 \\ -1 & 2 \end{pmatrix} = \begin{pmatrix} 3 & -1 \\ 0 & -1 \end{pmatrix}$.

(3) $\begin{cases} x_1 - x_2 - x_3 = 2 \\ 2x_1 - x_2 - 3x_3 = 1 \\ 3x_1 + 2x_2 - 5x_3 = 0 \end{cases}$.

考研参考资料

这部分的考研题型要等到学习完下一章才能够比较系统地给出，因此只提供试题选萃.

1. 设 $\boldsymbol{A} = \begin{pmatrix} 1 & 2 & -2 \\ 4 & t & 3 \\ 3 & -1 & 1 \end{pmatrix}$，$\boldsymbol{B}$ 为 3 阶非零矩阵，并且 $\boldsymbol{AB} = \boldsymbol{O}$.

求 t.

解：将 $\boldsymbol{B}$ 写成列向量组 $\boldsymbol{B} = (\boldsymbol{b}_1, \boldsymbol{b}_2, \boldsymbol{b}_3)$，于是

$$\boldsymbol{AB} = \boldsymbol{O} \Leftrightarrow (\boldsymbol{A}\,\boldsymbol{b}_1, \boldsymbol{A}\,\boldsymbol{b}_2, \boldsymbol{A}\,\boldsymbol{b}_3) = \boldsymbol{O}$$

表明齐次线性方程组 $\boldsymbol{Ax} = \boldsymbol{0}$ 有非零解，所以

$$|\boldsymbol{A}| = \boldsymbol{0}$$

$$|\boldsymbol{A}| = \begin{vmatrix} 1 & 2 & -2 \\ 4 & t & 3 \\ 3 & -1 & 1 \end{vmatrix} = \begin{vmatrix} 1 & 0 & 0 \\ 4 & t-8 & 11 \\ 3 & -7 & 7 \end{vmatrix} = 7(t-8) + 77 = 0$$

解得
$$t = -3$$

2. 设 $\boldsymbol{A} = \begin{pmatrix} 1 & 0 & 1 \\ 0 & 2 & 0 \\ 1 & 0 & 1 \end{pmatrix}$，$n \geqslant 2$ 为正整数，求 $\boldsymbol{A}^n - 2\boldsymbol{A}^{n-1}$.

解：可得

$$\boldsymbol{A}^n - 2\,\boldsymbol{A}^{n-1} = (\boldsymbol{A} - 2\boldsymbol{E})\,\boldsymbol{A}^{n-1}$$

而
$$(A-2E)A=\begin{pmatrix}-1&0&1\\0&0&0\\1&0&-1\end{pmatrix}\begin{pmatrix}1&0&1\\0&2&0\\1&0&1\end{pmatrix}=\begin{pmatrix}0&0&0\\0&0&0\\0&0&0\end{pmatrix}=O$$

所以
$$A^n-2A^{n-1}=(A-2E)AA^{n-2}=OA^{n-2}=O$$

3. 设 4 阶矩阵 A 的秩为 2,那么 A^* 的秩等于多少?

解法一:用秩的定义,4 阶矩阵 A 的秩为 2,则存在一个 2 阶子式不为零,所有的 3 阶子式都为零,所以 $A_{ij}=0,i,j=1,2,\cdots,n$,所以 $A^*=O$,故 $r(A^*)=0$.

解法二:用 A 的秩与 A^* 的秩的关系

$$r(A^*)=\begin{cases}n & r(A)=n\\1 & r(A)=n-1\\0 & r(A)<n-1\end{cases}$$

由于 $r(A)=2<3$,所以 $r(A^*)=0$.

4. 设 A 为 n 阶方阵,A^* 是它的伴随矩阵,则成立

$$r(A^*)=\begin{cases}n & r(A)=n\\1 & r(A)=n-1\\0 & r(A)<n-1\end{cases}$$

证明:(1) 由于 $AA^*=A^*A=|A|E$,所以当 $r(A)=n$,有 $|A|\neq 0$,所以 $|A^*|\neq 0$,于是 A^* 可逆,所以 $r(A^*)=n$.

(2) 当 $r(A)=n-1$,有 $|A|=0$,于是齐次线性方程组 $Ax=0$ 的解空间的维数是 1,或者它的基础解系仅有一个非零解向量,而

$$AA^*=|A|E=O$$

表明 A^* 的每一个列向量都是它的解向量,$r(A)=n-1$,存在某个元素的代数余子式不为零,设 $A_{ij}\neq 0$,$A_{ij}\neq 0$ 所在的列向量就是基础解系 ,除了第 i 个列向量,其余各个列向量都可由第 i 个列向量线性表示,所以 $r(A^*)=1$.

(3)$r(A)<n-1$,则有 A^* 的每一个元素都是零,所以 $r(A^*)=0$.

5. 已知 3 阶矩阵 A 的逆矩阵

$$A^{-1}=\begin{pmatrix}1&1&1\\1&2&1\\1&1&3\end{pmatrix}$$

求 $(A^*)^{-1}$.

解:利用公式 $(A^*)^{-1}=(A^{-1})^*$,求

$$A_{11}=\begin{vmatrix}2&1\\1&3\end{vmatrix}=5,A_{21}=-\begin{vmatrix}1&1\\1&3\end{vmatrix}=-2\ ,A_{31}=\begin{vmatrix}1&1\\2&1\end{vmatrix}=-1$$

$$A_{12}=-\begin{vmatrix}1&1\\1&3\end{vmatrix}=-2,A_{22}=\begin{vmatrix}1&1\\1&3\end{vmatrix}=2,A_{32}=-\begin{vmatrix}1&1\\1&1\end{vmatrix}=0$$

$$A_{13}=\begin{vmatrix}1&2\\1&1\end{vmatrix}=-1,A_{23}=-\begin{vmatrix}1&1\\1&1\end{vmatrix}=0,A_{33}=\begin{vmatrix}1&1\\1&2\end{vmatrix}=1$$

所以 $$(A^*)^{-1}=(A^{-1})^*=\begin{pmatrix}5&-2&-1\\-2&2&0\\-1&0&1\end{pmatrix}$$

6. 设$A=\begin{pmatrix}1&0&0\\2&2&0\\3&4&5\end{pmatrix}$,求$(A^*)^{-1}$.

解:$AA^*=A^*A=|A|E$,得

$$A^*\frac{A}{|A|}=\frac{A}{|A|}A^*=E$$

由逆矩阵的定义有$(A^*)^{-1}=\dfrac{A}{|A|}$,而$|A|=10$,所以

$$(A^*)^{-1}=\frac{A}{|A|}=\frac{1}{10}\begin{pmatrix}1&0&0\\2&2&0\\3&4&5\end{pmatrix}$$

7. 设$A^2+A-4E=O$,E为单位矩阵,求$(A-E)^{-1}$.

解:因为 $$(A-E)(A+2E)-2E=A^2+A-4E=O$$

所以$(A-E)\dfrac{1}{2}(A+2E)=E$,故$(A-E)^{-1}=\dfrac{1}{2}(A+2E)$.

8. 设 $$A=\begin{pmatrix}1&0&0&0\\-2&3&0&0\\0&-4&5&0\\0&0&-6&7\end{pmatrix}$$

E为4阶单位矩阵,并且$B=(E+A)^{-1}(E-A)$.

求$(E+B)^{-1}$.

解:由于

$$\begin{aligned}E+B&=E+(E+A)^{-1}(E-A)=\\&(E+A)^{-1}[(E+A)+(E-A)]=\\&2(E+A)^{-1}\end{aligned}$$

所以

$$(E+B)^{-1}=[2(E+A)^{-1}]^{-1}=\frac{1}{2}(E+A)=$$

$$\frac{1}{2}\begin{pmatrix}2&0&0&0\\-2&4&0&0\\0&-4&6&0\\0&0&-6&8\end{pmatrix}=\begin{pmatrix}1&0&0&0\\-1&2&0&0\\0&-2&3&0\\0&0&-3&4\end{pmatrix}$$

第 3 章

矩阵的初等变换与线性方程组

矩阵的初等变换是矩阵的四种变换中最基本、最重要的变换. 通过对矩阵的初等变换的学习,我们可以建立矩阵的秩的概念,进而讨论矩阵的秩的性质以及线性方程组的可解与否的理论,在线性方程组有解的情况下讨论其解的个数与构造,进一步得到求解的一般方法;同时为今后继续学习矩阵的其他变换打下牢固的基础.

3.1 矩阵的初等变换

3.1.1 矩阵的初等变换

我们先看一个用加减消元法解线性方程组的题

$$\begin{cases} \frac{1}{2}x_1 + \frac{1}{3}x_2 + x_3 = 1 & (1) \\ x_1 + \frac{5}{3}x_2 + 3x_3 = 3 & (2) \\ 2x_1 + \frac{4}{3}x_2 + 5x_3 = 2 & (3) \end{cases}$$

将第 1 个方程与第 2 个方程交换位置得到原方程组的同解方程组

$$\begin{cases} x_1 + \frac{5}{3}x_2 + 3x_3 = 3 & (4) \\ \frac{1}{2}x_1 + \frac{1}{3}x_2 + x_3 = 1 & (5) \\ 2x_1 + \frac{4}{3}x_2 + 5x_3 = 2 & (6) \end{cases}$$

方程(5) × 2,方程(6) × $\frac{1}{2}$,得到与原方程组的同解方程组

$$\begin{cases} x_1 + \dfrac{5}{3}x_2 + 3x_3 = 3 & (7) \\ x_1 + \dfrac{2}{3}x_2 + 2x_3 = 2 & (8) \\ x_1 + \dfrac{2}{3}x_2 + \dfrac{5}{2}x_3 = 1 & (9) \end{cases}$$

方程(8) - (7),方程(9) - (8) 得

$$\begin{cases} x_1 + \dfrac{5}{3}x_2 + 3x_3 = 3 & (10) \\ -x_2 - x_3 = -1 & (11) \\ \dfrac{1}{2}x_3 = -1 & (12) \end{cases}$$

方程(11) + (12) × 2,解得

$$\begin{cases} x_1 = 4 \\ x_2 = 3 \\ x_3 = -2 \end{cases}$$

发现在解方程组的过程中,使用了对方程组的三种变换:

(1) 交换两个方程的位置;

(2) 用一个不为零的数乘以某一个方程;

(3) 用一个数乘以某一个方程后加到另一个方程.

由初等数学可知:上述变换都是方程组的同解变形.

于是得到下面的定义.

定义 1(矩阵的初等变换) 矩阵的行(列)初等变换是指对一个矩阵施行的下列变换:

(1) 交换矩阵的两行(列),用符号 $r_i \leftrightarrow r_j$($c_i \leftrightarrow c_j$) 表示;

(2) 用一个不为零的数去乘矩阵的某一行(列),用 $k \times r_i$($k \times c_i$) 表示;

(3) 用一个数去乘矩阵的某一行(列)再加到另一行(列),用 $r_i + k \times r_j$ 表示用一个数 k 去乘矩阵的第 j 行再加到第 i 行;用 $c_i + k \times c_j$ 表示用一个数 k 去乘矩阵的第 j 列再加到第 i 列.

例如,设

$$\boldsymbol{A} = \begin{pmatrix} 1 & -1 & 2 & 1 & 3 \\ 2 & 1 & -1 & 2 & 0 \\ 0 & 1 & 0 & 1 & 1 \end{pmatrix}$$

我们来观察:

(1) 当进行第一种行变换与列变换时的情形

$$\begin{pmatrix} 1 & -1 & 2 & 1 & 3 \\ 2 & 1 & -1 & 2 & 0 \\ 0 & 1 & 0 & 1 & 1 \end{pmatrix} \xleftrightarrow{r_2 \leftrightarrow r_3} \begin{pmatrix} 1 & -1 & 2 & 1 & 3 \\ 0 & 1 & 0 & 1 & 1 \\ 2 & 1 & -1 & 2 & 0 \end{pmatrix}$$

$$\begin{pmatrix}1&-1&2&1&3\\2&1&-1&2&0\\0&1&0&1&1\end{pmatrix}\xrightarrow{c_2\leftrightarrow c_5}\begin{pmatrix}1&3&2&1&-1\\2&0&-1&2&1\\0&1&0&1&1\end{pmatrix}$$

$$\begin{pmatrix}1&0&0\\0&0&1\\0&1&0\end{pmatrix}\begin{pmatrix}1&-1&2&1&3\\2&1&-1&2&0\\0&1&0&1&1\end{pmatrix}=\begin{pmatrix}1&-1&2&1&3\\0&1&0&1&1\\2&1&-1&2&0\end{pmatrix}$$

$$\begin{pmatrix}1&-1&2&1&3\\2&1&-1&2&0\\0&1&0&1&1\end{pmatrix}\begin{pmatrix}1&0&0&0&0\\0&0&0&0&1\\0&0&1&0&0\\0&0&0&1&0\\0&1&0&0&0\end{pmatrix}=\begin{pmatrix}1&3&2&1&-1\\2&0&-1&2&1\\0&1&0&1&1\end{pmatrix}$$

表明:当用矩阵$\boldsymbol{P}_{23}=\begin{pmatrix}1&0&0\\0&0&1\\0&1&0\end{pmatrix}$左乘矩阵$\boldsymbol{A}$时,就是对矩阵$\boldsymbol{A}$施行了交换第 2 行与第 3 行的初等变换,而矩阵$\boldsymbol{P}_{23}=\begin{pmatrix}1&0&0\\0&0&1\\0&1&0\end{pmatrix}$正是交换了 3 阶单位矩阵$\begin{pmatrix}1&0&0\\0&1&0\\0&0&1\end{pmatrix}$的第 2 行与第 3 行得到的.

当用矩阵$\boldsymbol{P}_{25}=\begin{pmatrix}1&0&0&0&0\\0&0&0&0&1\\0&0&1&0&0\\0&0&0&1&0\\0&1&0&0&0\end{pmatrix}$右乘矩阵$\boldsymbol{A}$时,就是对矩阵$\boldsymbol{A}$施行了交换第 2 列与第 5 列的初等变换. 而矩阵$\boldsymbol{P}_{25}=\begin{pmatrix}1&0&0&0&0\\0&0&0&0&1\\0&0&1&0&0\\0&0&0&1&0\\0&1&0&0&0\end{pmatrix}$正是交换了 5 阶单位矩阵$\begin{pmatrix}1&0&0&0&0\\0&1&0&0&0\\0&0&1&0&0\\0&0&0&1&0\\0&0&0&0&1\end{pmatrix}$的第 2 列与第 5 列得到的.

(2) 当进行第二种行变换与列变换时的情形

$$\begin{pmatrix}1&-1&2&1&3\\2&1&-1&2&0\\0&1&0&1&1\end{pmatrix}\xrightarrow{2\times r_3}\begin{pmatrix}1&-1&2&1&3\\2&1&-1&2&0\\0&2&0&2&2\end{pmatrix}$$

$$\begin{pmatrix}1 & -1 & 2 & 1 & 3\\2 & 1 & -1 & 2 & 0\\0 & 1 & 0 & 1 & 1\end{pmatrix} \xleftrightarrow{2\times c_3} \begin{pmatrix}1 & -1 & 4 & 1 & 3\\2 & 1 & -2 & 2 & 0\\0 & 1 & 0 & 1 & 1\end{pmatrix}$$

我们来看上述变换的用矩阵乘法的表示

$$\begin{pmatrix}1 & 0 & 0\\0 & 1 & 0\\0 & 0 & 2\end{pmatrix}\begin{pmatrix}1 & -1 & 2 & 1 & 3\\2 & 1 & -1 & 2 & 0\\0 & 1 & 0 & 1 & 1\end{pmatrix} = \begin{pmatrix}1 & -1 & 2 & 1 & 3\\2 & 1 & -1 & 2 & 0\\0 & 2 & 0 & 2 & 2\end{pmatrix}$$

$$\begin{pmatrix}1 & -1 & 2 & 1 & 3\\2 & 1 & -1 & 2 & 0\\0 & 1 & 0 & 1 & 1\end{pmatrix}\begin{pmatrix}1 & 0 & 0 & 0 & 0\\0 & 1 & 0 & 0 & 0\\0 & 0 & 2 & 0 & 0\\0 & 0 & 0 & 1 & 0\\0 & 0 & 0 & 0 & 1\end{pmatrix} = \begin{pmatrix}1 & -1 & 4 & 1 & 3\\2 & 1 & -2 & 2 & 0\\0 & 1 & 0 & 1 & 1\end{pmatrix}$$

表明：当用矩阵$\boldsymbol{D}_3(2) = \begin{pmatrix}1 & 0 & 0\\0 & 1 & 0\\0 & 0 & 2\end{pmatrix}$左乘矩阵 $\boldsymbol{A}$ 时，就是用数 2 去乘矩阵的第 3 行的初等变换. 而矩阵 $\boldsymbol{D}_3(2) = \begin{pmatrix}1 & 0 & 0\\0 & 1 & 0\\0 & 0 & 2\end{pmatrix}$正是用数 2 去乘 3 阶单位矩阵$\begin{pmatrix}1 & 0 & 0\\0 & 1 & 0\\0 & 0 & 1\end{pmatrix}$的第 3 行得到的.

当用矩阵$\boldsymbol{D}_3(2) = \begin{pmatrix}1 & 0 & 0 & 0 & 0\\0 & 1 & 0 & 0 & 0\\0 & 0 & 2 & 0 & 0\\0 & 0 & 0 & 1 & 0\\0 & 0 & 0 & 0 & 1\end{pmatrix}$右乘矩阵 $\boldsymbol{A}$ 时，就是用数 2 去乘矩阵的第 3 列的初等变换，而 $\boldsymbol{D}_3(2) = \begin{pmatrix}1 & 0 & 0 & 0 & 0\\0 & 1 & 0 & 0 & 0\\0 & 0 & 2 & 0 & 0\\0 & 0 & 0 & 1 & 0\\0 & 0 & 0 & 0 & 1\end{pmatrix}$ 正是用数 2 去乘 5 阶单位矩阵 $\begin{pmatrix}1 & 0 & 0 & 0 & 0\\0 & 1 & 0 & 0 & 0\\0 & 0 & 1 & 0 & 0\\0 & 0 & 0 & 1 & 0\\0 & 0 & 0 & 0 & 1\end{pmatrix}$而得到的.

（3）当进行第三种行变换与列变换时的情形

$$\begin{pmatrix}1 & -1 & 2 & 1 & 3\\2 & 1 & -1 & 2 & 0\\0 & 1 & 0 & 1 & 1\end{pmatrix} \xleftrightarrow{r_2+(-2)\times r_1} \begin{pmatrix}1 & -1 & 2 & 1 & 3\\0 & 3 & -5 & 0 & -6\\0 & 1 & 0 & 1 & 1\end{pmatrix}$$

$$\begin{pmatrix}1&0&0\\-2&1&0\\0&0&1\end{pmatrix}\begin{pmatrix}1&-1&2&1&3\\2&1&-1&2&0\\0&1&0&1&1\end{pmatrix}=\begin{pmatrix}1&-1&2&1&3\\0&3&-5&0&-6\\0&1&0&1&1\end{pmatrix}$$

$$\begin{pmatrix}1&-1&2&1&3\\2&1&-1&2&0\\0&1&0&1&1\end{pmatrix}\xleftrightarrow{c_2+c_1}\begin{pmatrix}1&0&2&1&3\\2&3&-1&2&0\\0&1&0&1&1\end{pmatrix}$$

$$\begin{pmatrix}1&-1&2&1&3\\2&1&-1&2&0\\0&1&0&1&1\end{pmatrix}\begin{pmatrix}1&1&0&0&0\\0&1&0&0&0\\0&0&1&0&0\\0&0&0&1&0\\0&0&0&0&1\end{pmatrix}=\begin{pmatrix}1&0&2&1&3\\2&3&-1&2&0\\0&1&0&1&1\end{pmatrix}$$

表明当用矩阵$\boldsymbol{T}_{21}(2)=\begin{pmatrix}1&0&0\\2&1&0\\0&0&1\end{pmatrix}$左乘矩阵$\boldsymbol{A}$时,就是用数2去乘矩阵的第1行再加到第 2 行的初等变换, 而矩阵$\boldsymbol{T}_{21}(2)=\begin{pmatrix}1&0&0\\2&1&0\\0&0&1\end{pmatrix}$正是用数 2 去乘 3 阶单位矩阵$\begin{pmatrix}1&0&0\\0&1&0\\0&0&1\end{pmatrix}$的第 1 行再加到第 2 行得到的.

当用矩阵$\boldsymbol{T}_{21}(1)=\begin{pmatrix}1&1&0&0&0\\0&1&0&0&0\\0&0&1&0&0\\0&0&0&1&0\\0&0&0&0&1\end{pmatrix}$右乘矩阵$\boldsymbol{A}$时,就是用数1去乘矩阵的第1列后再加到第2 列的初等变换,而$\boldsymbol{T}_{21}(1)=\begin{pmatrix}1&1&0&0&0\\0&1&0&0&0\\0&0&1&0&0\\0&0&0&1&0\\0&0&0&0&1\end{pmatrix}$,正是用数1去乘5阶单位矩阵$\begin{pmatrix}1&0&0&0&0\\0&1&0&0&0\\0&0&1&0&0\\0&0&0&1&0\\0&0&0&0&1\end{pmatrix}$的第 1 列后再加到第 2 列得到的.

这样我们就得到了所谓的初等矩阵.

定义 2(初等矩阵)　下面的三种矩阵叫做初等矩阵:

(1) 将 n 阶单位矩阵的第 i 行与第 j 行互相交换位置就得到第一种初等矩阵,一般用

P_{ij} 表示,即

$$
P_{ij}=\begin{pmatrix}
1 &&&&&&&&&&\\
&\ddots&&&&&&&&&\\
&&1&&&&&&&&\\
&&&0&&\cdots&&1&&&\\
&&&&1&&&&&&\\
&&&\vdots&&\ddots&&\vdots&&&\\
&&&&&&1&&&&\\
&&&1&&\cdots&&0&&&\\
&&&&&&&&1&&\\
&&&&&&&&&\ddots&\\
&&&&&&&&&&1
\end{pmatrix}
\begin{matrix}\\ \\ \\ \text{第 } i \text{ 行}\\ \\ \\ \\ \text{第 } j \text{ 行}\\ \\ \\ \\ \end{matrix}
$$

(2) 用不为零的数 k 去乘 n 阶单位矩阵的第 i 行的每一个元素得到第二种初等矩阵,一般用$D_i(k)$ 表示,即

$$
D_i(k)=\begin{pmatrix}
1&&&&&&\\
&\ddots&&&&&\\
&&1&&&&\\
&&&k&&&\\
&&&&1&&\\
&&&&&\ddots&\\
&&&&&&1
\end{pmatrix}
\begin{matrix}\\ \\ \\ \text{第 } i \text{ 行}\\ \\ \\ \\ \end{matrix}
$$

(3) 用数 k 去乘 n 阶单位矩阵的第 j 行后再加到第 i 行得到第三种初等矩阵,一般用 $T_{ij}(k)$ 表示,即

$$
T_{ij}(k)=\begin{pmatrix}
1 &&&&&&&&&&\\
&\ddots&&&&&&&&&\\
&&1&&&&&&&&\\
&&&1&&\cdots&&k&&&\\
&&&&1&&&&&&\\
&&&\vdots&&\ddots&&\vdots&&&\\
&&&&&&1&&&&\\
&&&0&&\cdots&&1&&&\\
&&&&&&&&1&&\\
&&&&&&&&&\ddots&\\
&&&&&&&&&&1
\end{pmatrix}
\begin{matrix}\\ \\ \\ \text{第 } i \text{ 行}\\ \\ \\ \\ \text{第 } j \text{ 行}\\ \\ \\ \\ \end{matrix}
$$

定理 1 初等矩阵都是可逆的,并且有:

(1) $P_{ij}^{-1}=P_{ij}$;

(2) $D_i^{-1}(k)=D_i(\frac{1}{k})(k\neq 0)$;

(3) $T_{ij}^{-1}(k)=T_{ij}(-k)$.

证明　(1) 由初等矩阵的形成可知 $|P_{ij}|\neq 0$，$|D_i(k)|\neq 0$，$|T_{ij}(k)|\neq 0$，所以初等矩阵都是可逆的.

由于 $P_{ij}P_{ij}=E$，所以 $P_{ij}^{-1}=P_{ij}$.

(2) $D_i(k)D_i(\frac{1}{k})=E$，可知成立 $D_i^{-1}(k)=D_i(\frac{1}{k})(k\neq 0)$.

(3) $T_{ij}(k)T_{ij}(-k)=E$，可知成立 $T_{ij}^{-1}(k)=T_{ij}(-k)$.

设矩阵 A 及初等矩阵 P_{ij}，$D_i(k)$，$T_{ij}(k)$，则有：

(1) $P_{ij}A=B$ 表示 A 的第 i 行与第 j 行互换得到 B；

(2) $D_i(k)A=B$ 表示把 A 的第 i 行乘以数 k 而得到 B；

(3) $T_{ij}(k)A=B$ 表示把 A 的第 j 行乘以数 k 再加到第 i 行而得到 B.

由于可逆矩阵的乘积还是可逆矩阵，因此，当我们说对一个矩阵施行了行变换时就说是用一个可逆矩阵左乘了这个矩阵.

当 P 可逆时，若成立 $PA=B$，表示对矩阵 A 施行了行变换而得到矩阵 B，这时称矩阵 A 与矩阵 B 是行等价的.

当 Q 可逆时，若成立 $AQ=B$，表示对矩阵 A 施行了列变换而得到矩阵 B，这时称矩阵 A 与矩阵 B 是列等价的.

当 P，Q 可逆时，若成立 $PAQ=B$，表示对矩阵 A 施行了初等变换而得到矩阵 B，这时称矩阵 A 与矩阵 B 是等价的.

在代数上，把具有反身性(自反性)、对称性、传递性的关系叫等价关系.

A 与 B 的等价关系符合代数中等价关系的性质：

(1) 反身性：A 与 A 等价，由 $EAE=A$ 可得.

(2) 对称性：A 与 B 等价，则 B 与 A 等价.

事实上，若 $PAQ=B$，有 $P^{-1}BQ^{-1}=A$，表明矩阵 B 与矩阵 A 是等价的.

(3) 传递性：若 A 与 B 等价，B 与 C 等价，则 A 与 C 等价.

事实上，若 $P_1AQ_1=B$，$P_2BQ_2=C$，则可推出 $(P_2P_1)A(Q_1Q_2)=C$，表明矩阵 A 与矩阵 C 是等价的.

可以验证，上述矩阵 A 与矩阵 B 的行等价、列等价也都满足反身性(自反性)、对称性、传递性. 所以矩阵行等价、列等价的关系也都是代数意义上的等价关系.

按照代数的观点，一个等价关系决定了一个分类，那么对于全体矩阵而言，初等变换这个等价关系能够决定矩阵的什么样的分类以及如何分类呢，这就是下面要介绍的内容.

3.1.2　矩阵的初等变换下的标准型

我们看一个矩阵的初等变换：

$$A=\begin{pmatrix}1&0&1&0&1\\1&1&0&3&1\\2&2&0&6&2\\4&3&1&9&4\end{pmatrix}\xleftrightarrow[r_4-r_3-r_2-r_1]{\substack{r_2-r_1\\r_3+(-2)r_1}}\begin{pmatrix}1&0&1&0&1\\0&1&-1&3&0\\0&2&-2&6&0\\0&0&0&0&0\end{pmatrix}\xleftrightarrow{r_3+(-2)\times r_2}$$

$$\begin{pmatrix}1&0&1&0&1\\0&1&-1&3&0\\0&0&0&0&0\\0&0&0&0&0\end{pmatrix}=\begin{pmatrix}\boldsymbol{I}_2&\boldsymbol{C}\\\boldsymbol{O}&\boldsymbol{O}\end{pmatrix}$$

称$\begin{pmatrix}\boldsymbol{I}_2&\boldsymbol{C}\\\boldsymbol{O}&\boldsymbol{O}\end{pmatrix}$为 $\boldsymbol{A}$ 的行阶梯形矩阵,也叫 $\boldsymbol{A}$ 的行最简矩阵.

如果再对$\begin{pmatrix}\boldsymbol{I}_2&\boldsymbol{C}\\\boldsymbol{O}&\boldsymbol{O}\end{pmatrix}$进行列变换则可以得到

$$\begin{pmatrix}1&0&1&0&1\\0&1&-1&3&0\\0&0&0&0&0\\0&0&0&0&0\end{pmatrix}\xleftrightarrow[c_4+(-3)\times c_3]{\substack{c_5-c_1\\c_3-c_1\\c_3+c_2}}\begin{pmatrix}1&0&0&0&0\\0&1&0&0&0\\0&0&0&0&0\\0&0&0&0&0\end{pmatrix}=\begin{pmatrix}\boldsymbol{I}_2&\boldsymbol{O}\\\boldsymbol{O}&\boldsymbol{O}\end{pmatrix}$$

称$\begin{pmatrix}\boldsymbol{I}_2&\boldsymbol{O}\\\boldsymbol{O}&\boldsymbol{O}\end{pmatrix}$为 $\boldsymbol{A}$ 的标准形矩阵.

可以证明:任何一个矩阵经过行初等变换总可以化成行阶梯形矩阵,任何一个矩阵经过初等变换总可以化成标准形矩阵. 矩阵与它的行(列) 阶梯形矩阵和标准形矩阵都是等价的.

事实上,设

$$\boldsymbol{A}=\begin{pmatrix}a_{11}&a_{12}&\cdots&a_{1n}\\a_{21}&a_{22}&\cdots&a_{2n}\\\vdots&\vdots&&\vdots\\a_{m1}&a_{m2}&\cdots&a_{mn}\end{pmatrix}$$

则由于 $\boldsymbol{A}\neq\boldsymbol{O}$ 可知,存在 $a_{ij}\neq 0$,我们总可以通过行变换把它换到第 1 行,并且利用第三种行初等变换,可以把 a_{ij} 所在的列除 a_{ij} 外都化成零,然后再利用第 2 种行变换把 a_{ij} 化成 1,就是

$$\boldsymbol{A}=\begin{pmatrix}a_{11}&a_{12}&\cdots&a_{1n}\\a_{21}&a_{22}&\cdots&a_{2n}\\\vdots&\vdots&&\vdots\\a_{m1}&a_{m2}&\cdots&a_{mn}\end{pmatrix}\xleftrightarrow{r}\begin{pmatrix}\cdots&1&\cdots\\&0&\\&\vdots&\\&0&\end{pmatrix}$$

如果第 2 行以下的每一个行的元素都是零,那么已经变成了行最简形;如果不是,不妨设为 $a_{ls}\neq 0(2\leqslant l\leqslant m,1\leqslant s\leqslant n)$,则按照上述方法可以把 a_{ls} 所在的行利用第一种初等行变换化到第2行,再利用第三种初等行变换把 a_{ls} 所在的列除去该元素外都化成零,然后再利用第二种行变换把 a_{ls} 化成 1,就是

$$A = \begin{pmatrix} a_{11} & a_{12} & \cdots & a_{1n} \\ a_{21} & a_{22} & \cdots & a_{2n} \\ \vdots & \vdots & & \vdots \\ a_{m1} & a_{m2} & \cdots & a_{mn} \end{pmatrix} \xleftrightarrow{r} \begin{pmatrix} \cdots & 1 & \cdots & 0 & \cdots \\ \cdots & 0 & \cdots & 1 & \cdots \\ & 0 & & 0 & \\ & \vdots & & \vdots & \\ & 0 & & 0 & \end{pmatrix}$$

这种方法继续下去就可以把 $\boldsymbol{A}$ 化成行最简形.

以后,没有特殊的需要,我们总是习惯上使用矩阵的行初等变换.

我们把矩阵的行初等变换再详细地总结一下:

(1) 任何一个矩阵 $\boldsymbol{A}$ 经过行初等变换总可以化成行阶梯形矩阵 $\boldsymbol{F}$.

由于对矩阵 $\boldsymbol{A}$ 的行初等变换就是用一系列初等矩阵从左边去乘矩阵 $\boldsymbol{A}$,设这一系列初等矩阵的乘积为 $\boldsymbol{P}$,因此所谓对矩阵 $\boldsymbol{A}$ 的行初等变换就是求一个可逆矩阵 $\boldsymbol{P}$,使

$$\boldsymbol{PA} = \boldsymbol{F}$$

那么如何求出 $\boldsymbol{F}$ 及其相应的矩阵 $\boldsymbol{P}$ 呢?

方法如下:将矩阵 $\boldsymbol{A}$ 写在左边,将与矩阵 $\boldsymbol{A}$ 行数相同的单位矩阵 $\boldsymbol{E}$ 写在右边,如下

$$(\boldsymbol{A} \mid \boldsymbol{E})$$

对矩阵$(\boldsymbol{A} \mid \boldsymbol{E})$做行初等变换

$$(\boldsymbol{A} \mid \boldsymbol{E}) \xleftrightarrow{r} \boldsymbol{P}(\boldsymbol{A} \mid \boldsymbol{E}) = (\boldsymbol{PA} \mid \boldsymbol{PE}) = (\boldsymbol{F} \mid \boldsymbol{P})$$

当把矩阵 $\boldsymbol{A}$ 变成它的行阶梯形时,$\boldsymbol{E}$ 就变成了 $\boldsymbol{P}$.

(2) 特别地,如果矩阵 $\boldsymbol{A}$ 是 n 阶可逆矩阵,那么按照上面的方法得到的矩阵 $\boldsymbol{P}$ 就是 $\boldsymbol{A}^{-1}$,就是

$$(\boldsymbol{A} \mid \boldsymbol{E}) \xleftrightarrow{r} \boldsymbol{P}(\boldsymbol{A} \mid \boldsymbol{E}) = (\boldsymbol{PA} \mid \boldsymbol{PE}) = (\boldsymbol{E} \mid \boldsymbol{A}^{-1})$$

这是因为 $\boldsymbol{PA} = \boldsymbol{E}$,于是有

$$\boldsymbol{P} = \boldsymbol{PE} = \boldsymbol{P}(\boldsymbol{A}\boldsymbol{A}^{-1}) = (\boldsymbol{PA})\boldsymbol{A}^{-1} = \boldsymbol{E}\boldsymbol{A}^{-1} = \boldsymbol{A}^{-1}$$

这就得到了求可逆矩阵的逆矩阵的一个新的方法.

(3) 当解矩阵方程 $\boldsymbol{Ax} = \boldsymbol{B}$ 时,如果 $\boldsymbol{A}$ 是可逆的,则有 $\boldsymbol{x} = \boldsymbol{A}^{-1}\boldsymbol{B}$,也可以利用上面的行变换来解

$$(\boldsymbol{A} \mid \boldsymbol{B}) \xleftrightarrow{r} \boldsymbol{P}(\boldsymbol{A} \mid \boldsymbol{B}) = (\boldsymbol{PA} \mid \boldsymbol{PB}) = (\boldsymbol{E} \mid \boldsymbol{A}^{-1}\boldsymbol{B})$$

例1　求 $\boldsymbol{A} = \begin{pmatrix} 2 & -1 & -1 \\ 1 & 1 & -2 \\ 4 & -6 & 2 \end{pmatrix}$的阶梯形矩阵 $\boldsymbol{F}$,并求可逆矩阵 $\boldsymbol{P}$,使 $\boldsymbol{PA} = \boldsymbol{F}$.

解　总的思路是:

第一步:将(1,　1)位置的元素化成1(尽量不用乘$\dfrac{1}{a_{11}}$的方法),然后将第1列第1行以外的每一个元素化为零.

第二步:将(2,　2)位置的元素化成1(尽量不用乘$\dfrac{1}{a_{22}}$的方法),然后将第2列第2行以外的每一个元素化为零.

以此进行下去即

$$\left(\begin{array}{ccc:ccc}2 & -1 & -1 & 1 & 0 & 0\\1 & 1 & -2 & 0 & 1 & 0\\4 & -6 & 2 & 0 & 0 & 1\end{array}\right)\xleftrightarrow[r_2+(-2)\times r_1]{\substack{r_1\leftrightarrow r_2\\ r_3+(-2)\times r_2}}$$

$$\left(\begin{array}{ccc:ccc}1 & 1 & -2 & 0 & 1 & 0\\0 & -3 & 3 & 1 & -2 & 0\\0 & -4 & 4 & -2 & 0 & 1\end{array}\right)\xleftrightarrow[r_3+4\times r_2]{r_2+(-1)\times r_3}$$

$$\left(\begin{array}{ccc:ccc}1 & 1 & -2 & 0 & 1 & 0\\0 & 1 & -1 & 3 & -2 & -1\\0 & 0 & 0 & 10 & -8 & -3\end{array}\right)\xleftrightarrow{r_1+(-1)\times r_2}$$

$$\left(\begin{array}{ccc:ccc}1 & 0 & -1 & -3 & 3 & 1\\0 & 1 & -1 & 3 & -2 & -1\\0 & 0 & 0 & 10 & -8 & -3\end{array}\right)$$

于是

$$\boldsymbol{F}=\begin{pmatrix}1 & 0 & -1\\0 & 1 & -1\\0 & 0 & 0\end{pmatrix}$$

为 $\boldsymbol{A}$ 的行阶梯形矩阵,而使 $\boldsymbol{PA}=\boldsymbol{F}$ 的可逆矩阵

$$\boldsymbol{P}=\begin{pmatrix}-3 & 3 & 1\\3 & -2 & 1\\10 & -8 & -3\end{pmatrix}$$

例 2 证明:$\boldsymbol{A}=\begin{pmatrix}0 & -2 & 1\\3 & 0 & -2\\-2 & 3 & 0\end{pmatrix}$可逆,并求$\boldsymbol{A}^{-1}$.

解 可得

$$(\boldsymbol{A}\ \vdots\ \boldsymbol{E})=\left(\begin{array}{ccc:ccc}0 & -2 & 1 & 1 & 0 & 0\\3 & 0 & -2 & 0 & 1 & 0\\-2 & 3 & 0 & 0 & 0 & 1\end{array}\right)\xleftrightarrow[r_3+2\times r_1]{\substack{r_1+r_2+r_3\\ r_2+(-3)\times r_1}}$$

$$\left(\begin{array}{ccc:ccc}1 & 1 & -1 & 1 & 1 & 1\\0 & -3 & 1 & -3 & -2 & -3\\0 & 5 & -2 & 2 & 2 & 3\end{array}\right)\xleftrightarrow[r_3+3r_2]{\substack{r_3+2r_2\\ r_2\leftrightarrow r_3,\,(-1)\times r_2}}$$

$$\left(\begin{array}{ccc:ccc}1 & 1 & -1 & 1 & 1 & 1\\0 & 1 & 0 & 4 & 2 & 3\\0 & 0 & 1 & 9 & 4 & 6\end{array}\right)\xleftrightarrow[r_1+(-1)r_2]{r_1+r_3}$$

$$\left(\begin{array}{ccc:ccc}1 & 0 & 0 & 6 & 3 & 4\\0 & 1 & 0 & 4 & 2 & 3\\0 & 0 & 1 & 9 & 4 & 6\end{array}\right)$$

由于 $\boldsymbol{PA}=\boldsymbol{E}$,所以 $\boldsymbol{A}$ 可逆

$$A^{-1}=\begin{pmatrix}6&3&4\\4&2&3\\9&4&6\end{pmatrix}$$

例 3　解矩阵方程 $\boldsymbol{Ax}=\boldsymbol{B}$,其中

$$\boldsymbol{A}=\begin{pmatrix}2&1&-3\\1&2&-2\\-1&3&2\end{pmatrix},\boldsymbol{B}=\begin{pmatrix}1&-1\\2&0\\-2&5\end{pmatrix}$$

解　可得

$$(\boldsymbol{A}\mid\boldsymbol{B})=\left(\begin{array}{ccc:cc}2&1&-3&1&-1\\1&2&-2&2&0\\-1&3&2&-2&5\end{array}\right)\xleftrightarrow[r_3+r_1]{\substack{r_1\leftrightarrow r_2\\ r_2+(-2)\times r_1}}$$

$$\left(\begin{array}{ccc:cc}1&2&-2&2&0\\0&-3&1&-3&-1\\0&5&0&0&5\end{array}\right)\xleftrightarrow[r_3+3\times r_2]{\substack{r_3\div 5\\ r_2\leftrightarrow r_3}}$$

$$\left(\begin{array}{ccc:cc}1&2&-2&2&0\\0&1&0&0&1\\0&0&1&-3&2\end{array}\right)\xleftrightarrow{r_1-2r_2}$$

$$\left(\begin{array}{ccc:cc}1&0&-2&2&-2\\0&1&0&0&1\\0&0&1&-3&2\end{array}\right)\xleftrightarrow{r_1+2r_3}$$

$$\left(\begin{array}{ccc:cc}1&0&0&-4&2\\0&1&0&0&1\\0&0&1&-3&2\end{array}\right)$$

解得

$$\boldsymbol{x}=\begin{pmatrix}-4&2\\0&1\\-3&2\end{pmatrix}$$

我们利用矩阵的列初等变换也可以求得矩阵的列阶梯形(列最简形),也可以求可逆矩阵的逆矩阵,也可解诸如 $\boldsymbol{xA}=\boldsymbol{B}$ 型的矩阵方程.

***例 4**　设 $\boldsymbol{A}=\begin{pmatrix}0&-2&1\\3&0&-2\\-2&3&0\end{pmatrix}$,证明:$\boldsymbol{A}$ 可逆,利用列初等变换求 $\boldsymbol{A}^{-1}$.

解　可得

$$\begin{pmatrix} \boldsymbol{A} \\ \text{---} \\ \boldsymbol{E} \end{pmatrix} = \left(\begin{array}{ccc} 0 & -2 & 1 \\ 3 & 0 & -2 \\ -2 & 3 & 0 \\ \hline 1 & 0 & 0 \\ 0 & 1 & 0 \\ 0 & 0 & 1 \end{array}\right) \xleftrightarrow{\substack{c_1+c_2+c_3 \\ (-1)\times c_1 \\ c_2+2c_1 \\ c_3-c_1}} \left(\begin{array}{ccc} 1 & 0 & 0 \\ -1 & -2 & -1 \\ -1 & 1 & 1 \\ \hline -1 & -2 & 1 \\ -1 & -1 & 1 \\ -1 & -2 & 2 \end{array}\right) \xleftrightarrow{\substack{c_2\leftrightarrow c_3 \\ (-1)\times c_2 \\ c_3+2c_2}}$$

$$\left(\begin{array}{ccc} 1 & 0 & 0 \\ -1 & 1 & 0 \\ -1 & -1 & -1 \\ \hline -1 & -1 & -4 \\ -1 & -1 & -3 \\ -1 & -2 & -6 \end{array}\right) \xleftrightarrow{\substack{(-1)\times c_3 \\ c_2+c_3 \\ c_1+c_3 \\ c_1+c_2}} \left(\begin{array}{ccc} 1 & 0 & 0 \\ 0 & 1 & 0 \\ 0 & 0 & 1 \\ \hline 6 & 3 & 4 \\ 4 & 2 & 3 \\ 9 & 4 & 6 \end{array}\right)$$

由于 $\boldsymbol{AQ} = \boldsymbol{E}$,所以 $\boldsymbol{A}$ 可逆

$$\boldsymbol{A}^{-1} = \begin{pmatrix} 6 & 3 & 4 \\ 4 & 2 & 3 \\ 9 & 4 & 6 \end{pmatrix}$$

与例 2 求得的结果是一样的.

***例 5** 解矩阵方程 $\boldsymbol{xA} = \boldsymbol{B}$,其中

$$\boldsymbol{A} = \begin{pmatrix} 0 & -2 & 1 \\ 3 & 0 & -2 \\ -2 & 3 & 0 \end{pmatrix}, \boldsymbol{B} = \begin{pmatrix} 1 & 2 & -2 \\ -1 & 0 & 5 \end{pmatrix}$$

解法一 可得

$$\begin{pmatrix} \boldsymbol{A} \\ \text{---} \\ \boldsymbol{B} \end{pmatrix} = \left(\begin{array}{ccc} 0 & -2 & 1 \\ 3 & 0 & -2 \\ -2 & 3 & 0 \\ \hline 1 & 2 & -2 \\ -1 & 0 & 5 \end{array}\right) \xleftrightarrow{\substack{c_1\leftrightarrow c_3 \\ c_2+2c_1}} \left(\begin{array}{ccc} 1 & 0 & 0 \\ -2 & -4 & 3 \\ 0 & 3 & -2 \\ \hline -2 & -2 & 1 \\ 5 & 10 & -1 \end{array}\right) \xleftrightarrow{\substack{c_2+c_3 \\ (-1)\times c_2 \\ c_2+2c_1 \\ c_3+(-3)\times c_2}}$$

$$\left(\begin{array}{ccc} 1 & 0 & 0 \\ -2 & 1 & 0 \\ 0 & -1 & 1 \\ \hline -2 & 1 & -2 \\ 5 & -9 & 26 \end{array}\right) \xleftrightarrow{\substack{c_2+c_3 \\ c_1+2c_2}} \left(\begin{array}{ccc} 1 & 0 & 0 \\ 0 & 1 & 0 \\ 0 & 0 & 1 \\ \hline -4 & -1 & -2 \\ 39 & 17 & 26 \end{array}\right)$$

解得

$$\boldsymbol{x} = \begin{pmatrix} -4 & -1 & -2 \\ 39 & 17 & 26 \end{pmatrix}$$

解法二 由 $x\boldsymbol{A} = \boldsymbol{B}$,得$\boldsymbol{A}^{\mathrm{T}}x^{\mathrm{T}} = \boldsymbol{B}^{\mathrm{T}}$,于是可先求得 $\boldsymbol{x}^{\mathrm{T}}$,再求

$$x=(x^{\mathrm{T}})^{\mathrm{T}}$$

$$(\boldsymbol{A}^{\mathrm{T}} \mid \boldsymbol{B}^{\mathrm{T}})=\left(\begin{array}{ccc:cc}0&3&-2&1&-1\\-2&0&3&2&0\\1&-2&0&-2&5\end{array}\right)\xleftrightarrow[r_2+2r_1]{r_1\leftrightarrow r_3}$$

$$\left(\begin{array}{ccc:cc}1&-2&0&-2&5\\0&-4&3&-2&10\\0&3&-2&1&-1\end{array}\right)\xleftrightarrow[r_3-3r_2]{r_2+r_3,\ (-1)r_2}$$

$$\left(\begin{array}{ccc:cc}1&-2&0&-2&5\\0&1&-1&1&-9\\0&0&1&-2&26\end{array}\right)\xleftrightarrow[r_1+2r_2]{r_2+r_3}$$

$$\left(\begin{array}{ccc:cc}1&0&0&-4&39\\0&1&0&-1&17\\0&0&1&-2&26\end{array}\right)$$

所以

$$x^{\mathrm{T}}=\begin{pmatrix}-4&39\\-1&17\\-2&26\end{pmatrix}$$

故

$$x=\begin{pmatrix}-4&-1&-2\\39&17&26\end{pmatrix}$$

这样就避开了矩阵的列变换,只需掌握矩阵的行变换就可以了.

3.2　矩阵的秩

我们在对矩阵作初等变换时,发现一个事实:就是在一个矩阵的阶梯形即最简形矩阵中,非零行的个数是保持不变的(在矩阵的标准形中非零行的个数体现在左上角单位块的阶数),这就是矩阵的一个重要的特征.

矩阵的秩的几何意义:

定义 3　一个矩阵的阶梯形即最简形矩阵中,非零行的个数叫做矩阵的秩,记做 $r(A)$.

例如

$$\boldsymbol{A}=\begin{pmatrix}1&1&1&1&0\\1&2&1&2&2\\2&3&2&3&3\\4&6&4&6&5\end{pmatrix}\xleftrightarrow{r}\begin{pmatrix}1&0&0&0&0\\0&1&0&1&2\\0&0&0&0&1\\0&0&0&0&0\end{pmatrix}=\boldsymbol{F}$$

$\boldsymbol{F}$ 是 $\boldsymbol{A}$ 的行最简形,它有三个非零行,所以 $r(\boldsymbol{A})=3$.

取矩阵 $\boldsymbol{A}$ 的第 1 行,第 2 行,第 3 行,第 1 列,第 2 列,第 5 列,这些行列交叉点的位置的元素构成一个矩阵 $\boldsymbol{A}$ 的 3 阶子式

$$\begin{vmatrix} 1 & 1 & 0 \\ 1 & 2 & 2 \\ 2 & 3 & 3 \end{vmatrix}$$

可验证$\begin{vmatrix} 1 & 1 & 0 \\ 1 & 2 & 2 \\ 2 & 3 & 3 \end{vmatrix} = \begin{vmatrix} 1 & 1 & 0 \\ 0 & 1 & 2 \\ 0 & 0 & 1 \end{vmatrix} = 1 \neq 0$,而$|\boldsymbol{A}| = 0$.

矩阵的秩的代数意义:

定义 4(矩阵的 k 阶子式) 在一个 $m \times n$ 矩阵中,任意取 k 行 k 列($k \leqslant m, k \leqslant n$),位于这些行列交点处的元素所构成的行列式叫做这个矩阵的一个 k 阶子式.

显然,每一个元素都构成矩阵的1阶子式,若矩阵$\boldsymbol{A}$是方阵,那么$|\boldsymbol{A}|$也是它的一个子式.

定义 5(矩阵秩的代数定义) 一个矩阵中非零子式的最大阶数叫做这个矩阵的秩.若一个矩阵没有非零子式,就认为这矩阵的秩是零.

显然,只有当一个矩阵的元素全都是零时,这个矩阵的秩才能是零,于是有

$$r(\boldsymbol{O}) = 0$$

只要 $\boldsymbol{A} = (a_{ij})_{m\times n} \neq \boldsymbol{O}$,就有

$$1 \leqslant r(\boldsymbol{A}) \leqslant \min\{m,n\}$$

上面的矩阵的秩的几何意义与代数意义是等价的,今后求矩阵的秩的时候,可以不加区别地使用. $\boldsymbol{A}$ 的最简形 $\boldsymbol{F}$ 中有 k 个非零行,那么我们对 $\boldsymbol{F}$ 做列初等变换就可以得到 $\boldsymbol{A}$.

事实上若矩阵 $\boldsymbol{A}$ 的标准形

$$\boldsymbol{A} \xleftrightarrow{r} \boldsymbol{F} \xleftrightarrow{C} \begin{pmatrix} \boldsymbol{I}_k & * \\ \boldsymbol{O} & \boldsymbol{O} \end{pmatrix}$$

显然$|\boldsymbol{I}_k| \neq 0$,并且高于 k 阶的子式都为零.

另外若$\boldsymbol{A}$中有一个子式$\boldsymbol{D}_k \neq 0$,而高于k阶的子式都为零,那么在对$\boldsymbol{A}$施行行初等变换时,这个子式 $\boldsymbol{D}_k$ 在变换过程中没有改变它非零的性质,因此他的每一行都是 $\boldsymbol{F}$ 中的一个非零行,而高于 k 阶的子式都为零,在行初等变换过程中,没有改变其为零的性质,所以在 $\boldsymbol{F}$ 中它必有一个零行. 其实这就蕴涵了初等变换的一个极其重要的性质.

定理 2 初等变换不改变矩阵的秩.

证明 我们先说明以下的事实:若是对一个矩阵 $\boldsymbol{A}$ 施行某一个行(或者列) 变换而得到矩阵 $\boldsymbol{B}$,那么对矩阵 $\boldsymbol{B}$ 施行同一种变换也可得到矩阵 $\boldsymbol{A}$. 事实上:

(1) 若是$\boldsymbol{P}_{ij}\boldsymbol{A} = \boldsymbol{B}$,由于$\boldsymbol{P}_{ij}^{-1} = \boldsymbol{P}_{ij}$,所以$\boldsymbol{P}_{ij}\boldsymbol{B} = \boldsymbol{A}$;

(2) 若是$\boldsymbol{D}_i(k)\boldsymbol{A} = \boldsymbol{B}$;由于$\boldsymbol{D}_i^{-1}(k) = \boldsymbol{D}_i(\frac{1}{k})$,则有 $\boldsymbol{D}_i(\frac{1}{k})\boldsymbol{B} = \boldsymbol{A}$;

(3)$\boldsymbol{T}_{ij}(k)\boldsymbol{A} = \boldsymbol{B}$,由于$\boldsymbol{T}_{ij}^{-1}(k) = \boldsymbol{T}_{ij}(-k)$,则有 $\boldsymbol{T}_{ij}(-k)\boldsymbol{B} = \boldsymbol{A}$.

对于列的情况也是一样.

下面我们仅对第三种行变换来证明定理 2.(另外两种变换比较好证明)

设把矩阵 $\boldsymbol{A}$ 的第 j 行乘以数 k 加到第 i 行而得到矩阵 $\boldsymbol{B}$

$$A=\begin{pmatrix}\vdots & & \vdots\\ a_{i1} & \cdots & a_{in}\\ \vdots & & \vdots\\ a_{j1} & \cdots & a_{jn}\\ \vdots & & \vdots\end{pmatrix},B=\begin{pmatrix}\vdots & & \vdots\\ a_{i1}+ka_{j1} & \cdots & a_{in}+ka_{jn}\\ \vdots & & \vdots\\ a_{j1} & \cdots & a_{jn}\\ \vdots & & \vdots\end{pmatrix}$$

并设 $r(\boldsymbol{A})=r$，往证：$r(\boldsymbol{B})=r$，先证：$r(\boldsymbol{B})\leqslant r$.

如果矩阵 $\boldsymbol{B}$ 没有阶数大于 r 的子式，那么它当然也没有阶数大于 r 的非零子式，因此有 $r(\boldsymbol{B})\leqslant r$.

设 D 是矩阵 $\boldsymbol{B}$ 的 s 阶子式，$s>r$，那么有三种可能性：

(1) D 中不含第 i 行，这时 D 也是矩阵 $\boldsymbol{A}$ 的 s 阶子式，由于 $s>r$，所以 $D=0$.

(2) D 中含第 i 行，也含第 j 行元素，这时，由行列式的性质有

$$D=\begin{vmatrix}\vdots & & \vdots\\ a_{i1}+ka_{j1} & \cdots & a_{in}+ka_{jn}\\ \vdots & & \vdots\\ a_{j1} & \cdots & a_{jn}\\ \vdots & & \vdots\end{vmatrix}=\begin{vmatrix}\vdots & & \vdots\\ a_{i1} & \cdots & a_{in}\\ \vdots & & \vdots\\ a_{j1} & \cdots & a_{jn}\\ \vdots & & \vdots\end{vmatrix}$$

后一个行列式是矩阵 $\boldsymbol{A}$ 的 s 阶子式，由于 $s>r$，所以 $D=0$.

(3) D 中含第 i 行，不含第 j 行元素，这时，由行列式的性质有

$$D=\begin{vmatrix}\vdots & & \vdots\\ a_{i1}+ka_{j1} & \cdots & a_{in}+ka_{jn}\\ \vdots & & \vdots\end{vmatrix}=\begin{vmatrix}\vdots & & \vdots\\ a_{i1} & \cdots & a_{in}\\ \vdots & & \vdots\end{vmatrix}+k\begin{vmatrix}\vdots & & \vdots\\ a_{j1} & \cdots & a_{jn}\\ \vdots & & \vdots\end{vmatrix}=D_1+kD_2$$

前一个行列式 D_1 是矩阵 $\boldsymbol{A}$ 的 s 阶子式，由于 $s>r$，所以 $D_1=0$；后一个行列式 D_2 与矩阵 $\boldsymbol{A}$ 的某 s 阶子式至多差一个系数，由于 $s>r$，所以 $D_2=0$；综合起来有：矩阵 $\boldsymbol{B}$ 的阶数大于 r 的子式全为零. 所以 $r(\boldsymbol{B})\leqslant r$，就是

$$r(\boldsymbol{B})\leqslant r(\boldsymbol{A})$$

同样地对矩阵 $\boldsymbol{B}$ 施行第三种初等变换，可以得到 $\boldsymbol{A}$，由上面的证明有

$$r(\boldsymbol{A})\leqslant r(\boldsymbol{B})$$

这就证明了

$$r(\boldsymbol{B})=r(\boldsymbol{A})$$

对于其他两种初等变换，也可以用上面的方法证明 $r(\boldsymbol{B})=r(\boldsymbol{A})$，所以初等变换不改变矩阵的秩.

这样就有：

(1) $r(\boldsymbol{A})=r(\boldsymbol{F})=r(\boldsymbol{PA})$.

(2) $r(\boldsymbol{PA})=r(\boldsymbol{A})=r(\boldsymbol{AQ})=r(\boldsymbol{A})=r(\boldsymbol{PAQ})=r(\boldsymbol{A})$，其中 $\boldsymbol{P},\boldsymbol{Q}$ 都是可逆矩阵.

(3) $r(\boldsymbol{E}_n)=n$.

(4) $\boldsymbol{P}$ 是 n 阶可逆矩阵 $\Leftrightarrow r(\boldsymbol{P})=n$. 因此 n 阶可逆矩阵也叫满秩矩阵.

例1　求矩阵 $\boldsymbol{A},\boldsymbol{B}$ 的秩，其中

$$A = \begin{pmatrix} 1 & 2 & 3 \\ 2 & 3 & -5 \\ 4 & 7 & 1 \end{pmatrix}, B = \begin{pmatrix} 2 & -1 & 0 & 3 & 2 \\ 0 & 3 & 1 & -2 & 5 \\ 0 & 0 & 0 & 4 & -3 \\ 0 & 0 & 0 & 0 & 0 \end{pmatrix}$$

解法一　用定义，矩阵 A 的一个 2 阶子式

$$\begin{vmatrix} 1 & 2 \\ 2 & 3 \end{vmatrix} = 3 - 4 = -1 \neq 0$$

而
$$|A| = \begin{vmatrix} 1 & 2 & 3 \\ 2 & 3 & -5 \\ 4 & 7 & 1 \end{vmatrix} = 3 + 42 - 40 - 36 + 35 - 4 = 0$$

所以
$$r(A) = 2$$

解法二　用初等变换

$$A = \begin{pmatrix} 1 & 2 & 3 \\ 2 & 3 & -5 \\ 4 & 7 & 1 \end{pmatrix} \xleftrightarrow[r_3 - 4r_1]{r_2 - 2r_1} \begin{pmatrix} 1 & 2 & 3 \\ 0 & -1 & -11 \\ 0 & -1 & -11 \end{pmatrix} \xleftrightarrow[r_1 + (-2) \times r_2]{(-1) \times r_2 \quad r_3 + r_2} \begin{pmatrix} 1 & 0 & -19 \\ 0 & 1 & 11 \\ 0 & 0 & 0 \end{pmatrix}$$

得
$$r(A) = 2$$

取 B 的一个 3 阶子式为

$$\begin{vmatrix} 2 & 0 & 3 \\ 0 & 1 & -2 \\ 0 & 0 & 4 \end{vmatrix} = 8 \neq 0$$

而 B 的任意一个 4 阶子式必然含第 4 行，注意到第 4 行元素全为零，所以 B 的任意一个 4 阶子式为零，由定义可知

$$r(B) = 3$$

也可用初等变换求之

$$B = \begin{pmatrix} 2 & -1 & 0 & 3 & 2 \\ 0 & 3 & 1 & -2 & 5 \\ 0 & 0 & 0 & 4 & -3 \\ 0 & 0 & 0 & 0 & 0 \end{pmatrix} \xleftrightarrow[c_4 + (-3) \times c_1, c_5 + (-2) \times c_1]{c_1 \leftrightarrow c_2, (-1) \times c_1 \quad c_2 + (-2) \times c_1 \quad c_2 \leftrightarrow c_3}$$

$$\begin{pmatrix} 1 & 0 & 0 & 0 & 0 \\ -3 & 1 & 6 & 7 & 11 \\ 0 & 0 & 0 & 4 & -3 \\ 0 & 0 & 0 & 0 & 0 \end{pmatrix} \xleftrightarrow[c_5 \div (-3)]{c_3 + (-6) \times c_2 \quad c_4 + (-7) \times c_2 \quad c_5 + (-11) \times c_2 \quad c_3 \leftrightarrow c_4, c_3 \div 4}$$

$$\begin{pmatrix}1&0&0&0&0\\-3&1&0&0&0\\0&0&1&0&1\\0&0&0&0&0\end{pmatrix}\xleftrightarrow{c_1+3c_2}\begin{pmatrix}1&0&0&0&0\\0&1&0&0&0\\0&0&1&0&1\\0&0&0&0&0\end{pmatrix}$$

所以

$$r(\boldsymbol{B}) = r(\boldsymbol{E}_3) = 3$$

例 2　设

$$\boldsymbol{A} = \begin{pmatrix}3&2&0&5&0\\3&-2&3&6&-1\\2&0&1&5&-3\\1&6&-4&-1&4\end{pmatrix}$$

求矩阵 $\boldsymbol{A}$ 的秩,并求 $\boldsymbol{A}$ 的一个最高阶的非零子式

解　用行初等变换

$$\boldsymbol{A} = \begin{pmatrix}3&2&0&5&0\\3&-2&3&6&-1\\2&0&1&5&-3\\1&6&-4&-1&4\end{pmatrix}\xleftrightarrow[\substack{r_3+(-2)\times r_1\\r_4+(-3)\times r_1}]{\substack{r_1\leftrightarrow r_4\\r_2+(-1)\times r_4}}$$

$$\begin{pmatrix}1&6&-4&-1&4\\0&-4&3&1&-1\\0&-12&9&7&-11\\0&-16&12&8&-12\end{pmatrix}\xleftrightarrow{\substack{r_3+(-3)\times r_2\\r_4+(-4)\times r_2}}$$

$$\begin{pmatrix}1&6&-4&-1&4\\0&-4&3&1&-1\\0&0&0&4&-8\\0&0&0&4&-8\end{pmatrix}\xleftrightarrow{\substack{r_4+(-1)\times r_3\\r_3\div 4}}$$

$$\begin{pmatrix}1&6&-4&-1&4\\0&-4&3&1&-1\\0&0&0&1&-2\\0&0&0&0&0\end{pmatrix}$$

因为行阶梯矩阵有 3 个非零行,所以 $r(\boldsymbol{A}) = 3$,于是 $\boldsymbol{A}$ 的非零的最高阶子式是 3 阶子式,而 $\boldsymbol{A}$ 的 3 阶子式共有 $C_4^3 \cdot C_5^3 = 4 \times \dfrac{5\times 4}{2} = 40$(个),这样找起来很麻烦,我们从 $\boldsymbol{A}$ 的阶梯形矩阵 $\boldsymbol{F}$ 入手(因为对 $\boldsymbol{F}$ 施行变换可以得到 $\boldsymbol{A}$),找到 $\boldsymbol{F}$ 的一个非零的三阶子式很容易

$$F = \begin{pmatrix} 1 & 6 & -4 & -1 & 4 \\ 0 & -4 & 3 & 1 & -1 \\ 0 & 0 & 0 & 1 & -2 \\ 0 & 0 & 0 & 0 & 0 \end{pmatrix}$$

记 $A_0 = \begin{pmatrix} 1 & 6 & -1 \\ 0 & -4 & 1 \\ 0 & 0 & 1 \end{pmatrix}$,显然 $r(A_0) = 3$,并且 $|A_0| = -4 \neq 0$,它是由 A 的前三行和第一列,第二列,第四列交点处的元素构成的,就是

$$\begin{vmatrix} 3 & 2 & 5 \\ 3 & -2 & 6 \\ 2 & 0 & 5 \end{vmatrix} = -30 + 24 + 20 - 30 = -16 \neq 0$$

它就是 A 的一个最高阶的非零子式.

例 3 设 A 是 n 阶矩阵,A^* 是它的伴随矩阵,则成立 $|A^*| = |A|^{n-1}$.

证明 若 $|A| \neq 0$,由 $AA^* = |A|E$,知道 $|AA^*| = |A||A^*| = |A|^n$,从而 $|A^*| = |A|^{n-1}$.

若 $|A| = 0$,必然有 $|A^*| = 0 = 0^{n-1} = |A|^{n-1}$,事实上,有两种情况:

当 $A = O$ 时,显然 $A^* = O$,于是 $|A^*| = 0 = 0^{n-1} = |A|^{n-1}$.

当 $A \neq O$ 时,有

$$r(A) \geqslant 1$$

若 $|A^*| \neq 0$,则 A^* 是可逆的,由初等变换的性质有

$$r(A^*A) = r(A) \geqslant 1$$

但是 $A^*A = |A|E = O$,所以 $r(A^*A) = r(|A|E) = r(O) = 0$,矛盾. 所以必然有 $|A^*| = 0 = 0^{n-1} = |A|^{n-1}$.

综合有 $|A^*| = |A|^{n-1}$.

从上面的讨论中可知,两个等价矩阵的秩是相等的,但是反过来,秩相等的矩阵未必是等价的,因为两个不同类型的矩阵也可以有相同的秩.

如 $E = \begin{pmatrix} 1 & 0 \\ 0 & 1 \end{pmatrix}$ 与 $A = \begin{pmatrix} 1 & 0 \\ 0 & 1 \\ 1 & 1 \end{pmatrix}$,显然 $r(E_2) = 2$,$r(A) = 2$,但是 A 与 E_2 不等价.

因此应该说两个相同类型的矩阵 A 与 B 等价 $\Leftrightarrow r(A) = r(B)$.

例 4 设线性方程组 $Ax = b$,称矩阵 $(A \vdots b)$ 为线性方程组 $Ax = b$ 的增广矩阵,讨论 $r(A)$ 与 $r(A \vdots b)$ 的关系.

解 对 $r(A \vdots b)$ 做行初等变换,应该有两种结果:

(1) $(A \vdots b) \stackrel{r}{\longleftrightarrow} \begin{pmatrix} E_r & C \\ O & O \end{pmatrix}$,此时 $r(A) = r(A \vdots b)$;

(2) $(A \vdots b) \stackrel{r}{\longleftrightarrow} \begin{pmatrix} E_r & C_1 \\ O & C_2 \end{pmatrix}$,此时 $r(A) \neq r(A \vdots b)$.

更进一步,当 $r(\boldsymbol{A})\neq r(\boldsymbol{A}\mid\boldsymbol{b})$ 时,必然有 $r(\boldsymbol{A}\mid\boldsymbol{b})-r(\boldsymbol{A})=1$. 事实上,设

$$(\boldsymbol{A}\mid\boldsymbol{b})\xleftrightarrow{r}\begin{pmatrix}\boldsymbol{E}_r & \boldsymbol{C}_1\\ \boldsymbol{O} & \boldsymbol{C}_2\end{pmatrix}=\left(\begin{array}{ccccccc|c}1 & & & c_{1,r+1} & \cdots & c_{1n} & d_1\\ & \ddots & & \vdots & & \vdots & \vdots\\ & & 1 & c_{r,r+1} & \cdots & c_{rn} & d_r\\ 0 & \cdots & 0 & 0 & \cdots & 0 & d_{r+1}\\ \vdots & & \vdots & \vdots & & \vdots & \vdots\\ 0 & \cdots & 0 & 0 & \cdots & 0 & d_m\end{array}\right)$$

当 $d_{r+1},d_{r+2},\cdots,d_m$ 不全为零时,总可以用行变换化成

$$\left(\begin{array}{cccccc|c}1 & & & c_{1,r+1} & \cdots & c_{1n} & d_1\\ & \ddots & & \vdots & & \vdots & \vdots\\ & & 1 & c_{r,r+1} & \cdots & c_{rn} & d_r\\ 0 & \cdots & 0 & 0 & \cdots & 0 & 1\\ \vdots & & \vdots & \vdots & & \vdots & 0\\ 0 & \cdots & 0 & 0 & \cdots & 0 & 0\end{array}\right)$$

所以
$$r(\boldsymbol{A}\mid\boldsymbol{b})-r(\boldsymbol{A})=1$$

例5　设
$$\boldsymbol{A}=\begin{pmatrix}1 & 2 & -1 & 1\\ 3 & 2 & \lambda & -1\\ 5 & 6 & 3 & \mu\end{pmatrix}$$

已知 $r(\boldsymbol{A})=2$,求 λ,μ 的值.

解　对 $\boldsymbol{A}$ 做初等行变换

$$\boldsymbol{A}=\begin{pmatrix}1 & 2 & -1 & 1\\ 3 & 2 & \lambda & -1\\ 5 & 6 & 3 & \mu\end{pmatrix}\xleftrightarrow[r_3+(-5)\times r_1]{r_2+(-3)\times r_1}$$

$$\begin{pmatrix}1 & 2 & -1 & 1\\ 0 & -4 & \lambda+3 & -4\\ 0 & -4 & 8 & \mu-5\end{pmatrix}\xleftrightarrow{r_3+(-1)\times r_2}$$

$$\begin{pmatrix}1 & 2 & -1 & 1\\ 0 & -4 & \lambda+3 & -4\\ 0 & 0 & 5-\lambda & \mu-1\end{pmatrix}$$

由于 $r(\boldsymbol{A})=2$,所以$\begin{cases}5-\lambda=0\\ \mu-1=0\end{cases}$,解得$\begin{cases}\lambda=5\\ \mu=1\end{cases}$.

例6　证明一个秩为 k 的矩阵能够表示成 k 个秩为1的矩阵之和.

证明　设 $r(\boldsymbol{A})=k$,则可以通过行初等变换化成行最简形,就是存在可逆矩阵 $\boldsymbol{P}$ 使 $\boldsymbol{PA}=\boldsymbol{F}$,再利用列变换,可以把 $\boldsymbol{F}$ 化成标准形,就是存在可逆矩阵 $\boldsymbol{Q}$,使

$$\boldsymbol{PAQ}=\boldsymbol{FQ}=\begin{pmatrix}\boldsymbol{E}_k & \boldsymbol{C}\\ \boldsymbol{O} & \boldsymbol{O}\end{pmatrix}$$

注意到

$$\begin{pmatrix} E_k & C \\ O & O \end{pmatrix} = \begin{pmatrix} 1 & \cdots & 0 & c_{1k+1} & \cdots & c_{1n} \\ 0 & \cdots & 0 & 0 & \cdots & 0 \\ \vdots & & \vdots & \vdots & & \vdots \\ 0 & \cdots & 0 & 0 & \cdots & 0 \end{pmatrix} + \begin{pmatrix} 0 & 0 & \cdots & 0 & \cdots & 0 \\ 0 & 1 & \cdots & c_{2k+1} & \cdots & c_{2n} \\ \vdots & \vdots & & \vdots & & \vdots \\ 0 & 0 & \cdots & 0 & \cdots & 0 \end{pmatrix} + \cdots +$$

$$\begin{pmatrix} 0 & \cdots & 0 & 0 & \cdots & 0 \\ \vdots & & \vdots & \vdots & & \vdots \\ 0 & \cdots & 0 & 0 & \cdots & 0 \\ 0 & \cdots & 1 & c_{kk+1} & \cdots & c_{kn} \\ 0 & \cdots & 0 & 0 & \cdots & 0 \\ \vdots & & \vdots & \vdots & & \vdots \\ 0 & \cdots & 0 & 0 & \cdots & 0 \end{pmatrix} =$$

$$A_1 + A_2 + \cdots + A_k$$

于是
$$\boldsymbol{A} = \boldsymbol{PA}_1\boldsymbol{Q} + \boldsymbol{PA}_2\boldsymbol{Q} + \cdots + \boldsymbol{PA}_k\boldsymbol{Q}$$

而 $r(\boldsymbol{A}_i) = 1, i = 1,2,\cdots,k$，初等变换不改变矩阵的秩，所以 $r(\boldsymbol{PA}_i\boldsymbol{Q}) = 1, i = 1,2,\cdots,k$.

这就证明了该命题.

3.3 线性方程组

本节主要讨论线性方程组可解的充要条件，并给出公式解；在此基础上讨论矩阵秩的一些性质.

3.3.1 线性方程组可解的充要条件

定义 6 称

$$\boldsymbol{Ax} = \boldsymbol{0} \tag{1}$$

为 n 元齐次线性方程组

$$\boldsymbol{Ax} = \boldsymbol{b} \tag{2}$$

为 n 元线性方程组. 其中 $\boldsymbol{A} = \begin{pmatrix} a_{11} & \cdots & a_{1n} \\ \vdots & & \vdots \\ a_{m1} & \cdots & a_{mn} \end{pmatrix}$ 为系数矩阵，$x = \begin{pmatrix} x_1 \\ \vdots \\ x_n \end{pmatrix}$ 为未知数矩阵，$\boldsymbol{b} = \begin{pmatrix} b_1 \\ \vdots \\ b_m \end{pmatrix}$ 叫常数项矩阵，$(\boldsymbol{A} \vdots \boldsymbol{b}) = \left(\begin{array}{ccc:c} a_{11} & \cdots & a_{1n} & b_1 \\ \vdots & & \vdots & \vdots \\ a_{m1} & \cdots & a_{mn} & b_m \end{array}\right)$ 叫增广矩阵.

由上一节例 4 可知 $\boldsymbol{Ax} = \boldsymbol{0}$ 的增广矩阵为 $(\boldsymbol{A} \vdots \boldsymbol{0})$，所以 $r(\boldsymbol{A}) = r(\boldsymbol{A} \vdots \boldsymbol{0})$ 永远成立，所以方程组(1) 永远有解；当 $r(\boldsymbol{A}) = n$，$\boldsymbol{A}$ 的行阶梯形矩阵为 $\boldsymbol{F} = \begin{pmatrix} \boldsymbol{E}_n \\ \boldsymbol{O} \end{pmatrix}$.

方程组(1) 的同解方程组为

$$\begin{cases} x_1 & & & = 0 \\ & x_2 & & = 0 \\ & & \ddots & \\ & & x_n & = 0 \end{cases}$$

所以只有唯一的零解

$$\boldsymbol{x} = \begin{pmatrix} x_1 \\ \vdots \\ x_n \end{pmatrix} = \begin{pmatrix} 0 \\ \vdots \\ 0 \end{pmatrix}$$

当 $r(\boldsymbol{A}) = r < n$, $\boldsymbol{A}$ 的行阶梯形矩阵为

$$\begin{pmatrix} \boldsymbol{E}_r & \boldsymbol{C} \\ \boldsymbol{O} & \boldsymbol{O} \end{pmatrix}$$

方程组(1) 的同解方程组为

$$\begin{cases} x_1 & & & + c_{1,r+1}x_{r+1} + \cdots + c_{1n}x_n = 0 \\ & x_2 & & + c_{2,r+1}x_{r+1} + \cdots + c_{2n}x_n = 0 \\ & & \ddots & \\ & & x_r & + c_{r,r+1}x_{r+1} + \cdots + c_{rn}x_n = 0 \end{cases}$$

移项得

$$\begin{cases} x_1 & & & = -c_{1,r+1}x_{r+1} - \cdots - c_{1n}x_n \\ & x_2 & & = -c_{2,r+1}x_{r+1} - \cdots - c_{2n}x_n \\ & & \ddots & \\ & & x_r & = -c_{r,r+1}x_{r+1} - \cdots - c_{rn}x_n \end{cases}$$

其中, $x_1, x_2, \cdots, x_r$ 叫主未知量, $x_{r+1}, x_{r+2}, \cdots, x_n$ 叫自由未知量.

取 $x_{r+1} = k_1, x_{r+2} = k_2, \cdots, x_n = k_{n-r}$ 得到方程组(1) 的公式解

$$\begin{cases} x_1 & & & = -c_{1,r+1}k_1 - \cdots - c_{1n}k_{n-r} \\ & x_2 & & = -c_{2,r+1}k_1 - \cdots - c_{2n}k_{n-r} \\ & & \ddots & \\ & & x_r & = -c_{r,r+1}k_1 - \cdots - c_{rn}k_{n-r} \end{cases}$$

它的公式解可以写成向量的形式:令

$$\boldsymbol{\xi}_1 = \begin{pmatrix} -c_{1,r+1} \\ -c_{2,r+1} \\ \vdots \\ -c_{r,r+1} \\ 1 \\ 0 \\ \vdots \\ 0 \end{pmatrix}, \boldsymbol{\xi}_2 = \begin{pmatrix} -c_{1,r+2} \\ -c_{2,r+2} \\ \vdots \\ -c_{r,r+2} \\ 0 \\ 1 \\ \vdots \\ 0 \end{pmatrix}, \cdots, \boldsymbol{\xi}_{n-r} = \begin{pmatrix} -c_{1n} \\ -c_{2n} \\ \vdots \\ -c_{rn} \\ 0 \\ 0 \\ \vdots \\ 1 \end{pmatrix}$$

则 $$x = k_1\boldsymbol{\xi}_1 + k_2\boldsymbol{\xi}_2 + \cdots + k_{n-r}\boldsymbol{\xi}_{n-r} \quad k_i \in \mathbf{R}(i = 1,2,\cdots,n-r)$$

当 $$(\boldsymbol{A} \mid \boldsymbol{b}) \xleftrightarrow{r} \begin{pmatrix} \boldsymbol{E}_r & \boldsymbol{C} \\ \boldsymbol{O} & \boldsymbol{O} \end{pmatrix} = \left(\begin{array}{cccccc|c} 1 & & & c_{1,r+1} & \cdots & c_{1n} & d_1 \\ & \ddots & & \vdots & & \vdots & \vdots \\ & & 1 & c_{r,r+1} & \cdots & c_{rn} & d_r \\ 0 & \cdots & 0 & 0 & \cdots & 0 & 0 \\ \vdots & & \vdots & \vdots & & \vdots & \vdots \\ 0 & \cdots & 0 & 0 & \cdots & 0 & 0 \end{array}\right)$$

此时 $r(\boldsymbol{A}) = r(\boldsymbol{A} \mid \boldsymbol{b})$，方程组(2)的同解方程组为

$$\begin{cases} x_1 = d_1 - c_{1,r+1}x_{r+1} - \cdots - c_{1n}x_n \\ \quad \ddots \\ x_r = d_r - c_{r,r+1}x_{r+1} - \cdots - c_{rn}x_n \end{cases}$$

由 Cramer 法则，可求得含有 $n-r$ 个自由未知量的公式解.

当 $r(\boldsymbol{A} \mid \boldsymbol{b}) - r(\boldsymbol{A}) = 1$，$(\boldsymbol{A} \mid \boldsymbol{b})$ 的行阶梯形矩阵为

$$(\boldsymbol{A} \mid \boldsymbol{b}) \xleftrightarrow{r} \begin{pmatrix} \boldsymbol{E}_r & \boldsymbol{c}_1 \\ \boldsymbol{O} & \boldsymbol{c}_2 \end{pmatrix} = \left(\begin{array}{cccccc|c} 1 & & & c_{1,r+1} & \cdots & c_{1n} & d_1 \\ & \ddots & & \vdots & & \vdots & \vdots \\ & & 1 & c_{r,r+1} & \cdots & c_{rn} & d_r \\ 0 & \cdots & 0 & 0 & \cdots & 0 & d_{r+1} \\ \vdots & & \vdots & \vdots & & \vdots & \vdots \\ 0 & \cdots & 0 & 0 & \cdots & 0 & 0 \end{array}\right)$$

其中 $d_{r+1} \neq 0$，此时方程组(2)的同解方程组中出现了 $0 = d_{r+1}$，显然这是不可能的，所以方程组(2)无解.

于是得到：

定理 3 n 元齐次线性方程组 $\boldsymbol{Ax} = \boldsymbol{0}$ 永远有解，当 $r(\boldsymbol{A}) = n$ 时，有唯一的零解；当 $r(\boldsymbol{A}) = r < n$ 时，有含有 $n-r$ 个自由未知量的公式解.

定理 4 n 元线性方程组 $\boldsymbol{Ax} = \boldsymbol{b}$.

(1) 无解的 $\Leftrightarrow r(\boldsymbol{A}) < r(\boldsymbol{A} \mid \boldsymbol{b})$；

(2) 有唯一解的 $\Leftrightarrow r(\boldsymbol{A}) = r(\boldsymbol{A} \mid \boldsymbol{b}) = n$；

(3) 有无限多解的 $\Leftrightarrow r(\boldsymbol{A}) = r(\boldsymbol{A} \mid \boldsymbol{b}) = r < n$，此时是含 $n-r$ 个自由未知量的公式解.

例 1 求解齐次线性方程组

$$\begin{cases} x_1 + 2x_2 + 2x_3 + x_4 = 0 \\ 2x_1 + x_2 - 2x_3 - 2x_4 = 0 \\ x_1 - x_2 - 4x_3 - 3x_4 = 0 \end{cases}$$

解 对系数矩阵施行初等行变换，变为阶梯形矩阵

$$\boldsymbol{A} = \begin{pmatrix} 1 & 2 & 2 & 1 \\ 2 & 1 & -2 & -2 \\ 1 & -1 & -4 & -3 \end{pmatrix} \xleftrightarrow[r_3+(-1)\times r_1]{r_2+(-2)\times r_1}$$

$$\begin{pmatrix} 1 & 2 & 2 & 1 \\ 0 & -3 & -6 & -4 \\ 0 & -3 & -6 & -4 \end{pmatrix} \xleftrightarrow[r_2 \div (-3)]{r_3 + (-1) \times r_2}$$

$$\begin{pmatrix} 1 & 2 & 2 & 1 \\ 0 & 1 & 2 & \frac{4}{3} \\ 0 & 0 & 0 & 0 \end{pmatrix} \xleftrightarrow{r_1 + (-2) \times r_2} \begin{pmatrix} 1 & 0 & -2 & -\frac{5}{3} \\ 0 & 1 & 2 & \frac{4}{3} \\ 0 & 0 & 0 & 0 \end{pmatrix}$$

得到原方程组的同解方程组

$$\begin{cases} x_1 = 2x_3 + \dfrac{5}{3}x_4 \\ x_2 = -2x_3 - \dfrac{4}{3}x_4 \end{cases}$$

取 $x_3 = k_1, x_4 = k_2$ 得

$$\begin{cases} x_1 = 2k_1 + \dfrac{5}{3}k_2 \\ x_2 = -2k_1 - \dfrac{4}{3}k_2 \\ x_3 = k_1 \\ x_4 = k_2 \end{cases}$$

或者写成

$$\begin{pmatrix} x_1 \\ x_2 \\ x_3 \\ x_4 \end{pmatrix} = k_1 \begin{pmatrix} 2 \\ -2 \\ 1 \\ 0 \end{pmatrix} + k_2 \begin{pmatrix} \frac{5}{3} \\ -\frac{4}{3} \\ 0 \\ 1 \end{pmatrix}$$

也可以设

$$\begin{pmatrix} x_1 \\ x_2 \\ x_3 \\ x_4 \end{pmatrix} = \boldsymbol{X}, \begin{pmatrix} 2 \\ -2 \\ 1 \\ 0 \end{pmatrix} = \boldsymbol{\xi}_1, \begin{pmatrix} \frac{5}{3} \\ -\frac{4}{3} \\ 0 \\ 1 \end{pmatrix} = \boldsymbol{\xi}_2$$

$$\boldsymbol{X} = k_1\boldsymbol{\xi}_1 + k_2\boldsymbol{\xi}_2$$

的形式，上述的 k_1, k_2 为任意的实数.

例 2　求解非齐次线性方程组

$$\begin{cases} x_1 - 2x_2 + 3x_3 - x_4 = 1 \\ 3x_1 - x_2 + 5x_3 - 3x_4 = 2 \\ 2x_1 + x_2 + 2x_3 - 2x_4 = 3 \end{cases}$$

解 对增广矩阵$(\boldsymbol{A}\mid\boldsymbol{b})$施行初等行变换

$$(\boldsymbol{A}\mid\boldsymbol{b})=\left(\begin{array}{cccc|c}1&-2&3&-1&1\\3&-1&5&-3&2\\2&1&2&-2&3\end{array}\right)\xrightarrow[r_3+(-2)\times r_1]{r_2+(-3)\times r_1}$$

$$\left(\begin{array}{cccc|c}1&-2&3&-1&1\\0&5&-4&0&-1\\0&5&-4&0&1\end{array}\right)\xrightarrow{r_3+(-1)\times r_2}$$

$$\left(\begin{array}{cccc|c}1&-2&3&-1&1\\0&5&-4&0&-1\\0&0&0&0&2\end{array}\right)$$

可见$r(\boldsymbol{A})=2,r(\boldsymbol{A}\mid\boldsymbol{b})=3$,故方程组无解.

例3 求解非齐次线性方程组

$$\begin{cases}x_1+x_2-3x_3-x_4=1\\3x_1-x_2-3x_3+4x_4=4\\x_1+5x_2-9x_3-8x_4=0\end{cases}$$

解 对增广矩阵$(\boldsymbol{A}\mid\boldsymbol{b})$施行初等行变换

$$(\boldsymbol{A}\mid\boldsymbol{b})=\left(\begin{array}{cccc|c}1&1&-3&-1&1\\3&-1&-3&4&4\\1&5&-9&-8&-3\end{array}\right)\xrightarrow[r_3+(-1)\times r_1]{r_2+(-3)\times r_1}$$

$$\left(\begin{array}{cccc|c}1&1&-3&-1&1\\0&-4&6&7&1\\0&4&-6&-7&-1\end{array}\right)\xrightarrow[r_1+(-1)\times r_2]{r_3+r_2,\ r_2\div 4}$$

$$\left(\begin{array}{cccc|c}1&0&-\frac{3}{2}&\frac{3}{4}&\frac{5}{4}\\0&1&-\frac{3}{2}&-\frac{7}{4}&-\frac{1}{4}\\0&0&0&0&0\end{array}\right)$$

得

$$\begin{cases}x_1=\frac{3}{2}x_3-\frac{3}{4}x_4+\frac{5}{4}\\x_2=\frac{3}{2}x_3+\frac{7}{4}x_4-\frac{1}{4}\\x_3=x_3\\x_4=x_4\end{cases}$$

取$x_3=k_1,x_4=k_2$,得

$$\begin{cases} x_1 = \dfrac{3}{2}k_1 - \dfrac{3}{4}k_2 + \dfrac{5}{4} \\ x_2 = \dfrac{3}{2}k_1 + \dfrac{7}{4}k_2 - \dfrac{1}{4} \\ x_3 = k_1 \\ x_4 = k_2 \end{cases}$$

写成向量形式就是

$$\begin{pmatrix} x_1 \\ x_2 \\ x_3 \\ x_4 \end{pmatrix} = \begin{pmatrix} \dfrac{5}{4} \\ -\dfrac{1}{4} \\ 0 \\ 0 \end{pmatrix} + k_1 \begin{pmatrix} \dfrac{3}{2} \\ \dfrac{3}{2} \\ 1 \\ 0 \end{pmatrix} + k_2 \begin{pmatrix} -\dfrac{3}{4} \\ \dfrac{7}{4} \\ 0 \\ 1 \end{pmatrix}$$

令
$$\boldsymbol{x} = \begin{pmatrix} x_1 \\ x_2 \\ x_3 \\ x_4 \end{pmatrix}, \boldsymbol{\xi}_0 = \begin{pmatrix} \dfrac{5}{4} \\ -\dfrac{1}{4} \\ 0 \\ 0 \end{pmatrix}, \boldsymbol{\xi}_1 = \begin{pmatrix} \dfrac{3}{2} \\ \dfrac{3}{2} \\ 1 \\ 0 \end{pmatrix}, \boldsymbol{\xi}_2 = \begin{pmatrix} -\dfrac{3}{4} \\ \dfrac{7}{4} \\ 0 \\ 1 \end{pmatrix}$$

有 $\boldsymbol{x} = \boldsymbol{\xi}_0 + k_1\boldsymbol{\xi}_1 + k_2\boldsymbol{\xi}_2, k_1, k_2 \in \mathbf{R}$.

例 4　设有线性方程组

$$\begin{cases} (1+\lambda)x_1 + x_2 + x_3 = 0 \\ x_1 + (1+\lambda)x_2 + x_3 = 3 \\ x_1 + x_2 + (1+\lambda)x_3 = \lambda \end{cases}$$

问 λ 取何值时,此方程:(1) 有唯一解;(2) 无解;(3) 有无限多解?并在有无限多解时求其解.

解　对增广矩阵$(\boldsymbol{A} \mid \boldsymbol{b})$施行初等行变换

$$(\boldsymbol{A} \mid \boldsymbol{b}) = \left(\begin{array}{ccc|c} 1+\lambda & 1 & 1 & 0 \\ 1 & 1+\lambda & 1 & 3 \\ 1 & 1 & 1+\lambda & \lambda \end{array}\right) \xrightarrow{r_1 \leftrightarrow r_3}$$

$$\left(\begin{array}{ccc|c} 1 & 1 & 1+\lambda & \lambda \\ 1 & 1+\lambda & 1 & 3 \\ 1+\lambda & 1 & 1 & 0 \end{array}\right) \xrightarrow[r_3 + r_2]{\substack{r_2 + (-1) \times r_1 \\ r_3 + (-1-\lambda) \times r_1}}$$

$$\left(\begin{array}{ccc|c} 1 & 1 & 1+\lambda & \lambda \\ 0 & \lambda & -\lambda & 3-\lambda \\ 0 & 0 & -\lambda(3+\lambda) & (1-\lambda)(3+\lambda) \end{array}\right)$$

(1) 当 $\lambda \neq 0, \lambda \neq -3$ 时,$r(\boldsymbol{A}) = r(\boldsymbol{A} \mid \boldsymbol{b}) = 3$,有唯一解;

(2) 当 $\lambda=0$,上述$(A\mid b)$的行阶梯形矩阵为

$$\begin{pmatrix}1&1&1&\vdots&0\\0&0&0&\vdots&3\\0&0&0&\vdots&0\end{pmatrix}$$

$r(\boldsymbol{A})=1,r(\boldsymbol{A}\mid\boldsymbol{b})=2$,无解;

(3) 当 $\lambda=-3$,上述$(A\mid b)$的行阶梯形矩阵为

$$\begin{pmatrix}1&1&-2&\vdots&-3\\0&-3&3&\vdots&6\\0&0&0&\vdots&0\end{pmatrix}\longleftrightarrow\begin{pmatrix}1&0&-1&\vdots&-1\\0&1&-1&\vdots&-2\\0&0&0&\vdots&0\end{pmatrix}$$

$r(\boldsymbol{A})=r(\boldsymbol{A}\mid\boldsymbol{b})=2<3$,有无限多解.

此时它的同解方程组为

$$\begin{cases}x_1=x_3-1\\x_2=x_3-2\end{cases}$$

取 $x_3=k$,得

$$\begin{pmatrix}x_1\\x_2\\x_3\end{pmatrix}=\begin{pmatrix}-1\\-2\\0\end{pmatrix}+k\begin{pmatrix}1\\1\\1\end{pmatrix}\quad(k\in\mathbf{R})$$

把线性方程组解的理论可推广到矩阵方程上来,为此有:

定理5 矩阵方程 $\boldsymbol{Ax}=\boldsymbol{B}$ 有解 $\Leftrightarrow r(\boldsymbol{A})=r(\boldsymbol{A}\mid\boldsymbol{B})$.

证明 设 $\boldsymbol{A}=(a_{ij})_{m\times n},\boldsymbol{x}=(x_{ij})_{n\times l},\boldsymbol{B}=(b_{ij})_{m\times l}$

把 $\boldsymbol{x}=(x_{ij})_{n\times l},\boldsymbol{B}=(b_{ij})_{m\times l}$ 按着列来分块,即写成列向量形式

$$\boldsymbol{x}=(\boldsymbol{x}_1,\boldsymbol{x}_2,\cdots,\boldsymbol{x}_l),\boldsymbol{B}=(\boldsymbol{b}_1,\boldsymbol{b}_2,\cdots,\boldsymbol{b}_l)$$

这样,解矩阵方程 $\boldsymbol{Ax}=\boldsymbol{B}$ 就是解 l 个向量方程

$$\boldsymbol{A}\,\boldsymbol{x}_i=\boldsymbol{b}_i\quad i=1,2,\cdots,l$$

由定理4 可知:$\boldsymbol{A}\,\boldsymbol{x}_i=\boldsymbol{b}_i$ 有解 $\Leftrightarrow r(\boldsymbol{A})=r(\boldsymbol{A}\mid\boldsymbol{b}_i)\quad i=1,2,\cdots,l.$

设 $r(\boldsymbol{A})=r(r\leqslant l)$,那么在 $\boldsymbol{A}$ 的行阶梯矩阵 $\tilde{\boldsymbol{A}}$ 中有 r 个非零行,其余的 $l-r$ 个行都是零行.

设$(\boldsymbol{A}\mid\boldsymbol{B})$ 的阶梯形矩阵为

$$(\tilde{\boldsymbol{A}}\mid\tilde{\boldsymbol{B}})=(\tilde{\boldsymbol{A}}\mid\tilde{\boldsymbol{b}}_1,\tilde{\boldsymbol{b}}_2,\cdots,\tilde{\boldsymbol{b}}_l)$$

于是 $\boldsymbol{Ax}=\boldsymbol{B}$ 有解 $\Leftrightarrow$ 就是 $\tilde{\boldsymbol{B}}$ 中后 $l-r$ 个行都是零行 $\Leftrightarrow r(\boldsymbol{A}\mid\boldsymbol{B})=r=r(\boldsymbol{A})$.

还可以这样理解

$$\boldsymbol{Ax}=\boldsymbol{b}_1\text{ 有解}\Leftrightarrow r(\boldsymbol{A})=r(\boldsymbol{A}\mid\boldsymbol{b}_1)$$

$(\boldsymbol{A}\mid\boldsymbol{b}_1)\boldsymbol{x}=\boldsymbol{b}_2$ 有解 $\Leftrightarrow r(\boldsymbol{A}\mid\boldsymbol{b}_1)=r(\boldsymbol{A},\boldsymbol{b}_1\mid\boldsymbol{b}_2)$ (这是要对 $\boldsymbol{x}$ 增加一行 $\boldsymbol{x}_{n+1}$)

$(\boldsymbol{A},\boldsymbol{b}_1,\boldsymbol{b}_2)\boldsymbol{x}=\boldsymbol{b}_3$ 有解 $\Leftrightarrow r(\boldsymbol{A},\boldsymbol{b}_1\mid\boldsymbol{b}_2)=r(\boldsymbol{A},\boldsymbol{b},\boldsymbol{b}_2\mid\boldsymbol{b}_3)$ (这是要对 x 增加一行 $\boldsymbol{x}_{n+2}$)

继续下去就有

$$r(\boldsymbol{A})=r(\boldsymbol{A}\mid\boldsymbol{b}_1)=r(\boldsymbol{A},\boldsymbol{b}_1,\boldsymbol{b}_2)=\cdots=r(\boldsymbol{A},\boldsymbol{b}_1,\boldsymbol{b}_2,\cdots,\boldsymbol{b}_l)=r(\boldsymbol{A}\mid\boldsymbol{B})$$

3.3.2　矩阵的秩的性质

定理 6　矩阵的秩具有下列性质：

(1) $0 \leqslant r(\boldsymbol{A}_{m\times n}) \leqslant \min\{m,n\}$.

(2) $r(\boldsymbol{A}) = r(\boldsymbol{A}^{\mathrm{T}})$.

(3) 设 $\boldsymbol{P},\boldsymbol{Q}$ 都是可逆矩阵，并且 $\boldsymbol{PA} = \boldsymbol{B}$，或者 $\boldsymbol{AQ} = \boldsymbol{B}$，或者 $\boldsymbol{PAQ} = \boldsymbol{B}$，则 $r(\boldsymbol{A}) = r(\boldsymbol{B})$. 也就是 $r(\boldsymbol{A}) = r(\boldsymbol{PA}) = r(\boldsymbol{AQ}) = r(\boldsymbol{PAQ})$.

(4) $\max\{r(\boldsymbol{A}),r(\boldsymbol{B})\} \leqslant r(\boldsymbol{A} \mid \boldsymbol{B}) \leqslant r(\boldsymbol{A}) + r(\boldsymbol{B})$，特别地，当 $\boldsymbol{B} = \boldsymbol{b}$ 为一个列向量时，有

$$r(\boldsymbol{A}) \leqslant r(\boldsymbol{A} \mid \boldsymbol{B}) \leqslant r(\boldsymbol{A}) + 1$$

(5) $r(\boldsymbol{A} + \boldsymbol{B}) \leqslant r(\boldsymbol{A}) + r(\boldsymbol{B})$.

(6) $r(\boldsymbol{AB}) \leqslant \min\{r(\boldsymbol{A}),r(\boldsymbol{B})\}$.

(7) 若 $\boldsymbol{A}_{m\times n}\boldsymbol{B}_{n\times l} = \boldsymbol{O}$，则 $r(\boldsymbol{A}) + r(\boldsymbol{B}) \leqslant n$.

(8) 设 $\boldsymbol{A}$ 为 n 阶矩阵，则 $r(\boldsymbol{A} + \boldsymbol{E}) + r(\boldsymbol{A} - \boldsymbol{E}) \geqslant n$.

证明　(1) 由矩阵的秩的定义，结论显然成立.

(2) 由于 $|\boldsymbol{A}| = |\boldsymbol{A}^{\mathrm{T}}|$，所以 $\boldsymbol{A}$ 的非零的最高阶子式 D_r 的转置 D_r^{T} 就是 $\boldsymbol{A}^{\mathrm{T}}$ 的非零最高阶子式，所以 $r(\boldsymbol{A}) = r(\boldsymbol{A}^{\mathrm{T}})$.

(3) 前面由定理 2 已经证明.

(4) 注意到矩阵 $(\boldsymbol{A} \mid \boldsymbol{B})$ 的构成，就是将 $\boldsymbol{A}$ 排在左，$\boldsymbol{B}$ 排在右.

因为 $\boldsymbol{A}$ 的非零最高阶子式 D_r 总是 $(\boldsymbol{A} \mid \boldsymbol{B})$ 的非零子式（未必是最高阶），所以

$$r(\boldsymbol{A} \mid \boldsymbol{B}) = r(\boldsymbol{B} \mid \boldsymbol{A}) \text{ 及 } r(\boldsymbol{A}) \leqslant r(\boldsymbol{A} \mid \boldsymbol{B})$$

同理有

$$r(\boldsymbol{B}) \leqslant r(\boldsymbol{A} \mid \boldsymbol{B})$$

所以

$$\max\{r(\boldsymbol{A}),r(\boldsymbol{B})\} \leqslant r(\boldsymbol{A} \mid \boldsymbol{B})$$

设

$$r(\boldsymbol{A}) = r,r(\boldsymbol{B}) = t$$

将 $\boldsymbol{A}$ 与 $\boldsymbol{B}$ 写成向量组的形式

$$\boldsymbol{A} = (\boldsymbol{a}_1,\boldsymbol{a}_2,\cdots,\boldsymbol{a}_n),\boldsymbol{B} = (\boldsymbol{b}_1,\boldsymbol{b}_2,\cdots,\boldsymbol{b}_p)$$

通过列初等变换化成列阶梯形为 $\tilde{\boldsymbol{A}},\tilde{\boldsymbol{B}}$，即

$$\boldsymbol{A} \xleftrightarrow{c} \tilde{\boldsymbol{A}} = (\tilde{\boldsymbol{a}}_1,\cdots,\tilde{\boldsymbol{a}}_r,\boldsymbol{0},\cdots,\boldsymbol{0})$$

$\tilde{\boldsymbol{a}}_1,\cdots,\tilde{\boldsymbol{a}}_r$ 表示 $\boldsymbol{A}$ 的列阶梯形矩阵的 r 个非零列向量

$$\boldsymbol{B} \xleftrightarrow{c} \tilde{\boldsymbol{B}} = (\tilde{\boldsymbol{b}}_1,\cdots,\tilde{\boldsymbol{b}}_t,\boldsymbol{0},\cdots,\boldsymbol{0})$$

$\tilde{\boldsymbol{b}}_1,\cdots,\tilde{\boldsymbol{b}}_t$ 表示 $\boldsymbol{B}$ 的列阶梯形矩阵的 t 个非零列向量，于是有 $(\boldsymbol{A} \mid \boldsymbol{B}) \xleftrightarrow{c} (\tilde{\boldsymbol{A}} \mid \tilde{\boldsymbol{B}})$，并且 $(\tilde{\boldsymbol{A}} \mid \tilde{\boldsymbol{B}})$ 中有 $r + t$ 个非零列向量，从而 $r(\tilde{\boldsymbol{A}} \mid \tilde{\boldsymbol{B}}) \leqslant r + t$，而 $r(\boldsymbol{A} \mid \boldsymbol{B}) = r(\tilde{\boldsymbol{A}} \mid \tilde{\boldsymbol{B}})$，所以

$$r(\boldsymbol{A} \mid \boldsymbol{B}) \leqslant r(\boldsymbol{A}) + r(\boldsymbol{B})$$

综合有

$$\max\{r(\boldsymbol{A}),r(\boldsymbol{B})\}\leqslant r(\boldsymbol{A}\mid\boldsymbol{B})\leqslant r(\boldsymbol{A})+r(\boldsymbol{B})$$

特别地,当 $\boldsymbol{B}=\boldsymbol{b}$ 是一个非零列向量时,则有

$$r(\boldsymbol{A}\mid\boldsymbol{B})\leqslant r(\boldsymbol{A})+1$$

(5) 不妨设

$$\boldsymbol{A}=(a_{ij})_{m\times n},\boldsymbol{B}=(b_{ij})_{m\times n}$$

对 $(\boldsymbol{A}+\boldsymbol{B}\mid\boldsymbol{B})=(\boldsymbol{a}_1+\boldsymbol{b}_1,\cdots,\boldsymbol{a}_n+\boldsymbol{b}_n\mid\boldsymbol{b}_1,\cdots,\boldsymbol{b}_n)$

作列变换 $c_i+(-1)\times c_{n+i}(i=1,2,\cdots,n)$,得

$$(\boldsymbol{A}+\boldsymbol{B}\mid\boldsymbol{B})=(\boldsymbol{a}_1+\boldsymbol{b}_1,\cdots,\boldsymbol{a}_n+\boldsymbol{b}_n\mid\boldsymbol{b}_1,\cdots,\boldsymbol{b}_n)\xleftrightarrow{c}(\boldsymbol{a}_1,\cdots,\boldsymbol{a}_n\mid\boldsymbol{b}_1,\cdots,\boldsymbol{b}_n)=(\boldsymbol{A}\mid\boldsymbol{B})$$

所以 $$r(\boldsymbol{A}+\boldsymbol{B}\mid\boldsymbol{B})=r(\boldsymbol{A}\mid\boldsymbol{B})$$

而 $r(\boldsymbol{A}+\boldsymbol{B})\leqslant r(\boldsymbol{A}+\boldsymbol{B}\mid\boldsymbol{B})$ 及 $r(\boldsymbol{A}\mid\boldsymbol{B})\leqslant r(\boldsymbol{A})+r(\boldsymbol{B})$,所以成立

$$r(\boldsymbol{A}+\boldsymbol{B})\leqslant r(\boldsymbol{A})+r(\boldsymbol{B})$$

(6) 设 $\boldsymbol{AB}=\boldsymbol{C}$,可知 $\boldsymbol{x}=\boldsymbol{B}$ 是矩阵方程 $\boldsymbol{Ax}=\boldsymbol{C}$ 的一个解,由定理 4 有

$$r(\boldsymbol{A})=r(\boldsymbol{A}\mid\boldsymbol{C})$$

而 $$r(\boldsymbol{C})\leqslant r(\boldsymbol{A}\mid\boldsymbol{C})=r(\boldsymbol{A})$$

又 $\boldsymbol{B}^{\mathrm{T}}\boldsymbol{A}^{\mathrm{T}}=\boldsymbol{C}^{T}$,可知 $\boldsymbol{x}=\boldsymbol{A}^{\mathrm{T}}$ 是矩阵方程 $\boldsymbol{B}^{\mathrm{T}}\boldsymbol{x}=\boldsymbol{C}^{\mathrm{T}}$ 的一个解,由定理 4 有

$$r(\boldsymbol{B}^{\mathrm{T}})=r(\boldsymbol{B}^{\mathrm{T}}\mid\boldsymbol{C}^{\mathrm{T}})$$

而 $$r(\boldsymbol{C})=r(\boldsymbol{C}^{\mathrm{T}})\leqslant r(\boldsymbol{B}^{\mathrm{T}}\mid\boldsymbol{C}^{\mathrm{T}})=r(\boldsymbol{B}^{\mathrm{T}})=r(\boldsymbol{B})$$

所以成立

$$r(\boldsymbol{C})\leqslant\min\{r(\boldsymbol{A}),r(\boldsymbol{B})\}$$

就是 $$r(\boldsymbol{AB})\leqslant\min\{r(\boldsymbol{A}),r(\boldsymbol{B})\}$$

(7) 设 $$\boldsymbol{A}=(a_{ij})_{m\times n},r(\boldsymbol{A})=r$$

往证 $$r(\boldsymbol{A})+r(\boldsymbol{B})\leqslant n$$

事实上,考虑 $\boldsymbol{Ax}=\boldsymbol{0}$,当 $r(\boldsymbol{A})=r$ 时它的公式解为

$$\begin{cases}x_1=-c_{1,r+1}x_{r+1}-\cdots-c_{1n}x_n\\x_2=-c_{2,r+1}x_{r+1}-\cdots-c_{2n}x_n\\\qquad\vdots\\x_r=-c_{r,r+1}x_{r+1}-\cdots-c_{rn}x_n\end{cases}$$

于是 $\boldsymbol{Ax}=\boldsymbol{0}$ 的解为

$$\boldsymbol{x}=k_1\boldsymbol{\xi}_1+k_2\boldsymbol{\xi}_2+\cdots+k_{n-r}\boldsymbol{\xi}_{n-r}\quad(k_1,k_2,\cdots,k_{n-r}\in\mathbf{R})$$

其中 $$\boldsymbol{\xi}_1=\begin{pmatrix}-c_{1,r+1}\\-c_{2,r+1}\\\vdots\\-c_{r,r+1}\\1\\0\\\vdots\\0\end{pmatrix},\boldsymbol{\xi}_2=\begin{pmatrix}-c_{1,r+2}\\-c_{2,r+2}\\\vdots\\-c_{r,r+2}\\0\\1\\\vdots\\0\end{pmatrix},\cdots,\boldsymbol{\xi}_{n-r}=\begin{pmatrix}-c_{1n}\\-c_{2n}\\\vdots\\-c_{rn}\\0\\0\\\vdots\\1\end{pmatrix}$$

这些解向量(列向量)排列成的矩阵 $\boldsymbol{S}$ 的秩显然等于 $n-r$(最高阶非零的子式是E_{n-r}),于是有

$$r(\boldsymbol{A})+r(\boldsymbol{S})=n$$

现在考虑 $\boldsymbol{AB}=\boldsymbol{O}$,表明 B 的每一个列向量都是矩阵方程 $\boldsymbol{Ax}=\boldsymbol{0}$ 的解向量,所以

$$r(\boldsymbol{B})\leqslant r(\boldsymbol{S})$$

而 $r(\boldsymbol{A})+r(\boldsymbol{S})=n$,所以

$$r(\boldsymbol{A})+r(\boldsymbol{B})\leqslant n$$

(8) 注意到

$$(\boldsymbol{A}+\boldsymbol{E})+(\boldsymbol{E}-\boldsymbol{A})=2\boldsymbol{E}$$

所以
$$r[(\boldsymbol{A}+\boldsymbol{E})+(\boldsymbol{E}-\boldsymbol{A})]=r(2\boldsymbol{E})=n$$

而由(5)有

$$r[(\boldsymbol{A}+\boldsymbol{E})+(\boldsymbol{E}-\boldsymbol{A})]\leqslant r(\boldsymbol{A}+\boldsymbol{E})+r(\boldsymbol{E}-\boldsymbol{A})$$

所以
$$r(\boldsymbol{A}+\boldsymbol{E})+r(\boldsymbol{E}-\boldsymbol{A})\geqslant n$$

另一方面有

$$r(\boldsymbol{A}-\boldsymbol{E})=r(\boldsymbol{E}-\boldsymbol{A})$$

所以
$$r(\boldsymbol{A}+\boldsymbol{E})+r(\boldsymbol{A}-\boldsymbol{E})\geqslant n$$

例 5　设 $\boldsymbol{A}$ 是 n 阶矩阵,$\boldsymbol{A}^*$ 是它的伴随矩阵,证明

$$r(\boldsymbol{A}^*)=\begin{cases}n & 当\ r(\boldsymbol{A})=n\\ 1 & 当\ r(\boldsymbol{A})=n-1\\ 0 & 当\ r(\boldsymbol{A})<n-1\end{cases}$$

证明　(1) 当 $r(\boldsymbol{A})=n$,表明 $\boldsymbol{A}$ 可逆,所以 $\boldsymbol{A}^*$ 可逆,所以 $r(\boldsymbol{A}^*)=r(A)=n$.

(2) 当 $r(\boldsymbol{A})=n-1$,表明 $|\boldsymbol{A}|=0$ 可逆,并且存在一个 $A_{ij}\neq 0$,所以

$$r(\boldsymbol{A}^*)\geqslant 1 \tag{3}$$

而 $\boldsymbol{AA}^*=|\boldsymbol{A}|\boldsymbol{E}=0$,由性质(7)有 $r(\boldsymbol{A})+r(\boldsymbol{A}^*)\leqslant n$,从而有

$$r(\boldsymbol{A}^*)\leqslant 1 \tag{4}$$

综合式(3),(4)有 $r(\boldsymbol{A}^*)=1$.

(3) 当 $r(\boldsymbol{A})<n-1$ 表明 A 的任意的 $n-1$ 阶子式全为零,即 $M_{ij}=0$,所以 $A_{ij}=0$,所以 $\boldsymbol{A}^*=O$,所以 $r(\boldsymbol{A}^*)=0$.

本章要点

一、基本要求

1. 会熟练应用矩阵的行初等变换求矩阵的行阶梯形矩阵;
2. 会用矩阵的行初等变换求可逆矩阵的逆矩阵;
3. 会用矩阵的行初等变换求矩阵的秩;
4. 会用矩阵的行初等变换求齐次线性方程组的公式解及解矩阵方程.

二、内容提要

1. 记号:

初等行变换：$r_i \leftrightarrow r_j, k \times r_i, r_i + kr_j, A \stackrel{r}{\longleftrightarrow} B$，矩阵 A 与 B 行等价；

初等列变换：$c_i \leftrightarrow c_j, k \times c_i, c_i + kc_j, A \stackrel{c}{\longleftrightarrow} B$，矩阵 A 与 B 列等价；

初等变换：$A \leftrightarrow B$；

矩阵的行阶梯、行最简形、标准形

$$(A \mid E) \stackrel{r}{\longleftrightarrow} F = \begin{pmatrix} E_r & O \\ O & O \end{pmatrix}, r(A) = r$$

2. 初等变换的性质：

(1) $A \stackrel{r}{\longleftrightarrow} B \Leftrightarrow \exists P$，使 $PA = B$，其中 P 可逆；

(2) $A \stackrel{c}{\longleftrightarrow} B \Leftrightarrow \exists Q$，使 $AQ = B$，其中 Q 可逆；

(3) 方阵 A 可逆 $\Leftrightarrow A \stackrel{r}{\longleftrightarrow} E$.

3. 初等变换的方法应用：

(1) 若 $(A \mid E) \stackrel{r}{\longleftrightarrow} (B \mid P)$，则 P 可逆，且 $PA = B$；

(2) 若 $(A \mid E) \stackrel{r}{\longleftrightarrow} (E \mid P)$，则 A 可逆，且 $P = A^{-1}$；

(3) 若 $(A \mid B) \stackrel{r}{\longleftrightarrow} (E \mid X)$，则 A 可逆，且 $X = A^{-1}B$.

4. 矩阵的性质：

(1) 定义：矩阵 A 的最高阶非零子式的阶数叫做矩阵的秩，记做 $r(A)$.

(2) 初等变换不改变矩阵的秩.

(3) $r(A) = m \Leftrightarrow A$ 的行阶梯形含有 m 个非零行 $\Leftrightarrow A$ 的标准形 $F = \begin{pmatrix} E_m & O \\ O & O \end{pmatrix}$.

(4) 矩阵秩的性质：

① $0 \leqslant r(A_{m \times n}) \leqslant \min\{m, n\}$；

② $r(A^{\mathrm{T}}) = r(A)$；

③ 若 $A \leftrightarrow B$，则 $r(A) = r(B)$；

④ 若 P, Q 可逆，则 $r(PAQ) = r(A)$；

⑤ $\max\{r(A), r(B)\} \leqslant r(A, B) \leqslant r(A) + r(B)$.

特别地，当 B 为列向量 b 时，有

$$r(A) \leqslant r(A, b) \leqslant r(A) + 1$$

⑥ $r(A + B) \leqslant r(A) + r(B)$；

⑦ $r(AB) \leqslant \min\{r(A), r(B)\}$；

⑧ 若 $A_{m \times n} B_{n \times l} = O$，则 $r(A) + r(B) \leqslant n$.

5. 线性方程组的解：

n 元线性方程组

$$Ax = b$$

① 无解 $\Leftrightarrow r(A) < r(A, b)$；

② 有唯一解 $\Leftrightarrow r(A) = r(A, b) = n$；

③ 有无限多解 $\Leftrightarrow r(A) = r(A, b) < n$.

6. 齐次线性方程组的解

①$\boldsymbol{Ax}=\boldsymbol{0}$ 有唯一零解 $\Leftrightarrow r(\boldsymbol{A})=n$;

②$\boldsymbol{Ax}=\boldsymbol{0}$ 有非零解(即有无限多解)$\Leftrightarrow r(\boldsymbol{A})<n$.

7. 矩阵方程的解

$\boldsymbol{Ax}=\boldsymbol{B}$ 有解 $\Leftrightarrow r(\boldsymbol{A})=r(\boldsymbol{A},\boldsymbol{B})$.

8. 若 $\boldsymbol{A}K=\boldsymbol{B}$,则 $r(\boldsymbol{A},\boldsymbol{B})\geqslant r(\boldsymbol{B})$.

习题 3

1. 用初等行变换把下列矩阵化为行阶梯形矩阵:

(1) $\begin{pmatrix}1&-1&3&-4&3\\3&-3&5&-4&1\\2&-2&3&-2&0\\3&-3&4&-2&-1\end{pmatrix}$;

(2) $\begin{pmatrix}1&-1&3&-4&3\\1&0&5&2&0\\2&-1&8&-2&3\end{pmatrix}$;

(3) $\begin{pmatrix}2&3&1&-3&-7\\1&2&0&-2&-4\\3&-2&8&3&0\\2&-3&7&4&3\end{pmatrix}$;

(4) $\begin{pmatrix}1&1&-1&-1\\2&-5&3&2\\7&-7&3&1\end{pmatrix}$.

2. 利用初等行变换求矩阵的逆矩阵:

(1) $\begin{pmatrix}1&2&-1\\3&4&-2\\5&-3&1\end{pmatrix}$;

(2) $\begin{pmatrix}1&2&-1\\3&4&-2\\5&-4&1\end{pmatrix}$;

(3) $\begin{pmatrix}1&2&-1\\3&1&0\\-1&0&-2\end{pmatrix}$;

(4) $\begin{pmatrix}3&-2&0&-1\\0&2&2&1\\1&-2&-3&-2\\0&1&2&1\end{pmatrix}$.

3. 利用初等变换解矩阵方程：

(1)$\boldsymbol{A}\boldsymbol{x}=\boldsymbol{B}$,其中

$$\boldsymbol{A}=\begin{pmatrix}4&1&2\\2&2&1\\3&1&-1\end{pmatrix},\boldsymbol{B}=\begin{pmatrix}1&-3\\2&2\\3&-1\end{pmatrix}$$

(2)$\boldsymbol{x}\boldsymbol{A}=\boldsymbol{B}$,其中

$$\boldsymbol{A}=\begin{pmatrix}0&2&1\\2&-1&3\\-3&3&-4\end{pmatrix},\boldsymbol{B}=\begin{pmatrix}1&2&3\\2&-3&1\end{pmatrix}$$

(3) 设$\boldsymbol{A}\boldsymbol{x}=2\boldsymbol{x}+\boldsymbol{A}$,其中

$$\boldsymbol{A}=\begin{pmatrix}1&-1&0\\0&1&-1\\-1&0&1\end{pmatrix}$$

4. 求下列矩阵的秩,并求一个最高阶的非零子式：

(1)$\begin{pmatrix}3&1&0&2\\1&-1&2&-1\\1&3&-4&4\end{pmatrix}$;

(2)$\begin{pmatrix}3&2&-1&-3&-1\\2&-1&3&1&-3\\7&0&5&1&8\end{pmatrix}$;

(3)$\begin{pmatrix}2&1&8&3&7\\2&-3&0&7&-5\\3&-2&5&8&0\\1&0&3&2&0\end{pmatrix}$;

(4)$\begin{pmatrix}2&3&-1&-7\\3&1&2&-7\\4&1&-3&6\\1&-2&5&-5\end{pmatrix}$.

5. 解下列齐次线性方程组：

(1)$\begin{cases}x_1+2x_2+x_3-x_4=0\\3x_1+6x_2-x_3-3x_4=0\\5x_1+10x_2+x_3-5x_4=0\end{cases}$;

(2)$\begin{cases}2x_1+3x_2-x_3-7x_4=0\\3x_1+x_2+2x_3-7x_4=0\\4x_1+x_2-3x_3+6x_4=0\\x_1-2x_2+5x_3-5x_4=0\end{cases}$.

6. 解下列非齐次线性方程组：

(1) $\begin{cases}2x_1+3x_2+x_3=4\\ x_1-2x_2+4x_3=-5\\ 3x_1+8x_2-2x_3=13\\ 4x_1-x_2+9x_3=-6\end{cases}$;

(2) $\begin{cases}2x_1+x_2-x_3+x_4=1\\ 4x_1+2x_2-2x_3+x_4=2\\ 2x_1+x_2-x_3-x_4=1\end{cases}$.

7. 问 λ 取何值时，方程组

$$\begin{cases}\lambda x_1+x_2+x_3=1\\ x_1+\lambda x_2+x_3=\lambda\\ x_1+x_2+\lambda x_3=\lambda^2\end{cases}$$

(1) 有唯一解；(2) 无解；(3) 有无限多解？

8. 非齐次线性方程组

$$\begin{cases}-2x_1+x_2+x_3=-2\\ x_1-2x_2+x_3=\lambda\\ x_1+x_2-2x_3=\lambda^2\end{cases}$$

λ 取何值时有解？并求出它的解.

9. 证明：秩为 r 的矩阵恒可表示为 r 个秩为 1 的矩阵之和.

10. 设 $\boldsymbol{A}$ 为列满秩矩阵，$\boldsymbol{AB}=\boldsymbol{C}$，证明：线性方程组 $\boldsymbol{Bx}=\boldsymbol{0}$ 与 $\boldsymbol{Cx}=\boldsymbol{0}$ 同解.

11. 设 $\boldsymbol{A}$ 为 $m\times n$ 矩阵，证明：方程 $\boldsymbol{Ax}=\boldsymbol{E}_m$ 有解的充要条件是 $r(\boldsymbol{A})=m$.

12. 设 $\boldsymbol{A}$ 为 n 阶方阵，并且 $\boldsymbol{A}^2=\boldsymbol{E}$，证明：$r(\boldsymbol{A}+\boldsymbol{E})+r(\boldsymbol{A}-\boldsymbol{E})=n$.

13. 设 $\boldsymbol{A}=\begin{pmatrix}1&2&-2\\4&t&3\\3&-1&1\end{pmatrix}$，$\boldsymbol{B}$ 为 3 阶非零方阵，并且 $\boldsymbol{AB}=\boldsymbol{0}$，求 t 的值.

单元自测题 3

1. 填空题

(1) 当 n 阶方阵 $\boldsymbol{A}$ 的秩 $r(\boldsymbol{A})<n$ 时，$|\boldsymbol{A}|=$ ______.

(2) $\boldsymbol{A}$ 为 4 阶方阵，$r(\boldsymbol{A})=2$，则 $r(\boldsymbol{A}^*)=$ ______.

(3) 设 $\boldsymbol{A}=\begin{pmatrix}k&1&1&1\\1&k&1&1\\1&1&k&1\\1&1&1&k\end{pmatrix}$，且 $r(\boldsymbol{A})=3$，则 $k=$ ______.

(4) $\boldsymbol{\alpha}=(1,\ 0,\ -1,\ 2)^{\mathrm{T}}$，$\boldsymbol{\beta}=(0,\ 1,\ 0,\ 2)$，$\boldsymbol{A}=\boldsymbol{\alpha\beta}$，则 $r(\boldsymbol{A})=$ ______.

(5) 设 $\boldsymbol{A}$ 为 n 阶方阵，则 n 元齐次线性方程组 $\boldsymbol{Ax}=\boldsymbol{0}$ 仅有零解的充分必要条件是

______.

2. 选择题

(1) 若 $\boldsymbol{A}$ 是 $m\times n$ 矩阵，$\boldsymbol{C}$ 是 n 阶可逆方阵，$r(\boldsymbol{A})=r$，矩阵 $\boldsymbol{B}=\boldsymbol{AC}$ 的秩为 r_1，则有(　　)

A. $r>r_1$　　B. $r<r_1$　　C. $r=r_1$　　D. r 与 r_1 的关系依 $\boldsymbol{C}$ 而定

(2) 矩阵 $\boldsymbol{A}$ 的秩在下列哪种情况下发生变化(　　)

A. 将 $\boldsymbol{A}$ 转置　　B. 对 $\boldsymbol{A}$ 施行初等变换

C. 对 $\boldsymbol{A}$ 乘以奇异矩阵　　D. 对 $\boldsymbol{A}$ 乘以非奇异矩阵

(3) 设 $\boldsymbol{A}$ 是 $m\times n$ 矩阵，且 $r(\boldsymbol{A})=r$，则(　　)

A. 存在一个 r 阶子式不为零，所有 $r+1$ 阶子式都为零

B. 有等于零的 r 阶子式，所有 $r+1$ 阶子式都为零

C. 任意一个 r 阶子式都不为零，所有 $r+1$ 阶子式都为零

D. 存在等于零的 $r-1$ 阶子式，也存在不为零的 r 阶子式

(4) $\boldsymbol{A}$ 是 $m\times n$ 矩阵，$\boldsymbol{B}$ 是 $n\times m$ 矩阵，则(　　)

A. 当 $m>n$ 时，必有 $|\boldsymbol{AB}|\neq 0$　B. 当 $m>n$ 时，必有 $|\boldsymbol{AB}|=0$

C. 当 $m<n$ 时，必有 $|\boldsymbol{AB}|\neq 0$　D. 当 $m<n$ 时，必有 $|\boldsymbol{AB}|=0$

(5) 非齐次线性方程组 $\boldsymbol{Ax}=\boldsymbol{b}$ 中未知数的个数为 n，方程个数为 m，$\boldsymbol{Ax}=\boldsymbol{0}$ 是它的导出方程组，则(　　)

A. 若 $\boldsymbol{Ax}=\boldsymbol{0}$ 仅有零解时，则方程组 $\boldsymbol{Ax}=\boldsymbol{b}$ 有唯一解

B. 若 $\boldsymbol{Ax}=\boldsymbol{0}$ 有非零解时，则方程组 $\boldsymbol{Ax}=\boldsymbol{b}$ 有无穷多解

C. 若 $\boldsymbol{Ax}=\boldsymbol{b}$ 有无穷多解时，则方程组 $\boldsymbol{Ax}=\boldsymbol{0}$ 仅有零解

D. 若 $\boldsymbol{Ax}=\boldsymbol{b}$ 有无穷多解时，则方程组 $\boldsymbol{Ax}=\boldsymbol{0}$ 有非零解

3. 计算：

(1) 设 $\boldsymbol{A}=\begin{pmatrix}1&1&-1\\2&-1&0\\1&0&1\end{pmatrix}$，用初等变换求 $\boldsymbol{A}^{-1}$.

(2) $\boldsymbol{A}=\begin{pmatrix}1&1&1&1\\1&0&2&2\\-1&0&a-3&-2\\2&3&1&a\end{pmatrix}$，当 a 为何值时，$\boldsymbol{A}$ 为满秩矩阵？当 a 为何值时，$r(\boldsymbol{A})=2$？

4. 求 $\begin{cases}x_1+x_2+2x_3-x_4=0\\2x_1+x_2+x_3-x_4=0\\2x_1+2x_2+x_3+2x_4=0\end{cases}$ 的通解.

5. 解答下列问题：

(1) 当 a 为何值时，线性方程组 $\begin{cases}ax_1+x_2+2x_3=0\\x_1+2x_2+4x_3=0\\x_1-x_2+x_3=0\end{cases}$ 有非零解？

(2) 当 a 为何值时,线性方程组 $\begin{cases} x_1 + x_2 - x_3 = 1 \\ 2x_1 + 3x_2 + ax_3 = 3 \\ x_1 + ax_2 + 3x_3 = 2 \end{cases}$ 无解?有唯一解?有无穷多解?当方程组有无穷多解时求其通解.

6. 证明:设 $\boldsymbol{A}$ 为 $m \times n$ 矩阵,如果 $\boldsymbol{Ax} = \boldsymbol{Ay}$,且 $r(\boldsymbol{A}) = n$,则 $\boldsymbol{x} = \boldsymbol{y}$.

考研参考资料

一、基础知识

1. 熟练掌握矩阵的基本运算,并熟悉运算律.

2. 掌握矩阵的逆矩阵的定义,并会求可逆矩阵的逆矩阵.

3. 掌握 Cramer 法则.

4. 熟悉下列重要性质及公式.

(1) 转置矩阵的性质

① $(\boldsymbol{A}^{\mathrm{T}})^{\mathrm{T}} = \boldsymbol{A}$;

② $(k\boldsymbol{A})^{\mathrm{T}} = k\boldsymbol{A}^{\mathrm{T}}$;

③ $(\boldsymbol{A} + \boldsymbol{B})^{\mathrm{T}} = \boldsymbol{A}^{\mathrm{T}} + \boldsymbol{B}^{\mathrm{T}}$;

④ $(\boldsymbol{AB})^{\mathrm{T}} = \boldsymbol{B}^{\mathrm{T}}\boldsymbol{A}^{\mathrm{T}}$.

(2) 逆矩阵的性质

① $\boldsymbol{A}^{-1} = \dfrac{1}{|\boldsymbol{A}|}\boldsymbol{A}^*$;

② $(\boldsymbol{A}^{-1})^{-1} = \boldsymbol{A}$;

③ $(k\boldsymbol{A})^{-1} = \dfrac{1}{k}\boldsymbol{A}^{-1}, k \neq 0$;

④ $(\boldsymbol{AB})^{-1} = \boldsymbol{B}^{-1}\boldsymbol{A}^{-1}$;

⑤ $(\boldsymbol{A}^{\mathrm{T}})^{-1} = (\boldsymbol{A}^{-1})^{\mathrm{T}}$;

⑥ $|\boldsymbol{A}^{-1}| = \dfrac{1}{|\boldsymbol{A}|}$.

(3) 伴随矩阵的性质

① $\boldsymbol{A}\boldsymbol{A}^* = \boldsymbol{A}^*\boldsymbol{A} = |\boldsymbol{A}|\boldsymbol{E}$;

② $(\boldsymbol{A}^*)^{-1} = (\boldsymbol{A}^{-1})^*$;

③ $(\boldsymbol{A}^*)^{-1} = \dfrac{\boldsymbol{A}}{|\boldsymbol{A}|}$;

④ $(\boldsymbol{AB})^* = \boldsymbol{B}^*\boldsymbol{A}^*$;

⑤ $\boldsymbol{A}^* = |\boldsymbol{A}|\boldsymbol{A}^{-1}, |\boldsymbol{A}^*| = |\boldsymbol{A}|^{n-1}$;

⑥ $(\boldsymbol{A}^*)^* = |\boldsymbol{A}^*|(\boldsymbol{A}^*)^{-1} = |\boldsymbol{A}|^{n-1}(|\boldsymbol{A}|\boldsymbol{A}^{-1})^{-1} = |\boldsymbol{A}|^{n-2}\boldsymbol{A}(n \geqslant 3)$.

(4) 分块矩阵的性质(设 $\boldsymbol{A},\boldsymbol{B}$ 都可逆)

① $\begin{pmatrix} \boldsymbol{A} & \boldsymbol{O} \\ \boldsymbol{O} & \boldsymbol{B} \end{pmatrix}^{-1} = \begin{pmatrix} \boldsymbol{A}^{-1} & \boldsymbol{O} \\ \boldsymbol{O} & \boldsymbol{B}^{-1} \end{pmatrix}$;

②$\begin{pmatrix} O & A \\ B & O \end{pmatrix}^{-1} = \begin{pmatrix} O & B^{-1} \\ A^{-1} & O \end{pmatrix}$;

③$\begin{pmatrix} A & C \\ O & B \end{pmatrix}^{-1} = \begin{pmatrix} A^{-1} & -A^{-1}CB^{-1} \\ O & B^{-1} \end{pmatrix}$;

④$\begin{pmatrix} A & O \\ C & B \end{pmatrix}^{-1} = \begin{pmatrix} A^{-1} & O \\ -B^{-1}CA^{-1} & B^{-1} \end{pmatrix}$.

(5) 矩阵的初等变换的性质

①$A \xleftrightarrow{r} B \Leftrightarrow \exists P$,使 $PA = B$,其中 P 可逆;

②$A \xleftrightarrow{c} B \Leftrightarrow \exists Q$,使 $AQ = B$,其中 Q 可逆;

③ 方阵 A 可逆 $\Leftrightarrow A \xleftrightarrow{r} E$.

掌握 3 种初等矩阵.

二、基本题型

题型 Ⅰ　关于矩阵的基本性质及初等变换的命题

掌握三种初等矩阵.

(1)P_{ij},将单位矩阵的第 i 行与第 j 行互相交换得到第一种初等矩阵.

$P_{ij}A$ 就表示把矩阵 A 的第 i 行与第 j 行互相交换;

AP_{ij} 就表示把矩阵 A 的第 i 列与第 j 列互相交换.

(2) $D_i(k)$,将单位矩阵的第 i 行乘以数 k 得到第二种初等矩阵.

$D_i(k)A$ 就表示把矩阵 A 的第 i 行乘以数 k;

$AD_i(k)$ 就表示把矩阵 A 的第 i 列乘以数 k.

(3) $T_{ij}(k)$,将单位矩阵的第 i 行乘以数 k 后加到第 j 行得到第三种初等矩阵.

$T_{ij}(k)A$ 就是把矩阵 A 的第 i 行乘以数 k 后加到第 j 行;

$AT_{ij}(k)$ 就是把矩阵 A 的第 j 列乘以数 k 后加到第 i 列.

1. 设 $A = \begin{pmatrix} a_{11} & a_{12} & a_{13} \\ a_{21} & a_{22} & a_{23} \\ a_{31} & a_{32} & a_{33} \end{pmatrix}$,$B = \begin{pmatrix} a_{13} & a_{12}+a_{13} & a_{11} \\ a_{23} & a_{22}+a_{23} & a_{21} \\ a_{33} & a_{32}+a_{33} & a_{31} \end{pmatrix}$,$P = \begin{pmatrix} 0 & 0 & 1 \\ 0 & 1 & 0 \\ 1 & 0 & 0 \end{pmatrix}$,$Q = \begin{pmatrix} 1 & 0 & 0 \\ 0 & 1 & 0 \\ 0 & 1 & 1 \end{pmatrix}$,则必有(　　)

A. $B = PQA$　　B. $B = QPA$　　C. $B = APQ$　　D. $B = AQP$

解:矩阵 B 是对 A 作了 $c_2 + c_3$ 后(相当于 AQ),再作 $c_1 \leftrightarrow c_3$ 得到的(相当于 AQP).所以选 D.

2. 设 $A = \begin{pmatrix} a_{11} & a_{12} & a_{13} \\ a_{21} & a_{22} & a_{23} \\ a_{31} & a_{32} & a_{33} \end{pmatrix}$,$B = \begin{pmatrix} a_{21} & a_{22}+ka_{23} & a_{23} \\ a_{31} & a_{32}+ka_{33} & a_{33} \\ a_{11} & a_{12}+ka_{13} & a_{13} \end{pmatrix}$,$P = \begin{pmatrix} 0 & 1 & 0 \\ 0 & 0 & 1 \\ 1 & 0 & 0 \end{pmatrix}$,$Q =$

$\begin{pmatrix}1&0&0\\0&1&0\\0&k&1\end{pmatrix}$，则必有（　　）

A. $A = P^{-1}BQ^{-1}$　　B. $A = Q^{-1}BP^{-1}$　　C. $A = P^{-1}Q^{-1}B$　　D. $A = BP^{-1}Q^{-1}$

解：A 中 $A = P^{-1}BQ^{-1}$ 等价于 $B = PAQ$；B 中 $A = Q^{-1}BP^{-1}$ 等价于 $B = QAP$；C 中 $A = P^{-1}Q^{-1}B$ 等价于 $B = QPA$；D 中 $A = BP^{-1}Q^{-1}$ 等价于 $B = AQP$.

矩阵 B 是对 A 作了 $r_1 \leftrightarrow r_3, r_2 \leftrightarrow r_3$ 后（相当于 AP），再作 $c_2 + kc_3$ 得到的（相当于 $B = PAQ$）所以选 A.

3. 设 A 为 3 阶矩阵，交换它的第 1 列与第 2 列得到矩阵 B，再把 B 的第 2 列加到第 3 列得到矩阵 C，则满足 $AQ = C$ 的可逆矩阵 Q 是（　　）

A. $\begin{pmatrix}0&1&0\\1&0&0\\1&0&1\end{pmatrix}$　　B. $\begin{pmatrix}0&1&0\\1&0&0\\0&0&1\end{pmatrix}$　　C. $\begin{pmatrix}0&1&0\\1&0&0\\0&1&1\end{pmatrix}$　　D. $\begin{pmatrix}0&1&1\\1&0&0\\0&0&1\end{pmatrix}$

解：由题设有

$$A\begin{pmatrix}0&1&0\\1&0&0\\0&0&1\end{pmatrix} = B$$

及

$$A\begin{pmatrix}0&1&0\\1&0&0\\0&0&1\end{pmatrix}\begin{pmatrix}1&0&0\\0&1&1\\0&0&1\end{pmatrix} = B\begin{pmatrix}1&0&0\\0&1&1\\0&0&1\end{pmatrix} = C$$

于是

$$Q = \begin{pmatrix}0&1&0\\1&0&0\\0&0&1\end{pmatrix}\begin{pmatrix}1&0&0\\0&1&1\\0&0&1\end{pmatrix} = \begin{pmatrix}0&1&1\\1&0&0\\0&0&1\end{pmatrix}$$

选择 D.

4. 设 A 为 $n(n \geqslant 2)$ 阶可逆矩阵，交换它的第 1 行与第 2 行得到矩阵 B，A^*，B^* 分别表示 A，B 的伴随矩阵，那么下列结论正确的是（　　）

A. 交换 A^* 的第 1 列与第 2 列得到矩阵 B^*

B. 交换 A^* 的第 1 行与第 2 行得到矩阵 B^*

C. 交换 A^* 的第 1 列与第 2 列得到矩阵 $-B^*$

D. 交换 A^* 的第 1 行与第 2 行得到矩阵 $-B^*$

解：用特例来判断：可知道选择 C.

例如

$$n = 2, A = \begin{pmatrix}a&b\\c&d\end{pmatrix}, A^* = \begin{pmatrix}d&-b\\-c&a\end{pmatrix} \xleftrightarrow{c_1 \leftrightarrow c_2} \begin{pmatrix}-b&d\\a&-c\end{pmatrix}$$

$$B = \begin{pmatrix}c&d\\a&b\end{pmatrix}, \ -B^* = \begin{pmatrix}-b&d\\a&-c\end{pmatrix}$$

用特殊代表一般，还可以看 3 阶的情况.

6. 设$\boldsymbol{A}$为3阶矩阵,将$\boldsymbol{A}$的第2行加到第1行得到矩阵$\boldsymbol{B}$,再将矩阵$\boldsymbol{B}$的第1列的-1倍加到第2列得到矩阵$\boldsymbol{C}$,记$\boldsymbol{P}=\begin{pmatrix}1&1&0\\0&1&0\\0&0&1\end{pmatrix}$,则下列正确的是(　　)

A. $\boldsymbol{C}=\boldsymbol{P}^{-1}\boldsymbol{AP}$　　B. $\boldsymbol{C}=\boldsymbol{PA}\boldsymbol{P}^{-1}$　　C. $\boldsymbol{C}=\boldsymbol{P}^{\mathrm{T}}\boldsymbol{AP}$　　D. $\boldsymbol{C}=\boldsymbol{PA}\boldsymbol{P}^{\mathrm{T}}$

解:这是考察对初等变换及初等矩阵的掌握.

注意到

$$\boldsymbol{P}^{-1}=\begin{pmatrix}1&-1&0\\0&1&0\\0&0&1\end{pmatrix}$$

将$\boldsymbol{A}$的第2行加到第1行得到矩阵$\boldsymbol{B}$用初等矩阵表示就是$\boldsymbol{B}=\boldsymbol{PA}$,将矩阵$\boldsymbol{B}$的第1列的$-1$倍加到第2列得到矩阵$\boldsymbol{C}$就是$\boldsymbol{C}=\boldsymbol{B}\boldsymbol{P}^{-1}$.

综合有$\boldsymbol{C}=\boldsymbol{PA}\boldsymbol{P}^{-1}$,选择B.

题型Ⅱ　矩阵运算

1. 设$\boldsymbol{\alpha}=(1,2,3)$,$\boldsymbol{\beta}=\left(1,\frac{1}{2},\frac{1}{3}\right)$,$\boldsymbol{A}=\boldsymbol{\alpha}^{\mathrm{T}}\boldsymbol{\beta}$,求$\boldsymbol{A}^n$.

解:可得

$$\boldsymbol{A}^{\mathrm{T}}=\boldsymbol{\alpha}^{\mathrm{T}}\boldsymbol{\beta}=\begin{pmatrix}1\\2\\3\end{pmatrix}\left(1,\frac{1}{2},\frac{1}{3}\right)=\begin{pmatrix}1&\frac{1}{2}&\frac{1}{3}\\2&1&\frac{2}{3}\\3&\frac{3}{2}&1\end{pmatrix}$$

$$\boldsymbol{\beta}\boldsymbol{\alpha}^{\mathrm{T}}=\left(1,\frac{1}{2},\frac{1}{3}\right)\begin{pmatrix}1\\2\\3\end{pmatrix}=3$$

$$\boldsymbol{A}^n=(\boldsymbol{\alpha}^{\mathrm{T}}\boldsymbol{\beta})(\boldsymbol{\alpha}^{\mathrm{T}}\boldsymbol{\beta})\cdots(\boldsymbol{\alpha}^{\mathrm{T}}\boldsymbol{\beta})=\boldsymbol{\alpha}^{\mathrm{T}}(\boldsymbol{\beta}\boldsymbol{\alpha}^{\mathrm{T}})(\boldsymbol{\beta}\boldsymbol{\alpha}^{\mathrm{T}})\cdots\boldsymbol{\beta}=3^{n-1}\boldsymbol{\alpha}^{\mathrm{T}}\boldsymbol{\beta}=3^{n-1}\begin{pmatrix}1&\frac{1}{2}&\frac{1}{3}\\2&1&\frac{2}{3}\\3&\frac{3}{2}&1\end{pmatrix}$$

2. 设n维向量$\boldsymbol{\alpha}=\left(\frac{1}{2},0,\cdots,\frac{1}{2}\right)$,矩阵$\boldsymbol{A}=\boldsymbol{E}-\boldsymbol{\alpha}^{\mathrm{T}}\boldsymbol{\alpha}$,$\boldsymbol{B}=\boldsymbol{E}+2\boldsymbol{\alpha}^{\mathrm{T}}\boldsymbol{\alpha}$,求$(\boldsymbol{AB})^n$.

解:可得

$$\boldsymbol{\alpha}^{\mathrm{T}}\boldsymbol{\alpha}=\frac{1}{4}\begin{pmatrix}1&0&\cdots&0&1\\0&0&\cdots&0&0\\\vdots&\vdots&&\vdots&\vdots\\0&0&\cdots&0&0\\1&0&\cdots&0&1\end{pmatrix},\boldsymbol{\alpha}\boldsymbol{\alpha}^{\mathrm{T}}=\frac{1}{2}$$

$$AB=(E-\alpha^{T}\alpha)(E+2\alpha^{T}\alpha)=E+2\alpha^{T}\alpha-\alpha^{T}\alpha-2(\alpha^{T}\alpha)(\alpha^{T}\alpha)=$$
$$E+\alpha^{T}\alpha-2\alpha^{T}(\alpha\alpha^{T})\alpha=E+\alpha^{T}\alpha-2\alpha^{T}(\frac{1}{2})\alpha=E$$

所以$(AB)^{n}=E$.

3. 设 $A=\begin{pmatrix}0&-1&0\\1&0&0\\0&0&-1\end{pmatrix}$,$B=P^{-1}AP$,其中 P 为 3 阶可逆矩阵,则 $B^{2\,004}-2A^{2}=$

______.

解:解答该题容易想到相似与对角化,注意该矩阵不能对角化,因此要想别的方法.

注意到

$$A=\begin{pmatrix}A_1&O\\O&-1\end{pmatrix},A^{n}=\begin{pmatrix}A_1^{n}&O\\O&(-1)^{n}\end{pmatrix},B^{n}=P^{-1}A^{n}P$$
$$A_1=\begin{pmatrix}0&-1\\1&0\end{pmatrix},A_1^{2}=\begin{pmatrix}-1&0\\0&-1\end{pmatrix}$$

所以

$$A^{2}=\begin{pmatrix}-1&0&0\\0&-1&0\\0&0&1\end{pmatrix},A^{4}=\begin{pmatrix}1&0&0\\0&1&0\\0&0&1\end{pmatrix}=E$$
$$B^{2\,004}=P^{-1}A^{2\,004}PB^{2\,004}=P^{-1}EP=E$$
$$B^{2\,004}-2A^{2}=E-2A^{2}=\begin{pmatrix}1&&\\&1&\\&&1\end{pmatrix}-\begin{pmatrix}-2&&\\&-2&\\&&2\end{pmatrix}=\begin{pmatrix}3&0&0\\0&3&0\\0&0&-1\end{pmatrix}$$

题型 Ⅲ　伴随矩阵的问题

注意掌握伴随矩阵的定义及性质:

(1) 将方阵 A 每一元素的代数余子式按照该元素的位置得到矩阵后再转置就得到其伴随矩阵A^{*}.

(2)$AA^{*}=A^{*}A=|A|E$.

(3) $|A^{*}|=|A|^{n-1}$.

(4) 当 A 可逆时有 A^{*} 可逆,此时成立

$$A^{-1}=\frac{1}{|A|}A^{*},A^{*}=|A|A^{-1},(A^{*})^{-1}=(A^{-1})^{*},(A^{*})^{*}=|A|^{n-2}A\quad(n\geqslant 3)$$

(5)A 与 A^{*} 的秩有下列关系

$$r(A^{*})=\begin{cases}n & r(A)=n\\1 & r(A)=n-1\\0 & r(A)<n-1\end{cases}$$

(6) 若 $AA^{*}=O$,则 $r(A)+r(A^{*})=n$.

(7) 若 A 的特征值为 λ,并且可逆,则$\frac{|A|}{\lambda}$是A^{*} 的特征值.

(8) 分块矩阵$\begin{pmatrix} A & O \\ O & B \end{pmatrix}$,当$A,B$是可逆方阵时,有

$$\begin{pmatrix} A & O \\ O & B \end{pmatrix}^* = \begin{pmatrix} |B|A^* & O \\ O & |A|B^* \end{pmatrix}$$

分块矩阵$\begin{pmatrix} O & A \\ B & O \end{pmatrix}$,当$A,B$是可逆方阵时,有

$$\begin{pmatrix} O & A \\ B & O \end{pmatrix}^* = \begin{pmatrix} O & -|A|B^* \\ -|B|A^* & O \end{pmatrix}$$

1. 设$A^* = \begin{pmatrix} 1 & 0 & 0 & 0 \\ 0 & 1 & 0 & 0 \\ 1 & 0 & 1 & 0 \\ 0 & -3 & 0 & 8 \end{pmatrix}$,$ABA^{-1} = BA^{-1} + 3E$,其中$E$是4阶单位矩阵,求矩阵$B$.

解:$|A^*| = 8 = |A|^3 \Rightarrow |A| = 2$,得$A$可逆,于是有$AB = B + 3A$,从而得

$$(A - E)B = 3A$$

注意到

$$A^*A = |A|E = 2E$$

所以

$$(2E - A^*)B = 6E$$

得

$$B = 6(2E - A^*)^{-1}$$

$$2E - A^* = \begin{pmatrix} 1 & 0 & 0 & 0 \\ 0 & 1 & 0 & 0 \\ -1 & 0 & 1 & 0 \\ 0 & 3 & 0 & -6 \end{pmatrix}$$

可求得

$$\begin{pmatrix} 1 & 0 & 0 & 0 \\ 0 & 1 & 0 & 0 \\ -1 & 0 & 1 & 0 \\ 0 & 3 & 0 & -6 \end{pmatrix}^{-1} = \begin{pmatrix} 1 & 0 & 0 & 0 \\ 0 & 1 & 0 & 0 \\ 1 & 0 & 1 & 0 \\ 0 & \frac{1}{2} & 0 & -\frac{1}{6} \end{pmatrix}$$

所以

$$B = 6(2E - A^*)^{-1} = \begin{pmatrix} 6 & 0 & 0 & 0 \\ 0 & 6 & 0 & 0 \\ 1 & 0 & 6 & 0 \\ 0 & 3 & 0 & -1 \end{pmatrix}$$

2. 设A,B为n阶矩阵,A^*,B^*是其伴随矩阵,分块矩阵$C = \begin{pmatrix} A & O \\ O & B \end{pmatrix}$,则$C^* =$
(　　)

A. $\begin{pmatrix} |A|A^* & O \\ O & |B|B^* \end{pmatrix}$　　B. $\begin{pmatrix} |B|B^* & O \\ O & |A|A^* \end{pmatrix}$

C. $\begin{pmatrix} |A|B^* & O \\ O & |B|A^* \end{pmatrix}$　　D. $\begin{pmatrix} |B|A^* & O \\ O & |A|B^* \end{pmatrix}$

解:由于　$C^* = |C|C^{-1} = |A||B|\begin{pmatrix} A^{-1} & O \\ O & B^{1} \end{pmatrix} = \begin{pmatrix} |B|A^* & O \\ O & |A|B^* \end{pmatrix}$

选择 D.

3. 设矩阵 $A = \begin{pmatrix} 2 & 1 & 0 \\ 1 & 2 & 0 \\ 0 & 0 & 1 \end{pmatrix}$,矩阵 B 满足 $ABA^* = 2BA^* + E$,其中A^* 为 A 的伴随矩阵,E 为 3 阶单位矩阵,则$|B|$ = ______.

解:注意到$|A| = 3 \neq 0$,所以$|A^*| = 3^2 = 9$,由 $ABA^* = 2BA^* + E$,得

$$(A-2E)BA^* = E$$

于是
$$|A-2E||B||A^*| = 1$$

而
$$A-2E = \begin{pmatrix} 0 & 1 & 0 \\ 1 & 0 & 0 \\ 0 & 0 & -1 \end{pmatrix}\ |A-2E| = 1$$

所以$|B| = \frac{1}{9}$.

题型 Ⅳ　求可逆矩阵的逆矩阵

判定:A 可逆 $\Leftrightarrow AB = BA = E \Leftrightarrow |A| \neq 0 \Leftrightarrow r(A) = n \Leftrightarrow (A\quad E) \xleftrightarrow{r} (E\quad A^{-1}) \Leftrightarrow A$ 行(列) 向量线性无关 $\Leftrightarrow A$ 的特征值都不为零.

基本求法:$A^{-1} = \frac{1}{|A|}A^*$;$(A\quad E) \xleftrightarrow{r} (E\quad A^{-1})$.

特殊的几种情况

(1)2 阶矩阵

$A = \begin{pmatrix} a & b \\ c & d \end{pmatrix}$,当 A 可逆时

$$A^* = \begin{pmatrix} d & -b \\ -c & a \end{pmatrix}\text{(主对角易位,副对角变号)}$$

$$A^{-1} = \frac{1}{ad-bc}\begin{pmatrix} d & -b \\ -c & a \end{pmatrix}$$

(2) 对角形矩阵

设 $\Lambda = \mathrm{diag}(a_1, a_2, \cdots, a_n)$,则$\Lambda^{-1} = \mathrm{diag}(\frac{1}{a_1}, \frac{1}{a_2}, \cdots, \frac{1}{a_n})$.

(3) 分块矩阵

$$\begin{pmatrix} A & O \\ O & B \end{pmatrix}^{-1} = \begin{pmatrix} A^{-1} & O \\ O & B^{-1} \end{pmatrix},\begin{pmatrix} O & A \\ B & O \end{pmatrix}^{-1} = \begin{pmatrix} O & B^{-1} \\ A^{-1} & O \end{pmatrix}$$

$$\begin{pmatrix} A & C \\ O & B \end{pmatrix}^{-1} = \begin{pmatrix} A^{-1} & -A^{-1}CB^{-1} \\ O & B^{-1} \end{pmatrix}, \begin{pmatrix} A & O \\ C & B \end{pmatrix}^{-1} = \begin{pmatrix} A^{-1} & O \\ -B^{-1}CA^{-1} & B^{-1} \end{pmatrix}$$

(4) $(E-A)^{-1}$,其中$A^m=O$为幂零矩阵

$$(E-A)^{-1} = E + A + A^2 + \cdots + A^{m-1}$$

例如 $A = \begin{pmatrix} 0 & 1 & 0 \\ 0 & 0 & 1 \\ 0 & 0 & 0 \end{pmatrix}, A^2 = \begin{pmatrix} 0 & 0 & 1 \\ 0 & 0 & 0 \\ 0 & 0 & 0 \end{pmatrix}, A^3 = \begin{pmatrix} 0 & 0 & 0 \\ 0 & 0 & 0 \\ 0 & 0 & 0 \end{pmatrix}$

那么

$$\begin{pmatrix} 1 & -1 & 0 \\ 0 & 1 & -1 \\ 0 & 0 & 1 \end{pmatrix}^{-1} = (E-A)^{-1} = E + A + A^2 = \begin{pmatrix} 1 & 1 & 1 \\ 0 & 1 & 1 \\ 0 & 0 & 1 \end{pmatrix}$$

1. 设$A = \begin{pmatrix} 1 & 0 & 1 \\ 2 & 1 & 0 \\ -3 & 2 & -5 \end{pmatrix}$,求$(E-A)^{-1}$.

解:可得

$$E - A = \begin{pmatrix} 0 & 0 & -1 \\ -2 & 0 & 0 \\ 3 & -2 & 6 \end{pmatrix}$$

$$\left(\begin{array}{ccc:ccc} 0 & 0 & -1 & 1 & 0 & 0 \\ -2 & 0 & 0 & 0 & 1 & 0 \\ 3 & -2 & 6 & 0 & 0 & 1 \end{array}\right) \xleftrightarrow[r_1 \leftrightarrow r_3]{r_3 + r_2}$$

$$\left(\begin{array}{ccc:ccc} 1 & -2 & 6 & 0 & 1 & 1 \\ -2 & 0 & 0 & 0 & 1 & 0 \\ 0 & 0 & -1 & 1 & 0 & 0 \end{array}\right) \xleftrightarrow[r_3 \div (-1)]{r_2 + 2r_1}$$

$$\left(\begin{array}{ccc:ccc} 1 & -2 & 6 & 0 & 1 & 1 \\ 0 & -4 & 12 & 0 & 3 & 2 \\ 0 & 0 & 1 & -1 & 0 & 0 \end{array}\right) \xleftrightarrow[r_2 \div (-4)]{r_2 + 2r_1,\ r_3 \div (-1)}$$

$$\left(\begin{array}{ccc:ccc} 1 & -2 & 0 & 6 & 1 & 1 \\ 0 & 1 & 0 & -3 & -\frac{3}{4} & -\frac{1}{2} \\ 0 & 0 & 1 & -1 & 0 & 0 \end{array}\right) \xleftrightarrow[r_2 \div (-4)]{r_2 + 2r_1,\ r_3 \div (-1)}$$

$$\left(\begin{array}{ccc:ccc} 1 & 0 & 0 & 0 & -\frac{1}{2} & 0 \\ 0 & 1 & 0 & -3 & -\frac{3}{4} & -\frac{1}{2} \\ 0 & 0 & 1 & -1 & 0 & 0 \end{array}\right)$$

所以
$$(\boldsymbol{E}-\boldsymbol{A})^{-1}=\begin{pmatrix}0 & -\frac{1}{2} & 0\\ -3 & -\frac{3}{4} & -\frac{1}{2}\\ -1 & 0 & 0\end{pmatrix}$$

2. 求 $\boldsymbol{A}=\begin{pmatrix}1 & 2 & 0 & 0 & 0\\ 0 & 3 & 0 & 0 & 0\\ 0 & 0 & 4 & 0 & 0\\ 0 & 0 & 0 & 5 & 0\\ 0 & 0 & 0 & 2 & -4\end{pmatrix}$的逆矩阵.

解:利用分块矩阵的方法

$$\begin{pmatrix}1 & 2\\ 0 & 3\end{pmatrix}^{-1}=\begin{pmatrix}1 & -\frac{2}{3}\\ 0 & \frac{1}{3}\end{pmatrix},\begin{pmatrix}4 & 0 & 0\\ 0 & 5 & 0\\ 0 & 2 & -4\end{pmatrix}^{-1}=\begin{pmatrix}\frac{1}{4} & 0 & 0\\ 0 & \frac{1}{5} & 0\\ 0 & \frac{1}{10} & -\frac{1}{4}\end{pmatrix}$$

所以

$$\boldsymbol{A}^{-1}=\begin{pmatrix}1 & -\frac{2}{3} & 0 & 0 & 0\\ 0 & \frac{1}{3} & 0 & 0 & 0\\ 0 & 0 & \frac{1}{4} & 0 & 0\\ 0 & 0 & 0 & \frac{1}{5} & 0\\ 0 & 0 & 0 & \frac{1}{10} & -\frac{1}{4}\end{pmatrix}$$

3. 求 $\boldsymbol{A}=\begin{pmatrix}0 & a_1 & 0 & 0 & 0\\ 0 & 0 & a_2 & 0 & 0\\ \vdots & \vdots & \vdots & & \vdots\\ 0 & 0 & 0 & \cdots & a_{n-1}\\ a_n & 0 & 0 & \cdots & 0\end{pmatrix}$的逆矩阵.

解:利用

$$\begin{pmatrix}\boldsymbol{O} & \boldsymbol{A}\\ \boldsymbol{B} & \boldsymbol{O}\end{pmatrix}^{-1}=\begin{pmatrix}\boldsymbol{O} & \boldsymbol{B}^{-1}\\ \boldsymbol{A}^{-1} & \boldsymbol{O}\end{pmatrix}$$

求之

$$A^{-1}=\begin{pmatrix}0&0&\cdots&0&\frac{1}{a_n}\\ \frac{1}{a_1}&0&\cdots&0&0\\ 0&\frac{1}{a_2}&\cdots&0&0\\ \vdots&\vdots&\ddots&\vdots&\vdots\\ 0&0&\cdots&\frac{1}{a_{n-1}}&0\end{pmatrix}$$

4. 设矩阵$\boldsymbol{A}$满足$\boldsymbol{A}^2+\boldsymbol{A}-4\boldsymbol{E}=\boldsymbol{O}$,则$(\boldsymbol{A}-\boldsymbol{E})^{-1}=$______.

解:由$\boldsymbol{A}^2+\boldsymbol{A}-4\boldsymbol{E}=\boldsymbol{O}$,得$(\boldsymbol{A}-\boldsymbol{E})\frac{1}{2}(\boldsymbol{A}+2\boldsymbol{E})=\boldsymbol{E}$,所以

$$(\boldsymbol{A}-\boldsymbol{E})^{-1}=\frac{1}{2}(\boldsymbol{A}+2\boldsymbol{E})$$

5. 设$\boldsymbol{A},\boldsymbol{B},\boldsymbol{A}+\boldsymbol{B},\boldsymbol{A}^{-1}+\boldsymbol{B}^{-1}$均为$n$阶可逆矩阵,则$(\boldsymbol{A}^{-1}+\boldsymbol{B}^{-1})^{-1}=(\quad)$

A. $\boldsymbol{A}^{-1}+\boldsymbol{B}^{-1}$　　B. $\boldsymbol{A}+\boldsymbol{B}$　　C. $\boldsymbol{A}(\boldsymbol{A}+\boldsymbol{B})^{-1}\boldsymbol{B}$　　D. $(\boldsymbol{A}+\boldsymbol{B})^{-1}$

解:可以一一验证,也可以用性质求出

$$(\boldsymbol{A}^{-1}+\boldsymbol{B}^{-1})^{-1}=(\boldsymbol{E}\boldsymbol{A}^{-1}+\boldsymbol{B}^{-1}\boldsymbol{E})^{-1}=(\boldsymbol{B}^{-1}\boldsymbol{B}\boldsymbol{A}^{-1}+\boldsymbol{B}^{-1}\boldsymbol{A}\boldsymbol{A}^{-1})^{-1}=$$
$$[\boldsymbol{B}^{-1}(\boldsymbol{B}+\boldsymbol{A})\boldsymbol{A}^{-1}]^{-1}=\boldsymbol{A}(\boldsymbol{B}+\boldsymbol{A})^{-1}\boldsymbol{B}$$

选择C.

6. 设$\boldsymbol{A}$为n阶方阵,$\boldsymbol{A}^2+2\boldsymbol{A}-3\boldsymbol{E}=\boldsymbol{O}$,证明:$\boldsymbol{A}-2\boldsymbol{E}$可逆,并求逆.

解:由$\boldsymbol{A}^2+2\boldsymbol{A}-3\boldsymbol{E}=\boldsymbol{O}$,得

$$(\boldsymbol{A}-2\boldsymbol{E})(\boldsymbol{A}+4\boldsymbol{E})=-5\boldsymbol{E}$$

就是

$$(\boldsymbol{A}-2\boldsymbol{E})\left[-\frac{1}{5}(\boldsymbol{A}+4\boldsymbol{E})\right]=\boldsymbol{E}$$

所以$\boldsymbol{A}-2\boldsymbol{E}$可逆,并且

$$(\boldsymbol{A}-2\boldsymbol{E})^{-1}=-\frac{1}{5}(\boldsymbol{A}+4\boldsymbol{E})$$

7. 设$\boldsymbol{A}$为3阶方阵,其逆矩阵为$\boldsymbol{A}^{-1}=\begin{pmatrix}1&1&1\\1&2&1\\1&1&3\end{pmatrix}$,求$(\boldsymbol{A}^{-1})^*$,$(\boldsymbol{A}^*)^*$.

解:可得

$$(\boldsymbol{A}^{-1})^*=(\boldsymbol{A}^*)^{-1}=(|\boldsymbol{A}|\boldsymbol{A}^{-1})^{-1}=\frac{\boldsymbol{A}}{|\boldsymbol{A}|}$$

$$|\boldsymbol{A}|=\frac{1}{|\boldsymbol{A}^{-1}|}=\frac{1}{2}$$

$$A=\begin{pmatrix}1&1&1\\1&2&1\\1&1&3\end{pmatrix}^{-1}=\begin{pmatrix}\frac{5}{2}&-1&-\frac{1}{2}\\-1&1&0\\-\frac{1}{2}&0&\frac{1}{2}\end{pmatrix}$$

所以

$$(A^{-1})^{*}\frac{1}{|A|}A=2\begin{pmatrix}\frac{5}{2}&-1&-\frac{1}{2}\\-1&1&0\\-\frac{1}{2}&0&\frac{1}{2}\end{pmatrix}=\begin{pmatrix}5&-2&-1\\-2&2&0\\-1&0&1\end{pmatrix}$$

$$(A^{*})^{*}=|A|^{3-2}A=\frac{1}{2}\begin{pmatrix}\frac{5}{2}&-1&-\frac{1}{2}\\-1&1&0\\-\frac{1}{2}&0&\frac{1}{2}\end{pmatrix}=\begin{pmatrix}\frac{5}{4}&-\frac{1}{2}&-\frac{1}{4}\\-\frac{1}{2}&\frac{1}{2}&0\\-\frac{1}{4}&0&\frac{1}{4}\end{pmatrix}$$

题型 V　解矩阵方程

都与矩阵的可逆性相联系

1. 设矩阵 $\boldsymbol{A},\boldsymbol{B}$ 满足关系 $\boldsymbol{AB}=\boldsymbol{A}+2\boldsymbol{B}$，其中

$$A=\begin{pmatrix}4&2&3\\1&1&0\\-1&2&3\end{pmatrix},A-2E=\begin{pmatrix}2&2&3\\1&-1&0\\-1&2&1\end{pmatrix}$$

求 B.

解：由 $\boldsymbol{AB}=\boldsymbol{A}+2\boldsymbol{B}$，得 $(\boldsymbol{A}-2\boldsymbol{E})\boldsymbol{B}=\boldsymbol{A}$，于是得

$$(A-2E)^{-1}A=B$$

可以用初等变换求

$$(A-2E\ \vdots\ A)=\left(\begin{array}{ccc:ccc}2&2&3&4&2&3\\1&-1&0&1&1&0\\-1&2&1&-1&2&3\end{array}\right)\xrightarrow[r_3+r_1]{\substack{r_1\leftrightarrow r_2\\ r_2+(-2)\times r_1}}$$

$$\left(\begin{array}{ccc:ccc}1&-1&0&1&1&0\\0&4&3&2&0&3\\0&1&1&0&3&3\end{array}\right)\xrightarrow[r_3\div(-1)]{\substack{r_2\leftrightarrow r_3\\ r_3+(-4)\times r_2}}$$

$$\left(\begin{array}{ccc:ccc}1&-1&0&1&1&0\\0&1&1&0&3&3\\0&0&1&-2&12&9\end{array}\right)\xrightarrow[r_1+r_2]{r_2-r_3}$$

$$\left(\begin{array}{ccc:ccc}1&0&0&3&-8&-6\\0&1&0&2&-9&-6\\0&0&1&-2&12&9\end{array}\right)$$

所以
$$B=\begin{pmatrix}3&-8&-6\\2&-9&-6\\-2&12&9\end{pmatrix}$$

2. 设 A,B,C 均为 n 阶矩阵，E 为 n 阶单位矩阵，若 $B=E+AB,C=A+CA$，则 $B-C=$(　　)

A. E　　　B. $-E$　　　C. A　　　D. $-A$

解：由题设得

$$(E-A)B=E\Rightarrow B=(E-A)^{-1},C(E-A)=A\Rightarrow C=A(E-A)^{-1}$$

所以
$$B-C=(E-A)(E-A)^{-1}=E$$

选择 A.

3. 设 3 阶矩阵 A,B 满足关系式 $A^{-1}BA=6A+BA$，并且 $A=\begin{pmatrix}\frac{1}{3}&0&0\\0&\frac{1}{4}&0\\0&0&\frac{1}{7}\end{pmatrix}$，则 $B=$(　　)

解：可得

$$(A^{-1}BA)A^{-1}=(6A+BA)A^{-1}\Rightarrow A^{-1}B=6E+B\Rightarrow(A^{-1}-E)B=6E$$

所以
$$B=6(A^{-1}-E)^{-1}$$

容易求得

$$A^{-1}=\begin{pmatrix}3&0&0\\0&4&0\\0&0&7\end{pmatrix},A^{-1}-E=\begin{pmatrix}2&0&0\\0&3&0\\0&0&6\end{pmatrix},(A^{-1}-E)^{-1}=\begin{pmatrix}\frac{1}{2}&0&0\\0&\frac{1}{3}&0\\0&0&\frac{1}{6}\end{pmatrix}$$

所以
$$B=6(A^{-1}-E)^{-1}=\begin{pmatrix}3&0&0\\0&2&0\\0&0&1\end{pmatrix}$$

题型 Ⅵ　关于矩阵的秩的求法及矩阵的等式与不等式

这部分知识不易掌握，我们把有关的知识再梳理一下，比较难掌握的再重新给出证明.

定义：$r(A)=r\Leftrightarrow\exists r$ 阶子式不为零，而高于 r 阶的子式全为零 $\Leftrightarrow A$ 的行(列) 阶梯矩

阵中有 r 个不为零的行(列).

性质:

(1) 设 $\boldsymbol{A}=(a_{ij})_{m\times n}$,则 $r(\boldsymbol{A})\leqslant\min\{m,n\}$.

(2) $r(\boldsymbol{A}^{\mathrm{T}})=r(\boldsymbol{A})$.

(3) 若 $\boldsymbol{A}\sim\boldsymbol{B}$,则 $r(\boldsymbol{A})=r(\boldsymbol{B})$.

(4) 若 $\boldsymbol{P},\boldsymbol{Q}$ 可逆,则 $r(\boldsymbol{PAQ})=r(\boldsymbol{A})$.

这些都很容易记住并掌握应用. 下面的几个则不易记住.

(5) $\max\{r(\boldsymbol{A}),r(\boldsymbol{B})\}\leqslant r(\boldsymbol{A},\boldsymbol{B})\leqslant r(\boldsymbol{A})+r(\boldsymbol{B})$.

(6) $r(\boldsymbol{A}+\boldsymbol{B})\leqslant r(\boldsymbol{A})+r(\boldsymbol{B})$.

证明:对 $(\boldsymbol{A}+\boldsymbol{B},\boldsymbol{B})$ 作列初等变换可得

$$(\boldsymbol{A}+\boldsymbol{B},\boldsymbol{B})\stackrel{c}{\longleftrightarrow}(\boldsymbol{A},\boldsymbol{B})$$

得
$$r(\boldsymbol{A}+\boldsymbol{B})\leqslant r(\boldsymbol{A}+\boldsymbol{B},\boldsymbol{B})=r(\boldsymbol{A},\boldsymbol{B})\leqslant r(\boldsymbol{A})+r(\boldsymbol{B})$$

(7) $r(\boldsymbol{AB})\leqslant\min\{r(\boldsymbol{A}),r(\boldsymbol{B})\}$.

(8) 若 $\boldsymbol{A}_{m\times n}\boldsymbol{B}_{n\times l}=\boldsymbol{O}$,则 $r(\boldsymbol{A})+r(\boldsymbol{B})\leqslant n$.

证明:考虑齐线性方程组 $\boldsymbol{Ax}=\boldsymbol{0}$,表明 $\boldsymbol{B}$ 的列向量都是 $\boldsymbol{Ax}=\boldsymbol{0}$ 的解.

设 $r(\boldsymbol{A})=r$,则 $\boldsymbol{Ax}=\boldsymbol{0}$ 的基础解系有 $n-r$ 个无关的非零向量,所以 $r(\boldsymbol{B})\leqslant n-r$,所以
$$r(\boldsymbol{A})+r(\boldsymbol{B})\leqslant n$$

1. 设 $\boldsymbol{A}$ 为 n 阶方阵,且 $\boldsymbol{A}^2-\boldsymbol{A}=2\boldsymbol{E}$,证明:$r(2\boldsymbol{E}-\boldsymbol{A})+r(\boldsymbol{E}+\boldsymbol{A})=n$.

证明:由 $\boldsymbol{A}^2-\boldsymbol{A}=2\boldsymbol{E}$,得

$$(\boldsymbol{A}+\boldsymbol{E})(\boldsymbol{A}-2\boldsymbol{E})=\boldsymbol{O}$$

所以

$$r(2\boldsymbol{E}-\boldsymbol{A})+r(\boldsymbol{E}+\boldsymbol{A})\leqslant n \tag{1}$$

另外
$$(\boldsymbol{A}+\boldsymbol{E})+(2\boldsymbol{E}-\boldsymbol{A})=3\boldsymbol{E}$$

有

$$r(2\boldsymbol{E}-\boldsymbol{A})+r(\boldsymbol{E}+\boldsymbol{A})\geqslant n \tag{2}$$

所以
$$r(2\boldsymbol{E}-\boldsymbol{A})+r(\boldsymbol{E}+\boldsymbol{A})=n$$

2. 设 $\boldsymbol{P}$ 为3阶非零方阵,$\boldsymbol{Q}=\begin{pmatrix}1&2&3\\2&4&t\\3&6&9\end{pmatrix}$,且 $\boldsymbol{PQ}=\boldsymbol{O}$,则(　　)

A. 当 $t=6$ 时,$r(\boldsymbol{P})=1$　　B. 当 $t=6$ 时,$r(\boldsymbol{P})=2$

C. 当 $t\neq6$ 时,$r(\boldsymbol{P})=1$　　D. 当 $t\neq6$ 时,$r(\boldsymbol{P})=2$

解:当 $t=6$ 时,有 $r(\boldsymbol{Q})=1$,而 $\boldsymbol{PQ}=\boldsymbol{O}$,$r(\boldsymbol{P})+r(\boldsymbol{Q})\leqslant3$,得 $r(\boldsymbol{P})\leqslant2$;$t\neq6$ 时,$r(\boldsymbol{Q})=2$,而 $\boldsymbol{PQ}=\boldsymbol{O}$,$r(\boldsymbol{P})+r(\boldsymbol{Q})\leqslant3$,得 $r(\boldsymbol{P})\leqslant1$,而 $\boldsymbol{P}$ 是3阶非零方阵,所以 $r(\boldsymbol{P})\geqslant1$,所以得 $r(\boldsymbol{P})=1$.

选择C.

3. 设 $\boldsymbol{A}$ 是 4×3 矩阵，$r(\boldsymbol{A})=2$，而 $\boldsymbol{B}=\begin{pmatrix}1&0&2\\0&2&0\\-1&0&3\end{pmatrix}$，则 $r(\boldsymbol{AB})=$ ______.

解：由题设可看出 $\boldsymbol{B}$ 可逆，所以 $\boldsymbol{AB}$ 就是对矩阵 $\boldsymbol{A}$ 做列初等变换，所以 $r(\boldsymbol{AB})=r(\boldsymbol{A})=2$.

4. 设 $\boldsymbol{A}=\begin{pmatrix}0&1&0&0\\0&0&1&0\\0&0&0&1\\0&0&0&0\end{pmatrix}$，则 $\boldsymbol{A}^3$ 的秩 = ______.

解：这是幂零矩阵，$\boldsymbol{A}^4=\boldsymbol{O}$，$\boldsymbol{A}^3=\begin{pmatrix}0&0&0&1\\0&0&0&0\\0&0&0&0\\0&0&0&0\end{pmatrix}$，$\boldsymbol{A}^3$ 的秩 = ______.

第 4 章

向量空间

向量空间是最基本的数学概念之一,它的理论和方法已经渗透到自然科学,工程技术的各个领域. 在对向量空间的学习中,我们也将加深对线性方程组的理解.

4.1 向量空间

4.1.1 向量空间

定义 1 将 n 个($n \geqslant 1$) 有次序的数 $a_1, a_2, \cdots, a_n$ 所组成的数组称为一个 n 维向量. 习惯上用小写的希腊字母 $\boldsymbol{\alpha}, \boldsymbol{\beta}, \cdots$ 表示,或者用英文字母 $\boldsymbol{a}, \boldsymbol{b}, \boldsymbol{c}, \cdots$ 表示. 本书在不引起误解的情况下,两种表示都采用.

$\boldsymbol{a} = \begin{pmatrix} a_1 \\ a_2 \\ \vdots \\ a_n \end{pmatrix}$ 叫做 n 维列向量;$\boldsymbol{a}^{\mathrm{T}} = (a_1, a_2, \cdots, a_n)$ 叫做 n 维行向量.

将 $\begin{pmatrix} 0 \\ 0 \\ \vdots \\ 0 \end{pmatrix}$ 或 $(0,0,\cdots,0)$ 叫做零向量,记作 $\mathbf{0}$.

将 m 个向量组成一组,叫做一个向量组,$(\boldsymbol{a}_1, \boldsymbol{a}_2, \cdots, \boldsymbol{a}_m)$ 就是由 m 个列向量组成的列向量组. 一个向量组可以看成一个矩阵,一个矩阵也可以看成一个向量组.

例如

$$\boldsymbol{A} = \begin{pmatrix} a_{11} & a_{12} & \cdots & a_{1n} \\ a_{21} & a_{22} & \cdots & a_{2n} \\ \vdots & \vdots & & \vdots \\ a_{m1} & a_{m2} & \cdots & a_{mn} \end{pmatrix}$$

既可以看成由 n 个列向量$(\boldsymbol{a}_1, \boldsymbol{a}_2, \cdots, \boldsymbol{a}_n)$ 组成的列向量组 ,也可以看成由 m 个行向量组

成的行向量组$\begin{pmatrix} \boldsymbol{b}_1^{\mathrm{T}} \\ \boldsymbol{b}_2^{\mathrm{T}} \\ \vdots \\ \boldsymbol{b}_m^{\mathrm{T}} \end{pmatrix}$.

反之,上述的向量组也可看成一个矩阵.

定义 2　设 V 是一个非空的向量的集合,在 V 中有两种运算:

(1) 有一个纯量乘法: $\forall \boldsymbol{a} \in V, \forall k \in \mathbf{R}$,有 $k\boldsymbol{a} \in V$.

(2) 有一个向量加法: $\forall \boldsymbol{a},\boldsymbol{b} \in V$,有 $\boldsymbol{a} + \boldsymbol{b} \in V$.

(3) 上述两种运算满足:

① $\boldsymbol{a} + \boldsymbol{b} = \boldsymbol{b} + \boldsymbol{a}$;

② $(\boldsymbol{a} + \boldsymbol{b}) + \boldsymbol{c} = \boldsymbol{a} + (\boldsymbol{b} + \boldsymbol{c})$;

③ $\mathbf{0} + \boldsymbol{a} = \boldsymbol{a}$,其中 $\mathbf{0}$ 是与 $\boldsymbol{a}$ 同类型的零向量;

④ $\forall \boldsymbol{a} \in V, \exists \boldsymbol{a}' \in V$,使 $\boldsymbol{a} + \boldsymbol{a}' = \mathbf{0}$,称 $\boldsymbol{a}'$ 为 $\boldsymbol{a}$ 的负向量,记为 $-\boldsymbol{a}$;

⑤ $k(\boldsymbol{a} + \boldsymbol{b}) = k\boldsymbol{a} + k\boldsymbol{b}$;

⑥ $(k + l)\boldsymbol{a} = k\boldsymbol{a} + l\boldsymbol{a}$;

⑦ $(kl)\boldsymbol{a} = k(l\boldsymbol{a})$;

⑧ $1\boldsymbol{a} = \boldsymbol{a}$.

一般地,当一个集合由 n 元数组构成时,验证它是否构成向量空间,只需验证定义中的(1) 和(2).

必须指出,虽然目前我们所讨论的向量空间一般都是由具体的 n 元数组构成,但是,向量空间可不仅仅局限于此. 下面的几个例子就说明了这个问题.

例 1　根据矩阵的数乘运算和加法运算,一切相同类型的矩阵构成一个向量空间.

例 2　根据连续函数的性质:闭区间$[a,b]$上一切连续函数构成一个向量空间.

例 3　根据多项式的加法和数乘多项式的运算,实系数 n 次多项式构成一个向量空间.

例 4　n 元齐次线性方程组解的集合构成一个向量空间 .

证明　设 S 是 $\boldsymbol{Ax} = \mathbf{0}$ 的解的集合 .

$\forall \boldsymbol{\xi},\boldsymbol{\eta} \in S$,有 $\boldsymbol{A\xi} = \mathbf{0},\boldsymbol{A\eta} = \mathbf{0}$,于是

$$\boldsymbol{A}(\boldsymbol{\xi} + \boldsymbol{\eta}) = \boldsymbol{A\xi} + \boldsymbol{A\eta} = \mathbf{0} + \mathbf{0} = \mathbf{0}$$

所以有 $\boldsymbol{\xi} + \boldsymbol{\eta} \in S$.

$\forall \boldsymbol{\xi} \in S, \forall k \in \mathbf{R}$,有 $\boldsymbol{A}(k\boldsymbol{\xi}) = k(\boldsymbol{A\xi}) = k\mathbf{0} = \mathbf{0}$,所以 $k\boldsymbol{\xi} \in S$.

n 元非齐次线性方程组解的集合不构成一个向量空间 .

事实上,设 S 是 $\boldsymbol{Ax} = \boldsymbol{b}$ 的解的集合($\boldsymbol{b} \neq \mathbf{0}$).

$\forall \boldsymbol{\xi},\boldsymbol{\eta} \in S$,有 $\boldsymbol{A\xi} = \boldsymbol{b},\boldsymbol{A\eta} = \boldsymbol{b}$,那么

$$\boldsymbol{A}(\boldsymbol{\xi} + \boldsymbol{\eta}) = \boldsymbol{A\xi} + \boldsymbol{A\eta} = \boldsymbol{b} + \boldsymbol{b} = 2\boldsymbol{b} \neq \boldsymbol{b}$$

例 5　与方阵 $\boldsymbol{A}$ 可交换的矩阵全体构成一个向量空间 .

设 U 是与方阵 $\boldsymbol{A}$ 可交换的矩阵全体构成的集合,那么 $\forall \boldsymbol{\xi},\boldsymbol{\eta} \in U$,有 $\boldsymbol{A\xi} = \boldsymbol{\xi A},\boldsymbol{A\eta} =$

$\boldsymbol{\eta}A$，于是 $A(\boldsymbol{\xi}+\boldsymbol{\eta})=A\boldsymbol{\xi}+A\boldsymbol{\eta}=\boldsymbol{\xi}A+\boldsymbol{\eta}A=(\boldsymbol{\xi}+\boldsymbol{\eta})A$，所以有 $\boldsymbol{\xi}+\boldsymbol{\eta}\in U$.

$\forall\boldsymbol{\xi}\in S,\forall k\in\mathbf{R}$，有 $A(k\boldsymbol{\xi})=k(A\boldsymbol{\xi})=k(\boldsymbol{\xi}A)=(k\boldsymbol{\xi})A$，所以 $k\boldsymbol{\xi}\in U$.

所以 U 是一个向量空间.

向量空间就是我们所学习过的实数空间$\mathbf{R}^1$、平面空间$\mathbf{R}^2$ 和三维数组所形成的直觉空间$\mathbf{R}^3$ 的推广.

4.1.2　向量组的线性组合

定义3　给定向量组 $\boldsymbol{A}:\boldsymbol{a}_1,\boldsymbol{a}_2,\cdots,\boldsymbol{a}_m$，对于任意一组实数 $k_1,k_2,\cdots,k_m$，表达式

$$k_1\boldsymbol{a}_1+k_2\boldsymbol{a}_2+\cdots+k_m\boldsymbol{a}_m$$

称为向量组 $\boldsymbol{A}$ 的一个线性组合，实数 $k_1,k_2,\cdots,k_m$ 称为这个线性组合的系数.

给定向量组 $\boldsymbol{A}:\boldsymbol{a}_1,\boldsymbol{a}_2,\cdots,\boldsymbol{a}_m$ 和一个向量 $\boldsymbol{b}$，如果存在一组数 $\lambda_1,\lambda_2,\cdots,\lambda_m$，使

$$\boldsymbol{b}=\lambda_1\boldsymbol{a}_1+\lambda_2\boldsymbol{a}_2+\cdots+\lambda_m\boldsymbol{a}_m$$

则向量 $\boldsymbol{b}$ 是向量组 $\boldsymbol{A}$ 的一个线性组合，这时也称向量 $\boldsymbol{b}$ 可由向量组 $\boldsymbol{A}$ 线性表示.

一个齐次线性方程组可以表示成

$$x_1\boldsymbol{a}_1+x_2\boldsymbol{a}_2+\cdots+x_m\boldsymbol{a}_m=\mathbf{0}$$

一个非齐次线性方程组可以表示成

$$x_1\boldsymbol{a}_1+x_2\boldsymbol{a}_2+\cdots+x_m\boldsymbol{a}_m=\boldsymbol{b}$$

显然有，如果向量 $\boldsymbol{b}_1,\boldsymbol{b}_2,\cdots,\boldsymbol{b}_p$ 可由向量组 $\boldsymbol{A}:\boldsymbol{a}_1,\boldsymbol{a}_2,\cdots,\boldsymbol{a}_m$ 线性表示，就是线性方程组

$$x_1\boldsymbol{a}_1+x_2\boldsymbol{a}_2+\cdots+x_m\boldsymbol{a}_m=\boldsymbol{b}_i\quad i=1,2,\cdots,p$$

有解，设这个方程组的解向量是 $\boldsymbol{k}_1,\boldsymbol{k}_2,\cdots,\boldsymbol{k}_{m-r}$（矩阵 $\boldsymbol{A}$ 的秩为 r，得到含有 $n-r$ 个自由未知量的公式解），于是有

$$(\boldsymbol{a}_1,\boldsymbol{a}_2,\cdots,\boldsymbol{a}_m)\boldsymbol{K}=(\boldsymbol{b}_1,\boldsymbol{b}_2,\cdots,\boldsymbol{b}_p)$$

或者

$$\boldsymbol{AK}=\boldsymbol{B}$$

我们把上面的矩阵 $\boldsymbol{K}$ 叫做向量组 $\boldsymbol{A}:\boldsymbol{a}_1,\boldsymbol{a}_2,\cdots,\boldsymbol{a}_m$ 与向量组 $\boldsymbol{B}:\boldsymbol{b}_1,\boldsymbol{b}_2,\cdots,\boldsymbol{b}_p$ 之间的联系矩阵.

由第3章定理4，立刻有下面的定理.

定理1　向量$\boldsymbol{b}$可由向量组$\boldsymbol{A}:\boldsymbol{a}_1,\boldsymbol{a}_2,\cdots,\boldsymbol{a}_m$线性表示$\Leftrightarrow$非齐次线性方程组$\boldsymbol{Ax}=\boldsymbol{b}$有解$\Leftrightarrow r(\boldsymbol{A})=r(\boldsymbol{A}\,\vdots\,\boldsymbol{b})$.

定义4　如果向量组 $\boldsymbol{A}:\boldsymbol{a}_1,\boldsymbol{a}_2,\cdots,\boldsymbol{a}_m$ 中的每一个向量可由向量组 $\boldsymbol{B}:\boldsymbol{b}_1,\boldsymbol{b}_2,\cdots,\boldsymbol{b}_p$ 线性表示，向量组 $\boldsymbol{B}:\boldsymbol{b}_1,\boldsymbol{b}_2,\cdots,\boldsymbol{b}_p$ 中的每个向量可由向量组 $\boldsymbol{A}:\boldsymbol{a}_1,\boldsymbol{a}_2,\cdots,\boldsymbol{a}_m$ 线性表示，就称这两个向量组等价.

我们把向量组看成矩阵，就有

推论1　向量组 $\boldsymbol{B}:\boldsymbol{b}_1,\boldsymbol{b}_2,\cdots,\boldsymbol{b}_p$ 中的每个向量可由向量组 $\boldsymbol{A}:\boldsymbol{a}_1,\boldsymbol{a}_2,\cdots,\boldsymbol{a}_m$ 线性表示，就是矩阵方程 $\boldsymbol{Ax}=\boldsymbol{B}$ 有解，此时必有：$r(\boldsymbol{B})\leqslant r(\boldsymbol{A})$.

事实上，由于 $\boldsymbol{Ax}=\boldsymbol{B}$ 有解，有 $r(\boldsymbol{A})=r(\boldsymbol{A}\,\vdots\,\boldsymbol{B})$，而 $r(\boldsymbol{B})\leqslant r(\boldsymbol{A}\,\vdots\,\boldsymbol{B})$，所以 $r(\boldsymbol{B})\leqslant r(\boldsymbol{A})$.

推论2　向量组 $\boldsymbol{A}:\boldsymbol{a}_1,\boldsymbol{a}_2,\cdots,\boldsymbol{a}_m$ 与向量组 $\boldsymbol{B}:\boldsymbol{b}_1,\boldsymbol{b}_2,\cdots,\boldsymbol{b}_p$ 等价 $\Leftrightarrow r(\boldsymbol{A})=r(\boldsymbol{A},\boldsymbol{B})=$

$r(\boldsymbol{B})$.

证明 由定理 1 可知：向量组 $\boldsymbol{B}:\boldsymbol{b}_1,\boldsymbol{b}_2,\cdots,\boldsymbol{b}_p$ 中的每个向量可由向量组 $\boldsymbol{A}:\boldsymbol{a}_1,\boldsymbol{a}_2,\cdots,\boldsymbol{a}_m$ 线性表示 $\Leftrightarrow r(\boldsymbol{A}) = r(\boldsymbol{A} \mid \boldsymbol{B})$，向量组 $\boldsymbol{A}:\boldsymbol{a}_1,\boldsymbol{a}_2,\cdots,\boldsymbol{a}_m$ 中的每个向量可由向量组 $\boldsymbol{B}:\boldsymbol{b}_1,\boldsymbol{b}_2,\cdots,\boldsymbol{b}_p$ 线性表示 $\Leftrightarrow r(\boldsymbol{B}) = r(\boldsymbol{B} \mid \boldsymbol{A})$，而

$$r(\boldsymbol{B} \mid \boldsymbol{A}) = r(\boldsymbol{A} \mid \boldsymbol{B})$$

所以得到 $r(\boldsymbol{A}) = r(\boldsymbol{A},\boldsymbol{B}) = r(\boldsymbol{B})$.

可以看出两个向量组等价的判定与两个矩阵等价的判定方法是一样的. 今后我们讨论问题时既可以把一个矩阵看成是一个向量组，也可以把一个向量组看成为一个矩阵. 这时符号 $r(\boldsymbol{A})$ 表示的是向量组 $\boldsymbol{A}:\boldsymbol{a}_1,\boldsymbol{a}_2,\cdots,\boldsymbol{a}_m$ 所对应的矩阵 $\boldsymbol{A}$ 的秩. 但是，我们必须指出，两个向量组的等价与两个矩阵的等价是不一样的，例如

$$\boldsymbol{A} = \begin{pmatrix} 1 & 0 \\ 0 & 1 \\ 0 & 0 \end{pmatrix}, \boldsymbol{B} = \begin{pmatrix} 1 & 0 \\ 0 & 0 \\ 0 & 1 \end{pmatrix}$$

是等价的，因为

$$\boldsymbol{A} = \begin{pmatrix} 1 & 0 \\ 0 & 1 \\ 0 & 0 \end{pmatrix} \xleftrightarrow{r_2 \leftrightarrow r_3} \begin{pmatrix} 1 & 0 \\ 0 & 0 \\ 0 & 1 \end{pmatrix} = \boldsymbol{B}$$

$$r(\boldsymbol{A}) = r(\boldsymbol{B}) = 2$$

而向量组 $\boldsymbol{A}:\boldsymbol{\alpha}_1 = \begin{pmatrix} 1 \\ 0 \\ 0 \end{pmatrix}, \boldsymbol{\alpha}_2 = \begin{pmatrix} 0 \\ 1 \\ 0 \end{pmatrix}$ 与 $\boldsymbol{B}:\boldsymbol{\beta}_1 = \begin{pmatrix} 1 \\ 0 \\ 0 \end{pmatrix}, \boldsymbol{\beta}_2 = \begin{pmatrix} 0 \\ 0 \\ 1 \end{pmatrix}$ 是不等价的.

虽然有 $r(\boldsymbol{A}) = r(\boldsymbol{B}) = 2$，但是 $r(\boldsymbol{A},\boldsymbol{B}) = 3$，即 $r(\boldsymbol{A}) = r(\boldsymbol{A},\boldsymbol{B}) = r(\boldsymbol{B})$ 不成立，也就是两个向量组不能互相线性表示.

因此判断两个向量组等价与判断对应的矩阵等价不一样.

我们知道，一个矩阵 $\boldsymbol{A}$ 的秩的意义是：

若矩阵 $\boldsymbol{A}$ 的秩为 r，那么它的行阶梯形矩阵是 $\boldsymbol{F} = \begin{pmatrix} \boldsymbol{E}_r & \boldsymbol{C} \\ \boldsymbol{O} & \boldsymbol{O} \end{pmatrix}$，也就是 $\boldsymbol{A}$ 的行阶梯形矩阵 $\boldsymbol{F}$ 中有 r 个非零的列向量.

据此，我们可以定义向量组的秩（下一节讨论的内容），从而进一步地认识向量空间.

另外，设向量组 $\boldsymbol{A}:\boldsymbol{a}_1,\boldsymbol{a}_2,\cdots,\boldsymbol{a}_m$，并且设 $k_1\boldsymbol{a}_1 + k_2\boldsymbol{a}_2 + \cdots + k_m\boldsymbol{a}_m$ 是 $\boldsymbol{A}:\boldsymbol{a}_1,\boldsymbol{a}_2,\cdots,\boldsymbol{a}_m$ 的任意一个线性组和，那么有

$$\forall \lambda \in \mathbf{R}$$

$$\lambda(k_1\boldsymbol{a}_1 + k_2\boldsymbol{a}_2 + \cdots + k_m\boldsymbol{a}_m) = (\lambda k_1)\boldsymbol{a}_1 + (\lambda k_2)\boldsymbol{a}_2 + \cdots + (\lambda k_m)\boldsymbol{a}_m$$

及

$$(k_1\boldsymbol{a}_1 + k_2\boldsymbol{a}_2 + \cdots + k_m\boldsymbol{a}_m) + (l_1\boldsymbol{a}_1 + l_2\boldsymbol{a}_2 + \cdots + l_m\boldsymbol{a}_m) =$$
$$(k_1 + l_1)\boldsymbol{a}_1 + (k_2 + l_2)\boldsymbol{a}_2 + \cdots + (k_m + l_m)\boldsymbol{a}_m$$

仍然是这些向量的一个线性组合，因此 $\boldsymbol{a}_1,\boldsymbol{a}_2,\cdots,\boldsymbol{a}_m$ 的全部线性组合构成的集合是一个向量空间，记为 $L(\boldsymbol{a}_1,\boldsymbol{a}_2,\cdots,\boldsymbol{a}_m)$，称其为由向量 $\boldsymbol{a}_1,\boldsymbol{a}_2,\cdots,\boldsymbol{a}_m$ 生成的向量空间. 称 $\boldsymbol{a}_1$,

$\boldsymbol{a}_2,\cdots,\boldsymbol{a}_m$ 为 $L(\boldsymbol{a}_1,\boldsymbol{a}_2,\cdots,\boldsymbol{a}_m)$ 的生成元.

特别地,由$\boldsymbol{E}_n:\boldsymbol{e}_1,\boldsymbol{e}_2,\cdots,\boldsymbol{e}_n$ 生成的向量空间 $L(\boldsymbol{e}_1,\boldsymbol{e}_2,\cdots,\boldsymbol{e}_n)$ 就是 n 维向量空间 $\mathbf{R}^n$.

例 6　设向量组 $\boldsymbol{A}:\boldsymbol{a}_1,\boldsymbol{a}_2,\boldsymbol{a}_3$,其中

$$\boldsymbol{a}_1=\begin{pmatrix}1\\1\\2\\2\end{pmatrix},\boldsymbol{a}_2=\begin{pmatrix}1\\2\\1\\3\end{pmatrix},\boldsymbol{a}_3=\begin{pmatrix}1\\-1\\4\\0\end{pmatrix},\boldsymbol{b}=\begin{pmatrix}1\\0\\3\\1\end{pmatrix}$$

证明:向量 $\boldsymbol{b}$ 可由向量组 $\boldsymbol{A}:\boldsymbol{a}_1,\boldsymbol{a}_2,\boldsymbol{a}_3$ 线性表示,并求表达式.

证明　对$(\boldsymbol{A}\mid\boldsymbol{b})$施行初等行变换

$$(\boldsymbol{A}\mid\boldsymbol{b})=\left(\begin{array}{ccc:c}1&1&1&1\\1&2&-1&0\\2&1&4&3\\2&3&0&1\end{array}\right)\xleftrightarrow[r_4+(-2)\times r_1]{r_2+(-1)\times r_1,\ r_3+(-2)\times r_1}\left(\begin{array}{ccc:c}1&1&1&1\\0&1&-2&-1\\0&-1&2&1\\0&1&-2&-1\end{array}\right)\xleftrightarrow[r_4+(-1)\times r_2]{r_3+r_2}\left(\begin{array}{ccc:c}1&1&1&1\\0&1&-2&-1\\0&0&0&0\\0&0&0&0\end{array}\right)$$

由于 $r(\boldsymbol{A})=2=r(\boldsymbol{A}\mid\boldsymbol{B})$,所以向量 $\boldsymbol{b}$ 可由向量组 $\boldsymbol{A}:\boldsymbol{a}_1,\boldsymbol{a}_2,\boldsymbol{a}_3$ 线性表示,并且

$$\boldsymbol{b}=2\boldsymbol{a}_1-\boldsymbol{a}_2=(\boldsymbol{a}_1,\boldsymbol{a}_2,\boldsymbol{a}_3)\begin{pmatrix}1\\-1\\0\end{pmatrix}$$

例 7　设向量组 $\boldsymbol{A}:\boldsymbol{a}_1,\boldsymbol{a}_2$ 其中

$$\boldsymbol{a}_1=\begin{pmatrix}1\\-1\\1\\-1\end{pmatrix},\boldsymbol{a}_2=\begin{pmatrix}3\\1\\1\\3\end{pmatrix}$$

与向量组 $\boldsymbol{B}:\boldsymbol{b}_1,\boldsymbol{b}_2,\boldsymbol{b}_3$,其中

$$\boldsymbol{b}_1=\begin{pmatrix}2\\0\\1\\1\end{pmatrix},\boldsymbol{b}_2=\begin{pmatrix}1\\1\\0\\2\end{pmatrix},\boldsymbol{b}_3=\begin{pmatrix}3\\-1\\2\\0\end{pmatrix}$$

证明:向量组 $\boldsymbol{A}:\boldsymbol{a}_1,\boldsymbol{a}_2$ 与向量组 $\boldsymbol{B}:\boldsymbol{b}_1,\boldsymbol{b}_2,\boldsymbol{b}_3$ 等价,并求出这两个向量组之间的联系矩阵.

证明 对$(\boldsymbol{A}\,\vdots\,\boldsymbol{B})$施行初等行变换

$$(\boldsymbol{A}\,\vdots\,\boldsymbol{B})=\left(\begin{array}{cc:ccc}1&3&2&1&3\\-1&1&0&1&-1\\1&1&1&0&2\\-1&3&1&2&0\end{array}\right)\xleftrightarrow[r_4+r_1]{\substack{r_2+r_1\\r_3+(-1)\times r_1}}$$

$$\left(\begin{array}{cc:ccc}1&3&2&1&3\\0&4&2&2&2\\0&-2&-1&-1&-1\\0&6&3&3&3\end{array}\right)\xleftrightarrow[r_4+(-6)\times r_2]{\substack{r_2\div 4\\r_3+2\times r_2}}$$

$$\left(\begin{array}{cc:ccc}1&3&2&1&3\\0&1&\frac{1}{2}&\frac{1}{2}&\frac{1}{2}\\0&0&0&0&0\\0&0&0&0&0\end{array}\right)\xleftrightarrow{r_1+(-3)\times r_2}$$

$$\left(\begin{array}{cc:ccc}1&0&\frac{1}{2}&-\frac{1}{2}&\frac{3}{2}\\0&1&\frac{1}{2}&\frac{1}{2}&\frac{1}{2}\\0&0&0&0&0\\0&0&0&0&0\end{array}\right)$$

由于$r(\boldsymbol{A})=2=r(\boldsymbol{A}\,\vdots\,\boldsymbol{B})$,所以向量组$\boldsymbol{A}:\boldsymbol{a}_1,\boldsymbol{a}_2$与向量组$\boldsymbol{B}:\boldsymbol{b}_1,\boldsymbol{b}_2,\boldsymbol{b}_3$等价,并且

$$(\boldsymbol{b}_1,\boldsymbol{b}_2,\boldsymbol{b}_3)=(\boldsymbol{a}_1,\boldsymbol{a}_2)\begin{pmatrix}\frac{1}{2}&-\frac{1}{2}&\frac{3}{2}\\\frac{1}{2}&\frac{1}{2}&\frac{1}{2}\end{pmatrix}$$

4.2 向量组的线性相关性

本节学习一个在向量空间理论中极其重要的概念,那就是所谓的向量组的线性相关性与线性无关性.

4.2.1 向量组的线性相关性

定义 5 给定向量组$\boldsymbol{A}:\boldsymbol{a}_1,\boldsymbol{a}_2,\cdots,\boldsymbol{a}_m$,如果存在不全为零的数$k_1,k_2,\cdots,k_m$,使

$$k_1\boldsymbol{a}_1+k_2\boldsymbol{a}_2+\cdots+k_m\boldsymbol{a}_m=\boldsymbol{0}$$

则称向量组$\boldsymbol{A}:\boldsymbol{a}_1,\boldsymbol{a}_2,\cdots,\boldsymbol{a}_m$是线性相关的,否则,当且仅当$k_1,k_2,\cdots,k_m$全为零时

$$k_1\boldsymbol{a}_1+k_2\boldsymbol{a}_2+\cdots+k_m\boldsymbol{a}_m=\boldsymbol{0}$$

才成立,就称向量组$\boldsymbol{A}:\boldsymbol{a}_1,\boldsymbol{a}_2,\cdots,\boldsymbol{a}_m$是线性无关的.

考虑齐次线性方程组

$$x_1\boldsymbol{a}_1+x_2\boldsymbol{a}_2+\cdots+x_m\boldsymbol{a}_m=\boldsymbol{0} \tag{1}$$

从上面的定义可以看出，所谓线性相关实质上是方程组(1)有非零解，而线性无关则是方程组(1)有唯一的零解.

约定：如果一个向量$\boldsymbol{a}=\boldsymbol{0}$，被认为是线性相关的，如果一个向量$\boldsymbol{a}\neq\boldsymbol{0}$，被认为是线性无关的.

下面仍然把向量组$\boldsymbol{A}:\boldsymbol{a}_1,\boldsymbol{a}_2,\cdots,\boldsymbol{a}_m$构成的矩阵$\boldsymbol{A}$的秩记为$r(\boldsymbol{A})$.

定理2　向量组$\boldsymbol{A}:\boldsymbol{a}_1,\boldsymbol{a}_2,\cdots,\boldsymbol{a}_m$线性相关有下面的性质：

(1) 向量组$\boldsymbol{A}:\boldsymbol{a}_1,\boldsymbol{a}_2,\cdots,\boldsymbol{a}_m$线性相关$\Leftrightarrow\boldsymbol{Ax}=\boldsymbol{0}$有非零解.

(2) 向量组$\boldsymbol{A}:\boldsymbol{a}_1,\boldsymbol{a}_2,\cdots,\boldsymbol{a}_m$线性相关$\Leftrightarrow r(\boldsymbol{A})<m$.

(3) 向量组$\boldsymbol{A}:\boldsymbol{a}_1,\boldsymbol{a}_2,\cdots,\boldsymbol{a}_m$线性相关$\Leftrightarrow$存在一个向量可由其余的向量线性表示.

(4) 如果在向量组$\boldsymbol{A}:\boldsymbol{a}_1,\boldsymbol{a}_2,\cdots,\boldsymbol{a}_m$中含有一个零向量，则向量组$\boldsymbol{A}:\boldsymbol{a}_1,\boldsymbol{a}_2,\cdots,\boldsymbol{a}_m$线性相关.

(5) 如果在向量组$\boldsymbol{A}:\boldsymbol{a}_1,\boldsymbol{a}_2,\cdots,\boldsymbol{a}_m$中有一部分向量线性相关，则向量组$\boldsymbol{A}:\boldsymbol{a}_1,\boldsymbol{a}_2,\cdots,\boldsymbol{a}_m$线性相关.

证明　(1)、(2)显然成立.

(3) 向量组$\boldsymbol{A}:\boldsymbol{a}_1,\boldsymbol{a}_2,\cdots,\boldsymbol{a}_m$线性相关，则存在不全为零的数$k_1,k_2,\cdots,k_m$，使

$$k_1\boldsymbol{a}_1+k_2\boldsymbol{a}_2+\cdots+k_m\boldsymbol{a}_m=\boldsymbol{0}$$

不妨设$k_1\neq0$，则

$$\boldsymbol{a}_1=-\frac{k_2}{k_1}\boldsymbol{a}_2-\frac{k_3}{k_1}\boldsymbol{a}_3-\cdots-\frac{k_m}{k_1}\boldsymbol{a}_m$$

反之，若存在一个向量可由其余向量线性表示，不妨设

$$\boldsymbol{a}_1=\lambda_2\boldsymbol{a}_2+\lambda_3\boldsymbol{a}_3+\cdots+\lambda_m\boldsymbol{a}_m$$

则$-\boldsymbol{a}_1+\lambda_2\boldsymbol{a}_2+\lambda_3\boldsymbol{a}_3+\cdots+\lambda_m\boldsymbol{a}_m=\boldsymbol{0}$成立.

(4) 不妨设$\boldsymbol{a}_1=\boldsymbol{0}$，则取$k_1=1,k_2=k_3=\cdots=k_m=0$，则有

$$\boldsymbol{a}_1+0\boldsymbol{a}_2+0\boldsymbol{a}_3+\cdots+0\boldsymbol{a}_m=\boldsymbol{0}$$

由定义可知向量组$\boldsymbol{A}:\boldsymbol{a}_1,\boldsymbol{a}_2,\cdots,\boldsymbol{a}_m$线性相关.

(5) 不妨设$\boldsymbol{a}_1,\boldsymbol{a}_2,\cdots,\boldsymbol{a}_s$线性相关，$\boldsymbol{a}_1,\boldsymbol{a}_2,\cdots,\boldsymbol{a}_s$是向量组$\boldsymbol{A}:\boldsymbol{a}_1,\boldsymbol{a}_2,\cdots,\boldsymbol{a}_m$的部分向量组$(s\leqslant m)$，于是存在不全为零的数$k_1,k_2,\cdots,k_s$，使

$$k_1\boldsymbol{a}_1+k_2\boldsymbol{a}_2+\cdots+k_s\boldsymbol{a}_s=\boldsymbol{0}$$

于是

$$k_1\boldsymbol{a}_1+k_2\boldsymbol{a}_2+\cdots+k_s\boldsymbol{a}_s+0\boldsymbol{a}_{s+1}+\cdots+0\boldsymbol{a}_m=\boldsymbol{0}$$

由定义可知向量组$\boldsymbol{A}:\boldsymbol{a}_1,\boldsymbol{a}_2,\cdots,\boldsymbol{a}_m$线性相关.

推论　向量组$\boldsymbol{A}:\boldsymbol{a}_1,\boldsymbol{a}_2,\cdots,\boldsymbol{a}_m$线性无关有下面的性质：

(1) 向量组$\boldsymbol{A}:\boldsymbol{a}_1,\boldsymbol{a}_2,\cdots,\boldsymbol{a}_m$线性无关$\Leftrightarrow\boldsymbol{Ax}=\boldsymbol{0}$有唯一的零解.

(2) 向量组$\boldsymbol{A}:\boldsymbol{a}_1,\boldsymbol{a}_2,\cdots,\boldsymbol{a}_m$线性无关$\Leftrightarrow r(\boldsymbol{A})=m$，就是由向量组构成的矩阵的秩等于向量组中向量的个数.

(3) 向量组$\boldsymbol{A}:\boldsymbol{a}_1,\boldsymbol{a}_2,\cdots,\boldsymbol{a}_m$线性无关$\Leftrightarrow$不存在任何一个向量可由其余的向量线性表示.

(4) 如果在向量组$\boldsymbol{A}:\boldsymbol{a}_1,\boldsymbol{a}_2,\cdots,\boldsymbol{a}_m$是线性无关的，则向量组$\boldsymbol{A}:\boldsymbol{a}_1,\boldsymbol{a}_2,\cdots,\boldsymbol{a}_m$中的任何向量组成的部分组都是线性无关的.

(5) 如果向量组$\boldsymbol{A}:\boldsymbol{a}_1,\boldsymbol{a}_2,\cdots,\boldsymbol{a}_m$是线性无关的，而添加一个向量$\boldsymbol{b}$后，向量组$\boldsymbol{a}_1,\boldsymbol{a}_2,\cdots,\boldsymbol{a}_m,\boldsymbol{b}$线性相关，则$\boldsymbol{b}$可由$\boldsymbol{A}:\boldsymbol{a}_1,\boldsymbol{a}_2,\cdots,\boldsymbol{a}_m$线性表示.

证明 (1)、(2) 由定义 5 显然都成立.

(3) 否则，如果存在某一个向量可由其余向量线性表示，则$\boldsymbol{A}:\boldsymbol{a}_1,\boldsymbol{a}_2,\cdots,\boldsymbol{a}_m$线性相关，矛盾.

(4) 否则，如果子向量组线性相关，则$\boldsymbol{A}:\boldsymbol{a}_1,\boldsymbol{a}_2,\cdots,\boldsymbol{a}_m$线性相关，矛盾.

(5) 考虑线性组合

$$k_1\boldsymbol{a}_1+k_2\boldsymbol{a}_2+\cdots+k_m\boldsymbol{a}_m+k_{m+1}\boldsymbol{b}=\boldsymbol{0}$$

断言，必有$k_{m+1}\neq 0$，否则，$\boldsymbol{a}_1,\boldsymbol{a}_2,\cdots,\boldsymbol{a}_m,\boldsymbol{b}$线性无关，与题设矛盾，于是$\boldsymbol{b}$可由$\boldsymbol{A}:\boldsymbol{a}_1,\boldsymbol{a}_2,\cdots,\boldsymbol{a}_m$线性表示.

例 1 已知

$$\boldsymbol{a}_1=\begin{pmatrix}1\\1\\1\end{pmatrix},\boldsymbol{a}_2=\begin{pmatrix}0\\2\\5\end{pmatrix},\boldsymbol{a}_3=\begin{pmatrix}2\\4\\7\end{pmatrix}$$

讨论向量组$\boldsymbol{a}_1,\boldsymbol{a}_2,\boldsymbol{a}_3$与$\boldsymbol{a}_1,\boldsymbol{a}_2$是线性相关还是线性无关.

解 可得

$$(\boldsymbol{a}_1,\boldsymbol{a}_2,\boldsymbol{a}_3)=\begin{pmatrix}1&0&2\\1&2&4\\1&5&7\end{pmatrix}\overset{r}{\longleftrightarrow}\begin{pmatrix}1&0&2\\0&1&1\\0&0&0\end{pmatrix}$$

可见$r(\boldsymbol{a}_1,\boldsymbol{a}_2,\boldsymbol{a}_3)=2<3$，所以向量组$\boldsymbol{a}_1,\boldsymbol{a}_2,\boldsymbol{a}_3$线性相关；同时可见$r(\boldsymbol{a}_1,\boldsymbol{a}_2)=2$，所以向量组$\boldsymbol{a}_1,\boldsymbol{a}_2$线性无关.

例 2 已知向量组$\boldsymbol{a}_1,\boldsymbol{a}_2,\boldsymbol{a}_3$线性无关

$$\boldsymbol{b}_1=\boldsymbol{a}_1+\boldsymbol{a}_2,\boldsymbol{b}_2=\boldsymbol{a}_2+\boldsymbol{a}_3,\boldsymbol{b}_3=\boldsymbol{a}_3+\boldsymbol{a}_1$$

证明：向量组$\boldsymbol{b}_1,\boldsymbol{b}_2,\boldsymbol{b}_3$线性无关.

证法一 用定义，考虑

$$k_1\boldsymbol{b}_1+k_2\boldsymbol{b}_2+k_3\boldsymbol{b}_3=\boldsymbol{0} \tag{2}$$

由题设得

$$k_1(\boldsymbol{a}_1+\boldsymbol{a}_2)+k_2(\boldsymbol{a}_2+\boldsymbol{a}_3)+k_3(\boldsymbol{a}_3+\boldsymbol{a}_1)=\boldsymbol{0}$$

即

$$(k_1+k_3)\boldsymbol{a}_1+(k_1+k_2)\boldsymbol{a}_2+(k_2+k_3)\boldsymbol{a}_3=\boldsymbol{0}$$

由于向量组$\boldsymbol{a}_1,\boldsymbol{a}_2,\boldsymbol{a}_3$线性无关，所以

$$\begin{cases}k_1+k_3=0\\k_1+k_2=0\\k_2+k_3=0\end{cases}$$

而矩阵

$$\boldsymbol{K}=\begin{pmatrix}1&0&1\\1&1&0\\0&1&1\end{pmatrix}\overset{r}{\longleftrightarrow}\begin{pmatrix}1&0&0\\0&1&0\\0&0&1\end{pmatrix}$$

所以 $r(\boldsymbol{K})=3$,所以方程组(2)有唯一的零解,故向量组$\boldsymbol{b}_1,\boldsymbol{b}_2,\boldsymbol{b}_3$ 线性无关.

证法二　由题设有

$$(\boldsymbol{b}_1,\boldsymbol{b}_2,\boldsymbol{b}_3)=(\boldsymbol{a}_1,\boldsymbol{a}_2,\boldsymbol{a}_3)\boldsymbol{K}$$

其中$\boldsymbol{K}=\begin{pmatrix}1&0&1\\1&1&0\\0&1&1\end{pmatrix}$, $|\boldsymbol{K}|=2\neq0$,所以可逆,于是$(\boldsymbol{a}_1,\boldsymbol{a}_2,\boldsymbol{a}_3)=(\boldsymbol{b}_1,\boldsymbol{b}_2,\boldsymbol{b}_3)\boldsymbol{K}^{-1}$,表明$\boldsymbol{b}_1$, $\boldsymbol{b}_2,\boldsymbol{b}_3$ 可由向量组$\boldsymbol{a}_1,\boldsymbol{a}_2,\boldsymbol{a}_3$ 线性表示,所以这两个向量组等价,故向量组 $\boldsymbol{b}_1,\boldsymbol{b}_2,\boldsymbol{b}_3$ 线性无关.

在前面关于两个向量组的关系的讨论中,我们只是对它们对应的矩阵的秩进行了研究,那就是:

(1) 如果$\boldsymbol{B}:\boldsymbol{b}_1,\boldsymbol{b}_2,\cdots,\boldsymbol{b}_s$ 可由$\boldsymbol{A}:\boldsymbol{a}_1,\boldsymbol{a}_2,\cdots,\boldsymbol{a}_m$ 线性表示,则有$r(\boldsymbol{B})\leqslant r(\boldsymbol{A})$(定理1).

(2) 如果 $\boldsymbol{B}:\boldsymbol{b}_1,\boldsymbol{b}_2,\cdots,\boldsymbol{b}_s$ 与 $\boldsymbol{A}:\boldsymbol{a}_1,\boldsymbol{a}_2,\cdots,\boldsymbol{a}_m$ 等价,则有 $r(\boldsymbol{B})=r(\boldsymbol{B},\boldsymbol{A})=r(\boldsymbol{A})$(定理1的推论2).

我们在引进了线性相关与无关的概念后,上述表述就直接涉及两个向量组所含的向量的个数上.

先看一个简单的事实:

设$\boldsymbol{B}:\boldsymbol{b}_1,\boldsymbol{b}_2,\cdots,\boldsymbol{b}_{n+1}$,有

$$\boldsymbol{b}_1=\begin{pmatrix}b_{11}\\b_{21}\\\vdots\\b_{n1}\end{pmatrix},\boldsymbol{b}_2=\begin{pmatrix}b_{12}\\b_{22}\\\vdots\\b_{n2}\end{pmatrix},\cdots,\boldsymbol{b}_{n+1}=\begin{pmatrix}b_{1,n+1}\\b_{2,n+1}\\\vdots\\b_{n,n+1}\end{pmatrix}$$

$\boldsymbol{E}:\boldsymbol{e}_1,\boldsymbol{e}_2,\cdots,\boldsymbol{e}_n$,有

$$\boldsymbol{e}_1=\begin{pmatrix}1\\0\\\vdots\\0\end{pmatrix},\boldsymbol{e}_2=\begin{pmatrix}0\\1\\\vdots\\0\end{pmatrix},\cdots,\boldsymbol{e}_n=\begin{pmatrix}0\\0\\\vdots\\1\end{pmatrix}$$

则有

$$(\boldsymbol{b}_1,\boldsymbol{b}_2,\cdots,\boldsymbol{b}_{n+1})=(\boldsymbol{e}_1,\boldsymbol{e}_2,\cdots,\boldsymbol{e}_n)\begin{pmatrix}b_{11}&b_{12}&\cdots&b_{1,n+1}\\b_{21}&b_{22}&\cdots&b_{2,n+1}\\\vdots&\vdots&&\vdots\\b_{n1}&b_{n2}&\cdots&b_{n,n+1}\end{pmatrix}$$

定理3　如果向量组$\boldsymbol{A}:\boldsymbol{a}_1,\boldsymbol{a}_2,\cdots,\boldsymbol{a}_r$ 可由向量组$\boldsymbol{B}:\boldsymbol{b}_1,\boldsymbol{b}_2,\cdots,\boldsymbol{b}_s$ 线性表示,并且$r>s$,则$\boldsymbol{A}:\boldsymbol{a}_1,\boldsymbol{a}_2,\cdots,\boldsymbol{a}_r$ 必然线性相关.

证明　由题设有

$$\boldsymbol{a}_i=\sum_{j=1}^{s}t_{ji}\boldsymbol{b}_j\quad i=1,2,\cdots,r$$

所以有

$$\boldsymbol{b}_j = k_{1j}\boldsymbol{a}_1$$

为了证明 $\boldsymbol{A}:\boldsymbol{a}_1,\boldsymbol{a}_2,\cdots,\boldsymbol{a}_r$ 线性相关,只要找到不全为零的数 $k_1,k_2,\cdots,k_r$,使

$$k_1\boldsymbol{a}_1 + k_2\boldsymbol{a}_2 + \cdots + k_r\boldsymbol{a}_r = \boldsymbol{0}$$

为此我们做线性组合

$$x_1\boldsymbol{a}_1 + x_2\boldsymbol{a}_2 + \cdots + x_r\boldsymbol{a}_r = \sum_{i=1}^{r} x_i \sum_{j=1}^{s} t_{ji}\boldsymbol{b}_j = \sum_{i=1}^{r}\sum_{j=1}^{s} x_{it}t_{ji}\boldsymbol{b}_j = \sum_{j=1}^{s}\left(\sum_{i=1}^{r} x_{it}t_{ji}\boldsymbol{b}_j\right)$$

这样就得到了一个齐次线性方程组

$$\begin{cases} t_{11}x_1 + t_{12}x_2 + \cdots + t_{1r}x_r = 0 \\ t_{21}x_1 + t_{22}x_2 + \cdots + t_{2r}x_r = 0 \\ \qquad\qquad\vdots \\ t_{s1}x_1 + t_{s2}x_2 + \cdots + k_{sr}x_r = 0 \end{cases}$$

这个齐次线性方程组的系数矩阵是$\boldsymbol{T}_{s\times r}$,由于 $r > s$,显然 $r(\boldsymbol{T}) \leqslant s < r$,故有非零解,所以 $\boldsymbol{A}:\boldsymbol{a}_1,\boldsymbol{a}_2,\cdots,\boldsymbol{a}_r$ 必然线性相关.

这个结论告诉我们:如果由比较多的向量组成的组被由比较少的向量组成的组线性表示,则由多个向量组成的组必然线性相关.

这个定理还可以这样理解:

由题设可知

$$r(\boldsymbol{b}_1,\boldsymbol{b}_2,\cdots,\boldsymbol{b}_s \vdots \boldsymbol{a}_1,\boldsymbol{a}_2,\cdots,\boldsymbol{a}_r) = r(\boldsymbol{b}_1,\boldsymbol{b}_2,\cdots,\boldsymbol{b}_s)$$

而
$$r(\boldsymbol{a}_1,\boldsymbol{a}_2,\cdots,\boldsymbol{a}_r) \leqslant r(\boldsymbol{b}_1,\boldsymbol{b}_2,\cdots,\boldsymbol{b}_s \vdots \boldsymbol{a}_1,\boldsymbol{a}_2,\cdots,\boldsymbol{a}_r)$$

所以
$$r(\boldsymbol{a}_1,\boldsymbol{a}_2,\cdots,\boldsymbol{a}_r) \leqslant r(\boldsymbol{b}_1,\boldsymbol{b}_2,\cdots,\boldsymbol{b}_s)$$

考虑齐次线性方程组 $\boldsymbol{Ax} = \boldsymbol{0}$,其未知数个数为 r,方程的个数为 s

$$r(\boldsymbol{a}_1,\boldsymbol{a}_2,\cdots,\boldsymbol{a}_r) = r(\boldsymbol{A}) \leqslant s < r$$

所以有非零解,所以 $\boldsymbol{A}:\boldsymbol{a}_1,\boldsymbol{a}_2,\cdots,\boldsymbol{a}_m$线性相关.

有了这个结论马上有:

推论 1 如果 $\boldsymbol{B}:\boldsymbol{b}_1,\boldsymbol{b}_2,\cdots,\boldsymbol{b}_s$ 可由 $\boldsymbol{A}:\boldsymbol{a}_1,\boldsymbol{a}_2,\cdots,\boldsymbol{a}_m$ 线性表示,并且 $\boldsymbol{B}:\boldsymbol{b}_1,\boldsymbol{b}_2,\cdots,\boldsymbol{b}_s$ 线性无关,则 $s \leqslant m$.

证明 否则,若 $s > m$,由定理 2,有 $\boldsymbol{B}:\boldsymbol{b}_1,\boldsymbol{b}_2,\cdots,\boldsymbol{b}_s$ 相关,矛盾.

推论 2 任意 $n+1$ 个 n 维向量必线性相关.

证明 设有 $\boldsymbol{B}:\boldsymbol{b}_1,\boldsymbol{b}_2,\cdots,\boldsymbol{b}_{n+1}$ 是任意的 $n+1$ 个 n 维向量,注意到 $\boldsymbol{E}:\boldsymbol{e}_1,\boldsymbol{e}_2,\cdots,\boldsymbol{e}_s$,显然有 $\boldsymbol{E}:\boldsymbol{e}_1,\boldsymbol{e}_2,\cdots,\boldsymbol{e}_s$ 线性无关,并且 $\boldsymbol{B}:\boldsymbol{b}_1,\boldsymbol{b}_2,\cdots,\boldsymbol{b}_{n+1}$ 可由 $\boldsymbol{E}:\boldsymbol{e}_1,\boldsymbol{e}_2,\cdots,\boldsymbol{e}_s$ 线性表示,$n+1 > n$,所以 $\boldsymbol{B}:\boldsymbol{b}_1,\boldsymbol{b}_2,\cdots,\boldsymbol{b}_{n+1}$ 线性相关.

推论 3 两个线性无关的等价的向量组,必含有相同个数的向量.

证明 设有 $\boldsymbol{B}:\boldsymbol{b}_1,\boldsymbol{b}_2,\cdots,\boldsymbol{b}_m$ 线性无关,$\boldsymbol{A}:\boldsymbol{a}_1,\boldsymbol{a}_2,\cdots,\boldsymbol{a}_s$ 线性无关,并且两个向量组等价,由推论 1 有 $m \leqslant s$ 与 $s \leqslant m$,所以有 $m = s$.

4.2.2 极大无关组、向量组的秩

定义 6 一个向量组的部分组称为极大无关组,如果这个部分组本身是线性无关的,并且这向量组中任意一个向量都可由部分组线性表示.

例如

$$\boldsymbol{a}_1=\begin{pmatrix}1\\0\\0\\0\end{pmatrix},\boldsymbol{a}_2=\begin{pmatrix}1\\1\\0\\0\end{pmatrix},\boldsymbol{a}_3=\begin{pmatrix}1\\1\\2\\0\end{pmatrix},\boldsymbol{a}_4=\begin{pmatrix}3\\2\\2\\0\end{pmatrix},\boldsymbol{a}_5=\begin{pmatrix}1\\2\\2\\0\end{pmatrix}$$

中$\boldsymbol{a}_1,\boldsymbol{a}_2,\boldsymbol{a}_3$ 线性无关,而

$$\begin{cases}\boldsymbol{a}_2=0\cdot\boldsymbol{a}_1+1\cdot\boldsymbol{a}_2+0\cdot\boldsymbol{a}_3\\\boldsymbol{a}_3=0\cdot\boldsymbol{a}_1+0\cdot\boldsymbol{a}_2+1\cdot\boldsymbol{a}_3\\\boldsymbol{a}_4=1\cdot\boldsymbol{a}_1+1\cdot\boldsymbol{a}_2+1\cdot\boldsymbol{a}_3\\\boldsymbol{a}_5=(-1)\cdot\boldsymbol{a}_1+1\cdot\boldsymbol{a}_2+1\cdot\boldsymbol{a}_3\end{cases}$$

部分组$\boldsymbol{a}_1,\boldsymbol{a}_2,\boldsymbol{a}_3$ 就是这个向量组的极大无关组. 同时也可以看到,部分组$\boldsymbol{a}_1,\boldsymbol{a}_2,\boldsymbol{a}_4$ 也是这个向量组的极大无关组.

这表明,一个向量组的极大无关组不是唯一的,但是它的极大无关组中向量的个数却是唯一确定的.

事实上,设$\boldsymbol{A}_1,\boldsymbol{A}_2$ 都是 $\boldsymbol{A}$ 的极大无关组,则这两个极大无关组等价,由推论 3,有两个极大无关组中向量的个数相等. 于是有

定理 4　一个向量组的极大无关组中向量的个数是唯一确定的.

定义 7　一个向量组的极大无关组所含向量的个数称为这个向量组的秩,用 $r(\boldsymbol{a}_1,\boldsymbol{a}_2,\cdots,\boldsymbol{a}_n)$ 表示.

一个矩阵$\boldsymbol{A}_{m\times n}$既可以看成是由 n 个列向量构成的列向量组 ,又可以看成是由 m 个行向量构成的行向量组,尽管它的列数与行数未必相同,但是它的列向量组的秩与行向量组的秩却总是一样的,都等于这个矩阵的秩.

事实上,设$\boldsymbol{A}:\boldsymbol{a}_1,\boldsymbol{a}_2,\cdots,\boldsymbol{a}_n$,是由$\boldsymbol{A}_{m\times n}$ 的 n 个列向量构成的列向量组,并设 $r(\boldsymbol{A})=r$,那么就有$\boldsymbol{A}_{m\times n}$ 的行阶梯形矩阵$\boldsymbol{F}=\begin{pmatrix}\boldsymbol{E}_r&\boldsymbol{C}\\\boldsymbol{O}&\boldsymbol{O}\end{pmatrix}$,它的前 r 个列向量线性无关,并且其余的列向量都可由前 r 个列向量线性表示,所以,前 r 个列向量是$\boldsymbol{A}:\boldsymbol{a}_1,\boldsymbol{a}_2,\cdots,\boldsymbol{a}_n$ 的极大无关组,故向量组 $\boldsymbol{A}:\boldsymbol{a}_1,\boldsymbol{a}_2,\cdots,\boldsymbol{a}_n$ 的秩等于 r.

同理,可以证明,$\boldsymbol{A}:\boldsymbol{b}_1^{\mathrm{T}},\boldsymbol{b}_2^{\mathrm{T}},\cdots,\boldsymbol{b}_m^{\mathrm{T}}$ 的秩也等于 r,于是有

定理 5　矩阵的秩等于它的列向量组的秩,也等于它的行向量组的秩.

今后符号 $r(\boldsymbol{A})$ 既表示矩阵的秩,也表示它的列向量组的秩或行向量组的秩.

例 3　设矩阵

$$\boldsymbol{A}=\begin{pmatrix}2&-1&-1&1&2\\1&1&-2&1&4\\4&-6&2&-2&4\\3&6&-9&7&9\end{pmatrix}$$

求它的一个极大无关组,并把不属于极大无关组的列向量用极大无关组线性表示 .

解　记该矩阵的列向量为$\boldsymbol{a}_1,\boldsymbol{a}_2,\boldsymbol{a}_3,\boldsymbol{a}_4,\boldsymbol{a}_5$,有

$$\begin{pmatrix}2&-1&-1&1&2\\1&1&-2&1&4\\4&-6&2&-2&4\\3&6&-9&7&9\end{pmatrix}\xleftrightarrow[r_4+(-3)\times r_1]{\substack{r_1\leftrightarrow r_2,r_3\div 2\\ r_2+(-1)\times r_3\\ r_3+(-2)\times r_1}}$$

$$\begin{pmatrix}1&1&-2&1&4\\0&2&-2&2&0\\0&-5&5&-3&-6\\0&3&-3&4&-3\end{pmatrix}\xleftrightarrow[r_4+(-3)\times r_2]{\substack{r_2\div 2\\ r_3+5\times r_2}}$$

$$\begin{pmatrix}1&1&-2&1&4\\0&1&-1&1&0\\0&0&0&2&-6\\0&0&0&1&-3\end{pmatrix}\xleftrightarrow[r_4+(-1)\times r_3]{r_3\div 2}$$

$$\begin{pmatrix}1&1&-2&1&4\\0&1&-1&1&0\\0&0&0&1&-3\\0&0&0&0&0\end{pmatrix}\xleftrightarrow{\substack{r_1+(-1)\times r_3\\ r_2+(-1)\times r_3\\ r_1+(-1)\times r_2}}$$

$$\begin{pmatrix}1&0&-1&0&4\\0&1&-1&0&3\\0&0&0&1&-3\\0&0&0&0&0\end{pmatrix}$$

可见,$r(\boldsymbol{A})=3$,它的第1,2,4列是非零的线性无关的,所以$\boldsymbol{a}_1,\boldsymbol{a}_2,\boldsymbol{a}_4$是该矩阵的列向量的一个极大无关组,并且由上面的行阶梯矩阵可以看出

$$\boldsymbol{a}_3=-\boldsymbol{a}_1-\boldsymbol{a}_2+0\,\boldsymbol{a}_4$$

$$\boldsymbol{a}_5=4\,\boldsymbol{a}_1+3\boldsymbol{a}_2-3\,\boldsymbol{a}_4$$

定义8 设V是一个向量空间,$\boldsymbol{a}_1,\boldsymbol{a}_2,\cdots,\boldsymbol{a}_s$是它的一个向量组,若满足:

(1)$\boldsymbol{a}_1,\boldsymbol{a}_2,\cdots,\boldsymbol{a}_s$线性无关;

(2)$\forall \boldsymbol{b}\in V$,都可由$\boldsymbol{a}_1,\boldsymbol{a}_2,\cdots,\boldsymbol{a}_s$线性表示,则称$\boldsymbol{a}_1,\boldsymbol{a}_2,\cdots,\boldsymbol{a}_s$是$V$的一个基,将$r(\boldsymbol{a}_1,\boldsymbol{a}_2,\cdots,\boldsymbol{a}_s)=s$称为$V$的维数,记作$\dim V$.

矩阵的列向量组生成的向量空间称为矩阵的列空间,矩阵的行向量组生成的向量空间称为矩阵的行空间.

$L(\boldsymbol{a}_1,\boldsymbol{a}_2,\cdots,\boldsymbol{a}_m)$的基就是向量组$\boldsymbol{a}_1,\boldsymbol{a}_2,\cdots,\boldsymbol{a}_m$的极大无关组.

$L(\boldsymbol{e}_1,\boldsymbol{e}_2,\cdots,\boldsymbol{e}_n)$的基就是向量组$\boldsymbol{e}_1,\boldsymbol{e}_2,\cdots,\boldsymbol{e}_n$,并且$L(\boldsymbol{e}_1,\boldsymbol{e}_2,\cdots,\boldsymbol{e}_n)=\mathbf{R}^n$,称$\boldsymbol{e}_1,\boldsymbol{e}_2,\cdots,\boldsymbol{e}_n$为$n$维向量空间$\mathbf{R}^n$的标准基.

$\forall\ \boldsymbol{a}_j\in\mathbf{R}^n$,可由$\boldsymbol{e}_1,\boldsymbol{e}_2,\cdots,\boldsymbol{e}_n$唯一线性表示:即

$$a_j = (e_1, e_2, \cdots, e_n)\begin{pmatrix} a_{1j} \\ a_{2j} \\ \vdots \\ a_{nj} \end{pmatrix}$$

将$\begin{pmatrix} a_{1j} \\ a_{2j} \\ \vdots \\ a_{nj} \end{pmatrix}$叫做$a_j$在基$e_1, e_2, \cdots, e_n$下的坐标.

设$a_1, a_2, \cdots, a_n$，则

$$(a_1, a_2, \cdots, a_n) = (e_1, e_2, \cdots, e_n)\begin{pmatrix} a_{11} & a_{12} & \cdots & a_{1n} \\ a_{21} & a_{22} & \cdots & a_{2n} \\ \vdots & \vdots & & \vdots \\ a_{n1} & a_{n2} & \cdots & a_{nn} \end{pmatrix} = (e_1, e_2, \cdots, e_n)A$$

将矩阵A称为$(a_1, a_2, \cdots, a_n)$在基$(e_1, e_2, \cdots, e_n)$下的矩阵.

显然$(e_1, e_2, \cdots, e_n) = (e_1, e_2, \cdots, e_n)E$.

由于一个向量组的极大无关组不是唯一的，所以一个向量空间的基也不是唯一的.

若$(a_1, a_2, \cdots, a_n)$与$(b_1, b_2, \cdots, b_n)$都是$\mathbf{R}^n$的基，那么就有：$(a_1, a_2, \cdots, a_n)$与$(b_1, b_2, \cdots, b_n)$是两个等价的线性无关组，于是，存在一个n阶可逆矩阵T，使

$$(b_1, b_2, \cdots, b_n) = (a_1, a_2, \cdots, a_n)T$$

这时我们称矩阵T为由基$(a_1, a_2, \cdots, a_n)$到基$(b_1, b_2, \cdots, b_n)$的过渡矩阵.

那么如何求出这个过渡矩阵呢？

由
$$(a_1, a_2, \cdots, a_n) = (e_1, e_2, \cdots, e_n)A$$
有
$$(e_1, e_2, \cdots, e_n) = (a_1, a_2, \cdots, a_n)A^{-1}$$
于是
$$(b_1, b_2, \cdots, b_n) = (e_1, e_2, \cdots, e_n)B = (a_1, a_2, \cdots, a_n)(A^{-1}B)$$
这样，就可以用矩阵的初等变换来求出由基$(a_1, a_2, \cdots, a_n)$到基$(b_1, b_2, \cdots, b_n)$的过渡矩阵

$$(A \mid B) \xleftrightarrow{r} (E \mid A^{-1}B)$$

例 4　设$\mathbf{R}^3$中两组向量

$$A: a_1 = \begin{pmatrix} 1 \\ -1 \\ 1 \end{pmatrix}, a_2 = \begin{pmatrix} -3 \\ 1 \\ -2 \end{pmatrix}, a_3 = \begin{pmatrix} 2 \\ 3 \\ -1 \end{pmatrix}$$

$$B: b_1 = \begin{pmatrix} 1 \\ 1 \\ 1 \end{pmatrix}, b_2 = \begin{pmatrix} 1 \\ 2 \\ 3 \end{pmatrix}, b_3 = \begin{pmatrix} 2 \\ 0 \\ 1 \end{pmatrix}$$

证明：两个向量组都是$\mathbf{R}^3$的基，并求出由a_1, a_2, a_3到b_1, b_2, b_3的过渡矩阵.

证明　很容易求得

$$|A| = -1+4-9-2+6+3 = 1 \neq 0$$
$$|B| = 2+6+0-4-0-1 = 4 \neq 0$$

所以 a_1,a_2,a_3 与 b_1,b_2,b_3 都是线性无关的，所以都是$\mathbf{R}^3$ 的基. 可得

$$(A \mid B) = \left(\begin{array}{ccc|ccc} 1 & -3 & 2 & 1 & 1 & 2 \\ -1 & 1 & 3 & 1 & 2 & 0 \\ 1 & -2 & -1 & 1 & 3 & 1 \end{array}\right) \xrightarrow[r_3-r_1]{r_2+r_1}$$

$$\left(\begin{array}{ccc|ccc} 1 & -3 & 2 & 1 & 1 & 2 \\ 0 & -2 & 5 & 2 & 3 & 2 \\ 0 & 1 & -3 & 0 & 2 & -1 \end{array}\right) \xrightarrow[r_3-r_2]{\substack{r_2+r_3 \\ r_2\times(-1)}}$$

$$\left(\begin{array}{ccc|ccc} 1 & -3 & 2 & 1 & 1 & 2 \\ 0 & 1 & -2 & -2 & -5 & -1 \\ 0 & 0 & -1 & 2 & 7 & 0 \end{array}\right) \xrightarrow[r_1-2r_3]{\substack{r_3\times(-1) \\ r_2+2r_3}}$$

$$\left(\begin{array}{ccc|ccc} 1 & -3 & 0 & 5 & 15 & 2 \\ 0 & 1 & 0 & -6 & -19 & -1 \\ 0 & 0 & 1 & -2 & -7 & 0 \end{array}\right) \xrightarrow{r_1+3r_2}$$

$$\left(\begin{array}{ccc|ccc} 1 & 0 & 0 & -13 & -42 & -1 \\ 0 & 1 & 0 & -6 & -19 & -1 \\ 0 & 0 & 1 & -2 & -7 & 0 \end{array}\right)$$

可见

$$(b_1,b_2,b_3) = (a_1,a_2,a_3)\begin{pmatrix} -13 & -42 & -1 \\ -6 & -19 & -1 \\ -2 & -7 & 0 \end{pmatrix}$$

由(a_1,a_2,a_3) 到(b_1,b_2,b_3) 的过渡矩阵为

$$T = \begin{pmatrix} -13 & -42 & -1 \\ -6 & -19 & -1 \\ -2 & -7 & 0 \end{pmatrix}$$

例 5 设
$$\alpha \in \mathbf{R}^3, \alpha = (e_1,e_2,e_3)\begin{pmatrix} 1 \\ -1 \\ 1 \end{pmatrix}$$

求 α 在例 4 中的两个基下的坐标的表达式.

解 显然有

$$(a_1,a_2,a_3) = (e_1,e_2,e_3)A$$

于是
$$\alpha = (a_1,a_2,a_3)\left(A^{-1}\begin{pmatrix} 1 \\ -1 \\ 1 \end{pmatrix}\right)$$

所以在基$(\boldsymbol{a}_1,\boldsymbol{a}_2,\boldsymbol{a}_3)$下的坐标为

$$\boldsymbol{\alpha}=\boldsymbol{A}^{-1}\begin{pmatrix}1\\-1\\1\end{pmatrix}$$

同理:在基$(\boldsymbol{b}_1,\boldsymbol{b}_2,\boldsymbol{b}_3)$下的坐标为

$$\boldsymbol{\alpha}=\boldsymbol{B}^{-1}\begin{pmatrix}1\\-1\\1\end{pmatrix}$$

更一般地,设向量$\boldsymbol{\alpha}$在$\mathbf{R}^3$的两个基下的坐标分别是

$$\boldsymbol{\alpha}=(\boldsymbol{a}_1,\boldsymbol{a}_2,\boldsymbol{a}_3)\boldsymbol{x} \text{ 与 } \boldsymbol{\alpha}=(\boldsymbol{b}_1,\boldsymbol{b}_2,\boldsymbol{b}_3)\boldsymbol{y}$$

那么由$(\boldsymbol{b}_1,\boldsymbol{b}_2,\boldsymbol{b}_3)=(\boldsymbol{a}_1,\boldsymbol{a}_2,\boldsymbol{a}_3)\boldsymbol{T}$可得

$$\boldsymbol{\alpha}=(\boldsymbol{b}_1,\boldsymbol{b}_2,\boldsymbol{b}_3)\boldsymbol{y}=(\boldsymbol{a}_1,\boldsymbol{a}_2,\boldsymbol{a}_3)\boldsymbol{T}\boldsymbol{y}=(\boldsymbol{a}_1,\boldsymbol{a}_2,\boldsymbol{a}_3)\boldsymbol{x}$$

所以有

$$\boldsymbol{x}=\boldsymbol{T}\boldsymbol{y}$$

或者

$$\boldsymbol{y}=\boldsymbol{T}^{-1}\boldsymbol{x}$$

这就是所谓的坐标变换公式.

4.3　线性方程组的解的构造

在上一节我们已经知道一个齐次线性方程组的解集构成一个向量空间,一个非齐次线性方程组的解集不构成一个向量空间. 本节我们用向量空间的理论方法来讨论线性方程组解的构造.

定理 6　具有n个未知量的齐次线性方程组的解集构成一个向量空间. 如果所给的方程组的系数矩阵的秩为r,那么解空间的维数等于$n-r$.

证明　设S是$\boldsymbol{Ax}=\boldsymbol{0}$的解集,由 4.1 节例题 4,$S$是一个向量空间. 设$r(\boldsymbol{A})=r$,则$\boldsymbol{A}$的行阶梯形矩阵为$\begin{pmatrix}\boldsymbol{E}_r & \boldsymbol{C}_{r\times(n-r)}\\ \boldsymbol{O} & \boldsymbol{O}\end{pmatrix}$,它对应的同解方程组的公式解为

$$\begin{cases}x_1=-c_{1,r+1}x_{r+1}-\cdots-c_{1n}x_n\\ \quad\vdots\\ x_r=-c_{r,r+1}x_{r+1}-\cdots-c_{rn}x_n\\ x_{r+1}=x_{r+1}\\ \quad\vdots\\ x_n=x_n\end{cases}$$

这里面有$n-r$个自由未知量,取$x_{r+1}=(1,0,0,\cdots,0)$,$x_{r+2}=(0,1,0,\cdots,0)$,$\cdots$,$x_n=(0,0,\cdots,1)$,得到$n-r$个解向量

$$\boldsymbol{\xi}_1=\begin{pmatrix}-c_{1,r+1}\\ \vdots\\ -c_{r,r+1}\\ 1\\ 0\\ \vdots\\ 0\end{pmatrix},\boldsymbol{\xi}_2=\begin{pmatrix}-c_{1,r+2}\\ \vdots\\ -c_{r,r+2}\\ 0\\ 1\\ \vdots\\ 0\end{pmatrix},\cdots,\boldsymbol{\xi}_{n-r}=\begin{pmatrix}-c_{1,n}\\ \vdots\\ -c_{r,n}\\ 0\\ 0\\ \vdots\\ 1\end{pmatrix}$$

显然这 $n-r$ 个解向量线性无关，并且 $\forall \boldsymbol{x}\in S$，有 $\boldsymbol{x}=\begin{pmatrix}k_1\\ \vdots\\ k_r\\ k_{r+1}\\ \vdots\\ k_n\end{pmatrix}$，于是满足

$$\begin{cases}k_1=-c_{1,r+1}k_{r+1}-\cdots-c_{1n}k_n\\ \vdots\\ k_r=-c_{r,r+1}k_{r+1}-\cdots-c_{rn}k_n\\ k_{r+1}=k_{r+1}\\ \vdots\\ k_n=k_n\end{cases}$$

推出

$$\begin{pmatrix}k_1\\ \vdots\\ k_r\\ k_{r+1}\\ \vdots\\ k_n\end{pmatrix}=k_{r+1}\boldsymbol{\xi}_1+k_{r+2}\boldsymbol{\xi}_2+\cdots+k_n\boldsymbol{\xi}_{n-r}$$

所以方程组的任意一个解向量可以由这 $n-r$ 个解向量线性表示，故这 $n-r$ 个解向量是 $\boldsymbol{S}$ 的基，所以 $\dim \boldsymbol{S}=n-r$.

定义 9　一个齐次线性方程组解空间的一个基叫做这个方程组的一个基础解系.

于是就有：齐次线性方程组的通解就是它的基础解系的线性组合. 当未知量的个数为 n，系数矩阵的秩为 r，基础解系为 $\boldsymbol{\xi}_1,\boldsymbol{\xi}_2,\cdots,\boldsymbol{\xi}_{n-r}$ 时，有

$$\tilde{\boldsymbol{x}}=k_1\boldsymbol{\xi}_1+k_2\boldsymbol{\xi}_2+\cdots+k_{n-r}\boldsymbol{\xi}_{n-r}$$

例 1　求下列齐次线性方程组的一个基础解系：

(1) $\begin{cases} x_1 - x_2 + 5x_3 - x_4 = 0 \\ x_1 + x_2 - 2x_3 + 3x_4 = 0 \\ 3x_1 - x_2 + 8x_3 + x_4 = 0 \\ x_1 + 3x_2 - 9x_3 + 7x_4 = 0 \end{cases}$;

(2) $nx_1 + (n-1)x_2 + \cdots + 2x_{n-1} + x_n = \mathbf{0}$.

解　(1) 可得

$$\begin{pmatrix} 1 & -1 & 5 & -1 \\ 1 & 1 & -2 & 3 \\ 3 & -1 & 8 & 1 \\ 1 & 3 & -9 & 7 \end{pmatrix} \xleftrightarrow[r_4 - r_1]{r_2 - r_1,\ r_3 - 3r_1} \begin{pmatrix} 1 & -1 & 5 & -1 \\ 0 & 2 & -7 & 4 \\ 0 & 2 & -7 & 4 \\ 0 & 4 & -14 & 8 \end{pmatrix} \xleftrightarrow[r_2 \div 2]{r_3 - r_2,\ r_4 - 2r_2}$$

$$\begin{pmatrix} 1 & -1 & 5 & -1 \\ 0 & 1 & -\frac{7}{2} & 2 \\ 0 & 0 & 0 & 0 \\ 0 & 0 & 0 & 0 \end{pmatrix} \xleftrightarrow{r_1 + r_2} \begin{pmatrix} 1 & 0 & \frac{3}{2} & 1 \\ 0 & 1 & -\frac{7}{2} & 2 \\ 0 & 0 & 0 & 0 \\ 0 & 0 & 0 & 0 \end{pmatrix}$$

得到同解方程组

$$\begin{cases} x_1 = -\dfrac{3}{2}x_3 - x_4 \\ x_2 = \dfrac{7}{2}x_3 - 2x_4 \end{cases}$$

取 $x_3 = 1, x_4 = 0$ 和 $x_3 = 0, x_4 = 1$，得出方程组的两个线性无关的解组成基础解系

$$\boldsymbol{\xi}_1 = \left(-\frac{3}{2}, \frac{7}{2}, 1, 0\right)^{\mathrm{T}}, \boldsymbol{\xi}_2 = (-1, -2, 0, 1)^{\mathrm{T}}$$

方程组的任意解

$$\boldsymbol{x} = k_1\boldsymbol{\xi}_1 + k_2\boldsymbol{\xi}_2 \quad (k, k_2 \in \mathbf{R})$$

(2) 可得

$$x_n = -nx_1 - (n-1)x_2 + \cdots - 2x_{n-1}$$

取

$$x_1=(1,0,\cdots,0)$$
$$x_2=(0,1,\cdots,0)$$
$$\vdots$$
$$x_{n-1}=(0,\cdots,0,1)$$

得到 $n-1$ 个线性无关的解构成它的基础解系,即

$$(\boldsymbol{\xi}_1,\boldsymbol{\xi}_2,\cdots,\boldsymbol{\xi}_{n-1})=\begin{pmatrix}1&0&\cdots&0\\0&1&\cdots&0\\\vdots&\vdots&\ddots&\vdots\\0&0&\cdots&1\\-n&1-n&\cdots&-2\end{pmatrix}$$

下面讨论非齐次线性方程组的解的构造.

设

$$\boldsymbol{A}_{m\times n}\begin{pmatrix}x_1\\x_2\\\vdots\\x_n\end{pmatrix}=\begin{pmatrix}b_1\\b_2\\\vdots\\b_m\end{pmatrix}\tag{1}$$

是一个 n 元线性方程组,将它的常数项都换成零,就得到一个齐次线性方程组

$$\boldsymbol{A}_{m\times n}\begin{pmatrix}x_1\\x_2\\\vdots\\x_n\end{pmatrix}=\begin{pmatrix}0\\0\\\vdots\\0\end{pmatrix}\tag{2}$$

称方程组(2) 是方程组(1) 的导出齐次方程组.

定理7 如果线性方程组(1) 有解,那么方程组(1) 的一个解与导出齐次方程组的一个解的和是方程组(1) 的解. 方程组(1) 的任何一个解都可以写成方程组(1) 的一个固定的解与方程组(2) 的一个解的和. 因此有:方程组(1) 的通解 = 方程组(1) 的特解 + 方程组(2) 的通解. 设$\boldsymbol{x}^*$ 是方程组(1) 的一个特解,$\tilde{\boldsymbol{x}}$ 是方程组(2) 的通解,则有

$$\boldsymbol{x}=\boldsymbol{x}^*+\tilde{\boldsymbol{x}}$$

证明 设$\boldsymbol{x}^*$ 是方程组(1) 的一个特解,$\tilde{\boldsymbol{x}}$ 是方程组(2) 的一个解,那么

$$\boldsymbol{A}\boldsymbol{x}=\boldsymbol{A}(\boldsymbol{x}^*+\tilde{\boldsymbol{x}})=\boldsymbol{A}\,\boldsymbol{x}^*+\boldsymbol{A}\tilde{\boldsymbol{x}}=\boldsymbol{b}+\boldsymbol{0}=\boldsymbol{b}$$

因此,$\boldsymbol{x}=\boldsymbol{x}^*+\tilde{\boldsymbol{x}}$ 是方程组(1) 的解.

例 2 求解线性方程组

$$\begin{cases}x_1+x_2=5\\2x_1+x_2+x_3+2x_4=1\\5x_1+3x_2+2x_3+2x_4=3\end{cases}$$

解 可得

$$
\begin{pmatrix}1&1&0&0&5\\2&1&1&2&1\\5&3&2&2&3\end{pmatrix}
\xrightarrow[-r_2]{\substack{r_2-2r_1\\ r_3-5r_1}}
\begin{pmatrix}1&1&0&0&5\\0&1&-1&-2&9\\0&-2&2&2&-22\end{pmatrix}
\xrightarrow{r_3+2r_2}
$$

$$
\begin{pmatrix}1&1&0&0&5\\0&1&-1&-2&9\\0&0&0&-2&-4\end{pmatrix}
\xrightarrow{\substack{r_1-r_2\\ r_3\div -2}}
\begin{pmatrix}1&0&1&2&-4\\0&1&-1&-2&9\\0&0&0&1&2\end{pmatrix}
\xrightarrow{\substack{r_1-2r_3\\ r_2+2r_3}}
$$

$$
\begin{pmatrix}1&0&1&0&-8\\0&1&-1&0&13\\0&0&0&1&2\end{pmatrix}
$$

得公式解

$$
\begin{cases}x_1=-x_3-8\\x_2=x_3+13\\x_4=2\end{cases}
$$

特解为

$$x^*=(-8,13,0,2)^{\mathrm{T}}$$

基础解系为

$$\boldsymbol{\xi}=(-1,1,1,0)^{\mathrm{T}}$$

所以该方程组的通解为

$$\boldsymbol{x}=\boldsymbol{x}^*+k\boldsymbol{\xi}\quad(k\in\mathbf{R})$$

本章要点

一、基本要求

1. 理解 n 维向量的概念，理解向量组的概念与矩阵的对应.

2. 理解向量组的线性组合的概念，理解一个向量能被一个向量组线性表示的概念，并熟悉这一概念与线性方程组的联系.

3. 理解向量组 $\boldsymbol{B}$ 能由向量组 $\boldsymbol{A}$ 线性表示的概念及矩阵表达式，知道这一概念与矩阵方程的联系，掌握两个向量组等价的概念.

4. 理解向量组线性相关与线性无关的概念及性质，熟悉它们与齐次线性方程组的联系.

5. 理解向量组的极大无关组与向量组的秩的概念，掌握向量组的秩和矩阵的秩的关系，会用矩阵的初等变换求向量组的秩和极大无关组.

6. 理解向量空间的概念，了解向量空间的基、维数，会求两个基之间的过渡矩阵.

7. 理解齐次线性方程组的解集是一个向量空间，理解其系数矩阵的秩与解空间的维数的关系.

8. 掌握线性方程组的解的构造,会用矩阵的初等变换解线性方程组.

二、内容提要

1. 线性组合与线性表示

(1) 向量$\boldsymbol{b}$能由向量组$\boldsymbol{A}:\boldsymbol{a}_1,\boldsymbol{a}_2,\cdots,\boldsymbol{a}_m$线性表示$\Leftrightarrow x_1\boldsymbol{a}_1+x_2\boldsymbol{a}_2+\cdots+x_m\boldsymbol{a}_m=b$有解(或记作$\boldsymbol{Ax}=\boldsymbol{b}$有解)$\Leftrightarrow r(\boldsymbol{A})=r(\boldsymbol{A},\boldsymbol{b})$.

(2) 向量组$\boldsymbol{B}:\boldsymbol{b}_1,\boldsymbol{b}_2,\cdots,\boldsymbol{b}_s$能由$\boldsymbol{A}:\boldsymbol{a}_1,\boldsymbol{a}_2,\cdots,\boldsymbol{a}_m$线性表示$\Leftrightarrow\boldsymbol{Ax}=\boldsymbol{B}$有解$\Leftrightarrow r(\boldsymbol{A})=r(\boldsymbol{A},\boldsymbol{B})\Rightarrow r(\boldsymbol{B})\leqslant r(\boldsymbol{A})$.

(3) 向量组$\boldsymbol{A},\boldsymbol{B}$等价$\Leftrightarrow r(\boldsymbol{A})=r(\boldsymbol{B})=r(\boldsymbol{A},\boldsymbol{B})$.

2. 线性相关

(1) 定义.

(2) 向量组$\boldsymbol{A}:\boldsymbol{a}_1,\boldsymbol{a}_2,\cdots,\boldsymbol{a}_m$线性相关$\Leftrightarrow\boldsymbol{Ax}=\boldsymbol{0}$有非零解$\Leftrightarrow r(\boldsymbol{A})<m\Leftrightarrow$存在一个向量可由其余的向量线性表示.

(3) 如果在向量组$\boldsymbol{A}:\boldsymbol{a}_1,\boldsymbol{a}_2,\cdots,\boldsymbol{a}_m$中含有一个零向量,则向量组$\boldsymbol{A}:\boldsymbol{a}_1,\boldsymbol{a}_2,\cdots,\boldsymbol{a}_m$线性相关.

(4) 如果在向量组$\boldsymbol{A}:\boldsymbol{a}_1,\boldsymbol{a}_2,\cdots,\boldsymbol{a}_m$中有一部分向量线性相关,则向量组$\boldsymbol{A}:\boldsymbol{a}_1,\boldsymbol{a}_2,\cdots,\boldsymbol{a}_m$线性相关.

(4)m个n维向量组成的向量组当$m>n$时,必相关.

3. 线性无关

(1) 向量组$\boldsymbol{A}:\boldsymbol{a}_1,\boldsymbol{a}_2,\cdots,\boldsymbol{a}_m$线性无关$\Leftrightarrow\boldsymbol{Ax}=\boldsymbol{0}$有唯一的零解.

(2) 向量组$\boldsymbol{A}:\boldsymbol{a}_1,\boldsymbol{a}_2,\cdots,\boldsymbol{a}_m$线性无关$\Leftrightarrow r(\boldsymbol{A})=m$,就是由向量组构成的矩阵的秩等于向量组中向量的个数.

(3) 向量组$\boldsymbol{A}:\boldsymbol{a}_1,\boldsymbol{a}_2,\cdots,\boldsymbol{a}_m$线性无关$\Leftrightarrow$不存在任何一个向量可由其余的向量线性表示.

(4) 如果向量组$\boldsymbol{A}:\boldsymbol{a}_1,\boldsymbol{a}_2,\cdots,\boldsymbol{a}_m$是线性无关的,则向量组$\boldsymbol{A}:\boldsymbol{a}_1,\boldsymbol{a}_2,\cdots,\boldsymbol{a}_m$中的任何向量组成的部分组都是线性无关的.

(5) 如果向量组$\boldsymbol{A}:\boldsymbol{a}_1,\boldsymbol{a}_2,\cdots,\boldsymbol{a}_m$是线性无关的,而添加一个向量$\boldsymbol{b}$后,向量组$\boldsymbol{a}_1,\boldsymbol{a}_2,\cdots,\boldsymbol{a}_m,\boldsymbol{b}$线性相关,则$\boldsymbol{b}$可由$\boldsymbol{A}:\boldsymbol{a}_1,\boldsymbol{a}_2,\cdots,\boldsymbol{a}_m$线性表示.

4. 向量组的极大无关组与向量组的秩

(1) 如果在向量组$\boldsymbol{A}:\boldsymbol{a}_1,\boldsymbol{a}_2,\cdots,\boldsymbol{a}_m$中选出$r$个向量组成向量组$\boldsymbol{A}_0(r\leqslant m)$满足:

①$\boldsymbol{A}_0:\boldsymbol{a}_1,\boldsymbol{a}_2,\cdots,\boldsymbol{a}_r$线性无关;

② 向量组$\boldsymbol{A}:\boldsymbol{a}_1,\boldsymbol{a}_2,\cdots,\boldsymbol{a}_m$中任意一个向量都能被$\boldsymbol{A}_0:\boldsymbol{a}_1,\boldsymbol{a}_2,\cdots,\boldsymbol{a}_r$线性表示;

则称$\boldsymbol{A}_0:\boldsymbol{a}_1,\boldsymbol{a}_2,\cdots,\boldsymbol{a}_r$是$\boldsymbol{A}:\boldsymbol{a}_1,\boldsymbol{a}_2,\cdots,\boldsymbol{a}_m$的一个极大无关组;极大无关组所含向量的个数叫做向量组的秩,也记为$r(\boldsymbol{A})$,仅含有零向量的向量组没有极大无关组,它的秩为0;线性无关组本身就是极大无关组.

5. 向量空间

(1) 了解定义中最本质的内容即线性运算的封闭性.

(2) 理解基和维数与向量组的极大无组和向量组的秩之间的联系.

(3) 两个基之间的过渡矩阵:

设$\boldsymbol{a}_1,\boldsymbol{a}_2,\cdots,\boldsymbol{a}_n;\boldsymbol{b}_1,\boldsymbol{b}_2,\cdots,\boldsymbol{b}_n$是$n$维向量空间$V_n$的两个基,并且在$V_n$的标准基$\boldsymbol{e}_1,\boldsymbol{e}_2,\cdots,\boldsymbol{e}_n$下的矩阵分别是$\boldsymbol{A},\boldsymbol{B}$,则

$$(\boldsymbol{b}_1,\boldsymbol{b}_2,\cdots,\boldsymbol{b}_n)=(\boldsymbol{a}_1,\boldsymbol{a}_2,\cdots,\boldsymbol{a}_n)(\boldsymbol{A}^{-1}\boldsymbol{B})$$

求法:$(\boldsymbol{A}\mid\boldsymbol{B})\xleftrightarrow{r}(\boldsymbol{E}\mid\boldsymbol{A}^{-1}\boldsymbol{B})$.

(4) 坐标变换公式

设向量$\boldsymbol{\alpha}$在V_n的两个基$\boldsymbol{a}_1,\boldsymbol{a}_2,\cdots,\boldsymbol{a}_n;\boldsymbol{b}_1,\boldsymbol{b}_2,\cdots,\boldsymbol{b}_n$下的坐标分别为$\boldsymbol{x},\boldsymbol{y}$,则有$\boldsymbol{Ax}=\boldsymbol{By}$或$\boldsymbol{y}=\boldsymbol{Cx}$,其中$\boldsymbol{C}=\boldsymbol{B}^{-1}\boldsymbol{A}$.

6. 线性方程组解的构造

(1) 基础解系:$\boldsymbol{Ax}=\boldsymbol{0}$的解空间的一个基叫做$\boldsymbol{Ax}=\boldsymbol{0}$的基础解系.

(2)$\boldsymbol{Ax}=\boldsymbol{0}$的通解:设$r(\boldsymbol{A})=r$,则$\boldsymbol{Ax}=\boldsymbol{0}$的解空间是$n-r$维,若$\boldsymbol{\xi}_1,\boldsymbol{\xi}_2,\cdots,\boldsymbol{\xi}_{n-r}$为其基础解系,则通解为

$$\tilde{\boldsymbol{x}}=k_1\boldsymbol{\xi}_1+k_2\boldsymbol{\xi}_2+\cdots+k_{n-r}\boldsymbol{\xi}_{n-r}\quad(k_1,k_2,\cdots,k_{n-r}\in\mathbf{R})$$

(3)$\boldsymbol{Ax}=\boldsymbol{b}$的通解为$\boldsymbol{x}=\boldsymbol{x}^*+\tilde{\boldsymbol{x}}$,其中$\boldsymbol{x}^*$为$\boldsymbol{Ax}=\boldsymbol{b}$的一个特解,$\tilde{\boldsymbol{x}}$是$\boldsymbol{Ax}=\boldsymbol{0}$的通解.

解法:$(\boldsymbol{A}\mid\boldsymbol{b})\xleftrightarrow{r}(\boldsymbol{F}\mid\boldsymbol{d})$,其中$\boldsymbol{F}=\begin{pmatrix}\boldsymbol{E}&\boldsymbol{C}\\\boldsymbol{O}&\boldsymbol{O}\end{pmatrix}$,得到公式解

$$\begin{cases}x_1=d_1-c_{1,r+1}x_{r+1}-\cdots-c_{1n}x_n\\x_2=d_2-c_{2,r+1}x_{r+1}-\cdots-c_{2n}x_n\\\qquad\vdots\\x_r=d_r-c_{r,r+1}x_{r+1}-\cdots-c_{rn}x_n\end{cases}$$

令
$$\begin{pmatrix}x_{r+1}\\x_{r+2}\\\vdots\\x_n\end{pmatrix}=\begin{pmatrix}1\\0\\\vdots\\0\end{pmatrix},\begin{pmatrix}0\\1\\\vdots\\0\end{pmatrix},\cdots,\begin{pmatrix}0\\0\\\vdots\\1\end{pmatrix}$$

得
$$\boldsymbol{x}=\boldsymbol{x}^*+\tilde{\boldsymbol{x}}$$

其中

$$\boldsymbol{x}^*=\begin{pmatrix}d_1\\\vdots\\d_r\\0\\\vdots\\0\end{pmatrix},\tilde{\boldsymbol{x}}=k_1\boldsymbol{\xi}_1+k_2\boldsymbol{\xi}_2+\cdots+k_{n-r}\boldsymbol{\xi}_{n-r}$$

$$\boldsymbol{\xi}_1=\begin{pmatrix}-c_{1,r+1}\\ \vdots\\ -c_{r,r+1}\\ 1\\ 0\\ \vdots\\ 0\end{pmatrix},\boldsymbol{\xi}_2=\begin{pmatrix}-c_{1,r+2}\\ \vdots\\ -c_{r,r+2}\\ 0\\ 1\\ \vdots\\ 0\end{pmatrix},\cdots,\boldsymbol{\xi}_{n-r}=\begin{pmatrix}-c_{1n}\\ \vdots\\ -c_{rn}\\ 0\\ \vdots\\ 0\\ 1\end{pmatrix}$$

习题 4

1. 已知向量组

$$\boldsymbol{A}:\boldsymbol{a}_1=\begin{pmatrix}0\\1\\2\\3\end{pmatrix},\boldsymbol{a}_2=\begin{pmatrix}3\\0\\1\\2\end{pmatrix},\boldsymbol{a}_3=\begin{pmatrix}2\\3\\0\\1\end{pmatrix}$$

$$\boldsymbol{B}:\boldsymbol{b}_1=\begin{pmatrix}2\\1\\1\\2\end{pmatrix},\boldsymbol{b}_2=\begin{pmatrix}0\\-2\\1\\1\end{pmatrix},\boldsymbol{b}_3=\begin{pmatrix}4\\4\\1\\3\end{pmatrix}$$

证明:$\boldsymbol{B}$ 组能被 $\boldsymbol{A}$ 组线性表示,而 $\boldsymbol{A}$ 组不能被 $\boldsymbol{B}$ 组线性表示.

2. 已知向量组

$$\boldsymbol{A}:\boldsymbol{a}_1=\begin{pmatrix}0\\1\\1\end{pmatrix},\boldsymbol{a}_2=\begin{pmatrix}1\\1\\0\end{pmatrix}$$

$$\boldsymbol{B}:\boldsymbol{b}_1=\begin{pmatrix}-1\\0\\1\end{pmatrix},\boldsymbol{b}_2=\begin{pmatrix}1\\2\\1\end{pmatrix},\boldsymbol{b}_3=\begin{pmatrix}3\\2\\-1\end{pmatrix}$$

证明:$\boldsymbol{A}$ 与 $\boldsymbol{B}$ 等价.

3. 已知 $r(\boldsymbol{a}_1,\boldsymbol{a}_2,\boldsymbol{a}_3)=2,r(\boldsymbol{a}_2,\boldsymbol{a}_3,\boldsymbol{a}_4)=3$

证明:(1) $\boldsymbol{a}_1$ 能由 $\boldsymbol{a}_2,\boldsymbol{a}_3$ 线性表示;(2) $\boldsymbol{a}_4$ 不能由 $\boldsymbol{a}_1,\boldsymbol{a}_2,\boldsymbol{a}_3$ 线性表示.

4. 判定下列向量组是线性相关还是线性无关:

(1) $\boldsymbol{A}:\begin{pmatrix}-1\\3\\1\end{pmatrix},\begin{pmatrix}2\\1\\0\end{pmatrix},\begin{pmatrix}1\\4\\1\end{pmatrix}$;

(2) $\boldsymbol{B}:\begin{pmatrix}2\\3\\0\end{pmatrix},\begin{pmatrix}-1\\4\\0\end{pmatrix},\begin{pmatrix}0\\0\\2\end{pmatrix}$.

5. 问 a 取什么值，下列向量组是线性相关？

$$\boldsymbol{a}_1=\begin{pmatrix}a\\1\\1\end{pmatrix},\ \boldsymbol{a}_2=\begin{pmatrix}1\\a\\-1\end{pmatrix},\boldsymbol{a}_3=\begin{pmatrix}1\\-1\\a\end{pmatrix}$$

6. 设$\boldsymbol{a}_1,\boldsymbol{a}_2$ 线性无关，$\boldsymbol{a}_1+\boldsymbol{b},\boldsymbol{a}_2+\boldsymbol{b}$ 线性相关，求向量 $\boldsymbol{b}$ 用$\boldsymbol{a}_1,\boldsymbol{a}_2$ 线性表示的表示式.

7. 设$\boldsymbol{a}_1,\boldsymbol{a}_2$线性相关，$\boldsymbol{b}_1,\boldsymbol{b}_2$ 也线性相关，问$\boldsymbol{a}_1+\boldsymbol{b}_1,\boldsymbol{a}_2+\boldsymbol{b}_2$ 是否线性相关？

8. 举例说明下列各命题是错的：

(1) 若向量组$\boldsymbol{a}_1,\boldsymbol{a}_2,\cdots,\boldsymbol{a}_m$ 线性相关，则$\boldsymbol{a}_1$ 可由$\boldsymbol{a}_2,\cdots,\boldsymbol{a}_m$ 线性表示.

(2) 若有不全为零的数 $\lambda_1,\lambda_2,\cdots,\lambda_m$，使

$$\lambda_1\boldsymbol{a}_1+\lambda_2\boldsymbol{a}_2+\cdots+\lambda_m\boldsymbol{a}_m+\lambda_1\boldsymbol{b}_1+\lambda_2\boldsymbol{b}_2+\cdots+\lambda_m\boldsymbol{b}_m=\boldsymbol{0}$$

成立，则 $\boldsymbol{a}_1,\boldsymbol{a}_2,\cdots,\boldsymbol{a}_m$线性相关，$\boldsymbol{b}_1,\boldsymbol{b}_2,\cdots,\boldsymbol{b}_m$ 也相关.

(3) 若只有 $\lambda_1,\lambda_2,\cdots,\lambda_m$ 全为零时，等式

$$\lambda_1\boldsymbol{a}_1+\lambda_2\boldsymbol{a}_2+\cdots+\lambda_m\boldsymbol{a}_m+\lambda_1\boldsymbol{b}_1+\lambda_2\boldsymbol{b}_2+\cdots+\lambda_m\boldsymbol{b}_m=\boldsymbol{0}$$

才成立，则有 $\boldsymbol{a}_1,\boldsymbol{a}_2,\cdots,\boldsymbol{a}_m$线性无关，$\boldsymbol{b}_1,\boldsymbol{b}_2,\cdots,\boldsymbol{b}_m$ 也线性无关.

9. 设$\boldsymbol{b}_1=\boldsymbol{a}_1+\boldsymbol{a}_2,\boldsymbol{b}_2=\boldsymbol{a}_2+\boldsymbol{a}_3,\boldsymbol{b}_3=\boldsymbol{a}_3+\boldsymbol{a}_4,\boldsymbol{b}_4=\boldsymbol{a}_4+\boldsymbol{a}_1$. 证明：向量组$\boldsymbol{b}_1,\boldsymbol{b}_2,\boldsymbol{b}_3,\boldsymbol{b}_4$是线性相关的.

10. 设$\boldsymbol{b}_1=\boldsymbol{a}_1,\boldsymbol{b}_2=\boldsymbol{a}_1+\boldsymbol{a}_2,\boldsymbol{b}_2=\boldsymbol{a}_1+\boldsymbol{a}_3,\cdots,\boldsymbol{b}_r=\boldsymbol{a}_1+\boldsymbol{a}_r$，并且向量组$\boldsymbol{a}_1,\boldsymbol{a}_2,\cdots,\boldsymbol{a}_r$线性无关，则向量组$\boldsymbol{b}_1,\boldsymbol{b}_2,\cdots,\boldsymbol{b}_r$线性无关.

11. 求下列向量组的秩，并求一个最大无关组：

(1) $\boldsymbol{a}_1=\begin{pmatrix}1\\2\\-1\\4\end{pmatrix},\boldsymbol{a}_2=\begin{pmatrix}9\\100\\10\\4\end{pmatrix},\boldsymbol{a}_3=\begin{pmatrix}-2\\-4\\2\\-8\end{pmatrix}$;

(2) $\boldsymbol{a}_1=\begin{pmatrix}1\\2\\1\\3\end{pmatrix},\boldsymbol{a}_2=\begin{pmatrix}4\\-1\\-5\\-6\end{pmatrix},\boldsymbol{a}_3=\begin{pmatrix}1\\-3\\-4\\-7\end{pmatrix}$.

12. 利用初等行变换求矩阵列向量的最大无关组，并把其余列向量用其线性表示

$$\begin{pmatrix}1&1&2&2&1\\0&2&1&5&-1\\2&0&3&-1&3\\1&1&0&4&-1\end{pmatrix}$$

13. 设向量组$\begin{pmatrix}a\\3\\1\end{pmatrix},\begin{pmatrix}2\\b\\3\end{pmatrix},\begin{pmatrix}1\\2\\1\end{pmatrix},\begin{pmatrix}2\\3\\1\end{pmatrix}$的秩为 2，求 a,b.

14. 设$\begin{cases}\boldsymbol{\beta}_1 = 0\boldsymbol{\alpha}_1 + \boldsymbol{\alpha}_2 + \boldsymbol{\alpha}_3 + \cdots + \boldsymbol{\alpha}_n \\ \boldsymbol{\beta}_2 = \boldsymbol{\alpha}_1 + 0\boldsymbol{\alpha}_2 + \boldsymbol{\alpha}_3 + \cdots + \boldsymbol{\alpha}_n \\ \quad\vdots \\ \boldsymbol{\beta}_n = \boldsymbol{\alpha}_1 + \boldsymbol{\alpha}_2 + \cdots + \boldsymbol{\alpha}_{n-1} + 0\boldsymbol{\alpha}_n\end{cases}$，证明：向量组 $\boldsymbol{\alpha}_1,\boldsymbol{\alpha}_2,\cdots,\boldsymbol{\alpha}_n$ 与 $\boldsymbol{\beta}_1,\boldsymbol{\beta}_2,\cdots,\boldsymbol{\beta}_n$ 等价.

15. 求下列齐次线性方程组的基础解系：

(1) $\begin{cases}x_1 - 8x_2 + 10x_3 + 2x_4 = 0 \\ 2x_1 + 4x_2 + 5x_3 - x_4 = 0 \\ 3x_1 + 8x_2 + 6x_3 - 2x_4 = 0\end{cases}$；

(2) $\begin{cases}2x_1 - 3x_2 - 2x_3 + x_4 = 0 \\ 3x_1 + 5x_2 + 4x_3 - 2x_4 = 0 \\ 8x_1 + 7x_2 + 6x_3 - 3x_4 = 0\end{cases}$.

16. 求下列非齐次线性方程组的一个解及对应的齐次线性方程组的基础解系：

(1) $\begin{cases}x_1 + x_2 = 5 \\ 2x_1 + x_2 + x_3 + 2x_4 = 1 \\ 5x_1 + 3x_2 + 2x_3 + 2x_4 = 3\end{cases}$；

(2) $\begin{cases}x_1 - 5x_2 + 2x_3 - 3x_4 = 11 \\ 5x_1 + 3x_2 + 6x_3 - x_4 = -1 \\ 2x_1 + 4x_2 + 2x_3 + x_4 = -6\end{cases}$.

17. 设矩阵 $\boldsymbol{A} = (\boldsymbol{a}_1,\boldsymbol{a}_2,\boldsymbol{a}_3,\boldsymbol{a}_4)$，其中$\boldsymbol{a}_2,\boldsymbol{a}_3,\boldsymbol{a}_4$ 线性无关，$\boldsymbol{a}_1 = 2\boldsymbol{a}_2 - \boldsymbol{a}_3$，向量 $\boldsymbol{b} = \boldsymbol{a}_1 + \boldsymbol{a}_2 + \boldsymbol{a}_3 + \boldsymbol{a}_4$，求方程组 $\boldsymbol{Ax} = \boldsymbol{b}$ 的通解.

18. 设$\boldsymbol{a}_1 = (1,1,1)^{\mathrm{T}}$，$\boldsymbol{a}_2 = (1,0,-1)^{\mathrm{T}}$，$\boldsymbol{a}_3 = (1,0,1)^{\mathrm{T}}$，$\boldsymbol{b}_1 = (1,2,1)^{\mathrm{T}}$，$\boldsymbol{b}_2 = (2,3,4)^{\mathrm{T}}$，$\boldsymbol{b}_3 = (3,4,3)^{\mathrm{T}}$，是 $\mathbf{R}^3$ 的两个基，并求由基$(\boldsymbol{a}_1,\boldsymbol{a}_2,\boldsymbol{a}_3)$ 到$(\boldsymbol{b}_1,\boldsymbol{b}_2,\boldsymbol{b}_3)$ 的过渡矩阵.

19. 设$\boldsymbol{\eta}^*$ 是非齐次线性方程组$\boldsymbol{Ax} = \boldsymbol{b}$ 的一个解，$\boldsymbol{\xi}_1,\boldsymbol{\xi}_2,\cdots,\boldsymbol{\xi}_{n-r}$ 是对应的齐次线性方程组的基础解系.

证明：

(1) $\boldsymbol{\eta}^*,\boldsymbol{\xi}_1,\boldsymbol{\xi}_2,\cdots,\boldsymbol{\xi}_{n-r}$ 线性无关；

(2) $\boldsymbol{\eta}^*,\boldsymbol{\eta}^* + \boldsymbol{\xi}_1,\boldsymbol{\eta}^* + \boldsymbol{\xi}_2,\cdots,\boldsymbol{\eta}^* + \boldsymbol{\xi}_{n-r}$ 线性无关.

20. 设 $\boldsymbol{\eta}_1,\boldsymbol{\eta}_2,\cdots,\boldsymbol{\eta}_s$ 是非齐线性方程组 $\boldsymbol{Ax} = \boldsymbol{b}$ 的 s 个解，$k_1,k_2,\cdots,k_s$ 是实数，满足 $k_1 + k_2 + \cdots + k_s = 1$. 证明：$\boldsymbol{x} = k_1\boldsymbol{\eta}_1 + k_2\boldsymbol{\eta}_2 + \cdots + k_s\boldsymbol{\eta}_s$ 也是它的解.

21. 验证$\boldsymbol{a}_1 = (1,-1,0)^{\mathrm{T}}$，$\boldsymbol{a}_2 = (2,1,3)^{\mathrm{T}}$，$\boldsymbol{a}_3 = (3,1,2)^{\mathrm{T}}$，是 $\mathbf{R}^3$ 的一个基，并把$\boldsymbol{v}_1 = (5,0,7)^{\mathrm{T}}$，$\boldsymbol{v}_2 = (-9,-8,-13)^{\mathrm{T}}$ 用这个基表示.

22. 设 $\boldsymbol{a}_1 = (1,1,1)^{\mathrm{T}}$，$\boldsymbol{a}_2 = (1,0,-1)^{\mathrm{T}}$，$\boldsymbol{a}_3 = (1,0,1)^{\mathrm{T}}$，$\boldsymbol{b}_1 = (1,2,1)^{\mathrm{T}}$，$\boldsymbol{b}_2 = (2,3,4)^{\mathrm{T}}$，$\boldsymbol{b}_3 = (3,4,3)^{\mathrm{T}}$，是$\mathbf{R}^3$ 的两个基，求由$(\boldsymbol{a}_1,\boldsymbol{a}_2,\boldsymbol{a}_3)$ 到$(\boldsymbol{b}_1,\boldsymbol{b}_2,\boldsymbol{b}_3)$ 的过渡矩阵.

单元自测题4

1. 填空题

(1) 已知3个向量组①$\boldsymbol{\alpha}_1,\boldsymbol{\alpha}_2$;②$\boldsymbol{\alpha}_1,\boldsymbol{\alpha}_3,\boldsymbol{\alpha}_4$;③$\boldsymbol{\alpha}_2,\boldsymbol{\alpha}_3$都是线性无关的,而$\boldsymbol{\alpha}_1,\boldsymbol{\alpha}_2,\boldsymbol{\alpha}_3,\boldsymbol{\alpha}_4$线性相关,那么向量组$\boldsymbol{\alpha}_1,\boldsymbol{\alpha}_2,\boldsymbol{\alpha}_3,\boldsymbol{\alpha}_4$的极大无关组是______.

(2) 设$\boldsymbol{\alpha}_1,\boldsymbol{\alpha}_2,\boldsymbol{\alpha}_3$线性无关,$l\boldsymbol{\alpha}_2-\boldsymbol{\alpha}_1,m\boldsymbol{\alpha}_3-\boldsymbol{\alpha}_2,\boldsymbol{\alpha}_1-\boldsymbol{\alpha}_3$也线性无关,则$l$与$m$的关系是______.

(3) 设$\boldsymbol{A}=\begin{pmatrix}1&2&-2\\2&1&2\\3&0&4\end{pmatrix}$,$\boldsymbol{\alpha}=(a,\ 1,\ 1)^{\mathrm{T}}$,且$\boldsymbol{A\alpha}$与$\boldsymbol{\alpha}$线性相关,则$a=$______.

(4) 设齐次n元线性方程组$\boldsymbol{Ax}=\boldsymbol{0}$,任何$n$维数组向量都是它的解,那么$r(\boldsymbol{A})=$______.

(5) 设$\boldsymbol{\alpha}_1=(1,\ 1,\ 0)^{\mathrm{T}}$,$\boldsymbol{\alpha}_2=(1,\ 0,\ 1)^{\mathrm{T}}$,$\boldsymbol{\alpha}_3=(0,\ 1,\ 1)^{\mathrm{T}}$是$\mathbf{R}^3$的一个基,那么向量$\boldsymbol{\beta}=(2,\ 0,\ 0)^{\mathrm{T}}$在这个基下的坐标为______.

2. 选择题

(1) 设$\boldsymbol{A}:\boldsymbol{\alpha}_1,\boldsymbol{\alpha}_2,\boldsymbol{B}:\boldsymbol{\beta}_1,\boldsymbol{\beta}_2$,并且$r(\boldsymbol{A})=r(\boldsymbol{B})=2$,那么必有(　　)

A. 矩阵$\boldsymbol{A}$与矩阵$\boldsymbol{B}$等价　　B. 矩阵$\boldsymbol{A}$与矩阵$\boldsymbol{B}$未必等价

C. 向量组$\boldsymbol{A}$与向量组$\boldsymbol{B}$等价　　D. 向量组$\boldsymbol{A}$与向量组$\boldsymbol{B}$未必等价

(2) n维向量$\boldsymbol{\alpha}_1,\boldsymbol{\alpha}_2,\cdots,\boldsymbol{\alpha}_s(3\leqslant s\leqslant n)$线性无关的充分必要条件是(　　)

A. 存在一组不全为零的数$k_1,k_2,\cdots,k_s$使$k_1\boldsymbol{\alpha}_1+k_2\boldsymbol{\alpha}_2+\cdots+k_s\boldsymbol{\alpha}_s\neq\boldsymbol{0}$

B. 存在一组全为零的数$k_1,k_2,\cdots,k_s$使$k_1\boldsymbol{\alpha}_1+k_2\boldsymbol{\alpha}_2+\cdots+k_s\boldsymbol{\alpha}_s=\boldsymbol{0}$

C. $\boldsymbol{\alpha}_1,\boldsymbol{\alpha}_2,\cdots,\boldsymbol{\alpha}_s$中有一个向量不能被其余向量线性表示

D. $\boldsymbol{\alpha}_1,\boldsymbol{\alpha}_2,\cdots,\boldsymbol{\alpha}_s$中任意一个向量都不能被其余向量线性表示

(3) 设$\boldsymbol{A}$是n阶方阵,若$|\boldsymbol{A}|=0$,则(　　)

A. $\boldsymbol{A}$的任何一个列向量是其余向量线性组合

B. $\boldsymbol{A}$中必有一个列向量是其余向量线性组合

C. $\boldsymbol{A}$中必有两列元素对应成比例

D. $\boldsymbol{A}$中必有一列元素全为零

(4) 若向量$\boldsymbol{\alpha},\boldsymbol{\beta},\boldsymbol{\gamma}$线性无关,$\boldsymbol{\alpha},\boldsymbol{\beta},\boldsymbol{\delta}$线性相关,则(　　)

A. $\boldsymbol{\alpha}$必可由$\boldsymbol{\beta},\boldsymbol{\gamma},\boldsymbol{\delta}$线性表示　　B. $\boldsymbol{\beta}$必可由$\boldsymbol{\alpha},\boldsymbol{\gamma},\boldsymbol{\delta}$线性表示

C. $\boldsymbol{\delta}$可由$\boldsymbol{\alpha},\boldsymbol{\beta},\boldsymbol{\gamma}$线性表示　　D. $\boldsymbol{\delta}$必不可由$\boldsymbol{\alpha},\boldsymbol{\beta},\boldsymbol{\gamma}$线性表示

(5) 设向量组$\boldsymbol{\alpha}_1,\boldsymbol{\alpha}_2,\boldsymbol{\alpha}_3$线性无关,向量$\boldsymbol{\beta}_1$可由$\boldsymbol{\alpha}_1,\boldsymbol{\alpha}_2,\boldsymbol{\alpha}_3$线性表示,向量$\boldsymbol{\beta}_2$不可由$\boldsymbol{\alpha}_1,\boldsymbol{\alpha}_2,\boldsymbol{\alpha}_3$线性表示,则对于任意的数$k$有(　　)

A. $\boldsymbol{\alpha}_1,\boldsymbol{\alpha}_2,\boldsymbol{\alpha}_3,k\boldsymbol{\beta}_1+\boldsymbol{\beta}_2$线性无关　　B. $\boldsymbol{\alpha}_1,\boldsymbol{\alpha}_2,\boldsymbol{\alpha}_3,k\boldsymbol{\beta}_1+\boldsymbol{\beta}_2$线性相关

C. $\boldsymbol{\alpha}_1,\boldsymbol{\alpha}_2,\boldsymbol{\alpha}_3,\boldsymbol{\beta}_1+k\boldsymbol{\beta}_2$线性无关　　D. $\boldsymbol{\alpha}_1,\boldsymbol{\alpha}_2,\boldsymbol{\alpha}_3,\boldsymbol{\beta}_1+k\boldsymbol{\beta}_2$线性相关

3. 计算：

(1) 设向量组

$$A:\boldsymbol{\alpha}_1=\begin{pmatrix}1\\-1\\2\\4\end{pmatrix},\boldsymbol{\alpha}_2=\begin{pmatrix}0\\3\\1\\2\end{pmatrix},\boldsymbol{\alpha}_3=\begin{pmatrix}3\\0\\7\\14\end{pmatrix},\boldsymbol{\alpha}_4=\begin{pmatrix}1\\-1\\2\\0\end{pmatrix},\boldsymbol{\alpha}_5=\begin{pmatrix}2\\1\\5\\6\end{pmatrix}$$

① 判断$A:\boldsymbol{\alpha}_1,\boldsymbol{\alpha}_2,\boldsymbol{\alpha}_3,\boldsymbol{\alpha}_4,\boldsymbol{\alpha}_5$ 是否线性相关；

② 判断$\boldsymbol{\alpha}_4,\boldsymbol{\alpha}_5$ 是否线性相关；

③求向量组$A:\boldsymbol{\alpha}_1,\boldsymbol{\alpha}_2,\boldsymbol{\alpha}_3,\boldsymbol{\alpha}_4,\boldsymbol{\alpha}_5$ 的秩及一个极大无关组，并把不属于极大无关组的向量用极大无关组线性表示．

(2) 设

$$\boldsymbol{\alpha}_1=\begin{pmatrix}a_1\\a_2\\a_3\end{pmatrix},\boldsymbol{\alpha}_2=\begin{pmatrix}b_1\\b_2\\b_3\end{pmatrix},\boldsymbol{\alpha}_3=\begin{pmatrix}c_1\\c_2\\c_3\end{pmatrix}$$

并且三条直线

$$\begin{cases}a_1x+b_1y+c_1=0\\a_2x+b_2y+c_2=0\\a_3x+b_3y+c_3=0\end{cases}\quad(a_i^2+b_i^2\neq 0,i=1,2,3)$$

交于一点．

① 判断$\boldsymbol{\alpha}_1,\boldsymbol{\alpha}_2,\boldsymbol{\alpha}_3$ 是否线性相关；

② $\boldsymbol{\alpha}_1,\boldsymbol{\alpha}_2$ 是否线性相关．

4. (1) 设

$$\begin{cases}x_1-x_2-x_3+x_4=0\\x_1-x_2+x_3-3x_4=0\\x_1-x_2-2x_3+3x_4=0\end{cases}$$

求该齐次线性方程组的基础解系和通解．

(2) 求

$$\begin{cases}x_1+x_2+x_3+x_4+x_5=1\\3x_1+2x_2+x_3+x_4-3x_5=0\\x_2+2x_3+2x_4+6x_5=3\\5x_1+4x_2+3x_3+3x_4-x_5=2\end{cases}$$

的通解．

5. 已知$\mathbf{R}^3$ 的两个基为

$$\boldsymbol{\alpha}_1=\begin{pmatrix}1\\1\\1\end{pmatrix},\boldsymbol{\alpha}_2=\begin{pmatrix}1\\0\\-1\end{pmatrix},\boldsymbol{\alpha}_3=\begin{pmatrix}1\\0\\1\end{pmatrix}$$

及

$$\boldsymbol{\beta}_1=\begin{pmatrix}1\\2\\1\end{pmatrix},\boldsymbol{\beta}_2=\begin{pmatrix}2\\3\\4\end{pmatrix},\boldsymbol{\beta}_3=\begin{pmatrix}3\\4\\3\end{pmatrix}$$

求由基$\boldsymbol{\alpha}_1,\boldsymbol{\alpha}_2,\boldsymbol{\alpha}_3$到基$\boldsymbol{\beta}_1,\boldsymbol{\beta}_2,\boldsymbol{\beta}_3$的过渡矩阵.

6. 已知$\boldsymbol{\alpha}_1,\boldsymbol{\alpha}_2,\boldsymbol{\alpha}_3,\boldsymbol{\alpha}_4$线性无关,$\boldsymbol{\beta}_1=\boldsymbol{\alpha}_1+\boldsymbol{\alpha}_2+\boldsymbol{\alpha}_3+\boldsymbol{\alpha}_4$,$\boldsymbol{\beta}_2=\boldsymbol{\alpha}_1+\boldsymbol{\alpha}_2+\boldsymbol{\alpha}_3$,$\boldsymbol{\beta}_3=\boldsymbol{\alpha}_1+\boldsymbol{\alpha}_2$,$\boldsymbol{\beta}_4=\boldsymbol{\alpha}_1$.

证明:$\boldsymbol{\beta}_1,\boldsymbol{\beta}_2,\boldsymbol{\beta}_3,\boldsymbol{\beta}_4$线性无关.

考研参考资料

Ⅰ. 向量组的线性相关性

一、基本要求

1. 会熟练应用矩阵的行初等变换求矩阵的行阶梯形矩阵.

2. 会用矩阵的行初等变换求可逆矩阵的逆矩阵.

3. 会用矩阵的行初等变换求矩阵的秩.

4. 会用矩阵的行初等变换求齐次线性方程组的公式解及解矩阵方程.

5. 理解n维向量的概念,理解向量组的概念与矩阵的对应.

6. 理解向量组的线性组合的概念,理解一个向量能被一个向量组线性表示的概念并熟悉这一概念与线性方程组的联系.

7. 理解向量组$\boldsymbol{B}$能由向量组$\boldsymbol{A}$线性表示的概念及矩阵表达式,知道这一概念与矩阵方程的联系,掌握两个向量组等价的概念.

8. 理解向量组线性相关与无关的概念及性质,熟悉它们与齐线性方程组的联系.

9. 理解向量组的极大无关组与向量组的秩的概念,掌握向量组的秩和矩阵的秩的关系,会用矩阵的初等变换求向量组的秩和极大无关组.

10. 理解向量空间的概念,了解向量空间的基、维数,会求两个基之间的过渡矩阵.

11. 理解齐次线性方程组的解集是一个向量空间,理解系数矩阵的秩与解空间的维数的关系.

12. 掌握线性方程组的解的构造,会用矩阵的初等变换解线性方程组.

二、内容提要

1. 记号:

初等行变换:$r_i \longleftrightarrow r_j, k\times r_i, r_i+kr_j, \boldsymbol{A}\overset{r}{\longleftrightarrow}\boldsymbol{B}$,矩阵$\boldsymbol{A}$与$\boldsymbol{B}$行等价;

初等列变换:$c_i \longleftrightarrow c_j, k\times c_i, c_i+kc_j, \boldsymbol{A}\overset{c}{\longleftrightarrow}\boldsymbol{B}$,矩阵$\boldsymbol{A}$与$\boldsymbol{B}$列等价;

初等变换:$\boldsymbol{A}\longleftrightarrow\boldsymbol{B}$.

矩阵的行阶梯形、行最简形、标准形$(\boldsymbol{A}\mid\boldsymbol{E})\overset{r}{\longleftrightarrow}\begin{pmatrix}\boldsymbol{E}_r & \boldsymbol{O}\\ \boldsymbol{O} & \boldsymbol{O}\end{pmatrix}, r(\boldsymbol{A})=r$.

2. 初等变换的性质:

(1)$\boldsymbol{A}\overset{r}{\longleftrightarrow}\boldsymbol{B}\Leftrightarrow\exists\boldsymbol{P}$,使$\boldsymbol{PA}=\boldsymbol{B}$,其中$\boldsymbol{P}$可逆;

(2)$\boldsymbol{A}\overset{c}{\longleftrightarrow}\boldsymbol{B}\Leftrightarrow\exists\boldsymbol{Q}$,使$\boldsymbol{AQ}=\boldsymbol{B}$,其中$\boldsymbol{Q}$可逆;

(3) 方阵$\boldsymbol{A}$可逆$\Leftrightarrow\boldsymbol{A}\overset{r}{\longleftrightarrow}\boldsymbol{E}$.

3. 初等变换的方法及应用:

(1) 若$(\boldsymbol{A}\mid\boldsymbol{E})\overset{r}{\longleftrightarrow}(\boldsymbol{B}\mid\boldsymbol{P})$,则$\boldsymbol{P}$可逆,且$\boldsymbol{PA}=\boldsymbol{B}$;

(2) 若$(A \mid E) \xrightarrow{r} (E \mid P)$,则$A$可逆,且$P = A^{-1}$;

(3) 若$(A \mid B) \xrightarrow{r} (E \mid X)$,则$A$可逆,且$X = A^{-1}B$.

4. 矩阵秩的概念及性质:

(1) 定义(代数):矩阵A的最高阶非零子式的阶数叫做矩阵的秩,记做$r(A)$.

(2) 定义(几何):矩阵的行最简形中非零行的个数叫做矩阵的秩.

(3) 矩阵的初等变换不改变矩阵的秩.

(4) 矩阵秩的性质:

①$0 \leqslant r(A_{m\times n}) \leqslant \min\{m,n\}$;

②$r(A^{\mathrm{T}}) = r(A)$;

③ 若$A \longleftrightarrow B$,则$r(A) = r(B)$;

④ 若P,Q可逆,则$r(PAQ) = r(A)$;

⑤$\max\{r(A),r(B)\} \leqslant r(A,B) \leqslant r(A) + r(B)$.

特别地,当B为列向量b时,有

$$r(A) \leqslant r(A,b) \leqslant r(A) + 1$$

⑥$r(A + B) \leqslant r(A) + r(B)$;

⑦$r(AB) \leqslant \min\{r(A),r(B)\}$;

⑧ 若$A_{m\times n}B_{n\times l} = O$,则$r(A) + r(B) \leqslant n$.

5. 线性组合与线性表示

(1) 向量b能由向量组$A:a_1,a_2,\cdots,a_m$线性表示$\Leftrightarrow x_1a_1 + x_2a_2 + \cdots + x_ma_m = b$有解(或记作$Ax = b$有解)$\Leftrightarrow r(A) = r(A,b)$.

(2) 向量组$B:b_1,b_2,\cdots,b_s$能由$A:a_1,a_2,\cdots,a_m$线性表示$\Leftrightarrow Ax = B$有解$\Leftrightarrow r(A) = r(A,B) \Rightarrow r(B) \leqslant r(A)$.

(3) 向量组A,B等价$\Leftrightarrow r(A) = r(B) = r(A,B)$.

6. 线性相关

(1) 向量组$A:a_1,a_2,\cdots,a_n$线性相关$\Leftrightarrow Ax = 0$有非零解$\Leftrightarrow r(A) < m \Leftrightarrow$存在一个向量可由其余的向量线性表示.

(2) 如果在向量组$A:a_1,a_2,\cdots,a_m$中含有一个零向量,则向量组$A:a_1,a_2,\cdots,a_m$线性相关.

(3) 如果在向量组$A:a_1,a_2,\cdots,a_m$中有一部分向量线性相关,则向量组$A:a_1,a_2,\cdots,a_m$线性相关.

(4)m个n维向量组成的向量组当$m > n$时,必相关.

7. 线性无关

(1) 向量组$A:a_1,a_2,\cdots,a_m$线性无关$\Leftrightarrow Ax = 0$有唯一的零解.

(2) 向量组$A:a_1,a_2,\cdots,a_m$线性无关$\Leftrightarrow r(A) = m$,就是由向量组构成的矩阵的秩等于向量组中向量的个数.

(3) 向量组$A:a_1,a_2,\cdots,a_m$线性无关$\Leftrightarrow$不存在任何一个向量可由其余的向量线性表示.

(4) 如果在向量组$A:a_1,a_2,\cdots,a_m$是线性无关的,则向量组$A:a_1,a_2,\cdots,a_m$中的任何

向量组成的部分组都是线性无关的.

(5) 如果向量组 $\boldsymbol{A}:\boldsymbol{a}_1,\boldsymbol{a}_2,\cdots,\boldsymbol{a}_m$ 是线性无关的,而添加一个向量 $\boldsymbol{b}$ 后,向量组 $\boldsymbol{a}_1,\boldsymbol{a}_2,\cdots,\boldsymbol{a}_m,\boldsymbol{b}$ 线性相关,则 $\boldsymbol{b}$ 可由 $\boldsymbol{A}:\boldsymbol{a}_1,\boldsymbol{a}_2,\cdots,\boldsymbol{a}_m$ 线性表示.

8. 向量组的极大无关组与向量组的秩

(1) 如果在向量组 $\boldsymbol{A}:\boldsymbol{a}_1,\boldsymbol{a}_2,\cdots,\boldsymbol{a}_m$ 中选出 r 个向量组成向量组 $\boldsymbol{A}_0(r\leqslant m)$ 满足:

①$\boldsymbol{A}_0:\boldsymbol{a}_1,\boldsymbol{a}_2,\cdots,\boldsymbol{a}_r$ 线性无关;

②向量组 $\boldsymbol{A}:\boldsymbol{a}_1,\boldsymbol{a}_2,\cdots,\boldsymbol{a}_m$ 中任意一个向量都能被 $\boldsymbol{A}_0:\boldsymbol{a}_1,\boldsymbol{a}_2,\cdots,\boldsymbol{a}_r$ 线性表示,则称 $\boldsymbol{A}_0:\boldsymbol{a}_1,\boldsymbol{a}_2,\cdots,\boldsymbol{a}_r$ 是 $\boldsymbol{A}:\boldsymbol{a}_1,\boldsymbol{a}_2,\cdots,\boldsymbol{a}_m$ 的一个极大无关组;极大无关组所含向量的个数叫做向量组的秩,也记为 $r(\boldsymbol{A})$,仅含有零向量的向量组没有极大无关组,它的秩为0;线性无关组本身就是极大无关组.

9. 向量空间

(1) 了解定义中最本质的两条即线性运算的封闭性.

(2) 理解基和维数与向量组的极大无关组和向量组的秩之间的联系.

(3) 两个基之间的过渡矩阵.

设 $\boldsymbol{a}_1,\boldsymbol{a}_2,\cdots,\boldsymbol{a}_n;\boldsymbol{b}_1,\boldsymbol{b}_2,\cdots,\boldsymbol{b}_n$ 是 n 维向量空间 V_n 的两个基,并且在 V_n 的标准基 $\boldsymbol{e}_1,\boldsymbol{e}_2,\cdots,\boldsymbol{e}_n$ 下的矩阵分别是 $\boldsymbol{A},\boldsymbol{B}$,则

$$(\boldsymbol{b}_1,\boldsymbol{b}_2,\cdots,\boldsymbol{b}_n)=(\boldsymbol{a}_1,\boldsymbol{a}_2,\cdots,\boldsymbol{a}_n)(\boldsymbol{A}^{-1}\boldsymbol{B})$$

求法:$(\boldsymbol{A}\,\vdots\,\boldsymbol{B})\xleftrightarrow{r}(\boldsymbol{E}\,\vdots\,\boldsymbol{A}^{-1}\boldsymbol{B})$.

(4) 坐标变换公式.

设向量 $\boldsymbol{\alpha}$ 在 V_n 的两个基 $\boldsymbol{a}_1,\boldsymbol{a}_2,\cdots,\boldsymbol{a}_n;\boldsymbol{b}_1,\boldsymbol{b}_2,\cdots,\boldsymbol{b}_n$ 下的坐标分别为 $\boldsymbol{x},\boldsymbol{y}$,则有 $\boldsymbol{Ax}=\boldsymbol{By}$ 或 $\boldsymbol{y}=\boldsymbol{Cx}$,其中 $\boldsymbol{C}=\boldsymbol{B}^{-1}\boldsymbol{A}$.

基本题型

题型Ⅰ　有关向量的概念及其性质的命题

1. 填空题

(1) 设 $\boldsymbol{\beta}(1,k,k^2)$ 能由 $\boldsymbol{\alpha}_1=(1-k,1,1),\boldsymbol{\alpha}_2=(1,1+k,1),\boldsymbol{\alpha}_3=(1,1,k)$ 唯一线性表出,则 $k=$ ______.

(2) 设有向量组 $\boldsymbol{\alpha}=(1,1,1),\boldsymbol{\alpha}_2=(t,2,t),\boldsymbol{\alpha}_3=(2,3,t)$,当 t 为何值时线性相关?当 t 为何值时 $\boldsymbol{\alpha}_1,\boldsymbol{\alpha}_2,\boldsymbol{\alpha}_3$ 线性无关?

解:这都是很基本的题.

(1)β 能被 $\boldsymbol{\alpha}_1,\boldsymbol{\alpha}_2,\boldsymbol{\alpha}_3$ 唯一线性表出 $\Leftrightarrow$ 线性方程组 $\boldsymbol{Ax}=\boldsymbol{\beta}$ 有唯一解 $\Leftrightarrow r(\boldsymbol{A},\boldsymbol{B})=r(\boldsymbol{A})\Leftrightarrow r(\boldsymbol{A})=3\Leftrightarrow \boldsymbol{A}\neq 0$.

方法很多,我们用行列式求之

$$\begin{vmatrix}1-k & 1 & 1\\ 1 & 1+k & 1\\ 1 & 1 & k\end{vmatrix}=-\begin{vmatrix}1 & 1 & k\\ 1 & 1+k & 1\\ 1-k & 1 & 1\end{vmatrix}=-\begin{vmatrix}1 & 1 & k\\ 0 & k & 1-k\\ 0 & 0 & k+k(k-1)\end{vmatrix}=-k^3\neq 0$$

解得 $k\neq 0$.

(2) 也用行列式求之

$$\begin{vmatrix}1&1&1\\t&2&t\\2&3&t\end{vmatrix}=\begin{vmatrix}1&1&1\\0&2-t&0\\0&1&r-2\end{vmatrix}=-(2-t)^2$$

当 $t=2$ 时,$\boldsymbol{\alpha}_1,\boldsymbol{\alpha}_2,\boldsymbol{\alpha}_3$ 线性相关;当 $t\neq 2$ 时,$\boldsymbol{\alpha}_1,\boldsymbol{\alpha}_2,\boldsymbol{\alpha}_3$ 线性无关.

2. 解答题

(1) 设向量组 $\boldsymbol{\alpha}_1,\boldsymbol{\alpha}_2,\boldsymbol{\alpha}_3$ 线性无关,若向量组 $l\boldsymbol{\alpha}_1+\boldsymbol{\alpha}_2,\boldsymbol{\alpha}_2+\boldsymbol{\alpha}_3,m\boldsymbol{\alpha}_3+\boldsymbol{\alpha}_1$ 线性无关,则常数 l,m 满足什么条件?

解:可以用定义解答,考虑

$$k_1(l\boldsymbol{\alpha}_1+\boldsymbol{\alpha}_2)+k_2(\boldsymbol{\alpha}_2+\boldsymbol{\alpha}_3)+k_3(m\boldsymbol{\alpha}_3+\boldsymbol{\alpha}_1)=\mathbf{0}$$

即
$$(k_1l+k_3)\boldsymbol{\alpha}_1+(k_1+k_2)\boldsymbol{\alpha}_2+(k_2+k_3m)\boldsymbol{\alpha}_3=\mathbf{0}$$

$\boldsymbol{\alpha}_1,\boldsymbol{\alpha}_2,\boldsymbol{\alpha}_3$ 线性无关得

$$\begin{cases}k_1l+k_3=0\\k_1+k_2=0\\k_2+k_3m=0\end{cases}\text{有唯一零解}\Leftrightarrow\begin{vmatrix}l&0&1\\1&1&0\\0&1&m\end{vmatrix}\neq 0\Leftrightarrow lm+1\neq 0$$

(2) 设有向量组 $\boldsymbol{A}:\boldsymbol{\alpha}_1=(1,1,2,-2),\boldsymbol{\alpha}_2=(1,3,-x,-2x),\boldsymbol{\alpha}_3=(1,-1,6,0)$,若 $r(\boldsymbol{A})$,则 x 为何值?

解:用秩来求

$$\begin{pmatrix}1&1&2&-2\\1&3&-x&-2x\\1&-1&6&0\end{pmatrix}\overset{r}{\longleftrightarrow}\begin{pmatrix}1&1&2&-2\\0&2&-x-2&-2x+2\\0&0&-x+2&-2x+4\end{pmatrix}$$

要保证 $r(\boldsymbol{A})=2$,只要 $x=2$ 即可.

题型 Ⅱ　有关线性表出的题

1. 确定常数 a,使向量组 $\boldsymbol{\alpha}_1,\boldsymbol{\alpha}_2,\boldsymbol{\alpha}_3$ 可由 $\boldsymbol{\beta}_1,\boldsymbol{\beta}_2,\boldsymbol{\beta}_3$ 线性表示,而 $\boldsymbol{\beta}_1,\boldsymbol{\beta}_2,\boldsymbol{\beta}_3$ 不能被 $\boldsymbol{\alpha}_1,\boldsymbol{\alpha}_2,\boldsymbol{\alpha}_3$ 线性表示,其中

$$\boldsymbol{\alpha}_1=\begin{pmatrix}1\\1\\a\end{pmatrix},\boldsymbol{\alpha}_2=\begin{pmatrix}1\\a\\1\end{pmatrix},\boldsymbol{\alpha}_3=\begin{pmatrix}a\\1\\1\end{pmatrix}$$

$$\boldsymbol{\beta}_1=\begin{pmatrix}1\\1\\a\end{pmatrix},\boldsymbol{\beta}_2=\begin{pmatrix}-2\\a\\4\end{pmatrix},\boldsymbol{\beta}_3=\begin{pmatrix}-2\\a\\a\end{pmatrix}$$

解:设 $\boldsymbol{A}=(\boldsymbol{\alpha}_1,\boldsymbol{\alpha}_2,\boldsymbol{\alpha}_3),\boldsymbol{B}=(\boldsymbol{\beta}_1,\boldsymbol{\beta}_2,\boldsymbol{\beta}_3)$.

由条件:(1) 只能得到 $\boldsymbol{Bx}=\boldsymbol{A}$ 有解 $\Leftrightarrow r(\boldsymbol{B})=r(\boldsymbol{B},\boldsymbol{A})$;

(2) 能得到 $\boldsymbol{Ax}=\boldsymbol{B}$ 无解 $\Leftrightarrow r(\boldsymbol{A})<r(\boldsymbol{A},\boldsymbol{B})$.

用初等变换

$$(\boldsymbol{A},\boldsymbol{B})=\left(\begin{array}{ccc:ccc}1&1&a&1&-2&-2\\1&a&1&1&a&a\\a&1&1&a&4&a\end{array}\right)\overset{r}{\longleftrightarrow}$$

$$\left(\begin{array}{ccc|ccc}1 & 1 & a & 1 & -2 & -2\\0 & a-1 & 1-a & 0 & a+2 & a+2\\0 & 1-a & 1-a^2 & 0 & 4+2a & 3a\end{array}\right)\xleftrightarrow{r}$$

$$\left(\begin{array}{ccc|ccc}1 & 1 & a & 1 & -2 & -2\\0 & a-1 & 1-a & 0 & a+2 & a+2\\0 & 0 & -(a-1)(a+2) & 0 & 3a+6 & 4a+2\end{array}\right)$$

由于(2)可知 $r(\boldsymbol{A})<3$,此时 $a=1$ 或 $a=-2$.

当 $a=1$ 时,有

$$(\boldsymbol{A},\boldsymbol{B})=\left(\begin{array}{ccc|ccc}1 & 1 & a & 1 & -2 & -2\\1 & a & 1 & 1 & a & a\\a & 1 & 1 & a & 4 & a\end{array}\right)\xleftrightarrow{r}\left(\begin{array}{ccc|ccc}1 & 1 & a & 1 & -2 & -2\\0 & 0 & 0 & 0 & 3 & 3\\0 & 0 & 0 & 0 & 9 & 6\end{array}\right)$$

$r(\boldsymbol{A})=1$,$r(\boldsymbol{B})=3$ 无解;而 $r(\boldsymbol{B},\boldsymbol{A})=3=r(\boldsymbol{B})$ 所以(1)成立.

当 $a=-2$ 时,有

$$(\boldsymbol{A},\boldsymbol{B})=\left(\begin{array}{ccc|ccc}1 & 1 & a & 1 & -2 & -2\\1 & a & 1 & 1 & a & a\\a & 1 & 1 & a & 4 & a\end{array}\right)\xleftrightarrow{r}\left(\begin{array}{ccc|ccc}1 & 1 & a & 1 & -2 & -2\\0 & -3 & 3 & 0 & 0 & 0\\0 & 0 & 0 & 0 & 0 & -2\end{array}\right)$$

$r(\boldsymbol{A})=2$,$r(\boldsymbol{A},\boldsymbol{B})=3$ 满足(2),但是此时 $r(\boldsymbol{B})=2<r(\boldsymbol{B},\boldsymbol{A})=3$ 不满足(1),所以解得 $a=1$.

2. 设向量组(Ⅰ):$\boldsymbol{\alpha}_1,\boldsymbol{\alpha}_2,\boldsymbol{\alpha}_3$ 与(Ⅱ):$\boldsymbol{\beta}_1,\boldsymbol{\beta}_2,\boldsymbol{\beta}_3$,其中

$$\boldsymbol{\alpha}_1=(1,0,2)^{\mathrm{T}},\boldsymbol{\alpha}_2=(1,1,3)^{\mathrm{T}},\boldsymbol{\alpha}_3=(1,-1,a+2)^{\mathrm{T}}$$

$$\boldsymbol{\beta}_1=(1,2,a+3)^{\mathrm{T}},\boldsymbol{\beta}_2=(2,1,a+6)^{\mathrm{T}},\boldsymbol{\beta}_3=(2,1,a+4)^{\mathrm{T}}$$

试问:当 a 为何值时(Ⅰ),(Ⅱ)等价?当 a 为何值时(Ⅰ),(Ⅱ)不等价?

解:设 $\boldsymbol{A}=(\boldsymbol{\alpha}_1,\boldsymbol{\alpha}_2,\boldsymbol{\alpha}_3)$,$\boldsymbol{B}=(\boldsymbol{\beta}_1,\boldsymbol{\beta}_2,\boldsymbol{\beta}_3)$,所谓(Ⅰ),(Ⅱ)等价,就是两个向量组可以互相线性表示,也就是 $\boldsymbol{Ax}=\boldsymbol{B}$ 有解及 $\boldsymbol{Bx}=\boldsymbol{A}$ 有解,就是 $r(\boldsymbol{A})=r(\boldsymbol{A},\boldsymbol{B})=r(\boldsymbol{B})$,做初等变换

$$(\boldsymbol{A},\boldsymbol{B})=\left(\begin{array}{ccc|ccc}1 & 1 & 1 & 1 & 2 & 2\\0 & 1 & -1 & 2 & 1 & 1\\2 & 3 & a+2 & a+3 & a+6 & a+4\end{array}\right)\xleftrightarrow{r}$$

$$\left(\begin{array}{ccc|ccc}1 & 1 & 1 & 1 & 2 & 2\\0 & 1 & -1 & 2 & 1 & 1\\0 & 0 & a+1 & a-1 & a+1 & a-1\end{array}\right)$$

当 $a\neq-1$ 时,$r(\boldsymbol{A})=r(\boldsymbol{A},\boldsymbol{B})=3$,而

$$|\boldsymbol{B}|=\begin{vmatrix}1 & 2 & 2\\2 & 1 & 1\\a+3 & a+6 & a+4\end{vmatrix}=$$

$$(a+3)\times0-(a+6)\times(-3)+(a+4)\times(-3)=6\neq0$$

所以 $r(\boldsymbol{B})=3$,就是 $f(\boldsymbol{A})=r(\boldsymbol{A},\boldsymbol{B})=r(\boldsymbol{B})$.

这就表明两个向量组等价.

当 $a=-1$ 时

$$(\boldsymbol{A},\boldsymbol{B})=\left(\begin{array}{ccc:ccc}1&1&1&1&2&2\\0&1&-1&2&1&1\\2&3&a+2&a+3&a+6&a+4\end{array}\right)\xrightarrow{r}\left(\begin{array}{ccc:ccc}1&1&1&1&2&2\\0&1&-1&2&1&1\\0&0&0&-2&0&-2\end{array}\right)$$

得 $r(\boldsymbol{A})=2,r(\boldsymbol{A},\boldsymbol{B})=3$.

表明(Ⅱ)不能由(Ⅰ)线性表示,所以不等价.

3. $\boldsymbol{A}:\boldsymbol{\alpha}_1=(\lambda+3,\lambda,3\lambda+3)^{\mathrm{T}},\boldsymbol{\alpha}_2=(1,\lambda-1,\lambda)^{\mathrm{T}},\boldsymbol{\alpha}_3=(2,\lambda+1,\lambda+3)^{\mathrm{T}},\boldsymbol{\beta}=(\lambda,2\lambda,0)^{\mathrm{T}}$.

(1)λ 为何值时,$\boldsymbol{\beta}$ 可由 $\boldsymbol{A}$ 线性表出且表达式唯一;

(2)λ 为何值时,$\boldsymbol{\beta}$ 不能由 $\boldsymbol{A}$ 线性表出;

(3)λ 为何值时,$\boldsymbol{\beta}$ 可由 $\boldsymbol{A}$ 线性表出且表达式不唯一.

解:用秩来解决(1),当 $r(\boldsymbol{A})=3$,$\boldsymbol{\beta}$ 可由 $\boldsymbol{A}$ 线性表出且表达式唯一;

(2)$r(\boldsymbol{A})<r(\boldsymbol{A},\boldsymbol{B})$,$\boldsymbol{\beta}$ 不能由 $\boldsymbol{A}$ 线性表出;

(3)$r(\mathrm{A})=r(\boldsymbol{A},\boldsymbol{B})<3$,$\boldsymbol{\beta}$ 可由 $\boldsymbol{A}$ 线性表出且表达式不唯一.

先考察系数行列式

$$|\boldsymbol{A}|=\begin{vmatrix}\lambda+3&1&2\\\lambda&\lambda-1&\lambda+1\\3\lambda+3&\lambda&\lambda+3\end{vmatrix}\overset{r_3-r_1-r_2}{=\!=\!=}\begin{vmatrix}\lambda+3&1&2\\\lambda&\lambda-1&\lambda+1\\\lambda&0&0\end{vmatrix}=\lambda(3-\lambda)$$

(1) 当 $\lambda\neq0,\lambda\neq3,r(\boldsymbol{A})=3\boldsymbol{\beta}$ 可由 $\boldsymbol{A}$ 线性表出且表达式唯一;

(2)$\lambda=3$,得

$$(\boldsymbol{A},\boldsymbol{\beta})=\left(\begin{array}{ccc:c}6&1&2&3\\3&2&4&6\\12&3&6&0\end{array}\right)\xrightarrow{r}\left(\begin{array}{ccc:c}3&2&4&6\\0&1&2&3\\0&0&0&-9\end{array}\right)$$

$r(\boldsymbol{A})=3=r(\boldsymbol{A},\boldsymbol{\beta})$,$\boldsymbol{\beta}$ 不能由 $\boldsymbol{A}$ 线性表出;

(3)$\lambda=0$,得

$$(\boldsymbol{A},\boldsymbol{\beta})=\left(\begin{array}{ccc:c}3&1&2&0\\0&-1&1&0\\3&0&3&0\end{array}\right)\xrightarrow{r}\left(\begin{array}{ccc:c}1&0&1&0\\0&1&-1&0\\0&0&0&0\end{array}\right)$$

$r(\boldsymbol{A})=r(\boldsymbol{A},\boldsymbol{\beta})=2<3$,$\boldsymbol{\beta}$ 可由 $\boldsymbol{A}$ 线性表出且表达式不唯一.

题型 Ⅲ　向量组线性相关性

基本方法:向量组 $\boldsymbol{A}:\boldsymbol{a}_1,\boldsymbol{a}_2,\cdots,\boldsymbol{a}_m$ 线性相关 $\Leftrightarrow$ 用定义.

(1) 向量组 $\boldsymbol{A}:\boldsymbol{a}_1,\boldsymbol{a}_2,\cdots,\boldsymbol{a}_m$ 线性相关 $\Leftrightarrow\boldsymbol{Ax}=\boldsymbol{0}$ 有非零解 $\Leftrightarrow r(\boldsymbol{A})<m\Leftrightarrow$ 存在一个向量可由其余的向量线性表示;

(2) 如果在向量组 $\boldsymbol{A}:\boldsymbol{a}_1,\boldsymbol{a}_2,\cdots,\boldsymbol{a}_m$ 中含有一个零向量,则向量组 $\boldsymbol{A}:\boldsymbol{a}_1,\boldsymbol{a}_2,\cdots,\boldsymbol{a}_m$ 线性相关;

(3) 如果在向量组 $\boldsymbol{A}:\boldsymbol{a}_1,\boldsymbol{a}_2,\cdots,\boldsymbol{a}_m$ 中有一部分向量线性相关,则向量组 $\boldsymbol{A}:\boldsymbol{a}_1,\boldsymbol{a}_2,\cdots,\boldsymbol{a}_m$ 线性相关;

(4)m 个 n 维向量组成的向量组当 $m>n$ 时,必相关;

(5) 必有一个特征值为零.

1. 设向量组 $\boldsymbol{A}:\boldsymbol{a}_1,\boldsymbol{a}_2,\cdots,\boldsymbol{a}_s,\boldsymbol{a}_{s+1}(s\geqslant 1)$ 线性无关，向量组 $\boldsymbol{B}:\boldsymbol{b}_1,\boldsymbol{b}_2,\cdots,\boldsymbol{b}_s$ 可表为 $\boldsymbol{b}_i=\boldsymbol{a}_i+t_i\boldsymbol{a}_{i+1},i=1,2,\cdots,s$，试证：$\boldsymbol{B}:\boldsymbol{b}_1,\boldsymbol{b}_2,\cdots,\boldsymbol{b}_s$ 线性无关.

证明：这是一个少被多表出的问题，用定义比较简单.

考虑 $k_1\boldsymbol{b}_1+k_2\boldsymbol{b}_2+\cdots+k_s\boldsymbol{b}_s=\boldsymbol{0}$，由题设得

$$k_1(\boldsymbol{a}_1+t_1\boldsymbol{a}_2)+k_2(\boldsymbol{a}_2+t_2\boldsymbol{a}_3)+\cdots+k_s(\boldsymbol{a}_s+t_s\boldsymbol{a}_{s+1})=\boldsymbol{0}$$

就是

$$k_1\boldsymbol{a}_1+(k_1t_1+k_2)\boldsymbol{a}_2+\cdots+(k_{s-1}t_{s-1}+k_s)\boldsymbol{a}_s+k_st_s\boldsymbol{a}_{s+1}=\boldsymbol{0}$$

而 $\boldsymbol{A}:\boldsymbol{a}_1,\boldsymbol{a}_2,\cdots,\boldsymbol{a}_s,\boldsymbol{a}_{s+1}(s\geqslant 1)$ 线性无关，所以

$$\begin{cases}k_1=0\\k_1t_1+k_2=0\\\qquad\vdots\\k_{s-1}t_{s-1}+k_s=0\\k_st_s=0\end{cases}\Rightarrow k_1=k_2=\cdots=k_s=0$$

所以 $\boldsymbol{B}:\boldsymbol{b}_1,\boldsymbol{b}_2,\cdots,\boldsymbol{b}_s$ 线性无关.

2. 设向量组 $\boldsymbol{A}:\boldsymbol{a}_1,\boldsymbol{a}_2,\cdots,\boldsymbol{a}_m$ 线性无关，$\boldsymbol{b}_1$ 可由该组表出，$\boldsymbol{b}_2$ 不能由该组表出，证明：$\boldsymbol{a}_1,\boldsymbol{a}_2,\cdots,\boldsymbol{a}_m,l\boldsymbol{b}_1+\boldsymbol{b}_2$ 线性无关.

证明：设

$$k_1\boldsymbol{a}_1+k_2\boldsymbol{a}_2+\cdots+k_m\boldsymbol{b}_m+k_{m+1}(l\boldsymbol{b}_1+\boldsymbol{b}_2)=\boldsymbol{0}$$

就是

$$k_1\boldsymbol{a}_1+k_2\boldsymbol{a}_2+\cdots+k_m\boldsymbol{a}_m+k_{m+1}l\boldsymbol{b}_1+k_{m+1}\boldsymbol{b}_2=\boldsymbol{0}$$

断言 $k_{m+1}=0$，否则 $\boldsymbol{b}_2$ 能由该组表示，矛盾. 于是得 $k_1\boldsymbol{a}_1+k_2\boldsymbol{a}_2+\cdots+k_m\boldsymbol{a}_m=\boldsymbol{0}$，而向量组 $\boldsymbol{A}:\boldsymbol{a}_1,\boldsymbol{a}_2,\cdots,\boldsymbol{a}_m$ 线性无关，所以得

$$k_1=k_2=\cdots=k_m=0,k_{m+1}=0$$

所以 $\boldsymbol{a}_1,\boldsymbol{a}_2,\cdots,\boldsymbol{a}_m,l\boldsymbol{b}_1+\boldsymbol{b}_2$ 线性无关.

3. 设 n 维向量 $\boldsymbol{\alpha}_1,\boldsymbol{\alpha}_2,\cdots,\boldsymbol{\alpha}_m(m<n)$ 线性无关，则 n 维向量 $\boldsymbol{\beta}_1,\boldsymbol{\beta}_2,\cdots,\boldsymbol{\beta}_m$ 线性无关的充分必要条件是(　　)

A. 向量组 $\boldsymbol{\alpha}_1,\boldsymbol{\alpha}_2,\cdots,\boldsymbol{\alpha}_m(m<n)$ 可由向量组 $\boldsymbol{\beta}_1,\boldsymbol{\beta}_2,\cdots,\boldsymbol{\beta}_m$ 线性表示

B. 向量组 $\boldsymbol{\beta}_1,\boldsymbol{\beta}_2,\cdots,\boldsymbol{\beta}_m$ 可由 $\boldsymbol{\alpha}_1,\boldsymbol{\alpha}_2,\cdots,\boldsymbol{\alpha}_m$ 线性表示

C. 向量组 $\boldsymbol{\alpha}_1,\boldsymbol{\alpha}_2,\cdots,\boldsymbol{\alpha}_m$ 与向量组 $\boldsymbol{\beta}_1,\boldsymbol{\beta}_2,\cdots,\boldsymbol{\beta}_m$ 等价

D. 矩阵 $\boldsymbol{A}=(\boldsymbol{\alpha}_1,\boldsymbol{\alpha}_2,\cdots,\boldsymbol{\alpha}_m)$ 与矩阵 $\boldsymbol{B}=(\boldsymbol{\beta}_1,\boldsymbol{\beta}_2,\cdots,\boldsymbol{\beta}_m)$ 等价

该题容易选错.

$\boldsymbol{\beta}_1,\boldsymbol{\beta}_2,\cdots,\boldsymbol{\beta}_m$ 线性无关的充分必要条件就是 $r(\boldsymbol{B})=m$ 即可.

由满足 A 有 $r(\boldsymbol{A})\leqslant r(\boldsymbol{B})\Rightarrow r(\boldsymbol{B})\geqslant m$ 不选.

满足 B 有 $r(\boldsymbol{B})\leqslant r(\boldsymbol{A})=m$.

满足 C 有 $r(\boldsymbol{A})=r(\boldsymbol{B})=r(\boldsymbol{A},\boldsymbol{B})=m$ 互相表示就是等价，但是并不是要判断等价的问题.

满足 D 有两个向量组的秩相等(未必有两个组等价).

当矩阵$\boldsymbol{A}=(\boldsymbol{\alpha}_1,\boldsymbol{\alpha}_2,\cdots,\boldsymbol{\alpha}_m)$与矩阵$\boldsymbol{B}=(\boldsymbol{\beta}_1,\boldsymbol{\beta}_2,\cdots,\boldsymbol{\beta}_m)$等价有两个向量组的秩相等(未必有两个组等价). 由于$\boldsymbol{\alpha}_1,\boldsymbol{\alpha}_2,\cdots,\boldsymbol{\alpha}_m$线性无关,所以$r(\boldsymbol{B})=r(\boldsymbol{A})=m$,所以$\boldsymbol{\beta}_1,\boldsymbol{\beta}_2,\cdots,\boldsymbol{\beta}_m$线性无关. 反之当$\boldsymbol{\beta}_1,\boldsymbol{\beta}_2,\cdots,\boldsymbol{\beta}_m$线性无关,有$r(\boldsymbol{B})=m$,所以$r(\boldsymbol{B})=r(\boldsymbol{A})$,矩阵$\boldsymbol{A}=(\boldsymbol{\alpha}_1,\boldsymbol{\alpha}_2,\cdots,\boldsymbol{\alpha}_m)$与矩阵$\boldsymbol{B}=(\boldsymbol{\beta}_1,\boldsymbol{\beta}_2,\cdots,\boldsymbol{\beta}_m)$等价,选择合适.

该题容易选择 C.

C 就是同时满足 A,B,仅是$\boldsymbol{\beta}_1,\boldsymbol{\beta}_2,\cdots,\boldsymbol{\beta}_m$线性无关的充分条件,当$\boldsymbol{\alpha}_1,\boldsymbol{\alpha}_2,\cdots,\boldsymbol{\alpha}_m$线性无关,$\boldsymbol{\beta}_1,\boldsymbol{\beta}_2,\cdots,\boldsymbol{\beta}_m$线性无关时未必有两个向量组等价. 就是未必有$r(\boldsymbol{B})=r(\boldsymbol{A})=r(\boldsymbol{A},\boldsymbol{B})$成立.

例如,向量$\boldsymbol{\alpha}=\begin{pmatrix}1\\0\end{pmatrix},\boldsymbol{\beta}\begin{pmatrix}0\\1\end{pmatrix}$. 两组都线性无关,秩相等,但是两者不等价.

4. 设向量组 Ⅰ:$\boldsymbol{\alpha}_1,\boldsymbol{\alpha}_2,\cdots,\boldsymbol{\alpha}_r$可由向量组 Ⅱ:$\boldsymbol{\beta}_1,\boldsymbol{\beta}_2,\cdots,\boldsymbol{\beta}_s$线性表示,则正确的是(　　)

A. 当$r<s$时,向量组 Ⅱ 线性相关

B. 当$r>s$时,向量组 Ⅱ 线性相关

C. 当$r<s$时,向量组 Ⅰ 线性相关

D. 当$r>s$时,向量组 Ⅰ 线性相关

解:当多被少线性表示时,多的秩小于向量的个数,所以多必线性相关. 选择 D.

5. 设$\boldsymbol{A},\boldsymbol{B}$为满足$\boldsymbol{AB}=\boldsymbol{0}$的任意两个非零矩阵,则必有(　　)

A. $\boldsymbol{A}$的列向量组线性相关,$\boldsymbol{B}$的行向量组线性相关

B. $\boldsymbol{A}$的列向量组线性相关,$\boldsymbol{B}$的列向量组线性相关

C. $\boldsymbol{A}$的行向量组线性相关,$\boldsymbol{B}$的行向量组线性相关

D. $\boldsymbol{A}$的行向量组线性相关,$\boldsymbol{B}$的列向量组线性相关

解:$\boldsymbol{Ax}=\boldsymbol{0}$有非零解的充分必要条件是$\boldsymbol{A}$的列向量组线性相关,由$\boldsymbol{AB}=\boldsymbol{0}$得$\boldsymbol{B}^{\mathrm{T}}\boldsymbol{A}^{\mathrm{T}}=\boldsymbol{0}$就是$\boldsymbol{B}$的行向量组线性相关,选择 A.

另解:设$\boldsymbol{A}=(a_{ij})_{m\times n},\boldsymbol{B}=(b_{ij})_{n\times s}$,由于$\boldsymbol{AB}=\boldsymbol{0}$,得$r(\boldsymbol{A})+r(\boldsymbol{B})\leqslant n$,而$r(\boldsymbol{A})\geqslant 1$,$r(\boldsymbol{B})\geqslant 1$,$r(\boldsymbol{A})+r(\boldsymbol{B})<n$,于是有$r(\boldsymbol{A})<n$,得$\boldsymbol{A}$的列向量组线性相关,$r(\boldsymbol{B})<n$,$\boldsymbol{B}$的行向量组线性相关.

6. 设λ_1,λ_2是矩阵$\boldsymbol{A}$的两个不同的特征值,对应的特征向量分别是$\boldsymbol{\alpha}_1,\boldsymbol{\alpha}_2$,则$\boldsymbol{\alpha}_1$,$\boldsymbol{A}(\boldsymbol{\alpha}_1+\boldsymbol{\alpha}_2)$线性无关的充要条件是(　　)

A. $\lambda_1\neq 0$　　B. $\lambda_2\neq 0$　　C. $\lambda_1=0$　　D. $\lambda_2=0$

解:由题设可知$\boldsymbol{\alpha}_1,\boldsymbol{\alpha}_2$线性无关(属于不同特征值的特征向量线性无关)

$$\boldsymbol{\alpha}_1\boldsymbol{A}(\boldsymbol{\alpha}_1+\boldsymbol{\alpha}_2)\text{ 线性无关}\Leftrightarrow k_1\boldsymbol{\alpha}_1+k_2\boldsymbol{A}(\boldsymbol{\alpha}_1+\boldsymbol{\alpha}_2)=\boldsymbol{0}\text{ 有唯一零解}\Leftrightarrow$$
$$(k_1+k_2\lambda_1)\boldsymbol{\alpha}_1+k_2\lambda_2\boldsymbol{\alpha}_2=\boldsymbol{0}\text{ 有唯一零解}$$

于是得

$$\begin{cases}k_1+\lambda_1k_2=0\\ \lambda_2k_2=0\end{cases}$$

$$\begin{cases}k_1=0\\ k_2=0\end{cases}\Leftrightarrow\begin{vmatrix}1&\lambda_1\\0&\lambda_2\end{vmatrix}\neq 0\Leftrightarrow\lambda_2\neq 0$$

选择 B.

7. 设 $\boldsymbol{\alpha}_1,\boldsymbol{\alpha}_2,\cdots,\boldsymbol{\alpha}_s$ 均为 n 维列向量,$\boldsymbol{A}$ 是 $m\times n$ 矩阵,下列正确的是(　　)

A. 若 $\boldsymbol{\alpha}_1,\boldsymbol{\alpha}_2,\cdots,\boldsymbol{\alpha}_s$ 线性相关,则 $\boldsymbol{A\alpha}_1,\boldsymbol{A\alpha}_2,\cdots,\boldsymbol{A\alpha}_s$ 线性相关

B. 若 $\boldsymbol{\alpha}_1,\boldsymbol{\alpha}_2,\cdots,\boldsymbol{\alpha}_s$ 线性相关,则 $\boldsymbol{A\alpha}_1,\boldsymbol{A\alpha}_2,\cdots,\boldsymbol{A\alpha}_s$ 线性无关

C. 若 $\boldsymbol{\alpha}_1,\boldsymbol{\alpha}_2,\cdots,\boldsymbol{\alpha}_s$ 线性无关,则 $\boldsymbol{A\alpha}_1,\boldsymbol{A\alpha}_2,\cdots,\boldsymbol{A\alpha}_s$ 线性相关

D. 若 $\boldsymbol{\alpha}_1,\boldsymbol{\alpha}_2,\cdots,\boldsymbol{\alpha}_s$ 线性无关,则 $\boldsymbol{A\alpha}_1,\boldsymbol{A\alpha}_2,\cdots,\boldsymbol{A\alpha}_s$ 线性无关

解:利用向量组的秩来判定.

注意到 $(\boldsymbol{A\alpha}_1,\boldsymbol{A\alpha}_2,\cdots,\boldsymbol{A\alpha}_s)=\boldsymbol{A}(\boldsymbol{\alpha}_1,\boldsymbol{\alpha}_2,\cdots,\boldsymbol{\alpha}_s)$,有

$$r(\boldsymbol{A\alpha}_1,\boldsymbol{A\alpha}_2,\cdots,\boldsymbol{A\alpha}_s)\leqslant r(\boldsymbol{\alpha}_1,\boldsymbol{\alpha}_2,\cdots,\boldsymbol{\alpha}_s)$$

若 $\boldsymbol{\alpha}_1,\boldsymbol{\alpha}_2,\cdots,\boldsymbol{\alpha}_s$ 线性相关,则 $r(\boldsymbol{\alpha}_1,\boldsymbol{\alpha}_2,\cdots,\boldsymbol{\alpha}_s)<s$,于是 $r(\boldsymbol{A\alpha}_1,\boldsymbol{A\alpha}_2,\cdots,\boldsymbol{A\alpha}_s)<s$ 线性相关,选择 A.

8. 设向量组 $\boldsymbol{\alpha}_1,\boldsymbol{\alpha}_2,\boldsymbol{\alpha}_3$ 线性无关,在下列向量组 线性相关的是(　　)

A. $\boldsymbol{\alpha}_1-\boldsymbol{\alpha}_2,\boldsymbol{\alpha}_2-\boldsymbol{\alpha}_3,\boldsymbol{\alpha}_3-\boldsymbol{\alpha}_1$

B. $\boldsymbol{\alpha}_1+\boldsymbol{\alpha}_2,\boldsymbol{\alpha}_2+\boldsymbol{\alpha}_3,\boldsymbol{\alpha}_3+\boldsymbol{\alpha}_1$

C. $\boldsymbol{\alpha}_1-2\boldsymbol{\alpha}_2,\boldsymbol{\alpha}_2-2\boldsymbol{\alpha}_3,\boldsymbol{\alpha}_3-2\boldsymbol{\alpha}_1$

D. $\boldsymbol{\alpha}_1+2\boldsymbol{\alpha}_2,\boldsymbol{\alpha}_2+2\boldsymbol{\alpha}_3,\boldsymbol{\alpha}_3+2\boldsymbol{\alpha}_1$

解:A. $(\boldsymbol{\alpha}_1-\boldsymbol{\alpha}_2,\boldsymbol{\alpha}_2-\boldsymbol{\alpha}_3,\boldsymbol{\alpha}_3-\boldsymbol{\alpha}_1)=(\boldsymbol{\alpha}_1,\boldsymbol{\alpha}_2,\boldsymbol{\alpha}_3)\begin{pmatrix}1&0&-1\\-1&1&0\\0&-1&1\end{pmatrix}$.

由于 $\begin{pmatrix}1&0&-1\\-1&1&0\\0&-1&1\end{pmatrix}\xleftrightarrow{r}\begin{pmatrix}1&0&-1\\0&1&-1\\0&0&0\end{pmatrix}$ 不可逆,所以 $r(\boldsymbol{\alpha}_1-\boldsymbol{\alpha}_2,\boldsymbol{\alpha}_2-\boldsymbol{\alpha}_3,\boldsymbol{\alpha}_3-\boldsymbol{\alpha}_1)\leqslant 2$,线性相关,选择 A.

B. $(\boldsymbol{\alpha}_1+\boldsymbol{\alpha}_2,\boldsymbol{\alpha}_2+\boldsymbol{\alpha}_3,\boldsymbol{\alpha}_3+\boldsymbol{\alpha}_1)=(\boldsymbol{\alpha}_1,\boldsymbol{\alpha}_2,\boldsymbol{\alpha}_3)\begin{pmatrix}1&0&1\\1&1&0\\0&1&1\end{pmatrix}$.

$\begin{pmatrix}1&0&1\\1&1&0\\0&1&1\end{pmatrix}\xleftrightarrow{r}\begin{pmatrix}1&0&1\\0&1&-1\\0&0&-2\end{pmatrix}$ 可逆,所以 $\boldsymbol{\alpha}_1+\boldsymbol{\alpha}_2,\boldsymbol{\alpha}_2+\boldsymbol{\alpha}_3,\boldsymbol{\alpha}_3+\boldsymbol{\alpha}_1$ 与 $(\boldsymbol{\alpha}_1,\boldsymbol{\alpha}_2,\boldsymbol{\alpha}_3)$ 等价,线性无关.

C. $(\boldsymbol{\alpha}_1-2\boldsymbol{\alpha}_2,\boldsymbol{\alpha}_2-2\boldsymbol{\alpha}_3,\boldsymbol{\alpha}_3-2\boldsymbol{\alpha}_1)=(\boldsymbol{\alpha}_1,\boldsymbol{\alpha}_2,\boldsymbol{\alpha}_3)\begin{pmatrix}1&0&-2\\-2&1&0\\0&-2&1\end{pmatrix}$,可知 $\begin{pmatrix}1&0&-2\\-2&1&0\\0&-2&1\end{pmatrix}$ 可逆,与向量组 $(\boldsymbol{\alpha}_1,\boldsymbol{\alpha}_2,\boldsymbol{\alpha}_3)$ 等价,线性无关.

D. $(\boldsymbol{\alpha}_1+2\boldsymbol{\alpha}_2,\boldsymbol{\alpha}_2+2\boldsymbol{\alpha}_3,\boldsymbol{\alpha}_3+2\boldsymbol{\alpha}_1)=(\boldsymbol{\alpha}_1,\boldsymbol{\alpha}_2,\boldsymbol{\alpha}_3)\begin{pmatrix}1&0&2\\2&1&0\\0&2&1\end{pmatrix}$,可知 $\begin{pmatrix}1&0&2\\2&1&0\\0&2&1\end{pmatrix}$ 可逆,与

$(\boldsymbol{\alpha}_1,\boldsymbol{\alpha}_2,\boldsymbol{\alpha}_3)$ 等价,线性无关.

题型Ⅳ 向量组的极大无关组及向量组的秩

主要方法是利用初等变换

1. 设有向量组

$\boldsymbol{\alpha}_1=(1,3,2,0)^{\mathrm{T}},\boldsymbol{\alpha}_2=(7,0,14,3)^{\mathrm{T}},\boldsymbol{\alpha}_3=(2,-1,0,1)^{\mathrm{T}},\boldsymbol{\alpha}_4=(5,1,6,2)^{\mathrm{T}},\boldsymbol{\alpha}_5=(2,-1,4,1)^{\mathrm{T}}$.

求:此向量的极大无关组,并把其余的向量用该极大无关组线性表示.

解:用行初等变换

$$\begin{pmatrix}1&7&2&5&2\\3&0&-1&1&-1\\2&14&0&6&4\\0&3&1&2&1\end{pmatrix}\xleftrightarrow[r_3\div -7]{r_2-3r_1,\ r_3-2r_1}\begin{pmatrix}1&7&2&5&2\\0&3&1&2&1\\0&0&-4&-4&0\\0&3&1&2&1\end{pmatrix}\xleftrightarrow[r_3\div 3]{r_4-r_2,\ r_3\div(-4)}$$

$$\begin{pmatrix}1&7&2&5&2\\0&1&\frac{1}{3}&\frac{2}{3}&\frac{1}{3}\\0&0&1&1&0\\0&0&0&0&0\end{pmatrix}\xleftrightarrow[r_1-7r_2]{r_2-\frac{1}{3}r_3,\ r_1-2r_3}\begin{pmatrix}1&0&0&\frac{2}{3}&-\frac{1}{3}\\0&1&0&\frac{1}{3}&\frac{1}{3}\\0&0&1&1&0\\0&0&0&0&0\end{pmatrix}$$

表明 $\boldsymbol{\alpha}_1,\boldsymbol{\alpha}_2,\boldsymbol{\alpha}_3$ 是该向量组的极大无关组,并且 $\boldsymbol{\alpha}_4=-\frac{1}{3}\boldsymbol{\alpha}_1+\frac{1}{3}\boldsymbol{\alpha}_2,\boldsymbol{\alpha}_5=\frac{2}{3}\boldsymbol{\alpha}_1+\frac{1}{3}\boldsymbol{\alpha}_2+\boldsymbol{\alpha}_3$.

2. 已知向量组 $\boldsymbol{\beta}_1=\begin{pmatrix}0\\1\\-1\end{pmatrix},\boldsymbol{\beta}_2=\begin{pmatrix}a\\2\\1\end{pmatrix},\boldsymbol{\beta}_3=\begin{pmatrix}b\\1\\0\end{pmatrix}$ 与向量组 $\boldsymbol{\alpha}_1=\begin{pmatrix}1\\2\\-3\end{pmatrix},\boldsymbol{\alpha}_2=\begin{pmatrix}3\\0\\1\end{pmatrix}$,

$\boldsymbol{\alpha}_3=\begin{pmatrix}9\\6\\7\end{pmatrix}$ 有相同的秩,并且 $\boldsymbol{\beta}_3$ 可由 $\boldsymbol{\alpha}_1,\boldsymbol{\alpha}_2,\boldsymbol{\alpha}_3$ 线性表示,求 a,b.

解:由于 $\boldsymbol{\beta}_3$ 可由 $\boldsymbol{\alpha}_1,\boldsymbol{\alpha}_2,\boldsymbol{\alpha}_3$ 线性表示,所以 $\boldsymbol{A}\boldsymbol{x}=\boldsymbol{\beta}_3$ 有解,$r(\boldsymbol{\alpha}_1,\boldsymbol{\alpha}_2,\boldsymbol{\alpha}_3)=r(\boldsymbol{\alpha}_1,\boldsymbol{\alpha}_2,\boldsymbol{\alpha}_3,\boldsymbol{\beta}_3)$

$$\left(\begin{array}{ccc:c}1&a&9&b\\2&2&6&1\\-3&1&7&0\end{array}\right)\xleftrightarrow{r}\left(\begin{array}{ccc:c}1&a&9&b\\0&-6&-12&1-2b\\0&10&20&3b\end{array}\right)\xleftrightarrow{r}$$

$$\left(\begin{array}{ccc:c}1&a&9&b\\0&1&2&\frac{1}{6}(2b-1)\\0&0&0&\frac{3}{10}b-\frac{1}{6}(2b-1)\end{array}\right)$$

有 $r(\boldsymbol{\alpha}_1,\boldsymbol{\alpha}_2,\boldsymbol{\alpha}_3)=r(\boldsymbol{\alpha}_1,\boldsymbol{\alpha}_2,\boldsymbol{\alpha}_3,\boldsymbol{\beta}_3)=2$,所以

$$\frac{3}{10}b-\frac{1}{6}(2b-1)=0\Rightarrow b=5$$

由于 $r(\boldsymbol{\alpha}_1,\boldsymbol{\alpha}_2,\boldsymbol{\alpha}_3)=r(\boldsymbol{\beta}_1,\boldsymbol{\beta}_2,\boldsymbol{\beta}_3)=2$,所以

$$\begin{vmatrix} 0 & a & 5 \\ 1 & 2 & 1 \\ -1 & 1 & 0 \end{vmatrix}=0\Rightarrow -a+15=0\Rightarrow a=15$$

3. 已知向量组 $\boldsymbol{A}:\boldsymbol{\alpha}_1,\boldsymbol{\alpha}_2,\boldsymbol{\alpha}_3;\boldsymbol{B}:\boldsymbol{\alpha}_1,\boldsymbol{\alpha}_2,\boldsymbol{\alpha}_3,\boldsymbol{\alpha}_4;\boldsymbol{C}:\boldsymbol{\alpha}_1,\boldsymbol{\alpha}_2,\boldsymbol{\alpha}_3,\boldsymbol{\alpha}_5$. 如果 $r(\boldsymbol{A})=r(\boldsymbol{B})=3,r(\boldsymbol{C})=4$,证明:向量组 $\boldsymbol{\alpha}_1,\boldsymbol{\alpha}_2,\boldsymbol{\alpha}_3,\boldsymbol{\alpha}_5,-\boldsymbol{\alpha}_4$ 的秩为4.

证明:由于 $r(\boldsymbol{A})=r(\boldsymbol{B})=3$,可知 $\boldsymbol{\alpha}_1,\boldsymbol{\alpha}_2,\boldsymbol{\alpha}_3$ 线性无关,$\boldsymbol{\alpha}_1,\boldsymbol{\alpha}_2,\boldsymbol{\alpha}_3,\boldsymbol{\alpha}_4$ 线性相关,所以 $\boldsymbol{\alpha}_4$ 可由 $\boldsymbol{\alpha}_1,\boldsymbol{\alpha}_2,\boldsymbol{\alpha}_3$ 线性表示,设 $\boldsymbol{\alpha}_4=k_1\boldsymbol{\alpha}_1+k_2\boldsymbol{\alpha}_2+k_3\boldsymbol{\alpha}_3$,考虑 $m_1\boldsymbol{\alpha}_1+m_2\boldsymbol{\alpha}_2+m_3\boldsymbol{\alpha}_3+m_4(\boldsymbol{\alpha}_5-\boldsymbol{\alpha}_4)=0$,得到

$$m_1\boldsymbol{\alpha}_1+m_2\boldsymbol{\alpha}_2+m_3\boldsymbol{\alpha}_3+m_4(\boldsymbol{\alpha}_5-k_1\boldsymbol{\alpha}_1-k_2\boldsymbol{\alpha}_2-k_3\boldsymbol{\alpha}_3)=\boldsymbol{0}$$

$$(m_1-k_1m_4)\boldsymbol{\alpha}_1+(m_2-k_2m_4)\boldsymbol{\alpha}_2+(m_3-k_3m_4)\boldsymbol{\alpha}_3+m_4\boldsymbol{\alpha}_5=\boldsymbol{0}$$

由于 $r(\boldsymbol{C})=4$,所以 $\boldsymbol{\alpha}_1,\boldsymbol{\alpha}_2,\boldsymbol{\alpha}_3,\boldsymbol{\alpha}_5$ 线性无关,所以

$$\begin{cases} m_1-k_1m_4=0 \\ m_2-k_2m_4=0 \\ m_3-k_3m_4=0 \\ m_4=0 \end{cases}\Rightarrow m_4=0,m_1=m_2=m_3=0$$

所以向量组 $\boldsymbol{\alpha}_1,\boldsymbol{\alpha}_2,\boldsymbol{\alpha}_3,\boldsymbol{\alpha}_5-\boldsymbol{\alpha}_4$ 线性无关,所以它的秩为4.

4. 设4维向量组 $\boldsymbol{\alpha}_1=(1+a,1,1,1)^{\mathrm{T}},\boldsymbol{\alpha}_2=(2,2+a,2,2)^{\mathrm{T}},\boldsymbol{\alpha}_3=(3,3,3+a,3)^{\mathrm{T}},\boldsymbol{\alpha}_4=(4,4,4,4+a)^{\mathrm{T}}$,问 a 为何值时向量组线性相关,当向量组线性相关时,求它的一个极大无关组,并且将其余向量用该极大无关组表示.

解:设 $\boldsymbol{A}=(\boldsymbol{\alpha}_1,\boldsymbol{\alpha}_2,\boldsymbol{\alpha}_3,\boldsymbol{\alpha}_4)$,当 $|\boldsymbol{A}|=0$ 时,向量组线性相关,就是

$$|\boldsymbol{A}|=\begin{vmatrix} 1+a & 2 & 3 & 4 \\ 1 & 2+a & 3 & 4 \\ 1 & 2 & 3+a & 4 \\ 1 & 2 & 3 & 4+a \end{vmatrix}=$$

$$(a+10)\begin{vmatrix} 1 & 0 & 0 & 0 \\ 1 & a & 0 & 0 \\ 1 & 0 & a & 0 \\ 1 & 0 & 0 & a \end{vmatrix}=a^3(a+10)=0$$

所以当 $a=0$ 或者 $a=-10$ 时,向量组线性相关.

当 $a=0$ 时

$$(\boldsymbol{\alpha}_1,\boldsymbol{\alpha}_2,\boldsymbol{\alpha}_3,\boldsymbol{\alpha}_4)=\begin{pmatrix} 1 & 2 & 3 & 4 \\ 1 & 2 & 3 & 4 \\ 1 & 2 & 3 & 4 \\ 1 & 2 & 3 & 4 \end{pmatrix}\xleftrightarrow{r}\begin{pmatrix} 1 & 2 & 3 & 4 \\ 0 & 0 & 0 & 0 \\ 0 & 0 & 0 & 0 \\ 0 & 0 & 0 & 0 \end{pmatrix}$$

$\boldsymbol{\alpha}_1$ 是其一个极大无关组,$\boldsymbol{\alpha}_2=2\boldsymbol{\alpha}_1,\boldsymbol{\alpha}_3=3\boldsymbol{\alpha}_1,\boldsymbol{\alpha}_4=4\boldsymbol{\alpha}_1$.

当 $a=-10$ 时

$$\begin{pmatrix}1 & 2 & 3 & -6\\0 & -10 & 0 & 10\\0 & 0 & -10 & 10\\0 & 2 & 3 & -5\end{pmatrix}\xleftrightarrow{r}\begin{pmatrix}1 & 2 & 3 & -6\\0 & 1 & 0 & -1\\0 & 0 & 1 & -1\\0 & 0 & 0 & 0\end{pmatrix}\xleftrightarrow{r}\begin{pmatrix}1 & 0 & 0 & -1\\0 & 1 & 0 & -1\\0 & 0 & 1 & -1\\0 & 0 & 0 & 0\end{pmatrix}$$

所以$\boldsymbol{\alpha}_1,\boldsymbol{\alpha}_2,\boldsymbol{\alpha}_3$是一个极大无关组,$\boldsymbol{\alpha}_4=\boldsymbol{\alpha}_1-\boldsymbol{\alpha}_2-\boldsymbol{\alpha}_3$.

题型 V　求过渡矩阵与向量的坐标

1. 设$\boldsymbol{A}=(\boldsymbol{\alpha}_1,\boldsymbol{\alpha}_2,\boldsymbol{\alpha}_3)=\begin{pmatrix}2 & 2 & -1\\2 & -1 & 2\\-1 & 2 & 2\end{pmatrix}$,$\boldsymbol{B}=(\boldsymbol{\beta}_1,\boldsymbol{\beta}_2)=\begin{pmatrix}1 & 4\\0 & 3\\-4 & 2\end{pmatrix}$,验证$\boldsymbol{\alpha}_1,\boldsymbol{\alpha}_2,\boldsymbol{\alpha}_3$是$\mathbf{R}^3$的一个基,并把$(\boldsymbol{\beta}_1,\boldsymbol{\beta}_2)$用这个基线性表示.

解:可以一齐解答这两问

$$\left(\begin{array}{ccc:cc}2 & 2 & -1 & 1 & 4\\2 & -1 & 2 & 0 & 3\\-1 & 2 & 2 & -4 & 2\end{array}\right)\longleftrightarrow\left(\begin{array}{ccc:cc}1 & -2 & -2 & 4 & -2\\0 & 3 & 6 & -8 & 7\\0 & 6 & 3 & -7 & 8\end{array}\right)\longleftrightarrow$$

$$\left(\begin{array}{ccc:cc}1 & -2 & -2 & 4 & -2\\0 & 1 & 2 & -\frac{8}{3} & \frac{7}{3}\\0 & 0 & 1 & -1 & \frac{2}{3}\end{array}\right)\longleftrightarrow\left(\begin{array}{ccc:cc}1 & 0 & 0 & \frac{2}{3} & \frac{4}{3}\\0 & 1 & 0 & -\frac{2}{3} & 1\\0 & 0 & 1 & -1 & \frac{2}{3}\end{array}\right)$$

由于$r(\boldsymbol{A})=3$,所以$\boldsymbol{\alpha}_1,\boldsymbol{\alpha}_2,\boldsymbol{\alpha}_3$是$\mathbf{R}^3$的一个基

$$\boldsymbol{\beta}_1=\frac{2}{3}\boldsymbol{\alpha}_1-\frac{2}{3}\boldsymbol{\alpha}_2-\boldsymbol{\alpha}_3,\boldsymbol{\beta}_2=\frac{4}{3}\boldsymbol{\alpha}_1+\boldsymbol{\alpha}_2+\frac{2}{2}\boldsymbol{\alpha}_3$$

求$\mathbf{R}^3$中的向量在基$\boldsymbol{\alpha}_1=(1,2,1)^{\mathrm{T}},\boldsymbol{\alpha}_2=(2,3,3)^{\mathrm{T}},\boldsymbol{\alpha}_3=(3,7,1)^{\mathrm{T}}$和基$\boldsymbol{\beta}_1=(3,1,4)^{\mathrm{T}},\boldsymbol{\beta}_2=(5,2,1)^{\mathrm{T}},\boldsymbol{\beta}_3=(1,1,-6)^{\mathrm{T}}$下的变换公式.

解这是很典型的题,基本方法是:$(\boldsymbol{\alpha}_1,\boldsymbol{\alpha}_2,\boldsymbol{\alpha}_3)=(\boldsymbol{e}_1,\boldsymbol{e}_2,\boldsymbol{e}_3)\boldsymbol{A}$,从而$(\boldsymbol{e}_1,\boldsymbol{e}_2,\boldsymbol{e}_3)=(\boldsymbol{\alpha}_1,\boldsymbol{\alpha}_2,\boldsymbol{\alpha}_3)\boldsymbol{A}^{-1}(\boldsymbol{\beta}_1,\boldsymbol{\beta}_2,\boldsymbol{\beta}_3)=(\boldsymbol{e}_1,\boldsymbol{e}_2,\boldsymbol{e}_3)\boldsymbol{B}$,于是$(\boldsymbol{\beta}_1,\boldsymbol{\beta}_2,\boldsymbol{\beta}_3)=(\boldsymbol{\alpha}_1,\boldsymbol{\alpha}_2,\boldsymbol{\alpha}_3)\boldsymbol{A}^{-1}\boldsymbol{B}$由基$\boldsymbol{\alpha}_1,\boldsymbol{\alpha}_2,\boldsymbol{\alpha}_3$到基$\boldsymbol{\beta}_1,\boldsymbol{\beta}_2,\boldsymbol{\beta}_3$的过渡矩阵就是$\boldsymbol{A}^{-1}\boldsymbol{B}$.

设$\mathbf{R}^3$中的向量$\boldsymbol{\alpha}$在两个基下的坐标分别为$\boldsymbol{x},\boldsymbol{y}$,则$\boldsymbol{Ax}=\boldsymbol{By}$,得到坐标变换公式为:$\boldsymbol{x}=\boldsymbol{A}^{-1}\boldsymbol{By}$(逆变)或者$\boldsymbol{y}=\boldsymbol{B}^{-1}\boldsymbol{Ax}$(正变)

$$\left(\begin{array}{ccc:ccc}1 & 2 & 3 & 3 & 5 & 1\\2 & 3 & 7 & 1 & 2 & 1\\1 & 3 & 1 & 4 & 1 & -6\end{array}\right)\xleftrightarrow[r_3-r_2;r_3\div(-1)]{r_2-2r_1,\ r_3-r_1,r_2\div(-1)}\left(\begin{array}{ccc:ccc}1 & 2 & 3 & 3 & 5 & 1\\0 & 1 & -1 & 5 & 8 & 1\\0 & 0 & 1 & 4 & 12 & 8\end{array}\right)\xleftrightarrow{r_2+r_3,\ r_1-3r_3,\ r_1-2r_2}$$

$$\left(\begin{array}{ccc:ccc}1 & 0 & 0 & -27 & -71 & -41\\0 & 1 & 0 & 9 & 20 & 9\\0 & 0 & 1 & 4 & 12 & 8\end{array}\right)$$

过渡矩阵

$$A^{-1}B=\begin{pmatrix}-27 & -71 & -41\\ 9 & 20 & 9\\ 4 & 12 & 8\end{pmatrix}$$

坐标变换公式

$$\begin{pmatrix}x_1\\ x_2\\ x_3\end{pmatrix}=\begin{pmatrix}-27 & -71 & -41\\ 9 & 20 & 9\\ 4 & 12 & 8\end{pmatrix}\begin{pmatrix}y_1\\ y_2\\ y_3\end{pmatrix}$$

2. $\mathbf{R}^3$ 中的两个基分别是 $\boldsymbol{\alpha}_1=(a,1,1)^{\mathrm{T}},\boldsymbol{\alpha}_2=(0,b,1)^{\mathrm{T}},\boldsymbol{\alpha}_3=(0,0,c)^{\mathrm{T}}$ 和 $\boldsymbol{\beta}_1=(-1,-1,z)^{\mathrm{T}},\boldsymbol{\beta}_2=(y,-1,1)^{\mathrm{T}},\boldsymbol{\beta}_3=(-1,z,1)^{\mathrm{T}}$，由基 $\boldsymbol{\alpha}_1,\boldsymbol{\alpha}_2,\boldsymbol{\alpha}_3$ 到基 $\boldsymbol{\beta}_1,\boldsymbol{\beta}_2,\boldsymbol{\beta}_3$ 的过渡矩阵就是 $\boldsymbol{Q}=\begin{pmatrix}-1 & 1 & -1\\ 0 & 1 & 2\\ 0 & 2 & 0\end{pmatrix}$，求 a,b,c,x,y,z.

解：由题设有

$$(\boldsymbol{\beta}_1,\boldsymbol{\beta}_2,\boldsymbol{\beta}_3)=(\boldsymbol{\alpha}_1,\boldsymbol{\alpha}_2,\boldsymbol{\alpha}_3)\boldsymbol{Q}$$

于是

$$\begin{pmatrix}-1 & y & -1\\ -1 & -1 & z\\ x & 1 & 1\end{pmatrix}=\begin{pmatrix}a & 0 & 0\\ 1 & b & 0\\ 1 & 1 & c\end{pmatrix}\begin{pmatrix}-1 & 1 & -1\\ 0 & 1 & 2\\ 0 & 2 & 0\end{pmatrix}=\begin{pmatrix}-a & a & -a\\ -1 & 1+b & 2b-1\\ -1 & 2+2c & 1\end{pmatrix}$$

得

$$\begin{cases}a=1,b=-2\\ y=1,c=-\dfrac{1}{2}\\ x=-1,z=-5\end{cases}$$

3. 从 $\mathbf{R}^2$ 的基 $\boldsymbol{\alpha}_1=\begin{pmatrix}1\\0\end{pmatrix},\boldsymbol{\alpha}_2=\begin{pmatrix}1\\-1\end{pmatrix}$ 到 $\boldsymbol{\beta}_1=\begin{pmatrix}1\\1\end{pmatrix},\boldsymbol{\beta}_2=\begin{pmatrix}1\\2\end{pmatrix}$ 的过渡矩阵为______.

解：利用初等变换

$$\left(\begin{array}{cc:cc}1 & 1 & 1 & 1\\ 0 & -1 & 1 & 2\end{array}\right)\xleftrightarrow{r}\left(\begin{array}{cc:cc}1 & 1 & 1 & 1\\ 0 & 1 & -1 & -2\end{array}\right)\xleftrightarrow{r}\left(\begin{array}{cc:cc}1 & 0 & 2 & 3\\ 0 & 1 & -1 & -2\end{array}\right)$$

还可以

$$(\boldsymbol{\alpha}_1,\boldsymbol{\alpha}_1)=(\boldsymbol{e}_1,\boldsymbol{e}_1)\begin{pmatrix}1 & 1\\ 0 & -1\end{pmatrix}$$

得

$$(\boldsymbol{e}_1,\boldsymbol{e}_1)=(\boldsymbol{\alpha}_1,\boldsymbol{\alpha}_2)\begin{pmatrix}1 & 1\\ 0 & -1\end{pmatrix}^{-1}=(\boldsymbol{\alpha}_1,\boldsymbol{\alpha}_2)\begin{pmatrix}1 & 1\\ 0 & -1\end{pmatrix}$$

$$(\boldsymbol{\beta}_1,\boldsymbol{\beta}_2)=(\boldsymbol{e}_1,\boldsymbol{e}_2)\begin{pmatrix}1 & 1\\ 1 & 2\end{pmatrix}=(\boldsymbol{\alpha}_1,\boldsymbol{\alpha}_2)\begin{pmatrix}1 & 1\\ 0 & -1\end{pmatrix}\begin{pmatrix}1 & 1\\ 1 & 2\end{pmatrix}=$$

$$(\boldsymbol{\alpha}_1,\boldsymbol{\alpha}_2)\begin{pmatrix}2 & 3\\ -1 & -2\end{pmatrix}$$

题型Ⅵ 有关正交矩阵的问题

矩阵$\boldsymbol{A}$正交$\Leftrightarrow \boldsymbol{A}^{\mathrm{T}}\boldsymbol{A}=\boldsymbol{E}$.

1. 设$\boldsymbol{\alpha}$是n维非零列向量,证明:$\boldsymbol{A}=\boldsymbol{E}-\dfrac{2}{\boldsymbol{\alpha}^{\mathrm{T}}\boldsymbol{\alpha}}\boldsymbol{\alpha}\boldsymbol{\alpha}^{\mathrm{T}}$是正交矩阵.

证明:由

$$\boldsymbol{A}^{\mathrm{T}}=\boldsymbol{E}^{\mathrm{T}}-\left(\frac{2}{\boldsymbol{\alpha}^{\mathrm{T}}\boldsymbol{\alpha}}\boldsymbol{\alpha}\boldsymbol{\alpha}^{\mathrm{T}}\right)^{\mathrm{T}}=\boldsymbol{E}-\frac{2}{\boldsymbol{\alpha}^{\mathrm{T}}\boldsymbol{\alpha}}\boldsymbol{\alpha}\boldsymbol{\alpha}^{\mathrm{T}}$$

$$\boldsymbol{A}^{\mathrm{T}}\boldsymbol{A}=\left(\boldsymbol{E}-\frac{2}{\boldsymbol{\alpha}^{\mathrm{T}}\boldsymbol{\alpha}}\boldsymbol{\alpha}\boldsymbol{\alpha}^{\mathrm{T}}\right)^{2}=\boldsymbol{E}-\frac{4}{\boldsymbol{\alpha}^{\mathrm{T}}\boldsymbol{\alpha}}\boldsymbol{\alpha}\boldsymbol{\alpha}^{\mathrm{T}}+\frac{4}{(\boldsymbol{\alpha}^{\mathrm{T}}\boldsymbol{\alpha})(\boldsymbol{\alpha}^{\mathrm{T}}\boldsymbol{\alpha})}\boldsymbol{\alpha}\boldsymbol{\alpha}^{\mathrm{T}}\boldsymbol{\alpha}\boldsymbol{\alpha}^{\mathrm{T}}=$$

$$\boldsymbol{E}-\frac{4}{\|\boldsymbol{\alpha}\|^{2}}\boldsymbol{\alpha}\boldsymbol{\alpha}^{\mathrm{T}}+\frac{4}{\|\boldsymbol{\alpha}\|^{4}}\|\boldsymbol{\alpha}\|^{2}\boldsymbol{\alpha}\boldsymbol{\alpha}^{\mathrm{T}}=\boldsymbol{E}$$

所以$\boldsymbol{A}=\boldsymbol{E}-\dfrac{2}{\boldsymbol{\alpha}^{\mathrm{T}}\boldsymbol{\alpha}}\boldsymbol{\alpha}\boldsymbol{\alpha}^{\mathrm{T}}$是正交矩阵.

2. 设$\boldsymbol{\alpha}_1,\boldsymbol{\alpha}_2,\cdots,\boldsymbol{\alpha}_{n-1}$是$\mathbf{R}^{n-1}$中$n-1$个线性无关的向量组,$\boldsymbol{\beta}_1,\boldsymbol{\beta}_2$与$\boldsymbol{\alpha}_1,\boldsymbol{\alpha}_2,\cdots,\boldsymbol{\alpha}_{n-1}$正交,证明:$\boldsymbol{\beta}_1,\boldsymbol{\beta}_2$线性相关.

证明:$\boldsymbol{\alpha}_1,\boldsymbol{\alpha}_2,\cdots,\boldsymbol{\alpha}_{n-1},\boldsymbol{\beta}_1,\boldsymbol{\beta}_2$是$\mathbf{R}^{n-1}$中$n+1$个向量,故线性相关,于是存在不全为零的数$k_1,k_2,\cdots,k_{n-1},k_n,k_{n+1}$,使

$$k_1\boldsymbol{\alpha}_1+k_2\boldsymbol{\alpha}_2+\cdots+k_{n-1}\boldsymbol{\alpha}_{n-1}+k_n\boldsymbol{\beta}_1+k_{n+1}\boldsymbol{\beta}_2=\mathbf{0}$$

由$\boldsymbol{\alpha}_1,\boldsymbol{\alpha}_2,\cdots,\boldsymbol{\alpha}_{n-1}$线性无关,可知$k_n,k_{n+1}$不全为零,于是有

$$(\boldsymbol{\beta}_1,k_n\boldsymbol{\beta}_1+k_{n+1}\boldsymbol{\beta}_2)=0 \tag{1}$$

$$(\boldsymbol{\beta}_2,k_n\boldsymbol{\beta}_1+k_{n+1}\boldsymbol{\beta}_2)=0 \tag{2}$$

式(1)$\times k_n+$(2)$\times k_{n+1}$得$(k_n\boldsymbol{\beta}_1+k_{n+1}\boldsymbol{\beta}_2,k_n\boldsymbol{\beta}_1+k_{n+1}\boldsymbol{\beta}_2)=\mathbf{0}$,由内积性质有$k_n\boldsymbol{\beta}_1+k_{n+1}\boldsymbol{\beta}_2=0$,所以$\boldsymbol{\beta}_1,\boldsymbol{\beta}_2$线性相关.

Ⅱ. 线性方程组

这部分内容在前面的复习中多有涉及,这里仅做简要的复习.

一、基本理论

1. 齐线性方程组的解:

①$\boldsymbol{Ax}=\mathbf{0}$有唯一零解$\Leftrightarrow r(\boldsymbol{A})=n$.

②$\boldsymbol{Ax}=\mathbf{0}$有非零解(即有无限多解)$\Leftrightarrow r(\boldsymbol{A})<n$.

③ 通解的构造.

设$r(\boldsymbol{A})=r$,未知数个数为n,则$n-r$个线性无关的解$\boldsymbol{\xi}_1,\boldsymbol{\xi}_2,\cdots,\boldsymbol{\xi}_{n-r}$构成其基础解系,通解为

$$\tilde{\boldsymbol{x}}=k_1\boldsymbol{\xi}_1+k_2\boldsymbol{\xi}_2+\cdots+k_{n-r}\boldsymbol{\xi}_{n-r}\quad k_i\in\mathbf{R},i=1,2,\cdots,n-r$$

④$\boldsymbol{Ax}=\mathbf{0}$解的全体按照向量的加法和数乘够成一个$n-r$维向量空间,基础解系就是该空间的一个基.

2. 线性方程组的解:

n元线性方程组$\boldsymbol{Ax}=\boldsymbol{b}$:

① 无解$\Leftrightarrow r(\boldsymbol{A})<r(\boldsymbol{A},\boldsymbol{b})$;

② 有唯一解 $\Leftrightarrow r(\boldsymbol{A}) = r(\boldsymbol{A},\boldsymbol{b}) = n$;

③ 有无限多解 $\Leftrightarrow r(\boldsymbol{A}) = r(\boldsymbol{A},\boldsymbol{b}) < n$;

④ 线性方程组的通解的构造:称 $\boldsymbol{Ax} = \boldsymbol{0}$ 为 $\boldsymbol{Ax} = \boldsymbol{b}$ 的导出方程,设 $\boldsymbol{Ax} = \boldsymbol{0}$ 的通解为 $\tilde{\boldsymbol{x}} = k_1\boldsymbol{\xi}_1 + k_2\boldsymbol{\xi}_2 + \cdots + k_{n-r}\boldsymbol{\xi}_{n-r}$,$\boldsymbol{Ax} = \boldsymbol{b}$ 的一个特殊的解为 $\boldsymbol{x}^*$,则 $\boldsymbol{Ax} = \boldsymbol{b}$ 的通解为

$$\boldsymbol{x} = \boldsymbol{x}^* + \tilde{\boldsymbol{x}}$$

⑤ 求 $\boldsymbol{Ax} = \boldsymbol{0}$ 与 $\boldsymbol{Bx} = \boldsymbol{0}$ 的公共解就是求 $\begin{pmatrix}\boldsymbol{A}\\ \text{---}\\ \boldsymbol{B}\end{pmatrix}\boldsymbol{x} = \boldsymbol{0}$ 的解.

3. 矩阵方程的解

$$\boldsymbol{Ax} = \boldsymbol{B} \text{ 有解} \Leftrightarrow r(\boldsymbol{A}) = r(\boldsymbol{A},\boldsymbol{B})$$

4. 若 $\boldsymbol{AK} = \boldsymbol{B}$,则 $r(\boldsymbol{A},\boldsymbol{B}) \geqslant r(\boldsymbol{B})$.

题型归纳

题型 Ⅰ 齐次方程组有非零解、基础解系、通解等问题

1. 求齐次线性方程组的基础解系

$$\begin{cases} x_1 + x_2 + x_5 = 0 \\ x_1 + x_2 - x_3 = 0 \\ x_3 + x_4 + x_5 = 0 \end{cases}$$

解:这是最基本的题,用初等变换

$$\begin{pmatrix} 1 & 1 & 0 & 0 & 1 \\ 1 & 1 & -1 & 0 & 0 \\ 0 & 0 & 1 & 1 & 1 \end{pmatrix} \xleftrightarrow{r} \begin{pmatrix} 1 & 1 & 0 & 0 & 1 \\ 0 & 0 & 1 & 0 & 1 \\ 0 & 0 & 0 & 1 & 0 \end{pmatrix}$$

得同解方程组 $\begin{cases} x_1 = -x_2 - x_5 \\ x_3 = 0x_2 - x_5 \\ x_4 = 0 \end{cases}$,取 $\begin{pmatrix} x_2 \\ x_5 \end{pmatrix} = \begin{pmatrix} 1 \\ 0 \end{pmatrix},\begin{pmatrix} 0 \\ 1 \end{pmatrix}$ 得到两个线性无关的非零解

$$\boldsymbol{\xi}_1 = (-1,1,0,0,0)^{\mathrm{T}},\boldsymbol{\xi}_2 = (-1,0,-1,0,1)^{\mathrm{T}}$$

由于 $n - r(\boldsymbol{A}) = 5 - 3 = 2$,所以所求的基础解系就是 $\boldsymbol{\xi}_1 = (-1,1,0,0,0)^{\mathrm{T}}$,$\boldsymbol{\xi}_2 = (-1,0,-1,0,1)^{\mathrm{T}}$.

2. 已知线性方程组

$$(\text{Ⅰ}):\begin{cases} a_{11}x_1 + a_{12}x_2 + \cdots + a_{1,2n}x_{2n} = 0 \\ a_{21}x_1 + a_{22}x_2 + \cdots + a_{2,2n}x_{2n} = 0 \\ \qquad\vdots \\ a_{n1}x_1 + a_{n2}x_2 + \cdots + a_{n,2n}x_{2n} = 0 \end{cases}$$

的一个基础解系为

$$(b_{11},b_{12},\cdots,b_{1n})^{\mathrm{T}},(b_{21},b_{22},\cdots,b_{2n})^{\mathrm{T}},\cdots,(b_{n1},b_{n2},\cdots,b_{nn})^{\mathrm{T}}$$

试写出齐线性方程组

$$(\text{Ⅱ}):\begin{cases} b_{11}y_1+b_{12}y_2+\cdots+b_{1,2n}y_{2n}=0\\ b_{21}y_1+b_{22}y_2+\cdots+b_{2,2n}y_{2n}=0\\ \quad\vdots\\ b_{n1}y_1+b_{n2}y_2+\cdots+b_{n,2n}y_{2n}=0\end{cases}$$

的通解,并说明理由.

解:设(Ⅰ)为 $\boldsymbol{Ax}=\boldsymbol{0}$,(Ⅱ)为 $\boldsymbol{By}=\boldsymbol{0}$,由题设可知 $\boldsymbol{B}$ 的行向量是 $\boldsymbol{Ax}=\boldsymbol{0}$ 的基础解系,于是有 $\boldsymbol{A}\boldsymbol{B}^{\mathrm{T}}=\boldsymbol{O}$,以及 $r(\boldsymbol{B})=n,r(\boldsymbol{A})=2n-n=n$,从而 $\boldsymbol{B}\boldsymbol{A}^{\mathrm{T}}=\boldsymbol{O}$,表明 $\boldsymbol{A}$ 的行向量是 $\boldsymbol{By}=\boldsymbol{0}$ 的解.

由于 $r(\boldsymbol{B})=n$,所以 $\boldsymbol{By}=\boldsymbol{0}$ 的基础解系由 $2n-n=n$(个)线性无关的解向量组成,而 $r(\boldsymbol{A})=2n-n=n$,所以 $\boldsymbol{A}$ 的行向量组是线性无关的,所以 $\boldsymbol{A}$ 的行向量是 $\boldsymbol{By}=\boldsymbol{0}$ 的基础解系就是

$$\boldsymbol{\xi}_1=(a_{11},a_{12},\cdots,a_{1n})^{\mathrm{T}},\boldsymbol{\xi}_2=(a_{21},a_{22},\cdots,a_{2n})^{\mathrm{T}},\cdots$$
$$\boldsymbol{\xi}_n=(a_{n1},a_{n2},\cdots,a_{nn})^{\mathrm{T}}$$

所求的通解为

$$\boldsymbol{x}=k_1\boldsymbol{\xi}_1+k_2\boldsymbol{\xi}_2+\cdots+k_n\boldsymbol{\xi}_n\quad k_1,k_2,\cdots,k_n\in\mathbf{R}$$

3. 设 $\boldsymbol{\alpha}_1,\boldsymbol{\alpha}_2,\cdots,\boldsymbol{\alpha}_s$ 为线性方程组 $\boldsymbol{Ax}=\boldsymbol{0}$ 的一个基础解系,$\boldsymbol{\beta}_1=t_1\boldsymbol{\alpha}_1+t_2\boldsymbol{\alpha}_2,\boldsymbol{\beta}_2=t_1\boldsymbol{\alpha}_2+t_2\boldsymbol{\alpha}_3,\cdots,\boldsymbol{\beta}_s=t_1\boldsymbol{\alpha}_s+t_2\boldsymbol{\alpha}_1$ 也为线性方程组 $\boldsymbol{Ax}=\boldsymbol{0}$ 的解向量且是一个基础解系.

解:首先可知 $\boldsymbol{\beta}_1,\boldsymbol{\beta}_2,\cdots,\boldsymbol{\beta}_s$ 也为线性方程组 $\boldsymbol{Ax}=\boldsymbol{0}$ 的解向量,为此只要 $\boldsymbol{\beta}_1,\boldsymbol{\beta}_2,\cdots,\boldsymbol{\beta}_s$ 线性无关,$\boldsymbol{\beta}_1,\boldsymbol{\beta}_2,\cdots,\boldsymbol{\beta}_s$ 就是线性方程组 $\boldsymbol{Ax}=\boldsymbol{0}$ 的基础解系.

注意到 $(\boldsymbol{\beta}_1,\boldsymbol{\beta}_2,\cdots,\boldsymbol{\beta}_s)=(\boldsymbol{\alpha}_1,\boldsymbol{\alpha}_2,\cdots,\boldsymbol{\alpha}_s)\boldsymbol{T}$,其中

$$\boldsymbol{T}=\begin{pmatrix} t_1 & 0 & \cdots & t_2\\ t_2 & t_1 & \cdots & 0\\ 0 & t_2 & \cdots & 0\\ \vdots & \vdots & & \vdots\\ 0 & 0 & \cdots & t_1\end{pmatrix},|\boldsymbol{T}|=t_1^s+(-1)^{s+1}t^s$$

只要,$|\boldsymbol{T}|=t_1^s+(-1)^{s+1}t^s\neq 0$,就有 $\boldsymbol{\beta}_1,\boldsymbol{\beta}_2,\cdots,\boldsymbol{\beta}_s$ 线性无关,$\boldsymbol{\beta}_1,\boldsymbol{\beta}_2,\cdots,\boldsymbol{\beta}_s$ 就是线性方程组 $\boldsymbol{Ax}=\boldsymbol{0}$ 的基础解系.

4. 设 $\begin{cases}(1+a)x_1+x_2+\cdots+x_n=0\\ 2x_1+(2+a)x_2+\cdots+2x_n=0\\ nx_1+nx_2+\cdots+(n+a)x_n=0\end{cases}$,试问 a 为何值时该方程组有非零解,并求解.

解:方程组有非零解 $\Leftrightarrow|\boldsymbol{A}|=0$

$$|\boldsymbol{A}|=\left(a+\frac{n(n+1)}{2}\right)\begin{vmatrix} 1 & 1 & \cdots & 1\\ 2 & 2+a & \cdots & 2\\ \vdots & \vdots & & \vdots\\ n & n & \cdots & n+a\end{vmatrix}=$$

$$\begin{vmatrix} 1 & 1 & \cdots & 1 \\ 0 & a & \cdots & 0 \\ \vdots & \vdots & & \vdots \\ 0 & 0 & \cdots & a \end{vmatrix} = a^{n-1}\left(a + \frac{n(n+1)}{2}\right) = 0$$

得 $a = 0$ 或 $a = -\dfrac{n(n+1)}{2}$.

当 $a = 0$，原方程组与 $x_1 + x_2 + \cdots + x_n = 0$ 等价解得

$$\boldsymbol{\xi}_1 = (-1,1,0,\cdots,0)^{\mathrm{T}}, \boldsymbol{\xi}_2 = (-1,0,1,\cdots,0)^{\mathrm{T}}, \cdots$$

$$\boldsymbol{\xi}_{n-1} = (-1,0,0,\cdots,1)^{\mathrm{T}}$$

通解为

$$\boldsymbol{x} = k_1\boldsymbol{\xi}_1 + k_2\boldsymbol{\xi}_2 + \cdots + k_{n-1}\boldsymbol{\xi}_{n-1} \quad k_1, k_2, \cdots, k_{n-1} \in \mathbf{R}$$

当 $a = -\dfrac{n(n+1)}{2}$ 时

$$\begin{pmatrix} 1+a & 1 & 1 & 1 & \cdots & 1 \\ 2 & 2+a & 2 & 2 & \cdots & 2 \\ 3 & 3 & 3+a & 3 & \cdots & 3 \\ \vdots & \vdots & \vdots & \vdots & & \vdots \\ n-1 & n-1 & n-1 & n-1 & \cdots & n-1 \\ n & n & n & n & & n+a \end{pmatrix} \xleftrightarrow{r}$$

$$\begin{pmatrix} 1+a & 1 & 1 & 1 & \cdots & 1 \\ -2a & a & 0 & 0 & \cdots & 0 \\ -3a & 0 & a & 0 & \cdots & 0 \\ \vdots & \vdots & \vdots & \vdots & & \vdots \\ -(n-1)a & 0 & 0 & 0 & \cdots & 0 \\ 0 & 0 & 0 & 0 & \cdots & a \end{pmatrix} \xleftrightarrow{r}$$

$$\begin{pmatrix} 1+a & 1 & 1 & 1 & \cdots & 1 \\ -2 & 1 & 0 & 0 & \cdots & 0 \\ -3 & 0 & 1 & 0 & \cdots & 0 \\ \vdots & \vdots & \vdots & \vdots & & \vdots \\ -(n-1) & 0 & 0 & 0 & \cdots & 0 \\ -n & 0 & 0 & 0 & \cdots & 1 \end{pmatrix}$$

由于 $a = -\dfrac{n(n+1)}{2}$ 所以将各行的 -1 倍都加到第一行得

$$\begin{pmatrix} 0 & 0 & 0 & 0 & \cdots & 0 \\ -2 & 1 & 0 & 0 & \cdots & 0 \\ -3 & 0 & 1 & 0 & \cdots & 0 \\ \vdots & \vdots & \vdots & \vdots & & \vdots \\ -(n-1) & 0 & 0 & 0 & \cdots & 0 \\ -n & 0 & 0 & 0 & \cdots & 1 \end{pmatrix}$$

于是得到同解方程组

$$\begin{cases} x_2 = 2x_1 \\ x_3 = 3x_1 \\ \quad\vdots \\ x_n = nx_1 \end{cases}$$

得非零解 $\boldsymbol{\xi} = (1,2,\cdots,n)^{\mathrm{T}}$，通解为 $\boldsymbol{x} = k\boldsymbol{\xi}, k \in \mathbf{R}$.

5. 已知3阶矩阵 $\boldsymbol{A}$ 的第1行是 (a,b,c)，a,b,c 不全为零，矩阵 $\boldsymbol{B} = \begin{pmatrix} 1 & 2 & 3 \\ 2 & 4 & 6 \\ 3 & 6 & k \end{pmatrix}$，$k$ 为常数，并且 $\boldsymbol{AB} = \boldsymbol{O}$，求齐线性方程组 $\boldsymbol{Ax} = \boldsymbol{0}$ 的通解.

解：由于 $\boldsymbol{AB} = \boldsymbol{O}$，可知 $\boldsymbol{B}$ 的列向量都是 $\boldsymbol{Ax} = \boldsymbol{0}$ 的解，所以 $1 \leqslant r(\boldsymbol{A}) \leqslant 2$.

当 $r(\boldsymbol{A}) = 2$ 必有 $k = 9$，此时 $\boldsymbol{\xi} = (1,2,3)^{\mathrm{T}}$ 为基础解系，齐线性方程组 $\boldsymbol{Ax} = \boldsymbol{0}$ 的通解为 $\boldsymbol{x} = k\boldsymbol{\xi}, k \in \mathbf{R}$.

当 $r(\boldsymbol{A}) = 1$，$\boldsymbol{Ax} = \boldsymbol{0}$ 与 $ax_1 + bx_2 + cx_3 = 0$，同解且满足 $\begin{cases} a + 2b + 3c = 0 \\ (k-9)c = 0 \end{cases}$.

若 $c \neq 0$，得 $x_3 = -\dfrac{a}{c}x_1 - \dfrac{b}{c}x_2$，$\boldsymbol{\xi}_1 = \left(1,0,-\dfrac{a}{c}\right)^{\mathrm{T}}$，$\boldsymbol{\xi}_2 = \left(0,1,-\dfrac{b}{c}\right)^{\mathrm{T}}$ 为基础解系，通解为

$$\boldsymbol{x} = k_1\boldsymbol{\xi} + k_2\boldsymbol{\xi}_2 \quad k_1,k_2 \in \mathbf{R}$$

若 $c = 0$，得 $ax_1 + bx_2 + 0x_3 = 0 \Rightarrow x_1 = -\dfrac{b}{a}x_2 + 0x_3x_1 = \dfrac{1}{2}x_2 - 0x_3$，$\boldsymbol{\xi}_1 = (1,2,0)^{\mathrm{T}}$，$\boldsymbol{\xi}_2 = (0,0,1)^{\mathrm{T}}$ 为基础解系，通解为

$$\boldsymbol{x} = k_1\boldsymbol{\xi} + k_2\boldsymbol{\xi}_2 \quad k_1,k_2 \in \mathbf{R}$$

6. 设 n 阶矩阵 $\boldsymbol{A}$ 的伴随矩阵为 $\boldsymbol{A}^* \neq \boldsymbol{O}$，若 $\boldsymbol{\xi}_1,\boldsymbol{\xi}_2,\boldsymbol{\xi}_3,\boldsymbol{\xi}_4$ 是非齐线性方程组 $\boldsymbol{Ax} = \boldsymbol{b}$ 的互不相等的解，则对应的齐线性方程组 $\boldsymbol{Ax} = \boldsymbol{0}$ 的基础解系(　　)

A. 不存在

B. 仅含一个非零向量

C. 含两个线性无关的非零向量

D. 含三个线性无关的非零向量

解：选择 B.

由于 $\boldsymbol{\xi}_1,\boldsymbol{\xi}_2,\boldsymbol{\xi}_3,\boldsymbol{\xi}_4$ 是非齐线性方程组 $\boldsymbol{Ax} = \boldsymbol{b}$ 的互不相等的解，于是有 $\boldsymbol{\xi}_1 - \boldsymbol{\xi}_2$，$\boldsymbol{\xi}_1 - \boldsymbol{\xi}_3$，$\boldsymbol{\xi}_1 - \boldsymbol{\xi}_4$ 是对应的齐线性方程组 $\boldsymbol{Ax} = \boldsymbol{0}$ 的三个非零解向量，所以 $|\boldsymbol{A}| = 0$，又因为 $\boldsymbol{A}^* \neq \boldsymbol{O}$，所以 $\exists A_{ij} \neq 0$，所以 $r(\boldsymbol{A}) = n-1$，所以 $\boldsymbol{Ax} = \boldsymbol{0}$ 的基础解系仅含一个非零向量. 所以 选择 B.

7. 设 $\boldsymbol{A}$ 是 $m \times n$ 矩阵，$\boldsymbol{B}$ 是 $n \times m$ 矩阵，则齐线性方程组 $(\boldsymbol{AB})\boldsymbol{x} = \boldsymbol{0}$(　　)

A. 当 $n > m$ 时仅有零解

B. 当 $n > m$ 时必有非零解

C. 当 $m > n$ 时仅有零解

D. 当 $m > n$ 时必有非零解

解：注意，齐线性方程组恒有解.

由题设可知 $\boldsymbol{AB}$ 是 m 阶方阵，则 $(\boldsymbol{AB})\boldsymbol{x}=\boldsymbol{0}$ 仅有零解 $\Leftrightarrow r(\boldsymbol{AB})=m$，而 $r(\boldsymbol{AB})\leqslant r(\boldsymbol{B})\leqslant\min\{m,n\}$，所以当 $m>n$ 时，有 $r(\boldsymbol{AB})\leqslant r(\boldsymbol{B})\leqslant\min\{m,n\}=n$，有 $r(\boldsymbol{AB})<m$，此时有非零解.

题型Ⅱ　非齐线性方程组的求解

必须记住通解公式：$\boldsymbol{x}=\boldsymbol{\xi}^*+\tilde{\boldsymbol{x}}$.

1. a 为何值时，方程组 $\begin{cases}x_1+3x_2+2x_3+x_4=1\\x_2+ax_3-ax_4=-1\\x_1+2x_2+3x_4=3\end{cases}$ 有解，有解时求出其通解.

解：由

$$\left(\begin{array}{cccc:c}1&3&2&1&1\\0&1&a&-a&-1\\1&2&0&3&3\end{array}\right)\xrightarrow{r}$$

$$\left(\begin{array}{cccc:c}1&3&2&1&1\\0&1&a&-a&-1\\0&-1&-2&2&2\end{array}\right)\xrightarrow{r}$$

$$\left(\begin{array}{cccc:c}1&3&2&1&1\\0&1&a&-a&-1\\0&0&a-2&2-a&1\end{array}\right)$$

从而得到：

若 $a=2$ 时，$r(\boldsymbol{A})=2$，$r(\boldsymbol{A},\boldsymbol{B})=3$，无解.

若 $a\neq2$ 时，$r(\boldsymbol{A})=r(\boldsymbol{A},\boldsymbol{B})=3<4$，有无穷多解

$$\left(\begin{array}{cccc:c}1&3&2&1&1\\0&1&a&-a&-1\\0&0&a-2&2-a&1\end{array}\right)\xrightarrow{r}\left(\begin{array}{cccc:c}1&3&2&1&1\\0&1&a&-a&-1\\0&0&1&-1&\frac{1}{a-2}\end{array}\right)$$

$$\left(\begin{array}{cccc:c}1&0&0&3&\frac{7a-10}{2-2a}\\0&1&0&0&\frac{2-2a}{a-2}\\0&0&1&-1&\frac{1}{a-2}\end{array}\right)$$

得同解方程组

$$\begin{cases}x_1=\dfrac{7a-10}{2-2a}-3x_4\\x_2=\dfrac{2-2a}{a-2}\\x_3=\dfrac{1}{a-2}+x_4\end{cases}$$

令 $x_4=0$ 得特解

$$\boldsymbol{\xi}^* = \left(\frac{7a-10}{2-2a},\frac{2-2a}{a-2},\frac{1}{a-2},0\right)^{\mathrm{T}}$$

令 $x_4 = 1$ 得对应齐次方程组的基础解系

$$\boldsymbol{\xi} = (-3,0,1,1)^{\mathrm{T}}$$

所以该方程组的通解为

$$\boldsymbol{x} = \boldsymbol{\xi}^* + k\boldsymbol{\xi} \quad k \in \mathbf{R}$$

2. 设4阶矩阵 $\boldsymbol{A} = (\boldsymbol{\alpha}_1,\boldsymbol{\alpha}_2,\boldsymbol{\alpha}_3,\boldsymbol{\alpha}_4)$，其中，$\boldsymbol{\alpha}_1,\boldsymbol{\alpha}_2,\boldsymbol{\alpha}_3,\boldsymbol{\alpha}_4$ 均为4维列向量，$\boldsymbol{\alpha}_2,\boldsymbol{\alpha}_3,\boldsymbol{\alpha}_4$ 线性无关，$\boldsymbol{\alpha}_1 = 2\boldsymbol{\alpha}_2 - \boldsymbol{\alpha}_3$，$\boldsymbol{\beta} = \boldsymbol{\alpha}_1 + \boldsymbol{\alpha}_2 + \boldsymbol{\alpha}_3 + \boldsymbol{\alpha}_4$，求线性方程组 $\boldsymbol{Ax} = \boldsymbol{\beta}$ 的通解.

解：由 $\boldsymbol{\alpha}_1 = 2\boldsymbol{\alpha}_2 - \boldsymbol{\alpha}_3$，得 $\boldsymbol{\alpha}_1 - 2\boldsymbol{\alpha}_2 + \boldsymbol{\alpha}_3 = \boldsymbol{0}$，表明

$$(\boldsymbol{\alpha}_1,\boldsymbol{\alpha}_2,\boldsymbol{\alpha}_3,\boldsymbol{\alpha}_4)\begin{pmatrix}1\\-2\\1\\0\end{pmatrix} = \boldsymbol{0}$$

所以 $\boldsymbol{\xi} = \begin{pmatrix}1\\-2\\1\\0\end{pmatrix}$ 是 $\boldsymbol{Ax} = \boldsymbol{0}$ 的一个非零解向量，由设可知 $r(\boldsymbol{A}) = 3$，所以 $\boldsymbol{\xi} = \begin{pmatrix}1\\-2\\1\\0\end{pmatrix}$ 是 $\boldsymbol{Ax} = \boldsymbol{0}$ 的基础解系.

下面求 $\boldsymbol{Ax} = \boldsymbol{\beta}$ 的特解.

由于 $\boldsymbol{\beta} = \boldsymbol{\alpha}_1 + \boldsymbol{\alpha}_2 + \boldsymbol{\alpha}_3 + \boldsymbol{\alpha}_4$，得 $(\boldsymbol{\alpha}_1,\boldsymbol{\alpha}_2,\boldsymbol{\alpha}_3,\boldsymbol{\alpha}_4)\begin{pmatrix}1\\1\\1\\1\end{pmatrix} = \boldsymbol{\beta}$，表明 $\boldsymbol{\xi}^* = \begin{pmatrix}1\\1\\1\\1\end{pmatrix}$ 是 $\boldsymbol{Ax} = \boldsymbol{\beta}$ 的一个特解，所以所求的通解为 $\boldsymbol{x} = \boldsymbol{\xi}^* + k\boldsymbol{\xi}$，其中 $k \in \mathbf{R}$.

3. 设非齐线性方程组 $\begin{cases}x_1 + x_2 + x_3 + x_4 = -1\\4x_1 + 3x_2 + 5x_3 - x_4 = -1\\ax_1 + x_2 + 3x_3 + bx_4 = 1\end{cases}$ 有3个线性无关的解.

① 证明：系数矩阵 $\boldsymbol{A}$ 的秩 $r(\boldsymbol{A}) = 2$；

② 求 a,b 的值，及方程组的通解.

解：① 设 $\boldsymbol{\xi}_1,\boldsymbol{\xi}_2,\boldsymbol{\xi}_3$ 是方程组的3个线性无关的解，则 $\boldsymbol{\xi}_1 - \boldsymbol{\xi}_2,\boldsymbol{\xi}_1 - \boldsymbol{\xi}_3$ 是导出的齐次线性方程组的基础解，于是 $r(\boldsymbol{A}) \leqslant 2$，而系数矩阵 $\boldsymbol{A}$ 的2阶子式 $\begin{vmatrix}1 & 1\\4 & 3\end{vmatrix} = -1 \neq 0$，表明 $r(\boldsymbol{A}) \geqslant 2$，所以系数矩阵 $\boldsymbol{A}$ 的秩 $r(\boldsymbol{A}) = 2$.

② 由

$$\left(\begin{array}{cccc:c}1 & 1 & 1 & 1 & -1\\4 & 3 & 5 & -1 & -1\\a & 1 & 3 & b & 1\end{array}\right) \xleftrightarrow{r}$$

$$\begin{pmatrix}1 & 1 & 1 & 1 & \vdots & -1\\0 & -1 & 1 & -5 & \vdots & 3\\0 & 1-a & 3-a & b-a & \vdots & a+1\end{pmatrix}\xleftrightarrow{r}$$

$$\begin{pmatrix}1 & 1 & 1 & 1 & \vdots & -1\\0 & 1 & -1 & 5 & \vdots & -3\\0 & 0 & 4-2a & b+4a-5 & \vdots & 4-2a\end{pmatrix}$$

由于 $r(\boldsymbol{A})=2$,必然有$\begin{cases}4-2a=0\\b+4a-5=0\end{cases}\Rightarrow\begin{cases}a=2\\b=-3\end{cases}$,此时方程变为

$$\begin{pmatrix}1 & 1 & 1 & 1 & \vdots & -1\\0 & 1 & -1 & 5 & \vdots & -3\\0 & 0 & 0 & 0 & \vdots & 0\end{pmatrix}\xleftrightarrow{r}\begin{pmatrix}1 & 0 & 2 & -4 & \vdots & 2\\0 & 1 & -1 & 5 & \vdots & -3\\0 & 0 & 0 & 0 & \vdots & 0\end{pmatrix}$$

得同解方程组$\begin{cases}x_1=2-2x_3+4x_4\\x_2=-3+x_3-5x_4\end{cases}$,得特解 $\boldsymbol{\eta}^*=(2,-3,0,0)^{\mathrm{T}}$.

导出齐次方程组的基础解系为

$$\boldsymbol{\xi}_1=(-2,1,1,0)^{\mathrm{T}},\boldsymbol{\xi}_2=(4,5,0,1)^{\mathrm{T}}$$

所以该方程组的通解为

$$\boldsymbol{x}=\boldsymbol{\eta}^*+k_1\boldsymbol{\xi}_1+k_2\boldsymbol{\xi}_2\quad k_1,k_2\in\mathbf{R}$$

4. 设

$$\boldsymbol{\alpha}=\begin{pmatrix}1\\2\\1\end{pmatrix},\boldsymbol{\beta}=\begin{pmatrix}1\\\frac{1}{2}\\0\end{pmatrix},\boldsymbol{\gamma}=\begin{pmatrix}0\\0\\8\end{pmatrix}$$

$\boldsymbol{A}=\boldsymbol{\alpha}\boldsymbol{\beta}^{\mathrm{T}},\boldsymbol{B}=\boldsymbol{\beta}^{\mathrm{T}}\boldsymbol{\alpha}$,其中$\boldsymbol{\beta}^{\mathrm{T}}$是$\boldsymbol{\beta}$的转置,解方程 $2\boldsymbol{B}^2\boldsymbol{A}^2\boldsymbol{x}=\boldsymbol{A}^4\boldsymbol{x}+\boldsymbol{B}^4\boldsymbol{x}+\boldsymbol{\gamma}$.

解:由已知得

$$\boldsymbol{A}=\boldsymbol{\alpha}\boldsymbol{\beta}^{\mathrm{T}}=\begin{pmatrix}1\\2\\0\end{pmatrix}\left(1,\frac{1}{2},0\right)=\begin{pmatrix}1 & \frac{1}{2} & 0\\2 & 1 & 0\\1 & \frac{1}{2} & 0\end{pmatrix}$$

$$\boldsymbol{B}=\boldsymbol{\beta}^{\mathrm{T}}\boldsymbol{\alpha}=\left(1,\frac{1}{2},0\right)\begin{pmatrix}1\\2\\1\end{pmatrix}=2$$

于是

$$\boldsymbol{A}^2=(\boldsymbol{\alpha}\boldsymbol{\beta}^{\mathrm{T}})(\boldsymbol{\alpha}\boldsymbol{\beta}^{\mathrm{T}})=\boldsymbol{\alpha}(\boldsymbol{\beta}^{\mathrm{T}}\boldsymbol{\alpha})\boldsymbol{\beta}^{\mathrm{T}}=2A$$

$$\boldsymbol{A}^4=(\boldsymbol{\alpha}\boldsymbol{\beta}^{\mathrm{T}})(\boldsymbol{\alpha}\boldsymbol{\beta}^{\mathrm{T}})(\boldsymbol{\alpha}\boldsymbol{\beta}^{\mathrm{T}})(\boldsymbol{\alpha}\boldsymbol{\beta}^{\mathrm{T}})=(\boldsymbol{\alpha}(\boldsymbol{\beta}^{\mathrm{T}}\boldsymbol{\alpha})^3\boldsymbol{\beta}^{\mathrm{T}})\boldsymbol{\beta}^T=8\boldsymbol{A}$$

$2\boldsymbol{B}^2\boldsymbol{A}^2\boldsymbol{x}=\boldsymbol{A}^4\boldsymbol{x}+\boldsymbol{B}^4\boldsymbol{x}+\boldsymbol{\gamma}$ 变为

$$16\boldsymbol{A}\boldsymbol{x}=8\boldsymbol{A}\boldsymbol{x}+16\boldsymbol{E}\boldsymbol{x}+\boldsymbol{\gamma}$$

就是

$$(\boldsymbol{A}-2\boldsymbol{E})\boldsymbol{x}=\frac{1}{8}\boldsymbol{\gamma}$$

$$\begin{pmatrix} -1 & \frac{1}{2} & 0 & \vdots & 0 \\ 2 & -1 & 0 & \vdots & 0 \\ 1 & \frac{1}{2} & -2 & \vdots & 1 \end{pmatrix} \xrightarrow{r} \begin{pmatrix} 1 & -\frac{1}{2} & 0 & \vdots & 0 \\ 0 & 0 & 0 & \vdots & 0 \\ 0 & 1 & -2 & \vdots & 1 \end{pmatrix} \xrightarrow{r} \begin{pmatrix} 1 & 0 & -1 & \vdots & \frac{1}{2} \\ 0 & 0 & 0 & \vdots & 0 \\ 0 & 1 & -2 & \vdots & 1 \end{pmatrix}$$

得同解方程组

$$\begin{cases} x_1 = 2 + 4x_3 \\ x_2 = 1 + 2x_3 \end{cases}$$

令 $x_3 = 0$,得特解

$$\boldsymbol{\xi}^* = \begin{pmatrix} \frac{1}{2} \\ 1 \\ 0 \end{pmatrix}$$

令 $\boldsymbol{x}_3 = 1$,得对应的基础解系

$$\boldsymbol{\xi} = \begin{pmatrix} 1 \\ 2 \\ 1 \end{pmatrix}$$

于是所求的通解为

$$\boldsymbol{x} = \boldsymbol{\xi}^* + k\boldsymbol{\xi} \quad k \in \mathbf{R}$$

5. $\begin{cases} x_1 + \lambda x_2 + \mu x_3 + x_4 = 0 \\ 2x_1 + x_2 + x_3 + 2x_4 = 0 \\ 3x_1 + (2 + \lambda)x_2 + (4 + \mu)x_3 + 4x_4 = 1 \end{cases}$.

求:(1) 方程组的全部解,并用对应的齐线性方程组的基础解系表示全部解.

(2) 该方程组满足 $x_2 = x_3$ 的全部解.

解:(1) 由前两个方程可以推出 $\boldsymbol{\lambda} = \boldsymbol{\mu}$,于是

$$\begin{pmatrix} 1 & \lambda & \lambda & 1 & \vdots & 0 \\ 2 & 1 & 1 & 2 & \vdots & 0 \\ 3 & 2+\lambda & 4+\lambda & 4 & \vdots & 1 \end{pmatrix} \xrightarrow{r} \begin{pmatrix} 1 & \lambda & \lambda & 1 & \vdots & 0 \\ 0 & 1-2\lambda & 1-2\lambda & 0 & \vdots & 0 \\ 0 & 2-2\lambda & 4-2\lambda & 1 & \vdots & 1 \end{pmatrix} \xrightarrow{r}$$

$$\begin{pmatrix} 1 & \lambda & \lambda & 1 & \vdots & 0 \\ 0 & 1-2\lambda & 1-2\lambda & 0 & \vdots & 0 \\ 0 & 1 & 3 & 1 & \vdots & 1 \end{pmatrix}$$

① 当 $\lambda = \frac{1}{2}$ 时,$r(\boldsymbol{A}) = r(\boldsymbol{A}, \boldsymbol{b}) = 2 < 4$ 有无穷多解,此时有

$$(\boldsymbol{A}, \boldsymbol{b}) \xrightarrow{r} \begin{pmatrix} 1 & \frac{1}{2} & \frac{1}{2} & 1 & \vdots & 0 \\ 0 & 0 & 0 & 0 & \vdots & 0 \\ 0 & 1 & 3 & 1 & \vdots & 1 \end{pmatrix} \xrightarrow{r} \begin{pmatrix} 1 & 0 & -1 & \frac{1}{2} & \vdots & -\frac{1}{2} \\ 0 & 0 & 0 & 0 & \vdots & 0 \\ 0 & 1 & 3 & 1 & \vdots & 1 \end{pmatrix}$$

特解 $\boldsymbol{\eta}^* = (-\frac{1}{2}, 1, 0, 0)^{\mathrm{T}}$,对应的基础解系为

$$\boldsymbol{\eta}_1=(1,-3,1,0)^{\mathrm{T}},\boldsymbol{\eta}_2=(-1,-2,0,2)^{\mathrm{T}}$$

该方程组的全部解为

$$\left(-\frac{1}{2},1,0,0\right)^{\mathrm{T}}+k_1(1,-3,1,0)^{\mathrm{T}}+k_2(-1,-2,0,2)^{\mathrm{T}}$$

$$\begin{pmatrix}x_1\\x_2\\x_3\\x_4\end{pmatrix}=\begin{pmatrix}-\frac{1}{2}+k_1-k_2\\1-3k_1-2k_2\\k_1\\2k_2\end{pmatrix}$$

② 当 $\lambda\neq\frac{1}{2}$ 时,$r(\boldsymbol{A})=r(\boldsymbol{A},\boldsymbol{b})=3<4$ 有无穷多解

$$(\boldsymbol{A},\boldsymbol{b})\xrightarrow{r}\left(\begin{array}{cccc|c}1&\lambda&\lambda&1&0\\0&1-2\lambda&1-2\lambda&0&0\\0&1&3&1&1\end{array}\right)\xrightarrow{r}$$

$$\left(\begin{array}{cccc|c}1&\lambda&\lambda&1&0\\0&1&1&0&0\\0&1&3&1&1\end{array}\right)\xrightarrow{r}\left(\begin{array}{cccc|c}1&0&0&1&0\\0&1&0&-\frac{1}{2}&-\frac{1}{2}\\0&0&1&\frac{1}{2}&\frac{1}{2}\end{array}\right)$$

特解 $\boldsymbol{\xi}^*=\left(0,-\frac{1}{2},\frac{1}{2},0\right)^{\mathrm{T}}$,对应的基础解系为

$$\boldsymbol{\xi}=(2,-1,1,-2)^{\mathrm{T}}$$

其全部解为

$$\boldsymbol{\xi}^*+k\boldsymbol{\xi}=\left(0,-\frac{1}{2},\frac{1}{2},0\right)^{\mathrm{T}}+k(2,-1,1,-2)^{\mathrm{T}}\quad k\in\mathbf{R}$$

即

$$\begin{pmatrix}x_1\\x_2\\x_3\\x_4\end{pmatrix}=\begin{pmatrix}2k\\-\frac{1}{2}-k\\\frac{1}{2}+k\\-2k\end{pmatrix}$$

(2) 当 $\lambda=\frac{1}{2}$ 时,满足 $x_2=x_3$,考虑通解表达式 $x_2=1-3k_1-2k_2,x_3=k_1$,于是 $1-3k_1-2k_2=k_1$,得

$$k_1=\frac{1}{4}-\frac{1}{2}k_2$$

此时方程组的全部解就是

$$\begin{pmatrix} x_1 \\ x_2 \\ x_3 \\ x_4 \end{pmatrix} = \begin{pmatrix} -\frac{1}{4} - \frac{3}{2}k_2 \\ \frac{1}{4} - \frac{1}{2}k_2 \\ \frac{1}{4} - \frac{1}{2}k_2 \\ 2k_2 \end{pmatrix}$$

当 $\lambda \neq \frac{1}{2}$ 时，满足 $x_2 = x_3$ 时，得 $k = 0$，此时只有唯一的解

$$\begin{pmatrix} x_1 \\ x_2 \\ x_3 \\ x_4 \end{pmatrix} = \begin{pmatrix} 0 \\ -\frac{1}{2} \\ \frac{1}{2} \\ 0 \end{pmatrix}$$

题型 Ⅲ 有解判定及解的结构

1. 设方程 $\begin{pmatrix} a & 1 & 1 \\ 1 & a & 1 \\ 1 & 1 & a \end{pmatrix}\begin{pmatrix} x_1 \\ x_2 \\ x_3 \end{pmatrix} = \begin{pmatrix} 1 \\ 1 \\ -2 \end{pmatrix}$ 有无穷多解，则 $a =$ ______.

解：由题意可知 $r(\boldsymbol{A}) = r(\boldsymbol{A},\boldsymbol{b}) < 3$，考虑 $|\boldsymbol{A}| = (a+2)(a-1)^2 = 0$，得 $a = 1$ 或 $a = -2$.

当 $a = 1$，用初等变换

$$\left(\begin{array}{ccc:c} 1 & 1 & 1 & 1 \\ 1 & 1 & 1 & 1 \\ 1 & 1 & 1 & -2 \end{array}\right) \xleftrightarrow{r} \left(\begin{array}{ccc:c} 1 & 1 & 1 & 1 \\ 0 & 0 & 0 & 0 \\ 0 & 0 & 0 & -3 \end{array}\right) \xleftrightarrow{r} \left(\begin{array}{ccc:c} 1 & 1 & a & -2 \\ 0 & a-1 & 1-a & 3 \\ 0 & 1-a & 1-a^2 & 1+2a \end{array}\right)$$

$r(\boldsymbol{A}) = 1$，$r(\boldsymbol{A},\boldsymbol{b}) = 2$，无解.

当 $a = -2$，用初等变换

$$\left(\begin{array}{ccc:c} -2 & 1 & 1 & 1 \\ 1 & -2 & 1 & 1 \\ 1 & 1 & -2 & -2 \end{array}\right) \xleftrightarrow{r} \left(\begin{array}{ccc:c} 1 & 1 & -2 & -2 \\ 1 & -2 & 1 & 1 \\ -2 & 1 & 1 & 1 \end{array}\right) \xleftrightarrow{r}$$

$$\left(\begin{array}{ccc:c} 1 & 1 & -2 & -2 \\ 0 & -3 & 3 & 3 \\ 0 & 3 & -3 & -3 \end{array}\right) \xleftrightarrow{r} \left(\begin{array}{ccc:c} 1 & 1 & -2 & -2 \\ 0 & 1 & -1 & -1 \\ 0 & 0 & 0 & 0 \end{array}\right)$$

$r(\boldsymbol{A}) = r(\boldsymbol{A},\boldsymbol{b}) = 2$，有无穷多解.

2. 已知平面上三条不同的直线方程分别为

$$\begin{cases} l_1: ax + 2by + 3c = 0 \\ l_2: bx + 2cy + 3a = 0 \\ l_3: cx + 2ay + 3b = 0 \end{cases}$$

证明:三线交于一点的充分必要条件是 $a+b+c=0$.

证明:表示成线性方程组 $\begin{pmatrix} a & 2b \\ b & 2c \\ c & 2a \end{pmatrix}\begin{pmatrix} x \\ y \end{pmatrix}=\begin{pmatrix} 3c \\ 3a \\ 3b \end{pmatrix}$,则交于一点的充分必要条件方程组有唯一的解就是 $r(\boldsymbol{A})=r(\tilde{\boldsymbol{A}})=2$.

注意到

$$\begin{vmatrix} a & 2b & 3c \\ b & 2c & 3a \\ c & 2a & 3b \end{vmatrix}=6(a+b+c)\begin{vmatrix} 1 & 1 & 1 \\ b & c & a \\ c & a & b \end{vmatrix}=$$

$$6(a+b+c)(-c^2-b^2-a^2+ab+ac+bc)=$$
$$3(a+b+c)(-2c^2-2b^2-2a^2+2ab+2ac+2bc)=$$
$$3(a+b+c)[(a-c)^2+(a-b)^2+(b-c)^2]$$

设三直线交于一点,则方程组有唯一解,于是有向量 $(a,2b,3c)$,$(b,2c,3a)$,$(c,2a,3b)$ 两两线性无关,而向量组线性相关,所以

$$r(\boldsymbol{A})=r(\tilde{\boldsymbol{A}})=2$$

所以 $\begin{vmatrix} a & 2b & 3c \\ b & 2c & 3a \\ c & 2a & 3b \end{vmatrix}=0$,并且 $[(a-c)^2+(a-b)^2+(b-c)^2]>0$,所以 $a+b+c=0$;反之,若 $a+b+c=0$,有 $\begin{vmatrix} a & 2b & 3c \\ b & 2c & 3a \\ c & 2a & 3b \end{vmatrix}=0$,所以 $r(\tilde{\boldsymbol{A}})\leqslant 2$,而

$$\begin{vmatrix} a & 2b \\ b & 2c \end{vmatrix}=2(ac-b^2)=-2[b^2+c(b+c)]=-2[b^2+bc+c^2]=$$

$$-2[(b+\frac{c}{2})^2+\frac{3}{4}c^2)]\neq 0$$

(否则会有 $a=b=c=0$ 不构成直线),所以 $r(\tilde{\boldsymbol{A}})\geqslant 2$,于是

$$r(\tilde{\boldsymbol{A}})=2$$

可得

$$r(\boldsymbol{A})=2$$

因此方程组有唯一解,即三直线交于一点.

3. 设 $\begin{pmatrix} 1 & 2 & 1 \\ 2 & 3 & a+2 \\ 1 & a & -2 \end{pmatrix}\begin{pmatrix} x_1 \\ x_2 \\ x_3 \end{pmatrix}=\begin{pmatrix} 1 \\ 3 \\ 0 \end{pmatrix}$ 无解,则 $a=$ ______.

解:无解等价于系数矩阵的秩小于增广矩阵的秩

$$\left(\begin{array}{ccc:c} 1 & 2 & 1 & 1 \\ 2 & 3 & a+2 & 3 \\ 1 & a & -2 & 0 \end{array}\right)\xleftrightarrow{r}\left(\begin{array}{ccc:c} 1 & 2 & 1 & 1 \\ 0 & -1 & a & 1 \\ 0 & a-2 & -3 & -1 \end{array}\right)$$

如果 $r(\boldsymbol{A})=3$,则有唯一解,$\begin{vmatrix}1 & 2\\ 2 & 3\end{vmatrix}\neq 0$,所以

$$r(\boldsymbol{A})=2,r(\boldsymbol{A},\boldsymbol{b})=3$$

就是$\dfrac{-1}{a-2}=\dfrac{a}{-3}\neq -1$,解得 $a=-1$ 或 $a=3$(舍去),所以当 $a=-1$ 时,$r(\boldsymbol{A})=2,r(\boldsymbol{A},\boldsymbol{b})=3$,方程组无解.

4. 设 $\boldsymbol{A}$ 是 $m\times n$ 矩阵,$\boldsymbol{Ax}=\boldsymbol{0}$ 是 $\boldsymbol{Ax}=\boldsymbol{b}$ 对应的齐次方程组,则下列命题正确的是(　　)

A. 若 $\boldsymbol{Ax}=\boldsymbol{0}$ 仅有零解,则 $\boldsymbol{Ax}=\boldsymbol{b}$ 有唯一解

B. 若 $\boldsymbol{Ax}=\boldsymbol{0}$ 仅有非零解,则 $\boldsymbol{Ax}=\boldsymbol{b}$ 有无穷多解

C. 若 $\boldsymbol{Ax}=\boldsymbol{b}$ 有无穷多解,则 $\boldsymbol{Ax}=\boldsymbol{0}$ 仅有零解

D. 若 $\boldsymbol{Ax}=\boldsymbol{b}$ 有无穷多解,则 $\boldsymbol{Ax}=\boldsymbol{0}$ 有非零解

解:选择D,因为若 $\boldsymbol{Ax}=\boldsymbol{b}$ 有无穷多解,则它的两个不等的解之差就是 $\boldsymbol{Ax}=\boldsymbol{0}$ 有非零解. 说明为什么不选择A,B,C.

$\boldsymbol{Ax}=\boldsymbol{0}$ 仅有零解 $\Leftrightarrow r(\boldsymbol{A})=n$,$\boldsymbol{Ax}=\boldsymbol{b}$ 有唯一解 $\Leftrightarrow r(\boldsymbol{A})=r(\boldsymbol{A},\boldsymbol{b})=n$.

如果 $\boldsymbol{A}$ 是 $n\times n$ 矩阵,则必有 $r(\boldsymbol{A})=r(\boldsymbol{A},\boldsymbol{b})=n$,A是正确的;但是 $\boldsymbol{A}$ 是 $m\times n$ 矩阵,当 $r(\boldsymbol{A})=n$ 时,未必有 $r(\boldsymbol{A},\boldsymbol{b})=n$.

例如,$\begin{pmatrix}1 & 1\\ 1 & -1\\ 1 & 1\end{pmatrix}\begin{pmatrix}x_1\\ x_2\end{pmatrix}=\begin{pmatrix}0\\ 0\\ 0\end{pmatrix}$有唯一零解,而$\begin{pmatrix}1 & 1\\ 1 & -1\\ 1 & 1\end{pmatrix}\begin{pmatrix}x_1\\ x_2\end{pmatrix}=\begin{pmatrix}1\\ 2\\ 3\end{pmatrix}$无解

$$r(\boldsymbol{A})=2,r(\boldsymbol{A},\boldsymbol{b})=3$$

若 $\boldsymbol{Ax}=\boldsymbol{0}$ 仅有非零解,则 $\boldsymbol{Ax}=\boldsymbol{b}$ 有无穷多解,大前提是 $r(\boldsymbol{A})=r(\boldsymbol{A},\boldsymbol{b})$,去此前提,结论是不对的. 可能 $\boldsymbol{Ax}=\boldsymbol{b}$ 无解,C 显然错.

5. 设非齐线性方程组 $\boldsymbol{Ax}=\boldsymbol{b}$,其中 $\boldsymbol{A}$ 是 $m\times n$ 矩阵,$r(\boldsymbol{A})=r$, 那么(　　)

A. 若 $r=m$ 时,则 $\boldsymbol{Ax}=\boldsymbol{b}$ 有解

B. 若 $r=n$ 时,则 $\boldsymbol{Ax}=\boldsymbol{b}$ 有唯一解

C. 若 $m=n$,则 $\boldsymbol{Ax}=\boldsymbol{b}$ 有唯一解

D. 若 $r<n$,则 $\boldsymbol{Ax}=\boldsymbol{b}$ 有无穷多解

解:选择A,因为 $r(\boldsymbol{A})=r=m$ 时,表明 $\boldsymbol{A}$ 最简形矩阵有 m 个非零行,所以增广矩阵也只能有 m 个非零行,就是 $r(\boldsymbol{A})=r(\boldsymbol{A},\boldsymbol{b})$,所以 $\boldsymbol{Ax}=\boldsymbol{b}$ 有解.

题型Ⅳ　两个方程组公共解与同解的问题

这类问题的基本方法有两类:

第一、如果两个方程组都具体给定,则将两者联立,求基础解系.

第二、如果一个方程组具体给定,另一个则只给出它的一个基础解系,则有各种技巧,通常的方法是,令两个方程组的通解相等,得到具体的齐次线性方程组,再求该方程组的通解即可.

1. 设4元齐次线性方程组(Ⅰ):$\begin{cases}x_1+x_2=0\\ x_2-x_4=0\end{cases}$,又已知某线性齐次方程组(Ⅱ)的通解

是 $k_1(0,1,1,0)^{\mathrm{T}}+k_2(-1,2,2,1)^{\mathrm{T}}$.

(1) 求(Ⅰ)的基础解系.

(2) 问(Ⅰ)和(Ⅱ)有无公共解,若有则求出全部公共解,如没有,则说明理由.

解:(1)(Ⅰ)的系数矩阵为

$$\begin{pmatrix}1&1&0&0\\0&1&0&-1\end{pmatrix}\xrightarrow{r}\begin{pmatrix}1&0&0&1\\0&1&0&-1\end{pmatrix}$$

得基础解系为

$$\boldsymbol{\xi}_1=(0,0,1,0)^{\mathrm{T}},\boldsymbol{\xi}_2=(-1,1,0,1)^{\mathrm{T}}$$

(2) 将(Ⅱ)的通解代入(Ⅰ)得

$$\begin{cases}-k_2+k_1+2k_2=0\\k_1+2k_2-k_2=0\end{cases}$$

就是

$$\begin{cases}k_1+k_2=0\\k_1+k_2=0\end{cases}\Rightarrow k_1=-k_2$$

当 $k_1=-k_2\neq 0$ 时

$$k_1(0,1,1,0)^{\mathrm{T}}+k_2(-1,2,2,1)^{\mathrm{T}}=$$
$$k_1(0,1,1,0)^{\mathrm{T}}-k_1(-1,2,2,1)^{\mathrm{T}}=$$
$$k_1(1,-1,-1,-1)^{\mathrm{T}}$$

就是(Ⅰ)和(Ⅱ)的非零全部公共解.

2. 设有齐次线性方程组 $\boldsymbol{Ax}=\boldsymbol{0},\boldsymbol{Bx}=\boldsymbol{0}$,其中 $\boldsymbol{A},\boldsymbol{B}$ 均为 $m\times n$ 矩阵,现有四个命题:

① 若 $\boldsymbol{Ax}=\boldsymbol{0}$ 的解都是 $\boldsymbol{Bx}=\boldsymbol{0}$ 的解,则 $r(\boldsymbol{A})\geqslant r(\boldsymbol{B})$;

② 若 $r(\boldsymbol{A})\geqslant r(\boldsymbol{B})$,则 $\boldsymbol{Ax}=\boldsymbol{0}$ 的解都是 $\boldsymbol{Bx}=\boldsymbol{0}$ 的解;

③ 若 $\boldsymbol{Ax}=\boldsymbol{0}$ 与 $\boldsymbol{Bx}=\boldsymbol{0}$ 同解,则 $r(\boldsymbol{A})=r(\boldsymbol{B})$;

④ 若 $r(\boldsymbol{A})=r(\boldsymbol{B})$,则 $\boldsymbol{Ax}=\boldsymbol{0}$ 与 $\boldsymbol{Bx}=\boldsymbol{0}$ 同解.

正确的是(　　)

A. ①②　　　B. ①③　　　C. ②③　　　D. ②④

解: ④ 显然不对,例如,$x_1+x_2=0$ 与 $x_1-x_2=0$ 秩等但解不同,所以 C,D 不选择.

事实上 $\boldsymbol{A},\boldsymbol{B}$ 均为 $m\times n$ 矩阵,若 $\boldsymbol{Ax}=\boldsymbol{0}$ 的解都是 $\boldsymbol{Bx}=\boldsymbol{0}$ 的解,则解空间 $S_A\subset S_B$,于是 $r[S(\boldsymbol{A})]\leqslant r[S(\boldsymbol{B})]$,而 $r(\boldsymbol{A})+r(S_A)=r(\boldsymbol{B})+r(S_B)=n$,所以 $r(\boldsymbol{A})\geqslant r(\boldsymbol{B})$, ① 正确.

另外,如果若 $\boldsymbol{Ax}=\boldsymbol{0}$ 与 $\boldsymbol{Bx}=\boldsymbol{0}$ 同解,则有 $r(\boldsymbol{A})\geqslant r(\boldsymbol{B})$,并且 $r(\boldsymbol{B})\geqslant r(\boldsymbol{A})\Rightarrow r(\boldsymbol{A})=r(\boldsymbol{B})$, ③ 也正确,故选择 B.

3. 设有两个四元线性方程组

$$(\text{Ⅰ})\begin{cases}x_1+x_2=0\\x_2-x_4=0\end{cases}\text{与}(\text{Ⅱ})\begin{cases}x_1-x_2+x_3=0\\x_2-x_3+x_4=0\end{cases}$$

求:(1)(Ⅰ)的基础解系.

(2)(Ⅰ)与(Ⅱ)是否有公共的非零解?若有求出,若无,说明理由.

解:(1) 可得

$$\begin{pmatrix}1&1&0&0\\0&1&0&-1\end{pmatrix}\overset{r}{\longleftrightarrow}\begin{pmatrix}1&0&0&1\\0&1&0&-1\end{pmatrix}$$

基础解系为

$$\boldsymbol{\xi}_1=\begin{pmatrix}0\\0\\1\\0\end{pmatrix},\boldsymbol{\xi}_2=\begin{pmatrix}-1\\1\\0\\1\end{pmatrix}$$

(2) 求(Ⅰ)与(Ⅱ)联立的方程组的基础解系

$$\begin{pmatrix}1&1&0&0\\0&1&0&-1\\1&-1&1&0\\0&1&-1&1\end{pmatrix}\overset{r}{\longleftrightarrow}\begin{pmatrix}1&0&0&1\\0&1&0&-1\\0&0&1&-2\\0&0&0&0\end{pmatrix}$$

基础解系为

$$\boldsymbol{\eta}=\begin{pmatrix}-1\\1\\2\\1\end{pmatrix}$$

这就是(Ⅰ)与(Ⅱ)的公共的非零解

$$k\boldsymbol{\eta}=\begin{pmatrix}-k\\k\\2k\\k\end{pmatrix}\quad k\in\mathbf{R}$$

就是全部公共解.

注意:如果联立的方程组只有唯一的零解,则(Ⅰ)与(Ⅱ)就没有非零的公共解.

4. 设

$$(\text{Ⅰ}):\begin{cases}x_1+x_2+x_3=0\\x_1+2x_2+ax_3=0\\x_1+4x_2+a^2x_3=0\end{cases}$$

与

$$(\text{Ⅱ}):x_1+2x_2+x_3=a-1$$

有公共解,求 a 的值及所有的解

解:由题设,可知(Ⅰ)与(Ⅱ)联立有解,于是

$$\left(\begin{array}{ccc:c}1&1&1&0\\1&2&a&0\\1&4&a^2&0\\1&2&a^2&a-1\end{array}\right)\overset{r}{\longleftrightarrow}\left(\begin{array}{ccc:c}1&1&1&0\\0&1&a-1&0\\0&3&a^2-1&0\\0&1&a^2-1&a-1\end{array}\right)\overset{r}{\longleftrightarrow}$$

$$\begin{pmatrix} 1 & 1 & 1 & \vdots & 0 \\ 0 & 1 & a-1 & \vdots & 0 \\ 0 & 0 & (a-1)(a-2) & \vdots & 0 \\ 0 & 0 & 1-a & \vdots & a-1 \end{pmatrix}$$

当 $a=1$ 时,有

$$\begin{pmatrix} 1 & 1 & 1 & \vdots & 0 \\ 0 & 1 & 0 & \vdots & 0 \\ 0 & 0 & 0 & \vdots & 0 \\ 0 & 0 & 0 & \vdots & 0 \end{pmatrix} \xleftrightarrow{r} \begin{pmatrix} 1 & 0 & 1 & \vdots & 0 \\ 0 & 1 & 0 & \vdots & 0 \\ 0 & 0 & 0 & \vdots & 0 \\ 0 & 0 & 0 & \vdots & 0 \end{pmatrix}$$

得同解方程组

$$\begin{cases} x_1 = -x_3 \\ x_2 = 0 \end{cases}$$

此时公共解为

$$k_1(-1,0,1)^{\mathrm{T}}$$

当 $a=2$ 时,有

$$\begin{pmatrix} 1 & 1 & 1 & \vdots & 0 \\ 0 & 1 & 1 & \vdots & 0 \\ 0 & 0 & 0 & \vdots & 0 \\ 0 & 0 & 1 & \vdots & -1 \end{pmatrix} \xleftrightarrow{r} \begin{pmatrix} 1 & 0 & 0 & \vdots & 0 \\ 0 & 1 & 0 & \vdots & 1 \\ 0 & 0 & 0 & \vdots & 0 \\ 0 & 0 & 1 & \vdots & -1 \end{pmatrix}$$

得同解方程组

$$\begin{cases} x_1 = 0 \\ x_2 = 1 \\ x_3 = -1 \end{cases}$$

此时公共解为

$$(0,1,-1)^{\mathrm{T}}$$

以下是几个经济类的考题.

5. 设 $\boldsymbol{A}$ 是 n 阶方阵,$\boldsymbol{A}^{\mathrm{T}}$ 是其转置矩阵,则对于齐次线性方程组(Ⅰ):$\boldsymbol{Ax}=\boldsymbol{0}$ 与(Ⅱ):$\boldsymbol{A}^{\mathrm{T}}\boldsymbol{Ax}=\boldsymbol{0}$,必有(　　).

A.(Ⅱ)的解是(Ⅰ)的解,(Ⅰ)的解也是(Ⅱ)的解

B.(Ⅱ)的解是(Ⅰ)的解,但(Ⅰ)的解不是(Ⅱ)的解

C.(Ⅰ)的解不是(Ⅱ)的解,(Ⅱ)的解也不是(Ⅰ)的解

D.(Ⅰ)的解是(Ⅱ)的解,但(Ⅱ)的解不是(Ⅰ)的解

解:分析,设 $\boldsymbol{\eta}$ 是(Ⅰ)的解,则 $\boldsymbol{A\eta}=\boldsymbol{0}$,于是

$$(\boldsymbol{A}^{\mathrm{T}}\boldsymbol{A})\boldsymbol{\eta} = \boldsymbol{A}^{\mathrm{T}}(\boldsymbol{A\eta}) = \boldsymbol{A}^{\mathrm{T}}\boldsymbol{0} = \boldsymbol{0}$$

表明(Ⅰ)的解是(Ⅱ)的解.

设 $\boldsymbol{\xi}$ 是(Ⅱ)的解,则 $\boldsymbol{A}^{\mathrm{T}}\boldsymbol{A\xi}=\boldsymbol{0}$,于是有 $\boldsymbol{\xi}^{\mathrm{T}}\boldsymbol{A}^{\mathrm{T}}\boldsymbol{A\xi}=\boldsymbol{0}$,即 $(\boldsymbol{A\xi})^{\mathrm{T}}\boldsymbol{A\xi}=\boldsymbol{0}$,注意到

$$(\boldsymbol{A\xi})^{\mathrm{T}}\boldsymbol{A\xi} = [\boldsymbol{A\xi},\boldsymbol{\xi\xi}] = \|\boldsymbol{A\xi}\|^2 = \boldsymbol{0} \Leftrightarrow \boldsymbol{A\xi} = \boldsymbol{0}$$

表明(Ⅱ)的解是(Ⅰ)的解,所以选择 A.

6. 设4元齐次线性方程组(Ⅰ)为

$$\begin{cases}2x_1+3x_2-x_3=0\\x_1+2x_2+x_3-x_4=0\end{cases}$$

而已知另一个4元齐次线性方程组(Ⅱ)的一个基础解系为

$$\boldsymbol{\alpha}_1=(2,-1,a+2,1)^{\mathrm T}$$

$$\boldsymbol{\alpha}_2=(-1,2,4,a+8)^{\mathrm T}$$

(1) 求(Ⅰ)的基础解系.

(2) 当a为何值时,(Ⅰ)与(Ⅱ)有非零公共解?在有非零公共解时,求出全部非零公共解.

解:(1) 可得

$$\begin{pmatrix}1&2&1&-1\\2&3&-1&0\end{pmatrix}\xrightarrow{r}\begin{pmatrix}1&2&1&-1\\0&-1&-3&2\end{pmatrix}\xrightarrow{r}\begin{pmatrix}1&0&-5&3\\0&1&3&-2\end{pmatrix}$$

得基础解系为

$$\boldsymbol{\beta}_1=(5,-3,1,0)^{\mathrm T},\boldsymbol{\beta}_2=(-3,2,0,1)^{\mathrm T}$$

将通解表示为

$$\begin{pmatrix}x_1\\x_2\\x_3\\x_4\end{pmatrix}=\begin{pmatrix}5k_1-3k_2\\-3k_1+2k_2\\k_1\\k_2\end{pmatrix},\begin{pmatrix}x_1\\x_2\\x_3\\x_4\end{pmatrix}=\begin{pmatrix}2l_1-l_2\\-l_1+2l_2\\(a+2)l_1+4l_2\\l_1+(a+8)l_2\end{pmatrix}$$

(2) 将(Ⅰ)、(Ⅱ)的通解表示为

$$\begin{pmatrix}x_1\\x_2\\x_3\\x_4\end{pmatrix}=\begin{pmatrix}2l_1-l_2\\-l_1+2l_2\\(a+2)l_1+4l_2\\l_1+(a+8)l_2\end{pmatrix}\text{与}\begin{pmatrix}x_1\\x_2\\x_3\\x_4\end{pmatrix}=\begin{pmatrix}5k_1-3k_2\\-3k_1+2k_2\\k_1\\k_2\end{pmatrix}$$

设$\boldsymbol{\eta}$是非零公共解,则满足

$$\boldsymbol{\eta}=k_1\boldsymbol{\beta}_1+k_2\boldsymbol{\beta}_2=l_1\boldsymbol{\alpha}_1+l_2\boldsymbol{\alpha}_2$$

于是得到关于k_1,k_2,l_1,l_2的齐次线性方程组

$$\begin{cases}5k_1-3k_2-2l_1+l_2=0\\-3k_1+2k_2+l_1-2l_2=0\\k_1-(a+2)l_1-4l_2=0\\k_2-l_1-(a+8)k_2=0\end{cases}$$

$$\begin{pmatrix}5&-3&-2&1\\-3&2&1&-2\\1&0&-a-2&-4\\0&1&-1&-a-8\end{pmatrix}\xrightarrow{r}$$

$$\begin{pmatrix}1 & 0 & -a-2 & 4\\0 & 1 & -1 & -a-8\\0 & 2 & -3a-5 & -14\\0 & -3 & 5a+8 & 21\end{pmatrix}\xrightarrow{r}$$

$$\begin{pmatrix}1 & 0 & -a-2 & 4\\0 & 1 & -1 & -a-8\\0 & 0 & -3a-3 & 2a+2\\0 & 0 & 5a+5 & 21\end{pmatrix}$$

当 $a=-1$ 时

$$\boldsymbol{A}\xrightarrow{r}\begin{pmatrix}1 & 0 & -1 & 4\\0 & 1 & -1 & -7\\0 & 0 & 0 & 0\\0 & 0 & 0 & 1\end{pmatrix},r(\boldsymbol{A})=3<4$$

有非零解,此时同解方程组为

$$\begin{cases}k_1=l_1-4l_2\\k_2=l_1+7l_2\end{cases}$$

于是得

$$\begin{aligned}\boldsymbol{\eta}=k_1\boldsymbol{\beta}_1+k_2\boldsymbol{\beta}_2=(l_1-4l_2)\boldsymbol{\beta}_1+(l_1+7l_2)\boldsymbol{\beta}_2=\\l_1(\boldsymbol{\beta}_1+\boldsymbol{\beta}_2)+l_2(4\boldsymbol{\beta}_1+7\boldsymbol{\beta}_2)=\\l_1(2,-1,1,1)^{\mathrm{T}}+l_2(-1,2,4,7)^{\mathrm{T}}\end{aligned}$$

最后处理一个同解的问题.

7. 已知齐次线性方程组

$$(\mathrm{I}):\begin{cases}x_1+2x_2+3x_3=0\\2x_1+3x_2+5x_3=0\\x_1+x_2+ax_3=0\end{cases}$$

$$(\mathrm{II}):\begin{cases}x_1+bx_2+cx_3=0\\2x_1+b^2x_2+(c+1)x_3=0\end{cases}$$

同解,求 a,b,c.

解:(Ⅱ)中方程个数小于未知数个数,所以(Ⅱ)必有无穷多解,从而(Ⅰ)也有无穷多解,所以有

$$\begin{vmatrix}1 & 2 & 3\\2 & 3 & 5\\1 & 1 & a\end{vmatrix}=0\Rightarrow a=2$$

于是(Ⅰ)的系数矩阵变成

$$\begin{pmatrix}1 & 2 & 3\\2 & 3 & 5\\1 & 1 & 2\end{pmatrix}\xrightarrow{r}\begin{pmatrix}1 & 2 & 3\\0 & 1 & 1\\0 & 0 & 0\end{pmatrix}\xrightarrow{r}\begin{pmatrix}1 & 0 & 1\\0 & 1 & 1\\0 & 0 & 0\end{pmatrix}$$

得基础解系

$$(-1,-1,1)^{\mathrm{T}}$$

通解为

$$(-k,-k,k)^{\mathrm{T}}$$

由于(Ⅱ)与(Ⅰ)同解,所以有

$$(\text{Ⅱ}):\begin{cases}-1-b+c=0\\-2-b^2+c+1=0\end{cases}\Rightarrow\begin{cases}-b+c=1\\-b^2+c=1\end{cases}\Rightarrow\begin{cases}b=0\\c=1\end{cases},\begin{cases}b=1\\c=2\end{cases}$$

当$\begin{cases}b=0\\c=1\end{cases}$时,(Ⅱ):$\begin{cases}x_1+x_3=0\\2x_1+2x_3=0\end{cases}$,$r$(Ⅱ)$=1$与(Ⅰ)不同解,舍去.

所以当$a=2,b=1,c=2$时两方程组同解.

第 5 章

矩阵的相似变换与二次型

5.1　向量的内积、长度及正交性

我们已经看到,前面所介绍的向量空间$\mathbf{R}^n$ 的概念就是通常的空间解析几何里空间$\mathbf{R}^3$概念的推广. 然而在一般的向量空间$\mathbf{R}^3$ 中,每个向量都是有长度的,任何两个非零向量之间都是有夹角的,而在推广了的$\mathbf{R}^n$ 中,目前还没有向量的长度及两个非零向量之间夹角的概念. 为此,为了今后学习的需要,我们先把一般$\mathbf{R}^3$ 中向量的长度和两个非零向量之间的夹角的概念加以推广.

5.1.1　向量的内积、长度及正交性

定义 1　设$\boldsymbol{a},\boldsymbol{b} \in \mathbf{R}^n = \{\boldsymbol{x} \mid \boldsymbol{x} = (x_1,x_2,\cdots,x_n),x_i \in \mathbf{R},i = 1,2,\cdots,n\}$,称$\boldsymbol{ab}^{\mathrm{T}}$为向量$\boldsymbol{a},\boldsymbol{b}$ 的内积,记为$[\boldsymbol{a},\boldsymbol{b}]$. 即

$$[\boldsymbol{a},\boldsymbol{b}] = \boldsymbol{ab}^{\mathrm{T}} = (a_1,a_2,\cdots,a_n)\begin{pmatrix} b_1 \\ b_2 \\ \vdots \\ b_n \end{pmatrix} = a_1b_1 + a_2b_2 + \cdots + a_nb_n$$

这是 n 维行向量的内积. 如果$\boldsymbol{a},\boldsymbol{b}$ 是 n 维列向量,那么

$$[\boldsymbol{a},\boldsymbol{b}] = \boldsymbol{a}^{\mathrm{T}}\boldsymbol{b} = (a_1,a_2,\cdots,a_n)\begin{pmatrix} b_1 \\ b_2 \\ \vdots \\ b_n \end{pmatrix} = a_1b_1 + a_2b_2 + \cdots + a_nb_n$$

总之,不管是列向量还是行向量,两个向量的内积就是它们对应坐标乘积之和. 今后不加说明时,总是指列向量.

定理 1　向量的内积有下列性质:

(1)$[\boldsymbol{a},\boldsymbol{b}] = [\boldsymbol{b},\boldsymbol{a}]$;

(2)$[\lambda\boldsymbol{a},\boldsymbol{b}] = \lambda[\boldsymbol{a},\boldsymbol{b}]$;

(3) $[\boldsymbol{a}+\boldsymbol{c},\boldsymbol{b}]=[\boldsymbol{a},\boldsymbol{b}]+[\boldsymbol{c},\boldsymbol{b}]$.

证明 (1) $[\boldsymbol{a},\boldsymbol{b}]=a_1b_1+a_2b_2+\cdots+a_nb_n=b_1a_1+b_2a_2+\cdots+b_na_n=[\boldsymbol{b},\boldsymbol{a}]$.

(2) $[\lambda\boldsymbol{a},\boldsymbol{b}]=(\lambda a_1)b_1+(\lambda a_2)b_2+\cdots+(\lambda a_n)b_n=\lambda[a_1b_1+a_2b_2+\cdots+a_nb_n]=\lambda[\boldsymbol{a},\boldsymbol{b}]$.

(3) $[\boldsymbol{a}+\boldsymbol{c},\boldsymbol{b}]=(a_1+c_1)b_1+(a_2+c_2)b_2+\cdots+(a_n+c_n)b_n=(a_1b_1+a_2b_2+\cdots+a_nb_n)+(c_1b_1+c_2b_2+\cdots+c_nb_n)=[\boldsymbol{a},\boldsymbol{b}]+[\boldsymbol{c},\boldsymbol{b}]$.

定理 2 设 $\boldsymbol{a},\boldsymbol{b}\in\mathbf{R}^n$，则成立柯西－施瓦兹(Cauchy-Schwarz)不等式

$$[\boldsymbol{a},\boldsymbol{b}]^2\leqslant[\boldsymbol{a},\boldsymbol{a}][\boldsymbol{b},\boldsymbol{b}]$$

就是

$$(a_1b_1+a_2b_2+\cdots+a_nb_n)^2\leqslant(a_1^2+a_2^2+\cdots+a_n^2)(b_1^2+b_2^2+\cdots+b_n^2)$$

证明 如果 $\boldsymbol{a},\boldsymbol{b}$ 线性相关，则 $\boldsymbol{a}=\lambda\boldsymbol{b}$，于是

$$[\boldsymbol{a},\boldsymbol{b}]^2=[\lambda\boldsymbol{b},\boldsymbol{b}]^2=\lambda^2[\boldsymbol{b},\boldsymbol{b}]^2=[\lambda\boldsymbol{b},\lambda\boldsymbol{b}][\boldsymbol{b},\boldsymbol{b}]=[\boldsymbol{a},\boldsymbol{a}][\boldsymbol{b},\boldsymbol{b}]$$

成立等号.

如果 $\boldsymbol{a},\boldsymbol{b}$ 线性无关，那么 $\forall t\in\mathbf{R},t\boldsymbol{a}+\boldsymbol{b}\neq\boldsymbol{0}$，于是 $[t\boldsymbol{a}+\boldsymbol{b},t\boldsymbol{a}+\boldsymbol{b}]>0$，即

$$t^2[\boldsymbol{a},\boldsymbol{a}]+2t[\boldsymbol{a},\boldsymbol{b}]+[\boldsymbol{b},\boldsymbol{b}]>0$$

上述不等式的左端是关于 t 的二次三项式，由于它对于 t 的任何实数值都是正数，所以它的判别式一定小于零，即

$$[\boldsymbol{a},\boldsymbol{b}]^2-[\boldsymbol{a},\boldsymbol{a}][\boldsymbol{b},\boldsymbol{b}]<0$$

就是

$$[\boldsymbol{a},\boldsymbol{b}]^2<[\boldsymbol{a},\boldsymbol{a}][\boldsymbol{b},\boldsymbol{b}]$$

综合有

$$[\boldsymbol{a},\boldsymbol{b}]^2\leqslant[\boldsymbol{a},\boldsymbol{a}][\boldsymbol{b},\boldsymbol{b}]$$

柯西－施瓦兹不等式也叫柯西－布涅柯夫斯基(Cauchy-Буняковский)不等式.

定义 2 将 $[\boldsymbol{a},\boldsymbol{a}]^{\frac{1}{2}}$ 规定为向量 $\boldsymbol{a}$ 的长度，记为

$$\|\boldsymbol{a}\|=[\boldsymbol{a},\boldsymbol{a}]^{\frac{1}{2}}$$

将长度为 1 的向量叫单位向量，于是，当 $\boldsymbol{a}\neq\boldsymbol{0}$，$\dfrac{\boldsymbol{a}}{\|\boldsymbol{a}\|}$ 就是一个单位向量.

在 $\mathbf{R}^n$ 中，$\boldsymbol{e}_1,\boldsymbol{e}_2,\cdots,\boldsymbol{e}_n$ 都是单位向量，所以叫 $\mathbf{R}^n$ 的规范基.

定理 3 向量的长度具有下列性质：

(1) $\|\boldsymbol{a}\|=[\boldsymbol{a},\boldsymbol{a}]^{\frac{1}{2}}\geqslant0$，当且仅当 $\boldsymbol{a}=\boldsymbol{0}$ 时，$[\boldsymbol{a},\boldsymbol{a}]=0$；

(2) $\|\lambda\boldsymbol{a}\|=|\lambda|\,\|\boldsymbol{a}\|$；

(3) $\|\boldsymbol{a}+\boldsymbol{b}\|\leqslant\|\boldsymbol{a}\|+\|\boldsymbol{b}\|$(三角不等式).

证明 (1) $\|\boldsymbol{0}\|=[\boldsymbol{0},\boldsymbol{0}]^{\frac{1}{2}}=0$，反之若 $\|\boldsymbol{a}\|=\boldsymbol{0}$，则有 $a_1^2+a_2^2+\cdots+a_n^2=0\Rightarrow a_i=0,i=1,2,\cdots,n$，所以 $\boldsymbol{a}=\boldsymbol{0}$.

另外，当 $\boldsymbol{a}\neq\boldsymbol{0}$，有 $a_1^2+a_2^2+\cdots+a_n^2>0$，所以 $\|\boldsymbol{a}\|=[\boldsymbol{a},\boldsymbol{a}]^{\frac{1}{2}}>0$.

(2) $\|\lambda\boldsymbol{a}\|=[\lambda\boldsymbol{a},\lambda\boldsymbol{a}]^{\frac{1}{2}}=(\lambda^2)^{\frac{1}{2}}[\boldsymbol{a},\boldsymbol{a}]^{\frac{1}{2}}=|\lambda|\,\|\boldsymbol{a}\|$.

(3) $\|\boldsymbol{a}+\boldsymbol{b}\|^2=[\boldsymbol{a}+\boldsymbol{b},\boldsymbol{a}+\boldsymbol{b}]=[\boldsymbol{a},\boldsymbol{a}]+2[\boldsymbol{a},\boldsymbol{b}]+[\boldsymbol{b},\boldsymbol{b}]$.

由于 $[\boldsymbol{a},\boldsymbol{b}]^2\leqslant[\boldsymbol{a},\boldsymbol{a}][\boldsymbol{b},\boldsymbol{b}]$，有

$$[\boldsymbol{a},\boldsymbol{b}] \leqslant [\boldsymbol{a},\boldsymbol{a}]^{\frac{1}{2}}[\boldsymbol{b},\boldsymbol{b}]^{\frac{1}{2}} = \|\boldsymbol{a}\|\ \|\boldsymbol{b}\|$$

所以
$$\|\boldsymbol{a}+\boldsymbol{b}\|^2 \leqslant (\|\boldsymbol{a}\|+\|\boldsymbol{b}\|)^2$$

就是
$$\|\boldsymbol{a}+\boldsymbol{b}\| \leqslant \|\boldsymbol{a}\|+\|\boldsymbol{b}\|$$

5.1.2　向量的正交与施密特(Schmidt)正交化过程

由上面的柯西 - 施瓦兹不等式,马上有:当 $\boldsymbol{x}\neq\boldsymbol{0},\boldsymbol{y}\neq\boldsymbol{0}$ 时

$$-1 \leqslant \frac{[\boldsymbol{x},\boldsymbol{y}]}{\|\boldsymbol{x}\|\ \|\boldsymbol{y}\|} \leqslant 1$$

于是可以给两个非零向量的夹角下定义.

定义 3　设 $\boldsymbol{x},\boldsymbol{y}\in\mathbf{R}^n$,并且 $\boldsymbol{x}\neq\boldsymbol{0},\boldsymbol{y}\neq\boldsymbol{0}$,令 $\boldsymbol{x},\boldsymbol{y}$ 之间的夹角为 θ,那么

$$\cos\theta = \frac{[\boldsymbol{x},\boldsymbol{y}]}{\|\boldsymbol{x}\|\ \|\boldsymbol{y}\|}\quad 0\leqslant\theta\leqslant\pi$$

当 $\theta=\dfrac{\pi}{2}$,称 $\boldsymbol{x},\boldsymbol{y}$ 正交. 并且约定,零向量与任何向量正交.

这样 $\boldsymbol{x}\neq\boldsymbol{0},\boldsymbol{y}\neq\boldsymbol{0},\boldsymbol{x},\boldsymbol{y}$ 正交 $\Leftrightarrow[\boldsymbol{x},\boldsymbol{y}]=0$,于是我们把 $\mathbf{R}^3$ 中两个非零向量之间的夹角及垂直的概念推广到了 $\mathbf{R}^n$ 上.

如果 $\boldsymbol{a}_1,\boldsymbol{a}_2,\cdots,\boldsymbol{a}_n$ 是 $\mathbf{R}^n$ 的一个基,并且两两正交,就称 $\boldsymbol{a}_1,\boldsymbol{a}_2,\cdots,\boldsymbol{a}_n$ 是 $\mathbf{R}^n$ 的一个正交基,当正交基中每个向量是单位向量时,就称这个基是规范正交基. $\boldsymbol{e}_1,\boldsymbol{e}_2,\cdots,\boldsymbol{e}_n$ 就是 $\mathbf{R}^n$ 的规范正交基.

定理 4　若 $\boldsymbol{a}_1,\boldsymbol{a}_2,\cdots,\boldsymbol{a}_m\in\mathbf{R}^n$ 是一组两两正交的非零向量,那么 $\boldsymbol{a}_1,\boldsymbol{a}_2,\cdots,\boldsymbol{a}_m$ 是一组线性无关的向量.

证明　考虑 $k_1\boldsymbol{a}_1+k_2\boldsymbol{a}_2+\cdots+k_m\boldsymbol{a}_m=\boldsymbol{0}$,由于 $\boldsymbol{a}_1,\boldsymbol{a}_2,\cdots,\boldsymbol{a}_m$ 是两两正交的非零向量,所以

$$[\boldsymbol{a}_i,k_1\boldsymbol{a}_1+k_2\boldsymbol{a}_2+\cdots+k_m\boldsymbol{a}_m]=[\boldsymbol{a}_i,\boldsymbol{0}]=0$$

由内积性质有

$$k_i[\boldsymbol{a}_i,\boldsymbol{a}_i]=0\quad i=1,2,\cdots,m$$

而 $\boldsymbol{a}_i\neq\boldsymbol{0}$,所以 $[\boldsymbol{a}_i,\boldsymbol{a}_i]>0$,所以

$$k_i=0\quad i=1,2,\cdots,m$$

所以 $\boldsymbol{a}_1,\boldsymbol{a}_2,\cdots,\boldsymbol{a}_m$ 是一组线性无关的向量.

定义 4　若 $\boldsymbol{a}_1,\boldsymbol{a}_2,\cdots,\boldsymbol{a}_n\in\mathbf{R}^n$,是一组两两正交的基,并且每个基向量都是单位向量,那么就称 $\boldsymbol{a}_1,\boldsymbol{a}_2,\cdots,\boldsymbol{a}_m$ 是一组规范正交基.(也叫标准正交基)

$\boldsymbol{e}_1,\boldsymbol{e}_2,\cdots,\boldsymbol{e}_n$ 就是 $\mathbf{R}^n$ 的规范正交基.

$\forall\boldsymbol{a}\in\mathbf{R}^n$,有唯一的线性表示

$$\boldsymbol{a}=k_1\boldsymbol{e}_1+k_2\boldsymbol{e}_2+\cdots+k_n\boldsymbol{e}_n$$

对上式两边同时做内积,有

$$\boldsymbol{e}_i^{\mathrm{T}}\boldsymbol{a}=k_i(\boldsymbol{e}_i^{\mathrm{T}}\boldsymbol{e})=k_i$$

这就是向量在规范正交基下的坐标计算公式,利用这个公式很容易求得一个向量的坐标. 因此,给定了一个基,我们都要把它变成规范正交基,或者给定了一个线性无关的向量组也要把它变成规范正交的向量组. 这就是下面的所谓施密特正交化过程.

例 1 （施密特正交化过程）设$\boldsymbol{a}_1,\boldsymbol{a}_2,\cdots,\boldsymbol{a}_n$ 是$\mathbf{R}^n$ 的一个基，试把它变成$\mathbf{R}^n$ 的规范正交基.

解 我们用数学归纳法先证明其合理性.

令$\boldsymbol{b}_1=\boldsymbol{a}_1$，借助于几何直观，考虑线性组合$\boldsymbol{a}_2+k\boldsymbol{b}_1$，使$\boldsymbol{a}_2+k\boldsymbol{b}_1$ 与$\boldsymbol{b}_1$ 正交，即

$$0=[\boldsymbol{b}_1,\boldsymbol{a}_2+k\boldsymbol{b}_1]=k[\boldsymbol{b}_1,\boldsymbol{b}_1]+[\boldsymbol{a}_2,\boldsymbol{b}_1]$$

解得

$$k=-\frac{[\boldsymbol{a}_2,\boldsymbol{b}_1]}{[\boldsymbol{b}_1,\boldsymbol{b}_1]}$$

取

$$\boldsymbol{b}_2=\boldsymbol{a}_2-\frac{[\boldsymbol{a}_2,\boldsymbol{b}_1]}{[\boldsymbol{b}_1,\boldsymbol{b}_1]}\boldsymbol{b}_1$$

那么有$[\boldsymbol{b}_2,\boldsymbol{b}_1]=0$，由于$\boldsymbol{a}_1,\boldsymbol{a}_2$ 线性无关，所以$\boldsymbol{a}_2+k\boldsymbol{b}_1=\boldsymbol{a}_2+k\boldsymbol{a}_1\neq\mathbf{0}$，所以$\boldsymbol{b}_2\neq\mathbf{0}$，所以$\boldsymbol{b}_1,\boldsymbol{b}_2$ 正交.

假设$1<k\leqslant n$，而满足要求的$\boldsymbol{b}_1,\boldsymbol{b}_2,\cdots,\boldsymbol{b}_{k-1}$ 都已经作出，取

$$\boldsymbol{b}_k=\boldsymbol{a}_k-\frac{[\boldsymbol{a}_k,\boldsymbol{b}_1]}{[\boldsymbol{b}_1,\boldsymbol{b}_1]}\boldsymbol{b}_1-\frac{[\boldsymbol{a}_k,\boldsymbol{b}_2]}{[\boldsymbol{b}_2,\boldsymbol{b}_2]}\boldsymbol{b}_2-\cdots-\frac{[\boldsymbol{a}_k,\boldsymbol{b}_{k-1}]}{[\boldsymbol{b}_{k-1},\boldsymbol{b}_{k-1}]}\boldsymbol{b}_{k-1}$$

由于假定了$\boldsymbol{b}_i$ 是$\boldsymbol{a}_1,\boldsymbol{a}_2,\cdots,\boldsymbol{a}_i$ 的线性组合，$i=1,2,\cdots,k-1$，所以把这些线性组合代入上式，就得到：$\boldsymbol{b}_k=m_1\boldsymbol{a}_1+m_2\boldsymbol{a}_2+\cdots+m_{k-1}\boldsymbol{a}_{k-1}$，而$\boldsymbol{a}_1,\boldsymbol{a}_2,\cdots,\boldsymbol{a}_k$ 线性无关，得出$\boldsymbol{b}_k\neq\mathbf{0}$，又因为假定了$\boldsymbol{b}_1,\boldsymbol{b}_2,\cdots,\boldsymbol{b}_{k-1}$ 两两正交，所以

$$[\boldsymbol{b}_k,\boldsymbol{b}_i]=[\boldsymbol{a}_k,\boldsymbol{b}_i]-\frac{[\boldsymbol{a}_k,\boldsymbol{b}_1]}{[\boldsymbol{b}_1,\boldsymbol{b}_1]}[\boldsymbol{b}_1,\boldsymbol{b}_i]-\frac{[\boldsymbol{a}_k,\boldsymbol{b}_2]}{[\boldsymbol{b}_2,\boldsymbol{b}_2]}[\boldsymbol{b}_2,\boldsymbol{b}_i]-\cdots-$$

$$\frac{[\boldsymbol{a}_k,\boldsymbol{b}_i]}{[\boldsymbol{b}_i,\boldsymbol{b}_i]}[\boldsymbol{b}_{i-1},\boldsymbol{b}_i]=0\quad i=1,2,\cdots,k-1$$

这样，$\boldsymbol{b}_1,\boldsymbol{b}_2,\cdots,\boldsymbol{b}_n$ 就两两正交，从而是线性无关的，于是与$\boldsymbol{a}_1,\boldsymbol{a}_2,\cdots,\boldsymbol{a}_n$ 等价，所以是$\mathbf{R}^n$ 的一个基.

再令

$$\boldsymbol{\xi}_i=\frac{1}{\|\boldsymbol{b}_i\|}\boldsymbol{b}_i\quad i=1,2,\cdots,n$$

那么$\boldsymbol{\xi}_1,\boldsymbol{\xi}_2,\cdots,\boldsymbol{\xi}_n$ 就是与$(\boldsymbol{b}_1,\boldsymbol{b}_2,\cdots,\boldsymbol{b}_n)$ 等价的基，从而是$\mathbf{R}^n$ 的一个规范正交基.

例 2 设$\boldsymbol{a}_1=\begin{pmatrix}1\\1\\1\end{pmatrix}$，$\boldsymbol{a}_2=\begin{pmatrix}0\\1\\2\end{pmatrix}$，$\boldsymbol{a}_3=\begin{pmatrix}2\\0\\3\end{pmatrix}$，求与其对应的$\mathbf{R}^3$ 的一个规范正交基.

解 令$\boldsymbol{b}_1=\boldsymbol{a}_1$，计算

$$[\boldsymbol{a}_2,\boldsymbol{b}_1]=3,[\boldsymbol{b}_1,\boldsymbol{b}_1]=3$$

取

$$\boldsymbol{b}_2=\boldsymbol{a}_2-\frac{[\boldsymbol{a}_2,\boldsymbol{b}_1]}{[\boldsymbol{b}_1,\boldsymbol{b}_1]}\boldsymbol{b}_1=\begin{pmatrix}0\\1\\2\end{pmatrix}-\begin{pmatrix}1\\1\\1\end{pmatrix}=\begin{pmatrix}-1\\0\\1\end{pmatrix}$$

计算

$$[\boldsymbol{a}_3,\boldsymbol{b}_1]=5,[\boldsymbol{a}_3,\boldsymbol{b}_2]=1,\ [\boldsymbol{b}_2,\boldsymbol{b}_2]=2$$

取
$$b_3=a_3-\frac{[a_3,b_1]}{[b_1,b_1]}b_1-\frac{[a_3,b_2]}{[b_2,b_2]}b_2=\begin{pmatrix}2\\0\\3\end{pmatrix}-\frac{5}{3}\begin{pmatrix}1\\1\\1\end{pmatrix}-\frac{1}{2}\begin{pmatrix}-1\\0\\1\end{pmatrix}=\begin{pmatrix}\frac{5}{6}\\-\frac{5}{3}\\\frac{5}{6}\end{pmatrix}$$

取
$$\xi_1=\frac{1}{\|b_1\|}b_1=\begin{pmatrix}\frac{1}{\sqrt{3}}\\\frac{1}{\sqrt{3}}\\\frac{1}{\sqrt{3}}\end{pmatrix},\xi_2=\frac{1}{\|b_2\|}b_2=\begin{pmatrix}-\frac{1}{\sqrt{2}}\\0\\\frac{1}{\sqrt{2}}\end{pmatrix},\xi_3=\frac{1}{\|b_3\|}b_3=\begin{pmatrix}\frac{1}{\sqrt{6}}\\-\frac{2}{\sqrt{6}}\\\frac{1}{\sqrt{6}}\end{pmatrix}$$

就是$\mathbf{R}^3$的一个规范正交基.

我们看这个规范正交基在(e_1,e_2,e_3)下的矩阵

$$(\xi_1,\xi_2,\xi_3)=(e_1,e_2,e_3)\begin{pmatrix}\frac{1}{\sqrt{3}}&-\frac{1}{\sqrt{2}}&\frac{1}{\sqrt{6}}\\\frac{1}{\sqrt{3}}&0&-\frac{2}{\sqrt{6}}\\\frac{1}{3}&\frac{1}{\sqrt{2}}&\frac{1}{\sqrt{6}}\end{pmatrix}$$

很明显,这个矩阵与它的转置矩阵是一样的,把这样的矩阵叫做对称矩阵.

定义5　设A为方阵,若$A^{\mathrm{T}}=A$,称A为对称矩阵.

定义6　设A为方阵,若$AA^{\mathrm{T}}=E$,称A为正交矩阵.

定理5　正交矩阵$A=(a_1,a_2,\cdots,a_n)$具有下列性质:

(1)每一个列(行)向量都是单位向量,所有的列(行)向量都是两两正交的,即$\|a_i\|=1,[a_i,a_j]=0,i\neq j$;

(2)正交矩阵的逆矩阵等于它的转置矩阵,即$A^{-1}=A^{\mathrm{T}}$;

(3)若A,B都是正交矩阵,那么AB也是正交矩阵.

证明　(1)设正交矩阵$A=(a_1,a_2,\cdots,a_n)$,那么由$AA^{\mathrm{T}}=E$,有

$$(AA^{\mathrm{T}})^{\mathrm{T}}=E^{\mathrm{T}}$$

就是

$$A^{\mathrm{T}}A=\begin{pmatrix}a_1^{\mathrm{T}}\\a_2^{\mathrm{T}}\\\vdots\\a_n^{\mathrm{T}}\end{pmatrix}(a_1,a_2,\cdots,a_n)=E$$

于是就有

$$a_i^{\mathrm{T}}a_j=\begin{cases}1&i=j\\0&i\neq j\end{cases}$$

因此,有:

(1) 每一个列(行)向量都是单位向量,所有的列(行)向量都是两两正交的,即 $\| \boldsymbol{a}_i \| = 1, [\boldsymbol{a}_i, \boldsymbol{a}_j] = 0, i \neq j$.

(2) 由 $\boldsymbol{A}\boldsymbol{A}^{\mathrm{T}} = \boldsymbol{E}$ 知 $\boldsymbol{A}, \boldsymbol{A}^{\mathrm{T}}$ 都是可逆的,于是

$$\boldsymbol{A}^{-1}\boldsymbol{E} = \boldsymbol{A}^{-1}\boldsymbol{A}\boldsymbol{A}^{\mathrm{T}} = (\boldsymbol{A}^{-1}\boldsymbol{A})\boldsymbol{A}^{\mathrm{T}} = \boldsymbol{E}\boldsymbol{A}^{\mathrm{T}} = \boldsymbol{A}^{\mathrm{T}}$$

(3) 由 $\boldsymbol{A}\boldsymbol{A}^{\mathrm{T}} = \boldsymbol{E}$ 及 $\boldsymbol{B}\boldsymbol{B}^{\mathrm{T}} = \boldsymbol{E}$,有

$$(\boldsymbol{AB})(\boldsymbol{AB})^{\mathrm{T}} = (\boldsymbol{AB})(\boldsymbol{B}^{\mathrm{T}}\boldsymbol{A}^{\mathrm{T}}) = \boldsymbol{A}(\boldsymbol{B}\boldsymbol{B}^{\mathrm{T}})\boldsymbol{A}^{\mathrm{T}} = \boldsymbol{A}\boldsymbol{A}^{\mathrm{T}} = \boldsymbol{E}$$

所以 $\boldsymbol{AB}$ 是正交矩阵.

显然,$\mathbf{R}^3$ 的两个规范正交基之间的过渡矩阵是正交矩阵. 这个结论可以推广到$\mathbf{R}^n$.

例 3 验证下列矩阵是正交矩阵:

(1)$\boldsymbol{A} = \begin{pmatrix} \cos\theta & -\sin\theta \\ \sin\theta & \cos\theta \end{pmatrix}$;

(2)$\boldsymbol{B} = \begin{pmatrix} -\frac{1}{\sqrt{2}} & \frac{1}{\sqrt{6}} & \frac{1}{\sqrt{3}} \\ 0 & -\frac{2}{\sqrt{6}} & \frac{1}{\sqrt{3}} \\ \frac{1}{\sqrt{2}} & \frac{1}{\sqrt{6}} & \frac{1}{\sqrt{3}} \end{pmatrix}$.

解 (1) 设 $\boldsymbol{A} = (\boldsymbol{a}_1, \boldsymbol{a}_2) = \begin{pmatrix} \cos\theta & -\sin\theta \\ \sin\theta & \cos\theta \end{pmatrix}$,有

$$\| \boldsymbol{a}_1 \|^2 = \cos^2\theta + \sin^2\theta = 1, \| \boldsymbol{a}_1 \| = 1$$

$$\| \boldsymbol{a}_2 \|^2 = \sin^2\theta + \cos^2\theta = 1, \| \boldsymbol{a}_2 \| = 1$$

$$[\boldsymbol{a}_1, \boldsymbol{a}_2] = \boldsymbol{a}_1^{\mathrm{T}}\boldsymbol{a}_2 = -\sin\theta\cos\theta + \sin\theta\cos\theta = 0$$

所以 $\boldsymbol{A} = \begin{pmatrix} \cos\theta & -\sin\theta \\ \sin\theta & \cos\theta \end{pmatrix}$是正交矩阵.

(2) 可得

$$\boldsymbol{B}^{\mathrm{T}}\boldsymbol{B} = \begin{pmatrix} -\frac{1}{\sqrt{2}} & 0 & \frac{1}{\sqrt{2}} \\ \frac{1}{\sqrt{6}} & -\frac{2}{\sqrt{6}} & \frac{1}{\sqrt{6}} \\ \frac{1}{\sqrt{3}} & \frac{1}{\sqrt{3}} & \frac{1}{\sqrt{3}} \end{pmatrix} \begin{pmatrix} -\frac{1}{\sqrt{2}} & \frac{1}{\sqrt{6}} & \frac{1}{\sqrt{3}} \\ 0 & -\frac{2}{\sqrt{6}} & \frac{1}{\sqrt{3}} \\ \frac{1}{\sqrt{2}} & \frac{1}{\sqrt{6}} & \frac{1}{\sqrt{3}} \end{pmatrix} = \begin{pmatrix} 1 & 0 & 0 \\ 0 & 1 & 0 \\ 0 & 0 & 1 \end{pmatrix}$$

所以 $\boldsymbol{B}$ 是正交矩阵.

定义 7 如果 $\boldsymbol{A}$ 是正交矩阵,那么称 $\boldsymbol{y} = \boldsymbol{Ax}$ 为正交变换.

正交变换有下面的性质

$$\| \boldsymbol{Ax} \| = \| \boldsymbol{x} \|$$

事实上

$$\| \boldsymbol{Ax} \|^2 = (\boldsymbol{Ax})^{\mathrm{T}}(\boldsymbol{Ax}) = (\boldsymbol{x}^{\mathrm{T}}\boldsymbol{A}^{\mathrm{T}})(\boldsymbol{Ax}) = \boldsymbol{x}^{\mathrm{T}}(\boldsymbol{Ex}) = \boldsymbol{x}^{\mathrm{T}}\boldsymbol{x} = \| \boldsymbol{x} \|^2$$

所以
$$\|Ax\| = \|x\|$$

这表明,正交变换是保距变换,即原象的长度与象的长度相等,两个原象之间的距离等于它们的象之间的距离. 解析几何中的旋转变换就是正交变换.

5.2　方阵的特征值和特征向量及矩阵的对角化

定义 8　设 $\boldsymbol{A}$ 是 n 阶矩阵,如果数 λ 和非零 n 维列向量 $\boldsymbol{x}$ 满足

$$\boldsymbol{A}\boldsymbol{x} = \lambda\boldsymbol{x} \tag{1}$$

称数 λ 是矩阵 $\boldsymbol{A}$ 的特征值,称非零向量 $\boldsymbol{x}$ 是矩阵 $\boldsymbol{A}$ 的属于特征值 λ 的特征向量.

上面的式(1) 可以写成

$$(\boldsymbol{A} - \lambda\boldsymbol{E})\boldsymbol{x} = \boldsymbol{0} \text{ 或 } (\lambda\boldsymbol{E} - \boldsymbol{A})\boldsymbol{x} = \boldsymbol{0} \tag{2}$$

这是有 n 个未知数 n 个方程的齐次线性方程组,它有非零解的充分必要条件是

$$|\lambda\boldsymbol{E} - \boldsymbol{A}| = 0 \tag{3}$$

就是

$$f_A(\lambda) = \begin{vmatrix} \lambda - a_{11} & -a_{12} & \cdots & -a_{1n} \\ -a_{21} & \lambda - a_{22} & \cdots & -a_{2n} \\ \vdots & \vdots & & \vdots \\ -a_{n1} & -a_{n2} & \cdots & \lambda - a_{nn} \end{vmatrix} = 0 \tag{4}$$

等式的左边是一个关于 λ 的 n 次多项式 $f_A(\lambda)$,叫做矩阵 $\boldsymbol{A}$ 的特征多项式,式(3) 是一个以 λ 为未知数的一元 n 次方程,叫做矩阵 $\boldsymbol{A}$ 的特征方程. 显然,矩阵 $\boldsymbol{A}$ 的特征值就是矩阵 $\boldsymbol{A}$ 的特征方程的根.

根据代数基本定理(Gauss),一元 n 次方程在复数范围内至少有一个根,从而有 n 个复数根(重根按重数计算). 这样 n 阶方阵在复数范围内就有 n 个复特征值.

于是特征方程可以写成

$$f_A(\lambda) = \lambda^n + a_1\lambda^{n-1} + \cdots + a_n = (\lambda - \lambda_1)(\lambda - \lambda_2)\cdots(\lambda - \lambda_n) = 0$$

根据一元 n 次方程根与系数的关系(韦达定理),我们有

$$\begin{aligned} a_1 &= -(\lambda_1 + \lambda_2 + \cdots + \lambda_n) \\ a_2 &= (-1)^2(\lambda_1\lambda_2 + \lambda_1\lambda_3 + \cdots + \lambda_{n-1}\lambda_n) \\ &\vdots \\ a_n &= (-1)^n(\lambda_1\lambda_2\cdots\lambda_n) \end{aligned}$$

现在从行列式的展开中我们看矩阵的特征方程的常数项和 λ^{n-1} 的系数.

在式(4) 中 λ^n 一定出现在对角线元素的乘积里

$$(\lambda - a_{11})(\lambda - a_{22})\cdots(\lambda - a_{nn}) \tag{5}$$

根据行列式的定义,除了式(5) 之外,行列式的其余的项至多含有 $n-2$ 个对角线上的元素,因此在那些项中至多有 λ^{n-2},这就是说 λ^{n-1} 的项必然出现在式(5) 中, 于是

$$f_A(\lambda) = \lambda^n - (a_{11} + a_{22} + \cdots + a_{nn})\lambda^{n-1} + \cdots$$

而它的常数项就是

$$f_A(0)=\begin{vmatrix}-a_{11} & -a_{12} & \cdots & -a_{1n}\\ -a_{21} & -a_{22} & \cdots & -a_{2n}\\ \vdots & \vdots & & \vdots\\ -a_{n1} & -a_{n2} & \cdots & -a_{nn}\end{vmatrix}=(-1)^n|\boldsymbol{A}|=(-1)^n\lambda_1\lambda_2\cdots\lambda_n$$

于是我们得到矩阵 $\boldsymbol{A}$ 的特征值的性质：

(1)$\lambda_1+\lambda_2+\cdots+\lambda_n=a_{11}+a_{22}+\cdots+a_{nn}$；

(2)$\lambda_1\lambda_2\cdots\lambda_n=|\boldsymbol{A}|$.

今后把 $a_{11}+a_{22}+\cdots+a_{nn}$ 叫做矩阵 $\boldsymbol{A}$ 的迹，记做 $\mathrm{Tr}(\boldsymbol{A})=\sum_{i=1}^{n}a_{ii}$.

例如，设 $\boldsymbol{A}=\begin{pmatrix}a & b\\ c & d\end{pmatrix}$，那么

$$f_A(\lambda)=\lambda^2-\mathrm{Tr}(\boldsymbol{A})\lambda+\|\boldsymbol{A}\|=\lambda^2-(a+d)\lambda+(ad-bc)$$

从上面的讨论中可以知道：

求矩阵 $\boldsymbol{A}$ 的特征值就是求 $f_A(\lambda)$ 的根；

求矩阵 $\boldsymbol{A}$ 的特征值 λ 及属于 λ 的特征向量，就是求齐次线性方程组 $(\lambda\boldsymbol{E}-\boldsymbol{A})\boldsymbol{x}=\boldsymbol{0}$ 的非零解向量，也就是求它的基础解系.

例 1 设
$$\boldsymbol{A}=\begin{pmatrix}3 & 3 & 2\\ 1 & 1 & -2\\ -3 & -1 & 0\end{pmatrix}$$
求矩阵 $\boldsymbol{A}$ 的特征值 λ 及属于 λ 的特征向量（仅求实数特征值）.

解 可得

$$f(\lambda)=|\lambda\boldsymbol{E}-\boldsymbol{A}|=\begin{vmatrix}\lambda-3 & -3 & -2\\ -1 & \lambda-1 & 2\\ 3 & 1 & \lambda\end{vmatrix}=\lambda^3-4\lambda^2+4\lambda-16=(\lambda-4)(\lambda^2+4)$$

解得 $\lambda=4$，考虑

$$(4\boldsymbol{E}-\boldsymbol{A})\boldsymbol{x}=\boldsymbol{0}$$

$$4\boldsymbol{E}-\boldsymbol{A}=\begin{pmatrix}1 & -3 & -2\\ -1 & 3 & 2\\ 3 & 1 & 4\end{pmatrix}\overset{r}{\longleftrightarrow}\begin{pmatrix}1 & 0 & 1\\ 0 & 1 & 1\\ 0 & 0 & 0\end{pmatrix}$$

对应的同解方程组为

$$\begin{cases}x_1=-x_3\\ x_2=-x_3\\ x_3=x_3\end{cases}$$

取 $x_3=-1$ 得 $\boldsymbol{\xi}=\begin{pmatrix}1\\ 1\\ -1\end{pmatrix}$，所以所求的特征向量就是 $k\boldsymbol{\xi}, k\in\mathbf{R}$.

例 2　证明：n 阶方阵的特征值具有下列性质：

(1) 若 λ 是 $\boldsymbol{A}$ 的特征值，则 λ^2 是 $\boldsymbol{A}^2$ 的特征值，进一步有 λ^m 是 $\boldsymbol{A}^m$ 的特征值；

(2) 若 λ 是 $\boldsymbol{A}$ 的特征值，并且 $\boldsymbol{A}$ 可逆，那么 λ^{-1} 是 $\boldsymbol{A}^{-1}$ 的特征值；

(3) 若 λ 是 $\boldsymbol{A}$ 的特征值，并且 $\boldsymbol{A}$ 可逆，那么 $\dfrac{|\boldsymbol{A}|}{\lambda}$ 是 $\boldsymbol{A}^*$ 的特征值；

(4) 若 λ 是 $\boldsymbol{A}$ 的特征值，则 $\lambda+\mu$ 是 $\boldsymbol{A}+\mu\boldsymbol{E}$ 的特征值.

证明　(1) 设 $\boldsymbol{x}$ 是 $\boldsymbol{A}$ 的属于 λ 的特征向量，则 $\boldsymbol{A}\boldsymbol{x}=\lambda\boldsymbol{x}$，于是

$$\boldsymbol{A}^2\boldsymbol{x}=\boldsymbol{A}(\boldsymbol{A}\boldsymbol{x})=\boldsymbol{A}(\lambda\boldsymbol{x})=\lambda(\boldsymbol{A}\boldsymbol{x})=\lambda^2\boldsymbol{x}$$

所以 λ^2 是 $\boldsymbol{A}^2$ 的特征值，并且 $\boldsymbol{x}$ 也是 $\boldsymbol{A}^2$ 的属于 λ^2 的特征向量.

用数学归纳法很容易得到：$\boldsymbol{A}^m\boldsymbol{x}=\lambda^m\boldsymbol{x}$，所以 λ^m 是 $\boldsymbol{A}^m$ 的特征值，并且 $\boldsymbol{x}$ 也是 $\boldsymbol{A}^m$ 的属于 λ^m 的特征向量.

(2) 由 $\boldsymbol{A}\boldsymbol{x}=\lambda\boldsymbol{x}$，当 $\boldsymbol{A}$ 可逆，$|\boldsymbol{A}|\neq 0$，从而对任何特征值有 $\lambda\neq 0$，于是有 $\boldsymbol{x}=\lambda\boldsymbol{A}^{-1}\boldsymbol{x}$，故 $\boldsymbol{A}^{-1}\boldsymbol{x}=\dfrac{1}{\lambda}\boldsymbol{x}$，所以 λ^{-1} 是 $\boldsymbol{A}^{-1}$ 的特征值.

(3) 由 $\boldsymbol{A}\boldsymbol{x}=\lambda\boldsymbol{x}$，当 $\boldsymbol{A}$ 可逆，$|\boldsymbol{A}|\neq 0$，从而对任何特征值有

$$\lambda\neq 0,\boldsymbol{A}^*\boldsymbol{x}=|\boldsymbol{A}|\boldsymbol{A}^{-1}\boldsymbol{x}=\frac{|\boldsymbol{A}|}{\lambda}\boldsymbol{x}$$

故 $\dfrac{|\boldsymbol{A}|}{\lambda}$ 是 $\boldsymbol{A}^*$ 的特征值.

(4) $\boldsymbol{A}\boldsymbol{x}=\lambda\boldsymbol{x}$，有

$$(\boldsymbol{A}+\mu\boldsymbol{E})\boldsymbol{x}=\boldsymbol{A}\boldsymbol{x}+\mu\boldsymbol{x}=(\lambda+\mu)\boldsymbol{x}$$

所以 $\lambda+\mu$ 是 $\boldsymbol{A}+\mu\boldsymbol{E}$ 的特征值.

定理 6　属于方阵 $\boldsymbol{A}$ 的不同特征值的特征向量线性无关.

证明　设 $\lambda_1,\lambda_2,\cdots,\lambda_m$ 是方阵 $\boldsymbol{A}$ 的 m 个不同的特征值，$\boldsymbol{p}_1,\boldsymbol{p}_2,\cdots,\boldsymbol{p}_m$ 依次是与之对应的特征向量，往证 $\boldsymbol{p}_1,\boldsymbol{p}_2,\cdots,\boldsymbol{p}_m$ 线性无关.

当 $m=1$ 时，只有 $\boldsymbol{p}_1\neq\boldsymbol{0}$，显然是线性无关的.

设结论对 $m-1$ 时成立，考虑

$$k_1\boldsymbol{p}_1+k_2\boldsymbol{p}_2+\cdots+k_{m-1}\boldsymbol{p}_{m-1}+k_m\boldsymbol{p}_m=\boldsymbol{0} \tag{6}$$

$$\boldsymbol{A}(k_1\boldsymbol{p}_1+k_2\boldsymbol{p}_2+\cdots+k_{m-1}\boldsymbol{p}_{m-1}+k_m\boldsymbol{p}_m)=\boldsymbol{A}\boldsymbol{0}$$

得

$$k_1\lambda_1\boldsymbol{p}_1+k_2\lambda_2\boldsymbol{p}_2+\cdots+k_{m-1}\lambda_{m-1}\boldsymbol{p}_{m-1}+k_m\lambda_m\boldsymbol{p}_m=\boldsymbol{0} \tag{7}$$

用式(7) − (6) × λ_m 得

$$k_1(\lambda_1-\lambda_m)\boldsymbol{p}_1+k_2(\lambda_2-\lambda_m)\boldsymbol{p}_2+\cdots+k_{m-1}(\lambda_{m-1}-\lambda_m)\boldsymbol{p}_{m-1}=\boldsymbol{0} \tag{8}$$

由归纳法假设，$\boldsymbol{p}_1,\boldsymbol{p}_2,\cdots,\boldsymbol{p}_{m-1}$ 线性无关，所以

$$k_1(\lambda_1-\lambda_s)=k_2(\lambda_2-\lambda_s)=\cdots=k_{m-1}(\lambda_{m-1}-\lambda_m)=0$$

而 $\lambda_1,\lambda_2,\cdots,\lambda_m$ 各不相等，所以得

$$k_1=k_2=\cdots=k_{m-1}=0$$

代入式(6) 得

$$k_m\boldsymbol{p}_m = \boldsymbol{0}$$

而$\boldsymbol{p}_m \neq \boldsymbol{0}$，于是 $k_m = 0$,所以 $\boldsymbol{p}_1,\boldsymbol{p}_2,\cdots,\boldsymbol{p}_m$ 线性无关.

定义 9　设 n 阶矩阵 $\boldsymbol{A},\boldsymbol{B}$,若存在可逆矩阵 $\boldsymbol{P}$,使

$$\boldsymbol{P}^{-1}\boldsymbol{A}\boldsymbol{P} = \boldsymbol{B}$$

则称 $\boldsymbol{B}$ 是 $\boldsymbol{A}$ 的相似矩阵,也说 $\boldsymbol{A}$ 与 $\boldsymbol{B}$ 相似. 或者说对 $\boldsymbol{A}$ 进行了相似变换得到了 $\boldsymbol{B}$.

矩阵的相似关系是一个等价关系:

(1) 对于任何 n 阶矩阵 $\boldsymbol{A}$,有$\boldsymbol{E}^{-1}\boldsymbol{A}\boldsymbol{E} = \boldsymbol{A}$,所以 $\boldsymbol{A}$ 与 $\boldsymbol{A}$ 相似,满足自反性.

(2) 由 $\boldsymbol{A}$ 与 $\boldsymbol{B}$ 相似,则存在可逆矩阵 $\boldsymbol{P}$,使$\boldsymbol{P}^{-1}\boldsymbol{A}\boldsymbol{P} = \boldsymbol{B}$,于是存在可逆矩阵$\boldsymbol{P}^{-1}$,使$(\boldsymbol{P}^{-1})^{-1}\boldsymbol{B}\boldsymbol{P}^{-1} = \boldsymbol{A}$,所以 $\boldsymbol{B}$ 与 $\boldsymbol{A}$ 相似 ,满足对称性.

(3) 设 $\boldsymbol{A}$ 与 $\boldsymbol{B}$ 相似,并且 $\boldsymbol{B}$ 与 $\boldsymbol{C}$ 相似,于是存在可逆矩阵 $\boldsymbol{P},\boldsymbol{Q}$,使

$$\boldsymbol{P}^{-1}\boldsymbol{A}\boldsymbol{P} = \boldsymbol{B},\boldsymbol{Q}^{-1}\boldsymbol{B}\boldsymbol{Q} = \boldsymbol{C}$$

于是

$$\boldsymbol{Q}^{-1}(\boldsymbol{P}^{-1}\boldsymbol{A}\boldsymbol{P})\boldsymbol{Q} = \boldsymbol{Q}^{-1}\boldsymbol{B}\boldsymbol{Q} = \boldsymbol{C}$$

就是$(\boldsymbol{P}\boldsymbol{Q})^{-1}\boldsymbol{A}(\boldsymbol{P}\boldsymbol{Q}) = \boldsymbol{C}$,所以设 $\boldsymbol{A}$ 与 $\boldsymbol{C}$ 相似,满足传递性.

由于矩阵的相似关系是一个等价关系,因此给定了一个 n 阶矩阵 $\boldsymbol{A}$ 之后,总要寻找出与 $\boldsymbol{A}$ 相似的所有矩阵中的最简单的一个矩阵来作为这一个相似等价类的代表,通常认为一个对角形矩阵是最简单的,但是一个 n 阶矩阵满足什么条件才可以用相似变换化成对角形呢 ?这样就展开了下面的讨论.

定理 7　相似矩阵具有相同的特征多项式.

证明　设 $\boldsymbol{A}$ 与 $\boldsymbol{B}$ 相似,则存在可逆矩阵 $\boldsymbol{P}$,使

$$\boldsymbol{P}^{-1}\boldsymbol{A}\boldsymbol{P} = \boldsymbol{B}$$

那么

$$f_{\boldsymbol{B}}(\lambda) = |\lambda\boldsymbol{E} - \boldsymbol{B}| = |\lambda\boldsymbol{E} - \boldsymbol{P}^{-1}\boldsymbol{A}\boldsymbol{P}| = |\boldsymbol{P}^{-1}||\lambda\boldsymbol{E} - \boldsymbol{A}||\boldsymbol{P}| = \\ |\lambda\boldsymbol{E} - \boldsymbol{A}| = f_{\boldsymbol{A}}(\lambda)$$

由定理 7 马上有:若 n 阶矩阵 $\boldsymbol{A}$ 与一个对角形矩阵 $\boldsymbol{\Lambda} = \mathrm{diag}(\lambda_1,\lambda_2,\cdots,\lambda_n)$ 相似,则 $\lambda_1,\lambda_2,\cdots,\lambda_n$ 是 $\boldsymbol{A}$ 的 n 个特征值.

例 3　设 $\varphi(x) = a_0 + a_1x + \cdots + a_nx^n$,$\lambda$ 是 $\boldsymbol{A}$ 的特征值,那么 $\varphi(\lambda)$ 是 $\varphi(\boldsymbol{A})$ 的特征值.

证明　设$\boldsymbol{\Lambda} = \mathrm{diag}(\lambda_1,\lambda_2,\cdots,\lambda_n)$,并且$\boldsymbol{A}$ 与$\boldsymbol{\Lambda} = \mathrm{diag}(\lambda_1,\lambda_2,\cdots,\lambda_n)$ 相似,那么有可逆矩阵 $\boldsymbol{P}$,使

$$\boldsymbol{P}^{-1}\boldsymbol{\Lambda}\boldsymbol{P} = \boldsymbol{A}$$

$$\boldsymbol{P}^{-1}\boldsymbol{\Lambda}^2\boldsymbol{P} = \boldsymbol{A}^2$$

$$\vdots$$

$$\boldsymbol{P}^{-1}\boldsymbol{\Lambda}^n\boldsymbol{P} = \boldsymbol{A}^n$$

$$\boldsymbol{P}^{-1}(a\boldsymbol{\Lambda}^n)\boldsymbol{P} = a\boldsymbol{A}^n$$

于是有

$$\boldsymbol{P}^{-1}\varphi(\boldsymbol{\Lambda})\boldsymbol{P} = \varphi(\boldsymbol{A})$$

所以 $\varphi(\boldsymbol{A})$ 与 $\varphi(\boldsymbol{\Lambda})$ 相似. 注意到

$$\varphi(\boldsymbol{\Lambda}) = \mathrm{diag}(\varphi(\lambda_1),\varphi(\lambda_2),\cdots,\varphi(\lambda_n))$$

所以 $\varphi(\lambda)$ 是 $\varphi(\boldsymbol{A})$ 的特征值.

例4　设3阶矩阵 $\boldsymbol{A}$ 的特征值为 $1,-1,2$，求 $\boldsymbol{A}^*+3\boldsymbol{A}-2\boldsymbol{E}$ 的特征值.

解　由题设有

$$|\boldsymbol{A}|=\lambda_1\lambda_2\lambda_3=-2\neq 0$$

可逆，故 $\boldsymbol{A}^*=-2\boldsymbol{A}^{-1}$.

令

$$\varphi(\boldsymbol{A})=-2\boldsymbol{A}^{-1}+3\boldsymbol{A}-2\boldsymbol{E}$$

$$\varphi(\lambda)=-\frac{2}{\lambda}+3\lambda-2,\lambda\varphi(\lambda)=3\lambda^2-2\lambda-2$$

得

$$\varphi(1)=-1,\varphi(-1)=-3,\varphi(2)=3$$

所以 $\varphi(\boldsymbol{A})=-2\boldsymbol{A}^{-1}+3\boldsymbol{A}-2\boldsymbol{E}$ 的特征值就是 $-1,-3,3$.

定义10　若 n 阶矩阵 $\boldsymbol{A}$ 与一个对角形矩阵 $\boldsymbol{\Lambda}=\mathrm{diag}(\lambda_1,\lambda_2,\cdots,\lambda_n)$ 相似，就称 $\boldsymbol{A}$ 可以对角化.

定理8　n 阶矩阵 $\boldsymbol{A}$ 可对角化的充分必要条件是：

(1) $\boldsymbol{A}$ 有 n 个线性无关的特征向量.

(2) 对于 $\boldsymbol{A}$ 的任意一个特征值 λ_i，齐次线性方程组 $(\lambda_i\boldsymbol{E}-\boldsymbol{A})\boldsymbol{x}=\boldsymbol{0}$ 的解空间的维数等于 λ_i 的重数.

证明　(1) 设 n 阶矩阵 $\boldsymbol{A}$ 可对角化，则存在 n 阶可逆矩阵 $\boldsymbol{P}$，使

$$\boldsymbol{P}^{-1}\boldsymbol{A}\boldsymbol{P}=\boldsymbol{\Lambda}$$

由于在相似变换下，矩阵的秩不变，所以 $\boldsymbol{\Lambda}$ 是一个可逆的对角形矩阵，设

$$\boldsymbol{\Lambda}=\mathrm{diag}(\lambda_1,\lambda_2,\cdots,\lambda_n)\quad（不排除对角线上有相等数）$$

于是

$$\boldsymbol{A}\boldsymbol{P}=\boldsymbol{P}\boldsymbol{\Lambda}$$

即

$$\boldsymbol{A}(\boldsymbol{p}_1,\boldsymbol{p}_2,\cdots,\boldsymbol{p}_n)=(\lambda_1\boldsymbol{p}_1,\lambda_2\boldsymbol{p}_2,\cdots,\lambda_n\boldsymbol{p}_n)$$

所以

$$\boldsymbol{A}\boldsymbol{p}_i=\lambda_i\boldsymbol{p}_i\quad i=1,2,\cdots,n$$

矩阵 $(\lambda_1\boldsymbol{p}_1,\lambda_2\boldsymbol{p}_2,\cdots,\lambda_n\boldsymbol{p}_n)$ 的秩是满秩的，所以它的列向量组是线性无关的，故 $\boldsymbol{p}_1,\boldsymbol{p}_2,\cdots,\boldsymbol{p}_n$ 是矩阵 $\boldsymbol{A}$ 的各不相同的 n 个特征向量.

反之，若 $\boldsymbol{p}_1,\boldsymbol{p}_2,\cdots,\boldsymbol{p}_n$ 是矩阵 $\boldsymbol{A}$ 的各不相同的 n 个特征向量，则

$$\boldsymbol{A}\boldsymbol{p}_i=\lambda_i\boldsymbol{p}_i\quad i=1,2,\cdots,n,\lambda_i\neq 0$$

设

$$\boldsymbol{\Lambda}=\mathrm{diag}(\lambda_1,\lambda_2,\cdots,\lambda_n)$$

于是 $\boldsymbol{p}_1,\boldsymbol{p}_2,\cdots,\boldsymbol{p}_n$ 线性无关，所以矩阵 $\boldsymbol{P}=(\boldsymbol{p}_1,\boldsymbol{p}_2,\cdots,\boldsymbol{p}_n)$ 可逆，由

$$\boldsymbol{A}(\boldsymbol{p}_1,\boldsymbol{p}_2,\cdots,\boldsymbol{p}_n)=(\lambda_1\boldsymbol{p}_1,\lambda_2\boldsymbol{p}_2,\cdots,\lambda_n\boldsymbol{p}_n)$$

得

$$\boldsymbol{A}(\boldsymbol{p}_1,\boldsymbol{p}_2,\cdots,\boldsymbol{p}_n)=(\boldsymbol{p}_1,\boldsymbol{p}_2,\cdots,\boldsymbol{p}_n)\boldsymbol{\Lambda}$$

$\boldsymbol{A}\boldsymbol{P}=\boldsymbol{P}\boldsymbol{\Lambda}$，于是 $\boldsymbol{P}^{-1}\boldsymbol{A}\boldsymbol{P}=\boldsymbol{\Lambda}$.

(2) 必要性是显然的，我们仅证明充分性.

设 $\lambda_1,\lambda_2,\cdots,\lambda_m$ 是矩阵 $\boldsymbol{A}$ 的所有的特征值，其重数分别是 $k_1,k_2,\cdots,k_m$，则有

$$k_1+k_2+\cdots+k_m=n$$

由于对于 $\boldsymbol{A}$ 的任意一个特征值 λ_i，齐次线性方程组 $(\lambda_i\boldsymbol{E}-\boldsymbol{A})\boldsymbol{x}=\boldsymbol{0}$ 的解空间的维数

等于 λ_i 的重数，所以 $(\lambda_i \boldsymbol{E}-\boldsymbol{A})\boldsymbol{x}=\boldsymbol{0}$ 的基础解系中含有 k_i 个线性无关的解向量，也就是有 k_i 个线性无关的 $\boldsymbol{A}$ 的属于 λ_i 的特征向量，而 $k_1+k_2+\cdots+k_m=n$，而属于方阵 $\boldsymbol{A}$ 的不同特征值的特征向量线性无关，所以 $\boldsymbol{A}$ 有 n 个线性无关的特征向量，故可对角化.

推论　如果 $\boldsymbol{A}$ 有 n 个不同的特征值，则矩阵 $\boldsymbol{A}$ 可对角化.

证明　由于 $\boldsymbol{A}$ 有 n 个不同的特征值，则矩阵 $\boldsymbol{A}$ 有 n 个线性无关特征向量，故可对角化.

例 5　设方阵

$$\boldsymbol{A}=\begin{pmatrix}3 & 2 & -1\\ -2 & -2 & 2\\ 3 & 6 & -1\end{pmatrix}$$

判断 $\boldsymbol{A}$ 是否可对角化，如果可对角化，求与它相似的对角形矩阵 $\boldsymbol{\Lambda}$.

解　可得

$$|\lambda \boldsymbol{E}-\boldsymbol{A}|=\begin{vmatrix}\lambda-3 & -2 & 1\\ 2 & \lambda+2 & -2\\ -3 & -6 & \lambda+1\end{vmatrix}=\lambda^3-12\lambda+16=(\lambda-2)^2(\lambda+4)$$

解得特征根是 2，2，−4.

当 $\lambda=-4$ 时，解 $(-4\boldsymbol{E}-\boldsymbol{A})\boldsymbol{x}=\boldsymbol{0}$，得

$$(-4\boldsymbol{E}-\boldsymbol{A})=\begin{pmatrix}-7 & -2 & 1\\ 2 & -2 & -2\\ -3 & -6 & -3\end{pmatrix}\stackrel{r}{\longleftrightarrow}\begin{pmatrix}1 & 0 & -\frac{1}{3}\\ 0 & 1 & \frac{2}{3}\\ 0 & 0 & 0\end{pmatrix}$$

得到基础解系

$$\boldsymbol{\xi}_1=\begin{pmatrix}1\\ -2\\ 3\end{pmatrix}$$

当 $\lambda=2$ 时，解 $(2\boldsymbol{E}-\boldsymbol{A})\boldsymbol{x}=\boldsymbol{0}$，得

$$(2\boldsymbol{E}-\boldsymbol{A})=\begin{pmatrix}-1 & -2 & 1\\ 2 & 4 & -2\\ -3 & -6 & 3\end{pmatrix}\stackrel{r}{\longleftrightarrow}\begin{pmatrix}1 & 2 & -1\\ 0 & 0 & 0\\ 0 & 0 & 0\end{pmatrix}$$

得到基础解系为

$$\boldsymbol{\xi}_2=\begin{pmatrix}-2\\ 1\\ 0\end{pmatrix},\boldsymbol{\xi}_3=\begin{pmatrix}1\\ 0\\ 1\end{pmatrix}$$

由于基础解系所含向量的个数等于对应的特征根的重数，故可以对角化. 取

$$\boldsymbol{P}=\begin{pmatrix}1 & -2 & 1\\ -2 & 1 & 0\\ 3 & 0 & 1\end{pmatrix}$$

则
$$P^{-1}AP = \Lambda = \begin{pmatrix} -4 & 0 & 0 \\ 0 & 2 & 0 \\ 0 & 0 & 2 \end{pmatrix}$$

5.3　实对称矩阵的对角化

本节讨论一类特殊的矩阵,它的对角化问题很简单,这就是实对称矩阵.

定理 9　实对称矩阵的特征值为实数.

证明　设 λ 是实对称矩阵 $\boldsymbol{A}$ 的特征值,我们证明 $\bar{\lambda} = \lambda$(复数的共轭等于本身,从而是实数).

事实上,由于设 λ 是实对称矩阵 $\boldsymbol{A}$ 的特征值,所以存在一个非零的复数向量 $\boldsymbol{c} = (c_1, c_2, \cdots, c_n)^{\mathrm{T}}$,使 $\boldsymbol{A}\boldsymbol{c} = \lambda\boldsymbol{c}$,就是

$$\boldsymbol{A}\begin{pmatrix} c_1 \\ c_2 \\ \vdots \\ c_n \end{pmatrix} = \lambda\begin{pmatrix} c_1 \\ c_2 \\ \vdots \\ c_n \end{pmatrix} \tag{1}$$

令 $\bar{c}_i$ 表示 c_i 的共轭复数,用行向量$(\bar{c}_1,\ \bar{c}_2,\ \cdots,\ \bar{c}_n)$左乘式(1) 的两边,得

$$(\bar{c}_1, \bar{c}_2, \cdots, \bar{c}_n)\boldsymbol{A}\begin{pmatrix} c_1 \\ c_2 \\ \vdots \\ c_n \end{pmatrix} = \lambda(\bar{c}_1, \bar{c}_2, \cdots, \bar{c}_n)\begin{pmatrix} c_1 \\ c_2 \\ \vdots \\ c_n \end{pmatrix}$$

上面的等式两边就是

$$\sum_{i=1}^{n}\sum_{j=1}^{n} a_{ij}\bar{c}_i c_j = \lambda\sum_{i=1}^{n}\bar{c}_i c_i = \lambda\sum_{i=1}^{n} \| c_i \|^2 \tag{2}$$

对式(2) 两边同时取共轭复数得

$$\sum_{i=1}^{n}\sum_{j=1}^{n} a_{ij} c_i \bar{c}_j = \bar{\lambda}\sum_{i=1}^{n} \| c_i \|^2 \tag{3}$$

由于 $a_{ij} = a_{ji}$,并且是实数,式(2) 与式(3) 的左边相等,又 $\boldsymbol{c} = (c_1, c_2, \cdots, c_n)^{\mathrm{T}}$ 是非零向量,所以$\sum\limits_{i=1}^{n} \| c_i \|^2 > 0$,所以得 $\bar{\lambda} = \lambda$,故 λ 是实数.

定理 10　实对称矩阵 $\boldsymbol{A}$ 属于不同的特征值的特征向量正交.

证明　设 λ_1, λ_2 是实对称矩阵 $\boldsymbol{A}$ 的两个不同的特征值,$\boldsymbol{p}_1, \boldsymbol{p}_2$ 是相对应的特征向量,那么
$$\boldsymbol{A}\boldsymbol{p}_1 = \lambda_1\boldsymbol{p}_1, \boldsymbol{A}\boldsymbol{p}_2 = \lambda_2\boldsymbol{p}_2$$
由于 $\boldsymbol{A}$ 是实对称矩阵,有 $\boldsymbol{A} = \boldsymbol{A}^{\mathrm{T}}$,于是
$$\lambda_1\boldsymbol{p}_1^{\mathrm{T}} = (\lambda_1\boldsymbol{p}_1)^{\mathrm{T}} = (\boldsymbol{A}\boldsymbol{p}_1)^{\mathrm{T}} = \boldsymbol{p}_1^{\mathrm{T}}\boldsymbol{A}^{\mathrm{T}} = \boldsymbol{p}_1^{\mathrm{T}}\boldsymbol{A}$$
从而
$$\lambda_1\boldsymbol{p}_1^{\mathrm{T}}\boldsymbol{p}_2 = (\boldsymbol{p}_1^{\mathrm{T}}\boldsymbol{A})\boldsymbol{p}_2 = \boldsymbol{p}_1^{\mathrm{T}}(\boldsymbol{A}\boldsymbol{p}_2) = \lambda_2\boldsymbol{p}_1^{\mathrm{T}}\boldsymbol{p}_2$$

所以$(\lambda_1-\lambda_2)\boldsymbol{p}_1^{\mathrm T}\boldsymbol{p}_2=0$，而$\lambda_1\neq\lambda_2$，故$\boldsymbol{p}_1^{\mathrm T}\boldsymbol{p}_2=\mathbf{0}$，即$\boldsymbol{p}_1,\boldsymbol{p}_2$正交.

定理 11　对于任何实对称矩阵$\boldsymbol{A}$，存在正交矩阵$\boldsymbol{P}$，使

$$\boldsymbol{P}^{\mathrm T}\boldsymbol{A}\boldsymbol{P}=\mathrm{diag}(\lambda_1,\lambda_2,\cdots,\lambda_n)$$

这表明实对称矩阵$\boldsymbol{A}$可对角化.

证明　对矩阵$\boldsymbol{A}$的阶n用数学归纳法，当$n=1$，命题显然成立. 设$n>1$，并且假设对于$n-1$阶矩阵而言，命题成立.

设$\boldsymbol{A}=\begin{pmatrix}a_{11}&a_{12}&\cdots&a_{1n}\\a_{12}&a_{22}&\cdots&a_{2n}\\\vdots&\vdots&&\vdots\\a_{1n}&a_{2n}&\cdots&a_{nn}\end{pmatrix}$为实对称矩阵.

若$\boldsymbol{A}=\boldsymbol{O}$，本身就是对角矩阵，对任何$n$阶可逆矩阵$\boldsymbol{P}$，总有$\boldsymbol{P}^{\mathrm T}\boldsymbol{A}\boldsymbol{P}=\boldsymbol{O}$. 设$\boldsymbol{A}\neq\boldsymbol{O}$，分两种情形证明之.

第一种情形：设$\boldsymbol{A}$主对角线上的元素不全为零，那么总可通过行初等变换与列初等变换，将不为零的元素换到左上角，再利用行变换可把第一行以下的第一列元素都化为零，同时利用列变换可以把第一列右边的第一行元素都化为零，上面的变换用矩阵表示就是存在可逆矩阵$\boldsymbol{P}_1$，使$\boldsymbol{P}_1{}^{\mathrm T}\boldsymbol{A}\,\boldsymbol{P}_1=\boldsymbol{B}$，这时

$$\boldsymbol{B}=\begin{pmatrix}a_{ii}&0&\cdots&0\\0&&&\\\vdots&&\boldsymbol{A}_1&\\0&&&\end{pmatrix}$$

$\boldsymbol{A}_1$是一个$n-1$阶实对称矩阵，根据归纳法假设，存在$n-1$阶可逆矩阵$\boldsymbol{Q}_1$，使$\boldsymbol{Q}_1{}^{\mathrm T}\boldsymbol{A}_1\boldsymbol{Q}_1=\boldsymbol{\Lambda}_1=\mathrm{diag}(c_2,c_3,\cdots,c_n)$，令$\boldsymbol{Q}=\begin{pmatrix}1&\boldsymbol{O}\\\boldsymbol{O}&\boldsymbol{Q}_1\end{pmatrix}$，$\boldsymbol{P}=\boldsymbol{P}_1\boldsymbol{Q}$，于是

$$\boldsymbol{P}^{\mathrm T}\boldsymbol{A}\boldsymbol{P}=\begin{pmatrix}a_{ii}&\boldsymbol{O}\\\boldsymbol{O}&\boldsymbol{Q}^{\mathrm T}\boldsymbol{A}_1\boldsymbol{Q}\end{pmatrix}=\boldsymbol{\Lambda}=\mathrm{diag}(c_1,c_2,\cdots,c_n)$$

第二种情形：设$\boldsymbol{A}$主对角线上的元素全为零，则必有某一个元素$a_{ij}\neq0,i\neq j$.

我们总可以施行初等变换把它化成第一种情形，方法如下：把第j列加到第i列，再把第j行加到第i行，就是$\boldsymbol{A}\xleftrightarrow[r_i+r_j]{c_i+c_j}\boldsymbol{B}$，即相当于，用可逆矩阵$\boldsymbol{Q}$使得$\boldsymbol{Q}^{\mathrm T}\boldsymbol{A}\boldsymbol{Q}=\boldsymbol{B}$，这时$\boldsymbol{B}$的第$i$行$i$列的元素就变成了$2a_{ij}\neq0$，于是第二种情形就化成了第一种情形.

例 1　设$\boldsymbol{A}=\begin{pmatrix}0&0&0&3\\0&3&-6&0\\0&-6&12&-4\\3&0&-4&0\end{pmatrix}$，利用初等变换把它化成对角形，并求相应的可逆矩阵$\boldsymbol{P}$，使$\boldsymbol{P}^{\mathrm T}\boldsymbol{A}\boldsymbol{P}$为对角形.

解　这就是定理证明中的第一种情况$a_{22}\neq0$，交换第一列与第二列，然后交换第一行与第二行，对 4 阶单位阵也施行这样的变换，这时$\boldsymbol{A}$与$\boldsymbol{E}$分别化成$\boldsymbol{A}_1$与$\boldsymbol{P}_1$

$$A_1=\begin{pmatrix}3&0&-6&0\\0&0&0&3\\-6&0&12&-4\\0&3&-4&0\end{pmatrix},P_1=\begin{pmatrix}0&1&0&0\\1&0&0&0\\0&0&1&0\\0&0&0&1\end{pmatrix}$$

c_3+2c_1,r_3+r_1,这时 A_1 与 P_1 分别化成 A_2 与 P_2

$$A_2=\begin{pmatrix}3&0&0&0\\0&0&0&3\\0&0&0&-4\\0&3&-4&0\end{pmatrix},P_2=\begin{pmatrix}0&1&0&0\\1&0&2&0\\0&0&1&0\\0&0&0&1\end{pmatrix}$$

c_2+c_4,r_2+r_4,这时 A_2 与 P_2 分别化成 A_3 与 P_3

$$A_3=\begin{pmatrix}3&0&0&0\\0&6&-4&3\\0&-4&0&-4\\0&3&-4&0\end{pmatrix},P_3=\begin{pmatrix}0&1&0&0\\1&1&2&1\\0&0&1&0\\0&1&0&1\end{pmatrix}$$

$c_3+\frac{2}{3}c_2,r_3+\frac{2}{3}r_2;c_4-\frac{1}{2}c_2,r_4-\frac{1}{2}r_2$,这时 A_3 与 P_3 分别化成 A_4 与 P_4

$$A_4=\begin{pmatrix}3&0&0&0\\0&6&0&0\\0&0&-\frac{8}{3}&-2\\0&0&-2&-\frac{3}{2}\end{pmatrix},P_4=\begin{pmatrix}0&1&\frac{2}{3}&-\frac{1}{2}\\1&0&2&0\\0&0&1&0\\0&1&\frac{2}{3}&\frac{1}{2}\end{pmatrix}$$

$c_4-\frac{3}{4}c_3,r_4-\frac{3}{4}r_3$, 这时 A_4 与 P_4 分别化成 A_5 与 P_5

$$A_5=\begin{pmatrix}3&0&0&0\\0&6&0&0\\0&0&-\frac{8}{3}&0\\0&0&0&0\end{pmatrix},P_5=\begin{pmatrix}0&1&\frac{2}{3}&-1\\1&0&2&-\frac{3}{2}\\0&0&1&-\frac{3}{4}\\0&1&\frac{2}{3}&0\end{pmatrix}$$

取 $P=P_5$,于是

$$P^{\mathrm{T}}AP=\begin{pmatrix}3&0&0&0\\0&6&0&0\\0&0&-\frac{8}{3}&0\\0&0&0&0\end{pmatrix}=\mathrm{diag}(3,6,-\frac{8}{3},0)$$

必须指出,上面的可逆矩阵 P 不一定是正交矩阵,更进一步我们还可以证明,对于一个实对称矩阵,必然存在一个 n 阶正交矩阵 U,使 $U^{\mathrm{T}}AU=\mathrm{diag}(\lambda_1,\lambda_2,\cdots,\lambda_n)$.

这样正交矩阵 $\boldsymbol{U}$ 的求法如下:

(1) 通过 $|\lambda\boldsymbol{E}-\boldsymbol{A}|=\boldsymbol{0}$,求出特征值.

(2) 通过 $(\lambda_i\boldsymbol{E}-\boldsymbol{A})\boldsymbol{x}=\boldsymbol{0}$,求出对应于特征值 λ_i 的特征向量,并把这些特征向量规范正交化.

(3) 将对应于每个特征值 λ_i 的每一个特征向量作为列向量,就组成了正交矩阵 $\boldsymbol{U}$.

例 2 设

$$\boldsymbol{A}=\begin{pmatrix}0&-1&1\\-1&0&1\\1&1&0\end{pmatrix}$$

求一个交矩阵 $\boldsymbol{U}$,使

$$\boldsymbol{U}^{-1}\boldsymbol{A}\boldsymbol{U}=\operatorname{diag}(\lambda_1,\lambda_2,\cdots,\lambda_n)=\boldsymbol{\Lambda}$$

解 可得

$$|\lambda\boldsymbol{E}-\boldsymbol{A}|=\begin{vmatrix}\lambda&1&-1\\1&\lambda&-1\\-1&-1&\lambda\end{vmatrix}=\lambda^3-3\lambda+2=(\lambda-1)^2(\lambda+2)=0$$

解得

$$\lambda_1=-2,\lambda_2=\lambda_3=1$$

对应于 $\lambda_1=-2$,有

$$(\lambda\boldsymbol{E}-\boldsymbol{A})=\begin{pmatrix}-2&1&-1\\1&-2&-1\\-1&-1&-2\end{pmatrix}\overset{r}{\longleftrightarrow}\begin{pmatrix}1&0&1\\0&1&1\\0&0&0\end{pmatrix}$$

得基础解系

$$(\lambda\boldsymbol{E}-\boldsymbol{A})=\begin{pmatrix}1&-1&1\\-1&1&1\\1&1&1\end{pmatrix}$$

将其单位化

$$\boldsymbol{u}_1=\frac{1}{\sqrt{3}}\begin{pmatrix}-1\\-1\\1\end{pmatrix}$$

对应于 $\lambda_2=\lambda_3=1$,有

$$(\lambda\boldsymbol{E}-\boldsymbol{A})=\begin{pmatrix}1&1&-1\\1&1&-1\\-1&-1&1\end{pmatrix}\overset{r}{\longleftrightarrow}\begin{pmatrix}1&1&-1\\0&0&0\\0&0&0\end{pmatrix}$$

解得基础解系

$$\boldsymbol{\xi}_2=\begin{pmatrix}-1\\1\\0\end{pmatrix},\boldsymbol{\xi}_3=\begin{pmatrix}1\\0\\1\end{pmatrix}$$

将 $\boldsymbol{\xi}_2,\boldsymbol{\xi}_3$ 正交化,取

$$\boldsymbol{\eta}_1=\boldsymbol{\xi}_2$$

$$\boldsymbol{\eta}_2=\boldsymbol{\xi}_3-\frac{[\boldsymbol{\xi}_3,\boldsymbol{\eta}_1]}{[\boldsymbol{\eta}_1,\boldsymbol{\eta}_1]}\boldsymbol{\eta}_1=\begin{pmatrix}1\\0\\1\end{pmatrix}-\left(-\frac{1}{2}\right)\begin{pmatrix}-1\\1\\0\end{pmatrix}=\frac{1}{2}\begin{pmatrix}1\\1\\2\end{pmatrix}$$

将 $\boldsymbol{\eta}_1,\boldsymbol{\eta}_2$ 单位化,得

$$\boldsymbol{u}_2=\frac{1}{\sqrt{2}}\begin{pmatrix}-1\\1\\0\end{pmatrix},\boldsymbol{u}_3=\frac{1}{\sqrt{6}}\begin{pmatrix}1\\1\\2\end{pmatrix}$$

将$\boldsymbol{u}_1,\boldsymbol{u}_2,\boldsymbol{u}_3$ 组成正交矩阵

$$\boldsymbol{U}=\begin{pmatrix}-\frac{1}{\sqrt{3}} & -\frac{1}{\sqrt{2}} & \frac{1}{\sqrt{6}}\\ -\frac{1}{\sqrt{3}} & \frac{1}{\sqrt{2}} & \frac{1}{\sqrt{6}}\\ \frac{1}{\sqrt{3}} & 0 & \frac{2}{\sqrt{6}}\end{pmatrix}$$

于是

$$\boldsymbol{U}^{-1}\boldsymbol{A}\boldsymbol{U}=\boldsymbol{U}^{\mathrm{T}}\boldsymbol{A}\boldsymbol{U}=\boldsymbol{\Lambda}=\mathrm{diag}(-2,1,1)$$

利用矩阵的对角化可以计算$\boldsymbol{A}^m$(m 为自然数),就是由

$$\boldsymbol{U}^{-1}\boldsymbol{A}\boldsymbol{U}=\boldsymbol{U}^{\mathrm{T}}\boldsymbol{A}\boldsymbol{U}=\boldsymbol{\Lambda}$$

得
$$\boldsymbol{U}^{-1}\boldsymbol{A}^m\boldsymbol{U}=\boldsymbol{U}^{\mathrm{T}}\boldsymbol{A}^m\boldsymbol{U}=\boldsymbol{\Lambda}^m$$

于是得
$$\boldsymbol{A}^m=\boldsymbol{U}\boldsymbol{\Lambda}^m\boldsymbol{U}^{-1}=\boldsymbol{U}\boldsymbol{\Lambda}^m\boldsymbol{U}^{\mathrm{T}}$$

例如,上面的例题

$$\boldsymbol{A}^m=\boldsymbol{U}\boldsymbol{\Lambda}^m\boldsymbol{U}^{-1}=\boldsymbol{U}\boldsymbol{\Lambda}^m\boldsymbol{U}^{\mathrm{T}}$$

$$\boldsymbol{A}^m=\begin{pmatrix}-\frac{1}{\sqrt{3}} & -\frac{1}{\sqrt{2}} & \frac{1}{\sqrt{6}}\\ -\frac{1}{\sqrt{3}} & \frac{1}{\sqrt{2}} & \frac{1}{\sqrt{6}}\\ \frac{1}{\sqrt{3}} & 0 & \frac{2}{\sqrt{6}}\end{pmatrix}\begin{pmatrix}(-2)^m & & \\ & 1 & \\ & & 1\end{pmatrix}\begin{pmatrix}-\frac{1}{\sqrt{3}} & -\frac{1}{\sqrt{3}} & \frac{1}{\sqrt{3}}\\ -\frac{1}{\sqrt{2}} & \frac{1}{\sqrt{2}} & 0\\ \frac{1}{\sqrt{6}} & \frac{1}{\sqrt{6}} & \frac{2}{\sqrt{6}}\end{pmatrix}=$$

$$\begin{pmatrix}\frac{(-2)^{m+1}}{\sqrt{3}} & -\frac{1}{\sqrt{2}} & \frac{1}{\sqrt{6}}\\ \frac{(-2)^{m+1}}{\sqrt{3}} & \frac{1}{\sqrt{2}} & \frac{1}{\sqrt{6}}\\ \frac{(-2)^m}{\sqrt{3}} & 0 & \frac{2}{\sqrt{6}}\end{pmatrix}\begin{pmatrix}-\frac{1}{\sqrt{3}} & -\frac{1}{\sqrt{3}} & \frac{1}{\sqrt{3}}\\ -\frac{1}{\sqrt{2}} & \frac{1}{\sqrt{2}} & 0\\ \frac{1}{\sqrt{6}} & \frac{1}{\sqrt{6}} & \frac{2}{\sqrt{6}}\end{pmatrix}=$$

$$\begin{pmatrix} \dfrac{(-2)^{m+2}+2}{3} & \dfrac{(-2)^{m+2}-1}{3} & \dfrac{(-2)^{m+1}+1}{3} \\ \dfrac{(-2)^{m+2}-1}{3} & \dfrac{(-2)^{m+2}+2}{3} & \dfrac{(-2)^{m+1}+1}{3} \\ \dfrac{(-2)^{m+1}+1}{3} & \dfrac{(-2)^{m+1}+1}{3} & \dfrac{(-2)^{m}+2}{3} \end{pmatrix}=$$

$$\frac{1}{3}\begin{pmatrix} (-2)^{m+2}+2 & (-2)^{m+2}-1 & (-2)^{m+1}+1 \\ (-2)^{m+2}-1 & (-2)^{m+2}+2 & (-2)^{m+1}+1 \\ (-2)^{m+1}+1 & (-2)^{m+1}+1 & (-2)^{m}+2 \end{pmatrix}$$

例 3 设 $\boldsymbol{x}$ 为 n 维列向量，$\boldsymbol{x}^{\mathrm{T}}\boldsymbol{x}=1$，令 $\boldsymbol{H}=\boldsymbol{E}-2\boldsymbol{x}\boldsymbol{x}^{\mathrm{T}}$，证明：$\boldsymbol{H}$ 是对称正交矩阵 .

证明 $\boldsymbol{H}^{\mathrm{T}}=(\boldsymbol{E}-2\boldsymbol{x}\boldsymbol{x}^{\mathrm{T}})^{\mathrm{T}}=\boldsymbol{E}-2(\boldsymbol{x}^{\mathrm{T}})^{\mathrm{T}}\boldsymbol{x}^{\mathrm{T}}=\boldsymbol{E}-2\boldsymbol{x}\boldsymbol{x}^{\mathrm{T}}=\boldsymbol{H}$，所以 $\boldsymbol{H}$ 是对称矩阵

.

另外

$$\boldsymbol{H}^{\mathrm{T}}\boldsymbol{H}=(\boldsymbol{E}-2\boldsymbol{x}\boldsymbol{x}^{\mathrm{T}})^2=\boldsymbol{E}-2\boldsymbol{x}\boldsymbol{x}^{\mathrm{T}}-2\boldsymbol{x}\boldsymbol{x}^{\mathrm{T}}+4(\boldsymbol{x}\boldsymbol{x}^{\mathrm{T}})(\boldsymbol{x}\boldsymbol{x}^{\mathrm{T}})$$

$$\boldsymbol{H}^{\mathrm{T}}\boldsymbol{H}=(\boldsymbol{E}-2\boldsymbol{x}\boldsymbol{x}^{\mathrm{T}})^2=\boldsymbol{E}-4\boldsymbol{x}\boldsymbol{x}^{\mathrm{T}}+4\boldsymbol{x}(\boldsymbol{x}^{\mathrm{T}}\boldsymbol{x})\boldsymbol{x}^{\mathrm{T}}=\boldsymbol{E}-4\boldsymbol{x}\boldsymbol{x}^{\mathrm{T}}+4\boldsymbol{x}\boldsymbol{x}^{\mathrm{T}}=\boldsymbol{E}$$

所以 $\boldsymbol{H}$ 是正交矩阵.

例 4 证明：实正交矩阵的特征值是 1 或者 -1.

证明 设 λ 是正交矩阵 $\boldsymbol{A}$ 的任意一个特征值 λ，$\boldsymbol{\xi}$ 是属于正交矩阵 $\boldsymbol{A}$ 的特征值 λ 的特征向量，于是有 $\boldsymbol{A\xi}=\lambda\boldsymbol{\xi}$，$\boldsymbol{\xi}\neq\boldsymbol{0}$，则有

$$(\boldsymbol{A\xi})^{\mathrm{T}}=(\lambda\boldsymbol{\xi})^{\mathrm{T}}$$

就是

$$\boldsymbol{\xi}^{\mathrm{T}}\boldsymbol{A}^{\mathrm{T}}=\lambda\boldsymbol{\xi}^{\mathrm{T}}$$

左右乘以 $\boldsymbol{A}\xi$，右边右乘以 $\lambda\boldsymbol{\xi}$

$$\boldsymbol{\xi}^{\mathrm{T}}\boldsymbol{A}^{\mathrm{T}}(\boldsymbol{A\xi})=\lambda\boldsymbol{\xi}^{\mathrm{T}}(\lambda\boldsymbol{\xi}),\boldsymbol{\xi}^{\mathrm{T}}(\boldsymbol{A}^{\mathrm{T}}\boldsymbol{A})\boldsymbol{\xi}=\lambda^2(\boldsymbol{\xi}^{\mathrm{T}}\boldsymbol{\xi})$$

而 $\boldsymbol{A}^{\mathrm{T}}\boldsymbol{A}=\boldsymbol{E}$，所以有 $\boldsymbol{\xi}^{\mathrm{T}}\boldsymbol{\xi}=\lambda^2(\boldsymbol{\xi}^{\mathrm{T}}\boldsymbol{\xi})$，注意到 $\boldsymbol{\xi}\neq\boldsymbol{0}$，$\boldsymbol{\xi}^{\mathrm{T}}\boldsymbol{\xi}>0$，所以 $\lambda^2=1$，$\lambda=\pm1$.

例 5 设 $\boldsymbol{A}=\begin{pmatrix}2&1&2\\1&2&2\\2&2&1\end{pmatrix}$，求 $\varphi(\boldsymbol{A})=\boldsymbol{A}^{10}-6\boldsymbol{A}^{9}+5\boldsymbol{A}^{8}$.

解 可得

$$|\boldsymbol{A}-\lambda\boldsymbol{E}|=\begin{vmatrix}2-\lambda&1&2\\1&2-\lambda&2\\2&2&1-\lambda\end{vmatrix}=(5-\lambda)\begin{vmatrix}1&1&1\\1&2-\lambda&2\\2&2&1-\lambda\end{vmatrix}=$$

$$(5-\lambda)\begin{vmatrix}1&1&1\\0&1-\lambda&1\\0&0&-1-\lambda\end{vmatrix}=-(5-\lambda)(1-\lambda)(1+\lambda)$$

特征值为

$$\lambda_1=1,\lambda_2=-1,\lambda_3=5$$

属于 $\lambda_1=1$ 的特征向量为

$$\boldsymbol{\xi}_1=(1,-1,0)^{\mathrm{T}}$$

$$\boldsymbol{p}_1=\frac{1}{\sqrt{6}}(\sqrt{3},-\sqrt{3},0)^{\mathrm{T}}$$

属于特征 $\lambda_2=-1$ 的特征向量为

$$\boldsymbol{\xi}_2=(1,1,-2)^{\mathrm{T}}$$

$$\boldsymbol{p}_2=\frac{1}{\sqrt{6}}(1,1,-2)^{\mathrm{T}}$$

同理得到,属于 $\lambda_3=5$ 的特征向量为

$$\boldsymbol{\xi}_3=(1,1,1)^{\mathrm{T}}$$

$$\boldsymbol{p}_3=\frac{1}{\sqrt{6}}(\sqrt{2},\sqrt{2},\sqrt{2})^{\mathrm{T}}$$

$\boldsymbol{p}_1,\boldsymbol{p}_2,\boldsymbol{p}_3$ 显然正交,于是得

$$\boldsymbol{P}=\frac{1}{\sqrt{6}}\begin{pmatrix}\sqrt{3}&1&\sqrt{2}\\-\sqrt{3}&1&\sqrt{2}\\0&-2&\sqrt{2}\end{pmatrix},\boldsymbol{P}^{\mathrm{T}}=\frac{1}{\sqrt{6}}\begin{pmatrix}\sqrt{3}&-\sqrt{3}&0\\1&1&-2\\\sqrt{2}&\sqrt{2}&\sqrt{2}\end{pmatrix},\boldsymbol{\Lambda}=\begin{pmatrix}1&0&0\\0&-1&0\\0&0&5\end{pmatrix}$$

$$\varphi(\boldsymbol{A})=\boldsymbol{A}^{10}-6\boldsymbol{A}^9+5\boldsymbol{A}^8$$

$$\varphi(1)=0,\varphi(-1)=12,\varphi(5)=0$$

所以
$$\varphi(\boldsymbol{\Lambda})=\begin{pmatrix}0&0&0\\0&12&0\\0&0&0\end{pmatrix}$$

于是经计算得

$$\varphi(\boldsymbol{A})=\boldsymbol{P}\varphi(\boldsymbol{\Lambda})\boldsymbol{P}^{\mathrm{T}}=2\begin{pmatrix}1&1&-2\\1&1&-2\\-2&-2&4\end{pmatrix}$$

5.4　二次型

在解析几何中,一个有心的二次曲线当它的中心与坐标原点重合时,它的一般方程是

$$f(x,y)=ax^2+2bxy+cy^2 \tag{1}$$

利用旋转变换

$$\begin{pmatrix}x\\y\end{pmatrix}=\begin{pmatrix}\cos\theta&-\sin\theta\\\sin\theta&\cos\theta\end{pmatrix}\begin{pmatrix}x'\\y'\end{pmatrix} \tag{2}$$

可以把方程(1)化成标准形

$$f(x,y)=d_1(x')^2+d_2(y')^2$$

上面式(1)的左边是一个二次齐次多项式(简称为二次齐式),从代数的观点来看,所谓化标准方程就是用变量的线性变换化简一个二次齐式,使它只含有平方项.这样的问题不仅在解析几何中出现,在数学的其他分支及工程、物理上也经常出现.这就是所谓二次型的问题.

5.4.1 二次型的概念

定义 11 设 $\boldsymbol{x}\in\mathbf{R}^n$,$\boldsymbol{A}$ 是 n 阶实对称矩阵,称

$$f=\boldsymbol{x}^{\mathrm{T}}\boldsymbol{A}\boldsymbol{x} \tag{3}$$

为一个实二次型.

式(3) 还可以写成

$$f=\boldsymbol{x}^{\mathrm{T}}\boldsymbol{A}\boldsymbol{x}=(x_1,x_2,\cdots,x_n)\begin{pmatrix}a_{11}&a_{12}&\cdots&a_{1n}\\a_{12}&a_{22}&\cdots&a_{2n}\\\vdots&\vdots&&\vdots\\a_{1n}&a_{2n}&\cdots&a_{nn}\end{pmatrix}\begin{pmatrix}x_1\\x_2\\\vdots\\x_n\end{pmatrix} \tag{4}$$

或者

$$\begin{aligned}f(x_1,x_2,\cdots,x_n)=&a_{11}x_1^2+2a_{12}x_1x_2+\cdots+2a_{1n}x_1x_n+\\&a_{22}x_2^2+2a_{23}x_2x_3+\cdots+2a_{2n}x_2x_n+\cdots+\\&a_{nn}x_n^2\end{aligned} \tag{5}$$

很明显可以看出,任何一个 n 阶实对称矩阵 $\boldsymbol{A}$,通过式(3),可以得到一个实二次型 $f(x_1,x_2,\cdots,x_n)$,而一个二次型 $f(x_1,x_2,\cdots,x_n)$,通过式(5) 可转化为矩阵的乘法,从而得到 n 阶实对称矩阵 $\boldsymbol{A}$. 这样就有,n 阶实对称矩阵 $\boldsymbol{A}$ 与 n 元实二次型 $f(x_1,x_2,\cdots,x_n)$ 是一一对应的关系.

将 n 阶实对称矩阵 $\boldsymbol{A}$ 叫做 n 元实二次型 $f(x_1,x_2,\cdots,x_n)$ 的矩阵,将矩阵 $\boldsymbol{A}$ 的秩叫做 $f(x_1,x_2,\cdots,x_n)$ 的秩.

例 1 设 $f(x_1,x_2,x_3)=x_1^2-4x_1x_2+2x_1x_3+x_2^2+2x_2x_3$

求 $f(x_1,x_2,x_3)$ 的矩阵及秩.

解 可得

$$f(x_1,x_2,x_3)=x_1^2-4x_1x_2+2x_1x_3+x_2^2+2x_2x_3=$$
$$(x_1,x_2,x_3)\begin{pmatrix}1&-2&1\\-2&1&1\\1&1&0\end{pmatrix}\begin{pmatrix}x_1\\x_2\\x_3\end{pmatrix}=\boldsymbol{x}^{\mathrm{T}}\boldsymbol{A}\boldsymbol{x}$$

$$\boldsymbol{A}=\begin{pmatrix}1&-2&1\\-2&1&1\\1&1&0\end{pmatrix}$$

$$|\boldsymbol{A}|=-2-2-1-1=-6\neq 0,r(\boldsymbol{A})=3$$

所以 $f(x_1,x_2,x_3)$ 的秩为 3.

例 2 设 $f(x_1,x_2,x_3)=(x_1,x_2,x_3)\begin{pmatrix}1&2&3\\4&5&6\\7&8&9\end{pmatrix}\begin{pmatrix}x_1\\x_2\\x_3\end{pmatrix}$

求 $f(x_1,x_2,x_3)$ 的矩阵.

解　可得

$$f(x_1,x_2,x_3)=(x_1+4x_2+7x_3,2x_1+5x_2+8x_3,3x_1+6x_2+9x_3)\begin{pmatrix}x_1\\x_2\\x_3\end{pmatrix}=$$

$$x_1^2+4x_1x_2+7x_1x_3+2x_1x_2+5x_2^2+8x_2x_3+3x_1x_3+6x_2x_3+9x_3^2=$$

$$x_1^2+6x_1x_2+10x_1x_3+5x_2^2+14x_2x_3+9x_3^2=$$

$$(x_1,x_2,x_3)\begin{pmatrix}1&3&5\\3&5&7\\5&7&9\end{pmatrix}\begin{pmatrix}x_1\\x_2\\x_3\end{pmatrix}$$

对应的对称矩阵是

$$\boldsymbol{A}=\begin{pmatrix}1&3&5\\3&5&7\\5&7&9\end{pmatrix}$$

5.4.2　二次型的标准形

关于二次型 $f(x_1,x_2,\cdots,x_n)$，我们所要讨论的主要问题是，如何通过一个可逆的线性变换 $\boldsymbol{x}=\boldsymbol{C}\boldsymbol{y}$，其中

$$\boldsymbol{C}=(c_{ij})_{n\times n} \tag{6}$$

把 $f(x_1,x_2,\cdots,x_n)$ 化成只有平方项

$$f(x_1,x_2,\cdots,x_n)=k_1y_1^2+k_2y_2^2+\cdots+k_ny_n^2 \tag{7}$$

将式(7) 叫做二次型的标准形，如果式(7) 中的平方项的系数只在 $-1,0,1$ 中选择，则称式(7) 为二次型的规范形.

我们看看在可逆线性变换(6) 之下，式(3) 的变化情形

$$f=\boldsymbol{x}^{\mathrm{T}}\boldsymbol{A}\boldsymbol{x}=(\boldsymbol{C}\boldsymbol{y})^{\mathrm{T}}\boldsymbol{A}(\boldsymbol{C}\boldsymbol{y})=\boldsymbol{y}^{\mathrm{T}}(\boldsymbol{C}^{\mathrm{T}}\boldsymbol{A}\boldsymbol{C})\boldsymbol{y}$$

可以看到，在可逆线性变换(6) 之下，二次型仍为二次型，二次型的矩阵由 $\boldsymbol{A}$ 变成了 $\boldsymbol{C}^{\mathrm{T}}\boldsymbol{A}\boldsymbol{C}$.

定义 12　设 $\boldsymbol{A},\boldsymbol{C}$ 都是 n 阶矩阵，其中 $\boldsymbol{C}$ 是可逆的，若

$$\boldsymbol{C}^{\mathrm{T}}\boldsymbol{A}\boldsymbol{C}=\boldsymbol{B}$$

则称 $\boldsymbol{A}$ 与 $\boldsymbol{B}$ 是合同的，也称 $\boldsymbol{A}$ 与 $\boldsymbol{B}$ 具有合同关系，或者称 $\boldsymbol{A}$ 经合同变换而得到 $\boldsymbol{B}$.

合同关系是一个等价关系：

(1) 反身性：$\boldsymbol{E}^{\mathrm{T}}\boldsymbol{A}\boldsymbol{E}=A$；

(2) 对称性：由 $\boldsymbol{C}^{\mathrm{T}}\boldsymbol{A}\boldsymbol{C}=\boldsymbol{B}$，得 $(\boldsymbol{C}^{-1})^{\mathrm{T}}\boldsymbol{B}\boldsymbol{C}^{-1}=\boldsymbol{A}$；

(3) 传递型：由 $\boldsymbol{C}_1^{\mathrm{T}}\boldsymbol{A}\boldsymbol{C}_1=\boldsymbol{A}_1$ 及 $\boldsymbol{C}_2^{\mathrm{T}}\boldsymbol{A}_1\boldsymbol{C}_2=\boldsymbol{A}_2$，有

$$\boldsymbol{C}_2^{\mathrm{T}}\boldsymbol{C}_1^{\mathrm{T}}\boldsymbol{A}\boldsymbol{C}_1\boldsymbol{C}_2=\boldsymbol{A}_2$$

即

$$(\boldsymbol{C}_1\boldsymbol{C}_2)^{\mathrm{T}}\boldsymbol{A}(\boldsymbol{C}_1\boldsymbol{C}_2)=\boldsymbol{A}_2$$

这样，按照代数的观点，我们总要寻求一个与 n 阶矩阵 $\boldsymbol{A}$ 合同的所有矩阵的等价类中最简单的矩阵为这个等价类的代表，就是寻求与 n 阶矩阵 $\boldsymbol{A}$ 合同的对角形矩阵.

还可以看到，上一节讨论过的正交变换实际是一个特殊的合同变换，由于二次型的矩阵是实对称矩阵，因此，对二次型的矩阵的合同变换实际上是正交变换. 并且进一步知道，一个正交变换实际上既是相似变换又是合同变换. 由定理 11 马上有下面的定理.

定理 12 任意给定的二次型，$f(x_1,x_2,\cdots,x_n) = \boldsymbol{x}^{\mathrm{T}}\boldsymbol{A}\boldsymbol{x}$，总存在正交矩阵 $\boldsymbol{U}$，使其

$$f(x_1,x_2,\cdots,x_n) = \boldsymbol{y}^{\mathrm{T}}(\boldsymbol{U}^{\mathrm{T}}\boldsymbol{A}\boldsymbol{U})\boldsymbol{y} = \boldsymbol{y}^{\mathrm{T}}\boldsymbol{\Lambda}\boldsymbol{y}$$

其中，$\boldsymbol{\Lambda} = \mathrm{diag}(\lambda_1,\lambda_2,\cdots,\lambda_n)$，$\lambda_1,\lambda_2,\cdots,\lambda_n$ 是 $\boldsymbol{A}$ 的特征值.

推论 任给二次型，$f(\boldsymbol{x}) = \boldsymbol{x}^{\mathrm{T}}\boldsymbol{A}\boldsymbol{x}$，总存在可逆变换 $\boldsymbol{x} = \boldsymbol{C}\boldsymbol{y}$，使其成为规范形.

证明 由定理 12，有

$$f(\boldsymbol{x}) = \boldsymbol{x}^{\mathrm{T}}\boldsymbol{A}\boldsymbol{x} = f(\boldsymbol{P}\boldsymbol{y}) = \boldsymbol{y}^{\mathrm{T}}(\boldsymbol{P}^{\mathrm{T}}\boldsymbol{A}\boldsymbol{P})\boldsymbol{y} = \boldsymbol{y}^{\mathrm{T}}\boldsymbol{\Lambda}\boldsymbol{y} = \lambda_1 y_1^2 + \lambda_2 y_2^2 + \cdots + \lambda_n y_n^2$$

设 $r(\boldsymbol{A}) = r$，则 $\boldsymbol{\Lambda}$ 的对角线上恰有 r 个非零的数，不妨设 $\lambda_1,\lambda_2,\cdots,\lambda_r$ 不为零，而 $\lambda_{r+1} = \lambda_{r+2} = \cdots = \lambda_n = 0$，于是

$$\boldsymbol{\Lambda} = \mathrm{diag}(\lambda_1,\lambda_2,\cdots,\lambda_r,0,0,\cdots,0)$$

作线性变换 $\boldsymbol{y} = \boldsymbol{K}\boldsymbol{z}$，其中

$$\boldsymbol{K} = \mathrm{diag}\left(\frac{1}{\sqrt{|\lambda_1|}},\frac{1}{\sqrt{|\lambda_2|}},\cdots,\frac{1}{\sqrt{|\lambda_r|}},1,1,\cdots,1\right)$$

则 $\boldsymbol{K}$ 可逆，这时

$$f(\boldsymbol{x}) = f(\boldsymbol{P}\boldsymbol{y}) = f(\boldsymbol{P}\boldsymbol{K}\boldsymbol{z}) = \boldsymbol{z}^{\mathrm{T}}(\boldsymbol{K}^{\mathrm{T}}\boldsymbol{P}^{\mathrm{T}}\boldsymbol{A}\boldsymbol{P}\boldsymbol{K})\boldsymbol{z} = \boldsymbol{z}^{\mathrm{T}}(\boldsymbol{K}^{\mathrm{T}}\boldsymbol{\Lambda}\boldsymbol{K})\boldsymbol{z} =$$

$$\boldsymbol{z}^{\mathrm{T}}\mathrm{diag}\left(\frac{\lambda_1}{|\lambda_1|},\frac{\lambda_2}{|\lambda_2|},\cdots,\frac{\lambda_r}{|\lambda_r|},0,0,\cdots,0\right)\boldsymbol{z} =$$

$$\frac{\lambda_1}{|\lambda_1|}z_1^2 + \frac{\lambda_2}{|\lambda_2|}z_2^2 + \cdots + \frac{\lambda_r}{|\lambda_r|}z_r^2$$

而

$$\frac{\lambda_i}{|\lambda_i|} = \begin{cases} 1 & \lambda_i > 0 \\ -1 & \lambda_i < 0 \end{cases}$$

所以上式就是规范形.

只要取 $\boldsymbol{C} = \boldsymbol{P}\boldsymbol{K}$ 即可.

例 3 求一个正交变换 $\boldsymbol{x} = \boldsymbol{P}\boldsymbol{y}$，把二次型

$$f = -2x_1x_2 + 2x_1x_3 + 2x_2x_3$$

化成标准形.

解 设

$$f = -2x_1x_2 + 2x_1x_3 + 2x_2x_3 = \boldsymbol{x}^{\mathrm{T}}\boldsymbol{A}\boldsymbol{x}$$

其中 $\boldsymbol{A} = \begin{pmatrix} 0 & -1 & 1 \\ -1 & 0 & 1 \\ 1 & 1 & 0 \end{pmatrix}$，这就是上一节的例 1 中的矩阵，于是存在

$$\boldsymbol{U} = \begin{pmatrix} -\frac{1}{\sqrt{3}} & -\frac{1}{\sqrt{2}} & \frac{1}{\sqrt{6}} \\ -\frac{1}{\sqrt{3}} & \frac{1}{\sqrt{2}} & \frac{1}{\sqrt{6}} \\ \frac{1}{\sqrt{3}} & 0 & \frac{2}{\sqrt{6}} \end{pmatrix}$$

使
$$U^{\mathrm{T}}AU=\Lambda=\begin{pmatrix}-2&0&0\\0&1&0\\0&0&1\end{pmatrix}$$
于是有正交变换 $x=Uy$，使 $f=-2y_1^2+y_2^2+y_3^2$ 就是标准形.

再令
$$y=\begin{pmatrix}y_1\\y_2\\y_3\end{pmatrix}=\begin{pmatrix}\frac{1}{\sqrt{2}}&0&0\\0&1&0\\0&0&1\end{pmatrix}\begin{pmatrix}z_1\\z_2\\z_3\end{pmatrix}=Kz$$
那么
$$f(x)=z^{\mathrm{T}}(K^{\mathrm{T}}\Lambda K)z=z^{\mathrm{T}}\begin{pmatrix}-1&0&0\\0&1&0\\0&0&1\end{pmatrix}z=-z_1^2+z_2^2+z_3^2$$
就是规范形. 不过这时的可逆变换未必是正交变换.

例 4　设二次型
$$f=x_1^2+2x_2^2+5x_3^2+2x_1x_2+2x_1x_3+6x_2x_3$$
用配方法把它化成标准形 .

解　先将含有 x_1 的项组合在一起
$$f=(x_1^2+2x_1x_2+x_2^2+2x_1x_3+x_3^2+2x_2x_3)+x_2^2+4x_3^2+4x_2x_3$$
再将剩余的项中含有 x_2 的项组合在一起
$$f=(x_1+x_2+x_3)^2+(x_2^2+4x_2x_3+4x_3^2)=(x_1+x_2+x_3)^2+(x_2+2x_3)^2$$
令
$$\begin{cases}y_1=x_1+x_2+x_3\\y_2=x_2+2x_3\\y_3=x_3\end{cases}$$
就是
$$\begin{pmatrix}y_1\\y_2\\y_3\end{pmatrix}=\begin{pmatrix}1&1&1\\0&1&2\\0&0&1\end{pmatrix}\begin{pmatrix}x_1\\x_2\\x_3\end{pmatrix}$$
$$y=C^{-1}x$$
易求得
$$C=\begin{pmatrix}1&1&1\\0&1&2\\0&0&1\end{pmatrix}^{-1}=\begin{pmatrix}1&-1&1\\0&1&-2\\0&0&1\end{pmatrix}$$
所以可逆变换为 $x=Cy$，就是
$$\begin{cases}x_1=y_1-y_2+y_3\\x_2=y_2+2y_3\\x_3=y_3\end{cases}$$

得 $f = y_1^2 + y_2^2$ 为标准形(同时也是规范形).

5.5 正定二次型

本节讨论二次形的符号的确定问题,在线性规划及求多元函数的极值中,这个理论起着至关重要的作用.由于工科教学的学时所限,本节的定理的证明可述而不证,对编者给出的证明仅作参考.

5.5.1 惯性定理

在将一个实二次型化成标准形的过程中,我们发现,对于不同的可逆线性变换 $\boldsymbol{x} = \boldsymbol{Cy}$,得到的二次型的标准形是不尽相同的,但是,它们平方项的个数却总是一样的,即总是等于二次型的秩,并且正平方项的个数与负平项的个数之差是固定的.于是有下面的定理.

定理 13(惯性定理) 设有实二次型 $f = \boldsymbol{x}^{\mathrm{T}}\boldsymbol{A}\boldsymbol{x}$,它的秩为 r,有两个可逆线性变换

$$\boldsymbol{x} = \boldsymbol{Cy} \text{ 及 } \boldsymbol{x} = \boldsymbol{Pz}$$

使

$$f = y_1^2 + y_2^2 + \cdots + y_p^2 - y_{p+1}^2 - \cdots - y_r^2 \tag{1}$$

$$f = z_1^2 + z_2^2 + \cdots + z_q^2 - z_{q+1}^2 - \cdots - z_r^2 \tag{2}$$

那么总有:$p = q$.

证明 设(1) 和(2) 是把 $f = \boldsymbol{x}^{\mathrm{T}}\boldsymbol{A}\boldsymbol{x}$ 分别通过可逆线性变换所得到的两个规范形

$$\begin{cases} y_1 = s_{11}x_1 + s_{12}x_2 + \cdots + s_{1n}x_n \\ y_2 = s_{21}x_1 + s_{22}x_2 + \cdots + s_{2n}x_n \\ \qquad\vdots \\ y_n = s_{n1}x_1 + s_{n2}x_2 + \cdots + s_{nn}x_n \end{cases} \tag{3}$$

$$\begin{cases} z_1 = t_{11}x_1 + t_{12}x_2 + \cdots + t_{1n}x_n \\ z_2 = t_{21}x_1 + t_{22}x_2 + \cdots + t_{2n}x_n \\ \qquad\vdots \\ z_n = t_{n1}x_1 + t_{n2}x_2 + \cdots + t_{nn}x_n \end{cases} \tag{4}$$

则 $T = \begin{pmatrix} t_{11} & t_{12} & \cdots & t_{1n} \\ t_{21} & t_{22} & \cdots & t_{2n} \\ \vdots & \vdots & & \vdots \\ t_{n1} & t_{n2} & \cdots & t_{nn} \end{pmatrix}$ 可逆.

往证 $p = q$,先证 $p \leqslant q$,再证明 $q \leqslant p$.

不然,若 $p \neq q$,不妨设 $p < q$,考虑下面的 $p + n - q$ 个方程组成的齐次线性方程组

$$\begin{cases} s_{11}x_1 + s_{12}x_2 + \cdots + s_{1n}x_n = 0 \\ \quad\vdots \\ s_{p1}x_1 + s_{p2}x_2 + \cdots + s_{pn}x_n = 0 \\ t_{q+1,1}x_1 + t_{q+1,2}x_2 + \cdots + t_{q+1,n}x_n = 0 \\ \quad\vdots \\ t_{n1}x_1 + t_{n2}x_2 + \cdots + t_{nn}x_n = 0 \end{cases} \tag{5}$$

由于 $p < q$,所以 $p + n - q < n$,于是方程组(5) 有非零解,令$(c_1,c_2,\cdots,c_n)^{\mathrm{T}}$ 是方程组(5) 的一个非零解,把这一组值代入(3),(4) 有

$$y_i(\boldsymbol{c}) = \sum_{i=1}^{n} s_{ij}c_j, z_i(\boldsymbol{c}) = \sum_{i=1}^{n} t_{ij}c_j \quad i = 1,2,\cdots,n$$

于是有

$$y_1^2(\boldsymbol{c}) + y_2^2(\boldsymbol{c}) + \cdots + y_p^2(\boldsymbol{c}) - y_{p+1}^2(\boldsymbol{c}) - \cdots - y_r^2(\boldsymbol{c}) =$$
$$z_1^2(\boldsymbol{c}) + z_2^2(\boldsymbol{c}) + \cdots + z_q^2(\boldsymbol{c}) - z_{q+1}^2(\boldsymbol{c}) - \cdots - z_r^2(\boldsymbol{c})$$

而 $$y_1(\boldsymbol{c}) = y_2(\boldsymbol{c}) = \cdots = y_p(\boldsymbol{c}) = 0,\ z_{q+1}(\boldsymbol{c}) = \cdots = z_n(\boldsymbol{c}) = 0$$

所以

$$-y_{p+1}^2(\boldsymbol{c}) - \cdots - y_r^2(\boldsymbol{c}) = z_1^2(\boldsymbol{c}) + z_2^2(\boldsymbol{c}) + \cdots + z_q^2(\boldsymbol{c})$$
$$y_{p+1}^2(\boldsymbol{c}) + \cdots + y_r^2(\boldsymbol{c}) + z_1^2(\boldsymbol{c}) + z_2^2(\boldsymbol{c}) + \cdots + z_q^2(\boldsymbol{c}) = 0$$

所以有

$$y_{p+1}(\boldsymbol{c}) = \cdots = y_r(\boldsymbol{c}) = z_1(\boldsymbol{c}) + z_2(\boldsymbol{c}) + \cdots + z_q(\boldsymbol{c}) = 0$$

而 $$z_{q+1}(\boldsymbol{c}) = \cdots = z_n(\boldsymbol{c}) = 0$$

所以 $\boldsymbol{c} = (c_1,c_2,\cdots,c_n)^{\mathrm{T}}$ 是

$$\begin{cases} 0 = t_{11}x_1 + t_{12}x_2 + \cdots + t_{1n}x_n \\ 0 = t_{21}x_1 + t_{22}x_2 + \cdots + t_{2n}x_n \\ \quad\vdots \\ 0 = t_{n1}x_1 + t_{n2}x_2 + \cdots + t_{nn}x_n \end{cases}$$

的一组非零解,这与矩阵 T 可逆矛盾.

所以必有 $p \geqslant q$;同理可证 $q \geqslant p$,故 $p = q$.

将式(1) 和(2) 中的正项个数叫做实二次型的正惯性指标,负项的个数叫做负惯性指标,正惯性指标与负惯性指标的差叫做符号差.

设实二次型 f 的秩为 r,正性指标为 s,负性指标为 t,则有

$$s + t = r$$

并且 $s - t$ 是固定的常数.

例如上一节例 4 中二次型的 $r = 2, s = 2, t = 0, s - t = 2$.

这样看起来,两个二次型等价的问题就比较复杂了,不仅要求两者有相同的秩,还要求两者有相同的符号差.

例如,$f_1 = \boldsymbol{x}^{\mathrm{T}}\boldsymbol{\Lambda}_1\boldsymbol{x} = x_1^2 + x_2^2 + x_3^2 - x_4^2 - x_5^2$,$f_2 = \boldsymbol{x}^{\mathrm{T}}\boldsymbol{\Lambda}_2\boldsymbol{x} = x_1^2 + x_2^2 - x_3^2 - x_4^2 - x_5^2$,尽管这两个二次型的秩都是 $r = 5$,但是符号差不等,故这两个二次型不等价.

5.5.2　正定二次型

定义 13　设有实二次型 $f = \boldsymbol{x}^{\mathrm{T}}\boldsymbol{A}\boldsymbol{x}$，若对于任意的 $\boldsymbol{x} \in \mathbf{R}^n$，总有 $f = \boldsymbol{x}^{\mathrm{T}}\boldsymbol{A}\boldsymbol{x} > 0$，称 $f = \boldsymbol{x}^{\mathrm{T}}\boldsymbol{A}\boldsymbol{x}$ 是正定的；此时称它所对应的实对称矩阵是正定的.

若对于任意的 $\boldsymbol{x} \in \mathbf{R}^n$，总有 $f = \boldsymbol{x}^{\mathrm{T}}\boldsymbol{A}\boldsymbol{x} < 0$，称 $f = \boldsymbol{x}^{\mathrm{T}}\boldsymbol{A}\boldsymbol{x}$ 是负定的，此时称它所对应的实对称矩阵是负定的.

下面给出两个判定一个二次型为正定的充分必要条件，对证明过程可以略过，仅要求会用.

定理 14　一个 n 元实二次型为正定的充分必要条件是它的秩和正惯性指标等于 n，或者秩与符号差都等于 n.

证明　设 $f = \boldsymbol{x}^{\mathrm{T}}\boldsymbol{A}\boldsymbol{x}$，如果 $r(\boldsymbol{A}) = n$，正惯性指标 $s = n$，则负惯性指标 $t = 0$，于是 符号差 $s - t = n$，那么存在可逆矩阵 $\boldsymbol{P}$，使 $\boldsymbol{P}^{\mathrm{T}}\boldsymbol{A}\boldsymbol{P} = \boldsymbol{E}$，令 $\boldsymbol{x} = \boldsymbol{P}\boldsymbol{y}$，就有 $f = \boldsymbol{x}^{\mathrm{T}}\boldsymbol{A}\boldsymbol{x} = \boldsymbol{y}^{\mathrm{T}}\boldsymbol{E}\boldsymbol{y} = y_1^2 + y_2^2 + \cdots + y_n^2$，因此当 $\boldsymbol{x} \neq \boldsymbol{0}$ 时有 $\boldsymbol{y} \neq \boldsymbol{0}$，所以对任意的 $\boldsymbol{x}$，有 $f = \boldsymbol{x}^{\mathrm{T}}\boldsymbol{A}\boldsymbol{x} = \boldsymbol{y}^{\mathrm{T}}\boldsymbol{E}\boldsymbol{y} = y_1^2 + y_2^2 + \cdots + y_n^2 > 0$，$f$ 是正定的.

反之若 f 是正定的，即对任意的 $\boldsymbol{x}$，有 $f = \boldsymbol{x}^{\mathrm{T}}\boldsymbol{A}\boldsymbol{x} > 0$，则可推出 $r(\boldsymbol{A}) = n$，或 $s = n$.

不然，若 $r(\boldsymbol{A}) < n$，或者 $r = n$ 而 $s < n$，不论哪种情况，都有 $s < n$，于是存在实可逆矩阵 $\boldsymbol{P}$，使

$$\boldsymbol{P}^{\mathrm{T}}\boldsymbol{A}\boldsymbol{P} = \begin{pmatrix} \boldsymbol{E}_s & \boldsymbol{O} & \boldsymbol{O} \\ \boldsymbol{O} & -\boldsymbol{E}_{r-s} & \boldsymbol{O} \\ \boldsymbol{O} & \boldsymbol{O} & \boldsymbol{O} \end{pmatrix} = \boldsymbol{\Lambda} \quad 0 \leqslant s < n$$

取一组实数，使 $y_1 = y_2 = \cdots = y_s = 0$，而 $y_{s+1}, y_{s+2}, \cdots, y_n$ 不全为零，且令 $\boldsymbol{x} = \boldsymbol{P}\boldsymbol{y}$，则有 $\boldsymbol{x} \neq \boldsymbol{0}$，此时 $f = \boldsymbol{x}^{\mathrm{T}}\boldsymbol{A}\boldsymbol{x} = \boldsymbol{y}^{\mathrm{T}}\boldsymbol{\Lambda}\boldsymbol{y} = -y_{s+1}^2 - y_{s+2}^2 - \cdots - y_r^2 \leqslant 0$，这与 f 是正定的矛盾.

推论　一个实对称矩阵是正定的充分必要条件是它的特征值都是正的.

定义 14　设

$$\boldsymbol{A} = \begin{pmatrix} a_{11} & a_{12} & \cdots & a_{1n} \\ a_{12} & a_{22} & \cdots & a_{2n} \\ \vdots & \vdots & & \vdots \\ a_{1n} & a_{2n} & \cdots & a_{nn} \end{pmatrix}$$

是一个实对称矩阵，位于 $\boldsymbol{A}$ 的前 k 行前 k 列的子式

$$\begin{vmatrix} a_{11} & a_{12} & \cdots & a_{1k} \\ a_{12} & a_{22} & \cdots & a_{2k} \\ \vdots & \vdots & & \vdots \\ a_{1k} & a_{2k} & \cdots & a_{kk} \end{vmatrix} \quad k = 1, 2, \cdots, n$$

称为 $\boldsymbol{A}$ 的 k 阶顺序主子式.

显然，$|a_{11}|$ 是它的最小的顺序主子式，而 $|\boldsymbol{A}|$ 是它的最大的顺序主子式.

定理 15　一个实对称矩阵是正定的充分必要条件是它的所有顺序主子式都是正数.

证明　如果二次形 $f(x_1, x_2, \cdots, x_n)$ 的某一个 k 阶 $(1 \leqslant k \leqslant n)$ 顺序主子式不大于零，那么 $f(x_1, x_2, \cdots, x_n)$ 就一定不是正定的，事实上，设

$$A_k=\begin{pmatrix}a_{11}&a_{12}&\cdots&a_{1k}\\a_{21}&a_{22}&\cdots&a_{2k}\\\vdots&\vdots&&\vdots\\a_{k1}&a_{k2}&\cdots&a_{kk}\end{pmatrix}$$

是一个 k 阶实对称矩阵,则存在 k 阶可逆矩阵 $\boldsymbol{Q}$,使

$$\boldsymbol{Q}^{\mathrm{T}}\boldsymbol{A}_k\boldsymbol{Q}=\begin{pmatrix}\boldsymbol{E}_s&\boldsymbol{O}&\boldsymbol{O}\\\boldsymbol{O}&-\boldsymbol{E}_t&\boldsymbol{O}\\\boldsymbol{O}&\boldsymbol{O}&\boldsymbol{O}\end{pmatrix}=(-1)^t$$

由于 $|\boldsymbol{A}_k|\leqslant 0$,则 $|\boldsymbol{Q}^{\mathrm{T}}\boldsymbol{A}_k\boldsymbol{Q}|=|\boldsymbol{Q}|^2|\boldsymbol{A}_k|\leqslant 0$,因此 t 是一个奇数,表明 $s<k$,就是 k 个元素的二次形 $f(x_1,x_2,\cdots,x_k)$ 的正惯性指标 $s<k$,所以 $f(x_1,x_2,\cdots,x_k)$ 不是正定的,从而存在一组不全为零的数 $c_1,c_2,\cdots,c_k$,使

$$f(x_1,x_2,\cdots,x_k)=(c_1,c_2,\cdots,c_k)\boldsymbol{A}\begin{pmatrix}c_1\\c_2\\\vdots\\c_k\end{pmatrix}\leqslant 0$$

于是取向量 $\boldsymbol{c}=(c_1,c_2,\cdots,c_k,0,0,\cdots,0)^{\mathrm{T}}$,有

$$f(c_1,c_2,\cdots,c_k,0,0,\cdots,0)=(c_1,c_2,\cdots,c_k,0,\cdots,0)\boldsymbol{A}\begin{pmatrix}c_1\\c_2\\\vdots\\c_k\\0\\\vdots\\0\end{pmatrix}=(c_1,c_2,\cdots,c_k)A\begin{pmatrix}c_1\\c_2\\\vdots\\c_k\end{pmatrix}\leqslant 0$$

这表明 $f(x_1,x_2,\cdots,x_n)$ 就一定不是正定的.

反之,若 $f(x_1,x_2,\cdots,x_n)$ 的所有的顺序主子式都是正数,则 $f(x_1,x_2,\cdots,x_n)$ 一定是正定的. 我们对二次形的变量个数用数学归纳法.

当 $n=1$ 时,$a_{11}>0$,对任何 $x_1\neq 0$,有 $x_1a_{11}x_1=a_{11}x_1^2>0$.

设 $n>1$ 时,并且假设对于 $n-1$ 个变量的二次形,论断成立.

设 $f(x_1,x_2,\cdots,x_n)=\boldsymbol{x}^{\mathrm{T}}\boldsymbol{A}\boldsymbol{x}$, 并且 $\boldsymbol{A}$ 的顺序主子式都是正数, 将 $\boldsymbol{A}$ 分块为 $\boldsymbol{A}=\begin{pmatrix}\boldsymbol{A}_1&\boldsymbol{\alpha}\\\boldsymbol{\alpha}^{\mathrm{T}}&\boldsymbol{a}_{nn}\end{pmatrix}$,$\boldsymbol{A}_1$ 是 $n-1$ 阶实对称矩阵, 并且它的所有的顺序主子式都是正数时,$f(x_1,x_2,\cdots,x_{n-1})$ 是正定的,即它的正惯性指标是 $n-1$,于是存在 $n-1$ 阶可逆矩阵 $\boldsymbol{P}_1$,使

$$\boldsymbol{P}_1^{\mathrm{T}}\boldsymbol{A}_1\boldsymbol{P}_1=\boldsymbol{E}_{n-1}$$

令

$$\boldsymbol{Q}=\begin{pmatrix}\boldsymbol{P}_1&\boldsymbol{O}\\\boldsymbol{O}&1\end{pmatrix}$$

于是 $$Q^{\mathrm{T}}AQ=\begin{pmatrix}P_1 & O\\ O & 1\end{pmatrix}\begin{pmatrix}A_1 & \alpha\\ \alpha^{\mathrm{T}} & a_{nn}\end{pmatrix}\begin{pmatrix}P_1 & O\\ O & 1\end{pmatrix}=\begin{pmatrix}E_{n-1} & \beta\\ \beta^{\mathrm{T}} & a_{nn}\end{pmatrix}$$

这里 $\beta=P_1\alpha$,再取

$$P=\begin{pmatrix}E_{n-1} & -\beta\\ O & 1\end{pmatrix}$$

则 $P^{\mathrm{T}}Q^{\mathrm{T}}AQP=\begin{pmatrix}E_{n-1} & O\\ O & c\end{pmatrix}$,这里 $c=-\beta^{\mathrm{T}}\beta+a_{nn}$.

注意到 $c=\begin{vmatrix}E_{n-1} & O\\ O & c\end{vmatrix}=|Q|^2|A|>0$,所以以 $P^{\mathrm{T}}Q^{\mathrm{T}}AQP=\begin{pmatrix}E_{n-1} & O\\ O & c\end{pmatrix}$为矩阵的 n 元二次形 $y_1^2+y_2^2+\cdots+y_{n-1}^2+cy_n^2$ 是正定的,因此与它等价的二次形 $f(x_1,x_2,\cdots,x_n)$ 一定是正定的.

例 1 判定下列二次型是否为正定的:

(1)$f=x_1^2-2x_1x_2+3x_2^2+4x_1x_3+9x_3^2$;

(2)$f=-5x_1^2+4x_1x_2-6x_2^2+4x_1x_3-4x_3^2$.

解 (1)f 的矩阵为

$$A=\begin{pmatrix}1 & -1 & 2\\ -1 & 3 & 0\\ 2 & 0 & 9\end{pmatrix}$$

$$|a_{11}|=1>0$$

$$\begin{vmatrix}a_{11} & a_{12}\\ a_{21} & a_{22}\end{vmatrix}=\begin{vmatrix}1 & -1\\ -1 & 3\end{vmatrix}=2>0$$

$$|A|=27-12-9=6>0$$

所以 A 是正定的,所以 f 是正定的.

(2)f 的矩阵为

$$A=\begin{pmatrix}-5 & 2 & 2\\ 2 & -6 & 0\\ 2 & 0 & -4\end{pmatrix}$$

$$|a_{11}|=-5<0$$

$$\begin{vmatrix}a_{11} & a_{12}\\ a_{21} & a_{22}\end{vmatrix}=\begin{vmatrix}-5 & 2\\ 2 & -6\end{vmatrix}=26>0$$

$$|A|=-120+24+16=-80<0$$

所以 A 是负定的,所以 f 是负定的.

例 2 判断二次型

$$f=5x_1^2+4x_1x_2-6x_2^2+4x_1x_3-4x_3^2$$

是否为正定的.

解 f 的矩阵为

$$A=\begin{pmatrix}5&2&2\\2&-6&0\\2&0&-4\end{pmatrix}$$

$$|a_{11}|=5>0$$

$$\begin{vmatrix}a_{11}&a_{12}\\a_{21}&a_{22}\end{vmatrix}=\begin{vmatrix}5&2\\2&-6\end{vmatrix}=-34<0$$

$$|A|=120+24+16=160>0$$

所以 A 既不是正定的,也不是负定的,所以 f 是不定的.

本章要点

一、基本要求

1. 了解向量的内积、长度、正交、规范正交基等概念,知道施密特正交化方法.

2. 理解矩阵的特征值与特征向量的概念,了解其性质,并掌握其求法.

3. 了解相似矩阵的概念和性质,了解矩阵可相似对角化的充要条件并会将其对角化.

4. 熟悉二次型及其矩阵表示,知道二次型的秩,掌握用正交化方法与配方法把二次型化成标准形的方法.

5. 了解惯性定理及正定二次形的判定方法.

二、内容提要

1. 内积、长度、正交的概念(略)

2. 施密特正交化方法

设 $\boldsymbol{\alpha}_1,\boldsymbol{\alpha}_2,\cdots,\boldsymbol{\alpha}_n$ 是 V_n 的一个基,取

$$\boldsymbol{\xi}_1=\boldsymbol{\alpha}_1$$

$$\boldsymbol{\xi}_2=\boldsymbol{\alpha}_2-\frac{[\boldsymbol{\alpha}_2,\boldsymbol{\xi}_1]}{[\boldsymbol{\xi}_1,\boldsymbol{\xi}_1]}\boldsymbol{\xi}_1$$

$$\vdots$$

$$\boldsymbol{\xi}_n=\boldsymbol{\alpha}_n-\frac{[\boldsymbol{\alpha}_n,\boldsymbol{\xi}_1]}{[\boldsymbol{\xi}_1,\boldsymbol{\xi}_1]}\boldsymbol{\xi}_1-\frac{[\boldsymbol{\alpha}_n,\boldsymbol{\xi}_2]}{[\boldsymbol{\xi}_2,\boldsymbol{\xi}_2]}\boldsymbol{\xi}_2-\cdots-\frac{[\boldsymbol{\alpha}_n,\boldsymbol{\xi}_{n-1}]}{[\boldsymbol{\xi}_{n-1},\boldsymbol{\xi}_{n-1}]}\boldsymbol{\xi}_{n-1}$$

令

$$\boldsymbol{P}_i=\frac{1}{\|\boldsymbol{\xi}_i\|}\boldsymbol{\xi}_i\quad i=1,2,\cdots,n$$

则 $\boldsymbol{P}_1,\boldsymbol{P}_2,\cdots,\boldsymbol{P}_n$ 是 V_n 的规范正交基.

3. 正交矩阵

(1) 若 n 阶矩阵 $\boldsymbol{A}$ 满足 $\boldsymbol{A}^{\mathrm{T}}\boldsymbol{A}=\boldsymbol{E}$,则称 $\boldsymbol{A}$ 是正交矩阵.

(2) $\boldsymbol{A}$ 是正交矩阵 $\Leftrightarrow \boldsymbol{A}^{\mathrm{T}}=\boldsymbol{A}^{-1}$($\boldsymbol{A}$ 可逆)$\Leftrightarrow \boldsymbol{A}$ 的行(列)向量是 $\mathbf{R}^n$ 的规范正交基.

4. 特征值与特征向量

(1) 设 $\boldsymbol{A}$ 为 n 阶矩阵,若有数 λ 及非零向量 $\boldsymbol{\xi}$ 满足 $\boldsymbol{A\xi}=\lambda\boldsymbol{\xi}$,则称 λ 是矩阵 $\boldsymbol{A}$ 的一个特征值,$\boldsymbol{\xi}$ 是矩阵 $\boldsymbol{A}$ 的对应于特征值 λ 的特征向量.

(2)(λ 的 n 次多项式)$f(\lambda) = |\boldsymbol{A} - \lambda\boldsymbol{E}|$称为$\boldsymbol{A}$的特征多项式,$|\boldsymbol{A} - \lambda\boldsymbol{E}| = 0$称为特征方程,特征方程的根就是矩阵$\boldsymbol{A}$的特征值.在复数范围内,$n$阶矩阵$\boldsymbol{A}$有$n$个特征值(重根按重数计算).

设$\lambda_1,\lambda_2,\cdots,\lambda_n$是$n$阶矩阵$\boldsymbol{A}$的$n$个特征值,则有:

①$\lambda_1 + \lambda_2 + \cdots + \lambda_n = a_{11} + a_{22} + \cdots + a_{nn} = \mathrm{Tr}\,\boldsymbol{A}$;

②$\lambda_1\lambda_2\cdots\lambda_n = |\boldsymbol{A}|$;

③ 若λ是矩阵$\boldsymbol{A}$的一个特征值,$\varphi(\lambda) = a_0 + a_1\lambda + \cdots + a_n\lambda^n$,则$\varphi(\lambda)$是矩阵$\varphi(\boldsymbol{A})$的一个特征值,$\varphi(\boldsymbol{A}) = a_0\boldsymbol{E} + a_1\boldsymbol{A} + \cdots + a_n\boldsymbol{A}^n$.

(3)设λ是矩阵$\boldsymbol{A}$的一个特征值,则对应于特征值λ的全部特征向量构成一个线性空间V_λ,其基就是齐线性方程组$(\boldsymbol{A} - \lambda\boldsymbol{E})\boldsymbol{x} = \boldsymbol{0}$的基础解系.

(4)设$\lambda_1,\lambda_2,\cdots,\lambda_r$是$n$阶矩阵$\boldsymbol{A}$的$r$个特征值,对应的特征向量依次为$\boldsymbol{p}_1,\boldsymbol{p}_2,\cdots,\boldsymbol{p}_r$,如果$\lambda_1,\lambda_2,\cdots,\lambda_r$各不相等,则$\boldsymbol{p}_1,\boldsymbol{p}_2,\cdots,\boldsymbol{p}_r$线性无关.

5. 相似矩阵

(1) 若n阶矩阵$\boldsymbol{A},\boldsymbol{B}$满足存在$n$阶可逆矩阵$\boldsymbol{P}$使$\boldsymbol{A}$ $\boldsymbol{P}^{-1}\boldsymbol{A}\boldsymbol{P} = \boldsymbol{B}$,则称$\boldsymbol{A}$与$\boldsymbol{B}$相似;称上述变换为相似变换.相似矩阵有完全相同的特征值.

(2) 若$\boldsymbol{A}$与对角形矩阵$\boldsymbol{\Lambda} = \mathrm{diag}(\lambda_1,\lambda_2,\cdots,\lambda_n)$相似,则称$\boldsymbol{A}$可对角化.

①$\lambda_1,\lambda_2,\cdots,\lambda_n$是$\boldsymbol{A}$的$n$个特征值.

②$\boldsymbol{P}$的第i个列向量$\boldsymbol{p}_i$就是$\boldsymbol{A}$的对应于特征值λ_i的特征向量.

③n阶矩阵$\boldsymbol{A}$可对角化$\Leftrightarrow\boldsymbol{A}$有$n$个线性无关的特征向量.

④n阶矩阵$\boldsymbol{A}$可逆$\Leftrightarrow\exists\boldsymbol{B}$,使$\boldsymbol{AB} = \boldsymbol{BA} = \boldsymbol{E}\Leftrightarrow|\boldsymbol{A}|\neq 0\Leftrightarrow\boldsymbol{A}$的行阶梯形有$n$个非零的行$\Leftrightarrow\boldsymbol{A}$的最简形是单位矩阵$\boldsymbol{E}$,即存在可逆矩阵$\boldsymbol{P},\boldsymbol{Q}$,使$\boldsymbol{PAQ} = \boldsymbol{E}\Leftrightarrow r(\boldsymbol{A}) = n\Leftrightarrow\boldsymbol{Ax} = \boldsymbol{0}$只有唯一的零解$\Leftrightarrow\boldsymbol{Ax} = \boldsymbol{b}$有唯一解$\Leftrightarrow\boldsymbol{A}$的行(列)向量线性无关$\Leftrightarrow\boldsymbol{A}$的特征值都不为零.

6. 对称矩阵的对角化

(1) 对称矩阵的性质

① 对称矩阵的特征值都是实数;

② 对称矩阵对应于不同特征值的特征向量正交;

③ 对称矩阵可对角化,即给定对称矩阵$\boldsymbol{A}$,存在正交矩阵$\boldsymbol{U}$,使

$$\boldsymbol{U}^{\mathrm{T}}\boldsymbol{AU} = \boldsymbol{\Lambda} = \mathrm{diag}(\lambda_1,\lambda_2,\cdots,\lambda_n)$$

(2) 对称矩阵对角化的步骤

① 求$\boldsymbol{A}$的特征值;

② 每一个特征值对应的特征向量,就是求齐线性方程组$\boldsymbol{Ax} = \boldsymbol{0}$的基础解系,并将其规范正交化;

③ 用这些两两正交的单位向量构成正交矩阵$\boldsymbol{U}$,即有

$$\boldsymbol{U}^{\mathrm{T}}\boldsymbol{AU} = \boldsymbol{\Lambda} = \mathrm{diag}(\lambda_1,\lambda_2,\cdots,\lambda_n)$$

7. 二次型

(1) 二次齐次函数$f(x_1,x_2,\cdots,x_n) = a_{11}x_1^2 + \cdots + a_{nn}x_n^2 + 2a_{12}x_1x_2 + \cdots + 2a_{n-1,n}x_{n-1}x_n$称为二次型.

令 $a_{ij}=a_{ji}$，$\boldsymbol{A}=(a_{ij})_{n\times n}$，$\boldsymbol{x}=(x_1,x_2,\cdots,x_n)^{\mathrm{T}}$，上述二次型可以写成 $f(\boldsymbol{x})=\boldsymbol{x}^{\mathrm{T}}\boldsymbol{A}\boldsymbol{x}$，并称 $\boldsymbol{A}$ 为二次型 f 的矩阵，规定 $r(\boldsymbol{A})=r(f)$.

(2) 二次型的核心问题是：把二次型化成标准形，方法有两个.

① 配方法.（略）

② 正交变换，即对于给定的二次型 $f(\boldsymbol{x})=\boldsymbol{x}^{\mathrm{T}}\boldsymbol{A}\boldsymbol{x}$，存在正交矩阵 $\boldsymbol{U}$，使

$$\boldsymbol{U}^{\mathrm{T}}\boldsymbol{A}\boldsymbol{U}=\boldsymbol{\Lambda}=\mathrm{diag}(\lambda_1,\lambda_2,\cdots,\lambda_n)$$

此时就有正交变换 $\boldsymbol{x}=\boldsymbol{U}\boldsymbol{y}$，使

$$f(\boldsymbol{x})=\boldsymbol{x}^{\mathrm{T}}\boldsymbol{A}\boldsymbol{x}=f(\boldsymbol{U}\boldsymbol{y})=\boldsymbol{y}^{\mathrm{T}}\boldsymbol{U}^{\mathrm{T}}\boldsymbol{A}\boldsymbol{U}\boldsymbol{y}=\boldsymbol{y}^{\mathrm{T}}\boldsymbol{\Lambda}\boldsymbol{y}=\lambda_1y_1^2+\lambda_2y_2^2+\cdots+\lambda_ny_n^2$$

其中，$\lambda_1,\lambda_2,\cdots,\lambda_n$ 是 $\boldsymbol{A}$ 的特征值.

(3) 对于 n 阶矩阵 $\boldsymbol{A}$，若有可逆矩阵 $\boldsymbol{C}$，使 $\boldsymbol{C}^{\mathrm{T}}\boldsymbol{A}\boldsymbol{C}=\boldsymbol{B}$，则称矩阵 $\boldsymbol{A}$ 与 $\boldsymbol{B}$ 合同.

8. 惯性定理、正定二次型

(1)（惯性定理）设二次型的标准形为 $f=k_1y_1^2+k_2y_2^2+\cdots+k_ry_r^2$，那么系数 k_i 中的正数的个数是确定的.

二次型标准形中的正（负）系数的个数称为二次型 f 的正（负）惯性指标，正负惯性指标的差叫做符号差.

设二次型 f 的秩为 r，正（负）惯性指标分别为 p,q，则有 $p+q=r$，并且有规范形

$$f=y_1^2+y_2^2+\cdots+y_p^2-y_{r-1}^2-y_{r-2}^2-\cdots-y_{r-p}^2$$

(2) 如果 $\forall\boldsymbol{x}\neq\boldsymbol{0}$，总有 $f(\boldsymbol{x})>0$（或 <0），则称二次型 f 是正定的，并称 f 的矩阵 $\boldsymbol{A}$ 为正定矩阵.

(3) $f=\boldsymbol{x}^{\mathrm{T}}\boldsymbol{A}\boldsymbol{x}$ 正定 $\Leftrightarrow f$ 的正惯性指标为 $p=n\Leftrightarrow\boldsymbol{A}$ 的特征值都是正数 $\Leftrightarrow f$ 的规范形为 $f=\boldsymbol{y}^{\mathrm{T}}\boldsymbol{y}\Leftrightarrow f$ 合同于单位矩阵 $\Leftrightarrow\boldsymbol{A}$ 的顺序主子式全为正数.

附录:关于矩阵的四种变换

本书涉及了矩阵的四种变换,简单总结如下.

1. 初等变换

设 $\boldsymbol{P},\boldsymbol{Q}$ 为可逆矩阵,称 $\boldsymbol{PAQ}=\boldsymbol{B}$ 为 $\boldsymbol{A}$ 的初等变换.

矩阵的初等变换也叫做相抵变换.两个相同类型的矩阵才可以进行相抵变换,相抵变换具有下列性质:

(1) 相抵关系是等价关系.

(2) 在相抵变换下,矩阵 $\boldsymbol{A}$ 的秩保持不变.

(3) 设矩阵 $\boldsymbol{A}$ 的秩为 r,则可以对 $\boldsymbol{A}$ 施行初等变换(相抵变换)变成标准形 $\begin{pmatrix}\boldsymbol{E}_r & \boldsymbol{O}\\ \boldsymbol{O} & \boldsymbol{O}\end{pmatrix}$,即每一个等价类的代表就是秩为 r 的标准形 $\begin{pmatrix}\boldsymbol{E}_r & \boldsymbol{O}\\ \boldsymbol{O} & \boldsymbol{O}\end{pmatrix}$.

这是矩阵最基本的一个变换,也是矩阵的标准形得到彻底解决的一类变换.

2. 相似变换

设 $\boldsymbol{P}$ 为可逆矩阵,称 $\boldsymbol{P}^{-1}\boldsymbol{AP}=\boldsymbol{B}$ 为 $\boldsymbol{A}$ 的相似变换.

相似变换具有下列性质:

(1) 相似关系是一个等价关系.

(2) 在相似变换下,矩阵 $\boldsymbol{A}$ 的秩保持不变.

(3) 在相似变换下,矩阵 $\boldsymbol{A}$ 的行列式保持不变.

(4) 在相似变换下,矩阵 $\boldsymbol{A}$ 的特征值保持不变.

(5) 如果矩阵 $\boldsymbol{A}$ 的特征值是 n 个各不相等的数,则在相似变换下,矩阵 $\boldsymbol{A}$ 可化成对角形矩阵;或者属于矩阵 $\boldsymbol{A}$ 的每一个特征值 λ 的线性无关的特征向量的个数等于特征根 λ 的重数,则矩阵 $\boldsymbol{A}$ 可化成对角形矩阵.

任意一个 n 阶矩阵未必能够找到它的相似的标准形(对角形),关于这方面的理论本书没有涉及.但是任意一个实对称矩阵则可以找到与它相似的对角形矩阵.

3. 合同变换

设 $\boldsymbol{P}$ 为可逆矩阵,称 $\boldsymbol{P}^{\mathrm{T}}\boldsymbol{AP}=\boldsymbol{B}$ 为 $\boldsymbol{A}$ 的合同变换.

本书对合同变换没有作深入的讨论,仅讲述了下列性质:

(1) 合同关系是一个等价关系.

(2) 在合同变换下,矩阵 $\boldsymbol{A}$ 的秩保持不变.

(3) 实对称矩阵在合同变换下可以找到与它合同的对角形矩阵.

4. 正交变换

设 $\boldsymbol{U}$ 为正交矩阵,称 $\boldsymbol{U}^{-1}\boldsymbol{AU}=\boldsymbol{U}^{\mathrm{T}}\boldsymbol{AU}=\boldsymbol{B}$ 为 $\boldsymbol{A}$ 的正交变换.

本书介绍了正交变换的下列性质：

(1) 正交关系是一个等价关系.

(2) 正交变换既是相似变换又是合同变换.

(3) 实对称矩阵在正交变换下可以找到与它正交的对角形矩阵.

(4) 正交矩阵的特征值为 ± 1.

习题 5

1. 设 $\boldsymbol{a}=(1,0,-2)^{\mathrm{T}},\boldsymbol{b}=(-4,2,3)^{\mathrm{T}}$,$\boldsymbol{c}$ 与 $\boldsymbol{a}$ 正交, $\boldsymbol{b}=\lambda\boldsymbol{a}+\boldsymbol{c}$,求 $\lambda,\boldsymbol{c}$.

2. 试用施密特法将下列向量组正交化:

(1)$(\boldsymbol{a}_1,\boldsymbol{a}_2,\boldsymbol{a}_3)=\begin{pmatrix}1&1&1\\1&2&4\\1&3&9\end{pmatrix}$;

(2)$(\boldsymbol{a}_1,\boldsymbol{a}_2,\boldsymbol{a}_3)=\begin{pmatrix}1&1&-1\\0&-1&1\\-1&0&1\\1&1&0\end{pmatrix}$.

3. 下列矩阵是不是正交矩阵,说明理由:

(1)$(\boldsymbol{a}_1,\boldsymbol{a}_2,\boldsymbol{a}_3)=\begin{pmatrix}1&-\frac{1}{2}&\frac{1}{3}\\-\frac{1}{2}&1&\frac{1}{2}\\\frac{1}{3}&\frac{1}{2}&1\end{pmatrix}$;

(2)$(\boldsymbol{a}_1,\boldsymbol{a}_2,\boldsymbol{a}_3)=\begin{pmatrix}\frac{1}{9}&-\frac{8}{9}&-\frac{4}{9}\\-\frac{8}{9}&\frac{1}{9}&-\frac{4}{9}\\-\frac{4}{9}&-\frac{4}{9}&\frac{7}{9}\end{pmatrix}$.

4. 设 $\boldsymbol{A},\boldsymbol{B}$ 都是正交矩阵,证明:$\boldsymbol{AB}$ 都是正交矩阵.

5. 求下列矩阵的特征值和特征向量:

(1)$\boldsymbol{A}=\begin{pmatrix}2&-1&2\\5&-3&3\\-1&0&-2\end{pmatrix}$;

(2)$\boldsymbol{A}=\begin{pmatrix}1&2&3\\2&1&3\\3&3&6\end{pmatrix}$.

6. 设 $\boldsymbol{A}$ 为 n 阶矩阵,证明:$\boldsymbol{A}^{\mathrm{T}}$ 与 $\boldsymbol{A}$ 的特征值相同.

7. 设 n 阶矩阵 $\boldsymbol{A},\boldsymbol{B}$ 满足 $r(\boldsymbol{A})+r(\boldsymbol{B})<n$,证明:$\boldsymbol{A},\boldsymbol{B}$ 有公共的特征值和特征向量.

8. 设 $\boldsymbol{A}^2-3\boldsymbol{A}+2\boldsymbol{E}=\boldsymbol{0}$,证明:$\boldsymbol{A}$ 的特征值只能是 1 或者 2.

9. 设 $\boldsymbol{A}$ 是正交矩阵,且 $|\boldsymbol{A}|=-1$,证明:$\lambda=-1$ 是它的特征值.

10. 设 $\lambda\neq 0$ 是 m 阶矩阵 $\boldsymbol{A}_{m\times n}\boldsymbol{B}_{n\times m}$ 的特征值,则 λ 也是 n 阶矩阵 $\boldsymbol{B}_{n\times m}\boldsymbol{A}_{m\times n}$ 的特征值.

11. 已知 3 阶矩阵 $\boldsymbol{A}$ 的特征值是 1,2,3,求 $|\boldsymbol{A}^3-5\boldsymbol{A}^2+7\boldsymbol{A}|$.

12. 已知 3 阶矩阵 $\boldsymbol{A}$ 的特征值是 1,2, −3,求 $|\boldsymbol{A}^* + 3\boldsymbol{A} + 2\boldsymbol{E}|$.

13. 设 $\boldsymbol{A},\boldsymbol{B}$ 都是 n 阶矩阵,并且 $\boldsymbol{A}$ 可逆,则 $\boldsymbol{AB}$ 与 $\boldsymbol{BA}$ 相似.

14. 设 $\boldsymbol{A} = \begin{pmatrix} 2 & 0 & 1 \\ 3 & 1 & x \\ 4 & 0 & 5 \end{pmatrix}$可以对角化,求 x.

15. 设 $\boldsymbol{P} = \begin{pmatrix} 1 \\ 1 \\ -1 \end{pmatrix}$是矩阵 $\boldsymbol{A} = \begin{pmatrix} 2 & -1 & 2 \\ 5 & a & 3 \\ -1 & b & -2 \end{pmatrix}$的一个特征向量.

(1) 求参数 a,b 及 $\boldsymbol{P}$ 对应的特征值;

(2) 问 $\boldsymbol{A}$ 可否对角化,并说明理由.

16. $\boldsymbol{A} = \begin{pmatrix} 1 & 4 & 2 \\ 0 & -3 & 4 \\ 0 & 4 & 3 \end{pmatrix}$,求 $\boldsymbol{A}^{100}$.

17. 试求一个正交的相似变换矩阵,将下列对称矩阵化成对角阵:

(1)$\boldsymbol{A} = \begin{pmatrix} 2 & -2 & 0 \\ -2 & 1 & -2 \\ 0 & -2 & 0 \end{pmatrix}$;

(2)$\boldsymbol{A} = \begin{pmatrix} 2 & 2 & -2 \\ 2 & 5 & -4 \\ -2 & -4 & 5 \end{pmatrix}$.

18. 设矩阵 $\boldsymbol{A} = \begin{pmatrix} 1 & -2 & -4 \\ -2 & x & -2 \\ -4 & -2 & 1 \end{pmatrix}$与 $\boldsymbol{\Lambda} = \begin{pmatrix} 5 & 0 & 0 \\ 0 & -4 & 0 \\ 0 & 0 & y \end{pmatrix}$相似,求 x,y,并求一个正交矩阵 $\boldsymbol{P}$,使 $\boldsymbol{P}^{-1}\boldsymbol{AP} = \boldsymbol{\Lambda}$.

19. 设 3 阶矩阵 $\boldsymbol{A}$ 的特征值是 $\lambda_1 = 2,\lambda_2 = -2,\lambda_3 = 1$,对应的特征向量依次为

$$\boldsymbol{p}_1 = \begin{pmatrix} 0 \\ 1 \\ 1 \end{pmatrix},\boldsymbol{p}_2 = \begin{pmatrix} 1 \\ 1 \\ 1 \end{pmatrix},\boldsymbol{p}_3 = \begin{pmatrix} 1 \\ 1 \\ 0 \end{pmatrix}$$

求 $\boldsymbol{A}$.

20. 用矩阵符号表示下列二次型:

(1)$f = x^2 + 4xy + 4y^2 + 2xz + z^2 + 4yz$;

(2)$f = x^2 + y^2 - 7z^2 - 2xy - 4xz - 4yz$.

21. 写出下列二次型的矩阵:

(1)$f(\boldsymbol{x}) = \boldsymbol{x}^{\mathrm{T}}\begin{pmatrix} 2 & 1 \\ 3 & 1 \end{pmatrix}\boldsymbol{x}$;

(2)$f(\boldsymbol{x}) = \boldsymbol{x}^{\mathrm{T}}\begin{pmatrix} 1 & 2 & 3 \\ 4 & 5 & 6 \\ 7 & 8 & 9 \end{pmatrix}\boldsymbol{x}$.

22. 求一个正交变换,化下列二次型为标准型:

(1) $f = 2x_1^2 + 3x_2^2 + 3x_3^2 + 4x_2x_3$;

(2) $f = x_1^2 + x_3^2 + 2x_1x_2 - 2x_2x_3$.

23. 求一个正交变换把二次曲面的方程化成标准型

$$f = 3x^2 + 5y^2 + 5z^2 + 4xy - 4xz - 10yz = 1$$

24．用配方法化下列二次型为规范型,并写出所用变换的矩阵:

(1) $f(x_1, x_2, x_3) = x_1^2 + 3x_2^2 + 5x_3^2 + 2x_1x_2 - 4x_1x_3$;

(2) $f(x_1, x_2, x_3) = x_1^2 + 2x_3^2 + 2x_1x_3 + 2x_2x_3$;

(3) $f(x_1, x_2, x_3) = 2x_1^2 + x_2^2 + 4x_3^2 + 2x_1x_2 - 2x_2x_3$.

25. 设 $f(x_1, x_2, x_3) = x_1^2 + x_2^2 + 5x_3^2 + 2ax_1x_2 - 2x_1x_3 + 4x_2x_3$ 是正定的,求 a.

26. 判定下列二次型的正定性:

(1) $f(x_1, x_2, x_3) = -2x_1^2 - 6x_2^2 - 4x_3^2 + 2x_1x_2 + 2x_1x_3$;

(2) $f(x_1, x_2, x_3) = x_1^2 + 3x_2^2 + 9x_3^2 - 2x_1x_2 + 4x_1x_3$.

27. 设 $\boldsymbol{A} = \begin{pmatrix} 1 & 4 & 2 \\ 0 & -3 & 4 \\ 0 & 4 & 3 \end{pmatrix}$,求 $\boldsymbol{A}^{100}$.

28. 证明:二次型 $f = \boldsymbol{x}^{\mathrm{T}}\boldsymbol{A}\boldsymbol{x}$ 在 $\|\boldsymbol{x}\| = 1$ 时的最大值是 $\boldsymbol{A}$ 的特征值的最大值.

29. 证明:对称矩阵 $\boldsymbol{A}$ 为正定的充分必要条件是:存在可逆矩阵 $\boldsymbol{U}$,使 $\boldsymbol{A} = \boldsymbol{U}^{\mathrm{T}}\boldsymbol{U}$,即 $\boldsymbol{A}$ 与单位阵 $\boldsymbol{E}$ 合同.

30. 设 $\boldsymbol{a} = (a_1, a_2, \cdots, a_n)^{\mathrm{T}}, a_1 \neq 0, \boldsymbol{A} = \boldsymbol{a}\boldsymbol{a}^{\mathrm{T}}$.

(1) 证明:$\lambda = 0$ 是 $\boldsymbol{A}$ 的 $n-1$ 重特征值.

(2) 求 $\boldsymbol{A}$ 的非零特征值和 n 个线性无关的特征向量.

31. 设 $\boldsymbol{A} = \begin{pmatrix} 3 & -2 \\ -2 & 3 \end{pmatrix}$,求 $\varphi(\boldsymbol{A}) = \boldsymbol{A}^{10} - 5\boldsymbol{A}^9$.

单元自测题 5

1. 填空题

(1) 已知 3 阶方阵 $\boldsymbol{A}$ 的特征值为 $1, -1, 2$,则 $\boldsymbol{B} = 2\boldsymbol{A} + \boldsymbol{E}$ 的特征值为______.

(2) 设 $|\boldsymbol{A}| = \begin{vmatrix} -3 & -a & 3 \\ 1 & 2 & -1 \\ -1 & -b & 1 \end{vmatrix} = 0, \boldsymbol{B} = \begin{pmatrix} 5 & a & -3 \\ -1 & 0 & 1 \\ 1 & b & 1 \end{pmatrix}$ 有一个特征值 $\lambda =$ ______.

(3) 设 $\boldsymbol{A}$ 为 n 阶方阵,$r(\boldsymbol{A}) < n-1$,则 $r(\boldsymbol{A}^*) =$ ______.

(4) 设 $\boldsymbol{A}$ 是 3 阶方阵,$\boldsymbol{A}$ 的特征值为 1,2,3,则 $\boldsymbol{A}^*$ 的特征值为______.

(5) 设 $\boldsymbol{A}$ 是 3 阶方阵,并且与 $\boldsymbol{\Lambda} = \mathrm{diag}(1, -1, 2)$ 相似,那么 $\varphi(\boldsymbol{A}) = \boldsymbol{A}^2 + \boldsymbol{A} - 2\boldsymbol{E}$ 一定与矩阵______相似.

2. 选择题

(1)0 是 $\boldsymbol{A}$ 的特征值是 $\boldsymbol{A}$ 不可逆的(　　)

A. 充分条件　　B. 必要条件

C. 充分必要条件　　D. 以上都不对

(2) 设 $\boldsymbol{A},\boldsymbol{B}$ 都是 n 阶矩阵,且 $\boldsymbol{A}$ 与 $\boldsymbol{B}$ 相似,则(　　)

A. $\boldsymbol{A}$ 与 $\boldsymbol{B}$ 有相同的特征值　　B. $\boldsymbol{A}$ 与 $\boldsymbol{B}$ 都可以对角化

C. 存在正交矩阵 $\boldsymbol{P}$,使 $\boldsymbol{P}^{-1}\boldsymbol{A}\boldsymbol{P}=\boldsymbol{B}$　　D. 存在可逆矩阵 $\boldsymbol{P}$,使 $\boldsymbol{P}^{\mathrm{T}}\boldsymbol{A}\boldsymbol{P}=\boldsymbol{B}$

(3) 设 $\boldsymbol{A},\boldsymbol{B}$ 都是 n 阶正交矩阵,则下列不是正交矩阵的是(　　)

A. $\boldsymbol{A}^*$　　B. $\boldsymbol{A}^{-1}$　　C. $\boldsymbol{A}\boldsymbol{B}^{-1}$　　D. $\boldsymbol{A}+\boldsymbol{B}$

(4) 若二次型 $f(x_1,x_2,x_3)=\boldsymbol{x}^{\mathrm{T}}\boldsymbol{A}\boldsymbol{x}$,其中 $\boldsymbol{A}=\begin{pmatrix}1&2&3\\4&5&6\\7&8&9\end{pmatrix}$,则二次型 $f(x_1,x_2,x_3)$ 的矩阵为(　　)

A. $\begin{pmatrix}1&2&3\\4&5&6\\7&8&9\end{pmatrix}$　　B. $\begin{pmatrix}1&3&5\\3&5&8\\5&8&9\end{pmatrix}$　　C. $\begin{pmatrix}1&3&5\\3&5&7\\5&7&9\end{pmatrix}$　　D. $\begin{pmatrix}1&3&3\\3&5&7\\3&7&9\end{pmatrix}$

(5) 设 $\boldsymbol{A}$ 是 n 阶正交矩阵,那么下列叙述不正确的是(　　)

A. $\boldsymbol{A}$ 是 n 阶对称矩阵

B. $\boldsymbol{A}$ 的特征值是 1 或 -1

C. $\boldsymbol{A}$ 的列向量构成 $\mathbf{R}^n$ 的规范正交基

D. $\boldsymbol{A}$ 的特征值都是 1

3. 计算:

(1) 设 $\boldsymbol{B}$ 是 4×5 矩阵 ,$r(\boldsymbol{B})=3$,$\boldsymbol{\alpha}_1=\begin{pmatrix}2\\3\\2\\2\\-1\end{pmatrix}$, $\boldsymbol{\alpha}_2=\begin{pmatrix}1\\1\\2\\3\\-1\end{pmatrix}$,$\boldsymbol{\alpha}_3=\begin{pmatrix}0\\-1\\2\\4\\-1\end{pmatrix}$是齐次线性方程组 $\boldsymbol{B}\boldsymbol{x}=\boldsymbol{0}$ 的解向量,求 $\boldsymbol{B}\boldsymbol{x}=\boldsymbol{0}$ 的解空间的一个标准正交基.

(2) 已知两个单位正交向量 $\boldsymbol{\xi}_1=\begin{pmatrix}\frac{1}{9}\\-\frac{8}{9}\\-\frac{4}{9}\end{pmatrix}$,$\boldsymbol{\xi}_2=\begin{pmatrix}-\frac{8}{9}\\\frac{1}{9}\\-\frac{4}{9}\end{pmatrix}$,求 $\boldsymbol{\xi}_3$,使 $\boldsymbol{Q}=(\boldsymbol{\xi}_1,\boldsymbol{\xi}_2,\boldsymbol{\xi}_3)$ 是正交矩阵.

4. (1) 设 $\boldsymbol{A}=\begin{pmatrix}1&1&0\\1&0&1\\0&1&1\end{pmatrix}$,求 $\boldsymbol{A}$ 的特征值和特征向量.

(2) 设$\boldsymbol{A}=\begin{pmatrix}2&1&1\\1&2&1\\1&1&2\end{pmatrix}$,若$\boldsymbol{\xi}=\begin{pmatrix}1\\k\\1\end{pmatrix}$是$\boldsymbol{A}^{-1}$的特征向量,求$k$及$\boldsymbol{\xi}$所属的特征值.

5. 设$f(x_1,x_2,x_3)=x_1^2+4x_2^2+4x_3^2-4x_1x_2+4x_1x_3-8x_2x_3$,求一个正交变换$\boldsymbol{x}=\boldsymbol{P}\boldsymbol{y}$,使$f$化成标准形.

6. 设$\boldsymbol{A},\boldsymbol{B}$都是正交矩阵,证明:$\boldsymbol{AB}$也是正交矩阵.

考研参考资料

Ⅰ 特征值与特征向量

一、基本理论

1. 施密特正交化方法

设$\boldsymbol{\alpha}_1,\boldsymbol{\alpha}_2,\cdots,\boldsymbol{\alpha}_n$是$V_n$的一个基,取

$$\boldsymbol{\xi}_1=\boldsymbol{\alpha}_1$$

$$\boldsymbol{\xi}_2=\boldsymbol{\alpha}_2-\frac{[\boldsymbol{\alpha}_2,\boldsymbol{\xi}_1]}{[\boldsymbol{\xi}_1,\boldsymbol{\xi}_1]}\boldsymbol{\xi}_1$$

$$\vdots$$

$$\boldsymbol{\xi}_n=\boldsymbol{\alpha}_n-\frac{[\boldsymbol{\alpha}_n,\boldsymbol{\xi}_1]}{[\boldsymbol{\xi}_1,\boldsymbol{\xi}_1]}\boldsymbol{\xi}_1-\frac{[\boldsymbol{\alpha}_n,\boldsymbol{\xi}_2]}{[\boldsymbol{\xi}_2,\boldsymbol{\xi}_2]}\boldsymbol{\xi}_2-\cdots-\frac{[\boldsymbol{\alpha}_n,\boldsymbol{\xi}_{n-1}]}{[\boldsymbol{\xi}_{n-1},\boldsymbol{\xi}_{n-1}]}\boldsymbol{\xi}_{n-1}$$

令

$$\boldsymbol{P}_i=\frac{1}{\|\boldsymbol{\xi}_i\|}\boldsymbol{\xi}_i\quad i=1,2,\cdots,n$$

则$\boldsymbol{P}_1,\boldsymbol{P}_2,\cdots,\boldsymbol{P}_n$是$V_n$的规范正交基.

^%~~2. 特征值与特征向量

(1) 设$\boldsymbol{A}$为n阶矩阵,若有数λ及非零向量$\boldsymbol{\xi}$满足$\boldsymbol{A\xi}=\lambda\boldsymbol{\xi}$,则称$\lambda$是矩阵$\boldsymbol{A}$的一个特征值,$\boldsymbol{\xi}$是矩阵$\boldsymbol{A}$的对应于特征值$\lambda$的特征向量.

(2)(λ的n次多项式)$f(\lambda)=|\boldsymbol{A}-\lambda\boldsymbol{E}|$称为$\boldsymbol{A}$的特征多项式,$|\boldsymbol{A}-\lambda\boldsymbol{E}|=0$称为特征方程,特征方程的根就是矩阵$A$的特征值. 在复数范围内,$n$阶矩阵$\boldsymbol{A}$有$n$个特征值(重根按重数计算).

设$\lambda_1,\lambda_2,\cdots,\lambda_n$是$n$阶矩阵$\boldsymbol{A}$的$n$个特征值,则有:

①$\lambda_1+\lambda_2+\cdots+\lambda_n=a_{11}+a_{22}+\cdots+a_{nn}=\mathrm{Tr}\,\boldsymbol{A}$;

②$\lambda_1\lambda_2\cdots\lambda_n=|\boldsymbol{A}|$;

③ 若λ是可逆矩阵$\boldsymbol{A}$的一个特征值,则$k\boldsymbol{A},a\boldsymbol{A}+b\boldsymbol{E},\boldsymbol{A}^m,\boldsymbol{A}^{-1},\boldsymbol{A}^*$的特征值为$k\lambda$,$a\lambda+b,\lambda^m,\dfrac{1}{\lambda},\dfrac{|\boldsymbol{A}|}{\lambda}$;

④ 若λ是矩阵$\boldsymbol{A}$的一个特征值,$\varphi(\lambda)=a_0+a_1\lambda+\cdots+a_n\lambda^n$,则$\varphi(\lambda)$是矩阵$\varphi(\boldsymbol{A})$的一个特征值,$\varphi(\boldsymbol{A})=a_0\boldsymbol{E}+a_1\boldsymbol{A}+\cdots+a_n\boldsymbol{A}^n$.

(3) 设λ是矩阵$\boldsymbol{A}$的一个特征值,则对应于特征值λ的全部特征向量构成一个线性空

间 V_λ,其基就是齐线性方程组 $(A - \lambda E)x = 0$ 的基础解系.

（4）设 $\lambda_1, \lambda_2, \cdots, \lambda_r$ 是 n 阶矩阵 A 的 r 个特征值,对应的特征向量依次为 $p_1, p_2, \cdots, p_r$,如果 $\lambda_1, \lambda_2, \cdots, \lambda_r$ 各不相等,则 $p_1, p_2, \cdots, p_r$ 线性无关.

3. 对称矩阵的对角化

（1）实对称矩阵的性质

① 实对称矩阵的特征值都是实数;

② 实对称矩阵对应于不同特征值的特征向量正交;

③ 实对称矩阵可对角化,即给定对称矩阵 A,存在正交矩阵 U,使

$$U^{\mathrm{T}}AU = \Lambda = \mathrm{diag}(\lambda_1, \lambda_2, \cdots, \lambda_n)$$

（2）实对称矩阵对角化的步骤

① 求 A 的特征值;

② 每一个特征值对应的特征向量,就是求齐线性方程组 $Ax = 0$ 的基础解系,并将其规范正交化;

③ 用这些两两正交的单位向量构成正交矩阵 U,即有 $U^{\mathrm{T}}AU = \Lambda = \mathrm{diag}(\lambda_1, \lambda_2, \cdots, \lambda_n)$.

题型归纳

题型 Ⅰ　求方阵 A 的特征值与特征向量

1. 设 A 为 $m \times n$ 阶矩阵,$|A| \neq 0$,A^* 是其伴随矩阵,E 是 n 阶单位矩阵,若 A 的特征值是 λ,则 $(A^*)^2 + E$ 必有特征值为_____.

解:注意到 A^* 的特征值为 $\dfrac{|A|}{\lambda}$,于是 $(A^*)^2 + E$ 的特征值为 $\dfrac{|A|^2}{\lambda^2} + 1$.

2. 设 A 为 n 阶矩阵的元素都是 1,则 A 的 n 个特征值为_____.

解:直接求

$$|\lambda E - A| = \begin{vmatrix} \lambda - 1 & -1 & \cdots & -1 \\ -1 & \lambda - 1 & \cdots & -1 \\ \vdots & \vdots & \ddots & \vdots \\ -1 & -1 & \cdots & \lambda - 1 \end{vmatrix} = (\lambda - n)\lambda^{n-1} = 0$$

解得 $\lambda_1 = n, \lambda_2 = \lambda_3 = \cdots = \lambda_n = 0$.

3. 设矩阵 $A = \begin{pmatrix} a & -1 & c \\ 5 & b & 3 \\ 1-c & 0 & -a \end{pmatrix}$,$|A| = -1$,又 A^* 有一个特征值为 λ_0,属于 λ_0 的特征向量 $\alpha = (-1, -1, 1)^{\mathrm{T}}$,求 a, b, c, λ_0.

解:由题设有 $A^*\alpha = \lambda_0\alpha$,于是 $AA^*\alpha = A\lambda_0\alpha = |A|E\alpha = -\alpha$,表明

$$\lambda_0 A\alpha = -\alpha$$

所以

$$\lambda_0 = \begin{pmatrix} a & -1 & c \\ 5 & b & 3 \\ 1-c & 0 & -a \end{pmatrix} \begin{pmatrix} -1 \\ -1 \\ 1 \end{pmatrix} = \begin{pmatrix} 1 \\ 1 \\ 1 \end{pmatrix}$$

就是

$$\begin{cases}\lambda_0(-a+1+c)=1 & (1)\\ \lambda_0(-5-b+3)=1 & (2)\\ \lambda_0(c-1-a)=1 & (3)\end{cases}$$

式(1) - (3),$2\lambda_0=2\Rightarrow\lambda_0=1$,于是得 $b=3,c=a$,将上述结果代入 $|A|=-1$,得

$$\begin{vmatrix} a & -1 & a\\ 5 & 3 & 3\\ 1-a & 0 & -a\end{vmatrix}=-1$$

得到

$$-3a^2+(-5a-3+3a)+a(-3+3a)=-1$$

整理得

$$a=2$$

所以 $\lambda_0=1,a=2,b=3,c=2$ 为所求.

4. 设矩阵 $A=\begin{pmatrix}3&2&2\\2&3&2\\2&2&3\end{pmatrix}$,$P=\begin{pmatrix}0&1&0\\1&0&1\\0&0&1\end{pmatrix}$,$B=P^{-1}A^*P$,求 $B+2E$ 的特征值与特征向量.

解法一:求出矩阵 B 及特征值,求 $B+2E$ 的特征值与特征向量,计算量比较大.

解法二:利用相似矩阵的性质.

由题设可知 B 与 A^* 相似,从而有相同的特征值.

若 A 的特征值为 λ,则 A^* 的特征值为$\frac{|A|}{\lambda}$,为此先求 A 的特征值

$$|\lambda E-A|=\begin{vmatrix}\lambda-3&-2&-2\\-2&\lambda-3&-2\\-2&-2&\lambda-3\end{vmatrix}=(\lambda-7)\begin{vmatrix}1&1&1\\-2&\lambda-3&-2\\-2&-2&\lambda-3\end{vmatrix}=$$

$$(\lambda-7)\begin{vmatrix}1&1&1\\0&\lambda-1&0\\0&0&\lambda-1\end{vmatrix}=$$

$$(\lambda-7)(\lambda-1)^2=0\Rightarrow\lambda_1=7,\lambda_2=\lambda_3=1$$

于是 $|A|=7$,所以 A^* 的特征值为 1,7,7,$B+2E$ 的特征值为 3,9,9.

下面求特征向量,也有两种方法.

方法一:$(3E-B-2E)x=0$ 和 $(9E-B-2E)x=0$,但是由于矩阵 B 并没有求出来,因此用方法二:求出 A 的特征向量,因为若 $A\xi=\lambda\xi$,则有

$$A^*\xi=|A|A^{-1}\xi=\frac{|A|}{\lambda}\xi$$

所以 ξ 是 A^* 对应于特征值$\frac{|A|}{\lambda}$的特征向量,而 $B=P^{-1}A^*P$,所以

$$BP^{-1}=P^{-1}A^*,BP^{-1}\xi=P^{-1}A^*\xi=\frac{|A|}{\lambda}(P^{-1}\xi)$$

表明$\boldsymbol{P}^{-1}\boldsymbol{\xi}$是$\boldsymbol{B}$的对应于特征值$\dfrac{|\boldsymbol{A}|}{\lambda}$的特征向量,而

$$(\boldsymbol{B}+2\boldsymbol{E})\boldsymbol{P}^{-1}\boldsymbol{\xi}=\left(\frac{|\boldsymbol{A}|}{\lambda}+2\right)\boldsymbol{P}^{-1}\boldsymbol{\xi}$$

所以$\boldsymbol{P}^{-1}\boldsymbol{\xi}$是$(\boldsymbol{B}+2\boldsymbol{E})$对应于特征值$\dfrac{|\boldsymbol{A}|}{\lambda}+2$的特征向量.

当$\lambda=1$时,解$(\boldsymbol{A}-\boldsymbol{E})\boldsymbol{x}=\boldsymbol{0}$,有

$$\begin{pmatrix}2&2&2\\2&2&2\\2&2&2\end{pmatrix}\xleftrightarrow{r}\begin{pmatrix}1&1&1\\0&0&0\\0&0&0\end{pmatrix}$$

得同解方程组$x_1=-x_2-x_3$,于是

$$\boldsymbol{\xi}_1=(-1,1,0)^{\mathrm{T}},\boldsymbol{\xi}_2=(-1,0,1)^{\mathrm{T}}$$

所以

$$\boldsymbol{P}^{-1}\boldsymbol{\xi}_1=\begin{pmatrix}0&1&-1\\1&0&0\\0&0&1\end{pmatrix}\begin{pmatrix}-1\\1\\0\end{pmatrix}=\begin{pmatrix}1\\-1\\0\end{pmatrix}$$

$$\boldsymbol{P}^{-1}\boldsymbol{\xi}_2=\begin{pmatrix}0&1&-1\\1&0&0\\0&0&1\end{pmatrix}\begin{pmatrix}-1\\0\\1\end{pmatrix}=\begin{pmatrix}1\\-1\\1\end{pmatrix}$$

所以$k_1(1,-1,0)^{\mathrm{T}}+k_2(1,-1,1)^{\mathrm{T}}$是$\boldsymbol{B}+2\boldsymbol{E}$对应于 9 的特征向量.

当$\lambda=7$时,解$(7\boldsymbol{E}-\boldsymbol{A})\boldsymbol{x}=\boldsymbol{0}$,有

$$\begin{pmatrix}4&-2&-2\\-2&4&-2\\-2&-2&4\end{pmatrix}\xleftrightarrow{r}\begin{pmatrix}1&-2&1\\0&1&-1\\0&0&0\end{pmatrix}\xleftrightarrow{r}\begin{pmatrix}1&0&-1\\0&1&-1\\0&0&0\end{pmatrix}$$

得同解方程组$\begin{cases}x_1=x_3\\x_2=x_3\end{cases}$,于是

$$\boldsymbol{\xi}_3=(1,1,1)^{\mathrm{T}}$$

$$\boldsymbol{P}^{-1}\boldsymbol{\xi}_3=\begin{pmatrix}0&1&-1\\1&0&0\\0&0&1\end{pmatrix}\begin{pmatrix}1\\1\\1\end{pmatrix}=(0,1,1)^{\mathrm{T}}$$

所以$k_3\boldsymbol{\xi}_3=k_3(0,1,1)^{\mathrm{T}}$为$\boldsymbol{B}+2\boldsymbol{E}$对应于 3 的特征向量.

把方法一也作一下

$$\boldsymbol{A}^*=\begin{pmatrix}5&-2&-2\\-2&5&-2\\-2&-2&5\end{pmatrix},\boldsymbol{P}^{-1}=\begin{pmatrix}0&1&-1\\1&0&0\\0&0&1\end{pmatrix},\boldsymbol{P}=\begin{pmatrix}0&1&0\\1&0&1\\0&0&1\end{pmatrix}$$

$$\boldsymbol{B}=\boldsymbol{P}^{-1}\boldsymbol{A}^*\boldsymbol{P}=\begin{pmatrix}0&1&-1\\1&0&0\\0&0&1\end{pmatrix}\begin{pmatrix}5&-2&-2\\-2&5&-2\\-2&-2&5\end{pmatrix}\begin{pmatrix}0&1&0\\1&0&1\\0&0&1\end{pmatrix}=$$

$$\begin{pmatrix}0&8&-7\\5&-2&-2\\-2&-2&5\end{pmatrix}\begin{pmatrix}0&1&0\\1&0&1\\0&0&1\end{pmatrix}=\begin{pmatrix}8&0&1\\-2&5&-4\\-2&-2&3\end{pmatrix}$$

也可以.

以下是一些基本题.

5. 求方阵 $A=\begin{pmatrix}4&-3&-3\\-2&3&1\\2&1&3\end{pmatrix}$ 的特征值与特征向量.

解:特征方程为

$$|\lambda E-A|=0$$

$$|\lambda E-A|=\begin{vmatrix}\lambda-4&3&3\\2&\lambda-3&-1\\-2&-1&\lambda-3\end{vmatrix}=$$

$$(\lambda-4)\begin{vmatrix}\lambda-4&0&0\\2&\lambda-3&-1\\0&1&1\end{vmatrix}=$$

$$(\lambda-4)^2(\lambda-2)$$

解得 $\lambda_1=\lambda_2=4,\lambda_3=2$ 为特征值.

当 $\lambda_1=\lambda_2=4$ 时,解齐次方程组 $(4E-A)x=0$,有

$$4E-A=\begin{pmatrix}0&3&3\\2&1&-1\\-2&-1&1\end{pmatrix}\xleftrightarrow{r}\begin{pmatrix}1&0&-1\\0&1&1\\0&0&0\end{pmatrix}$$

得同解方程组 $\begin{cases}x_1=x_3\\x_2=-x_3\end{cases}$,特征向量为

$$\xi_1=(1,-1,1)^{\mathrm T}$$

当 $\lambda_3=2$ 时,解齐次方程组 $(2E-A)x=0$,有

$$2E-A=\begin{pmatrix}-2&3&3\\2&-1&-1\\-2&-1&-1\end{pmatrix}\xleftrightarrow{r}\begin{pmatrix}1&0&0\\0&1&1\\0&0&0\end{pmatrix}$$

得同解方程组 $\begin{cases}x_1=0\\x_2=-x_3\end{cases}$,特征向量为

$$\xi_2=(0,-1,1)^{\mathrm T}$$

6. 设 A 满足 $A^2-3A+2E=O$,求 $2A^{-1}+3E$ 的特征值.

解:考虑 $\varphi(\lambda)=\lambda^2-3\lambda+2=0$,求得 $\lambda_1=1,\lambda_2=2$,所以得 A 的特征值为 $\lambda_1=1,\lambda_2=2$,于是 $A^{-1}+3E$ 的特征值为 $\frac{2}{\lambda_1}+3=5,\frac{2}{\lambda_2}+3=4$,

题型 Ⅱ　相似矩阵与相似对角化

掌握相似矩阵的定义及性质,掌握相似对角化的定义及判断能否对角化,当可以对角

化时会求可逆矩阵 $\boldsymbol{P}$.

1. 已知 $\boldsymbol{\xi} = \begin{pmatrix} 1 \\ 1 \\ -1 \end{pmatrix}$ 是矩阵 $\boldsymbol{A} = \begin{pmatrix} 2 & -1 & 2 \\ 5 & a & 3 \\ -1 & b & -2 \end{pmatrix}$ 的一个特征向量.

(1) 确定参数 a,b 及特征向量 $\boldsymbol{\xi}$ 对应的特征值.

(2) 问 $\boldsymbol{A}$ 是否相似于一个对角阵?说明理由.

解:(1) 设特征向量 $\boldsymbol{\xi}$ 对应的特征值为 λ_0,则有

$$\begin{pmatrix} 2 & -1 & 2 \\ 5 & a & 3 \\ -1 & b & -2 \end{pmatrix}\begin{pmatrix} 1 \\ 1 \\ -1 \end{pmatrix} = \lambda_0\begin{pmatrix} 1 \\ 1 \\ -1 \end{pmatrix}$$

于是就有

$$\begin{cases} 2-1-2=\lambda_0 \\ 5+a-3=\lambda_0 \\ -1+b+2=-\lambda_0 \end{cases} \Rightarrow \begin{cases} \lambda_0=-1 \\ a=-3 \\ b=0 \end{cases}$$

于是

$$\boldsymbol{A} = \begin{pmatrix} 2 & -1 & 2 \\ 5 & -3 & 3 \\ -1 & 0 & -2 \end{pmatrix}$$

(2) 由

$$|\lambda\boldsymbol{E}-\boldsymbol{A}| = \begin{vmatrix} \lambda-2 & 1 & -2 \\ -5 & \lambda+3 & -3 \\ 1 & 0 & \lambda+2 \end{vmatrix} =$$

$$-3+2(\lambda+3)+3+(\lambda+2)[(\lambda-2)(\lambda+3)+5] =$$

$$\lambda^3+3\lambda^2+3\lambda+1 =$$

$$(\lambda+1)^3=0 \Rightarrow \lambda_1=\lambda_2=\lambda_3=-1$$

$\boldsymbol{A}$ 是否相似于一个对角阵等价与属于 $\lambda_1=-1$ 的线性无关的特征向量是否是 3 个

$$(\boldsymbol{A}+\boldsymbol{E}) = \begin{pmatrix} 3 & -1 & 2 \\ 5 & -2 & 3 \\ -1 & 0 & -1 \end{pmatrix} \xrightarrow{r} \begin{pmatrix} 1 & 0 & 1 \\ 0 & -1 & -1 \\ 0 & -2 & -2 \end{pmatrix} \xrightarrow{r} \begin{pmatrix} 1 & 0 & 1 \\ 0 & 1 & 1 \\ 0 & 0 & 0 \end{pmatrix}$$

$r(\boldsymbol{A}+\boldsymbol{E})=2$,所以属于 $\lambda_1=-1$ 的线性无关的特征向量仅是 1 个,故 $\boldsymbol{A}$ 不能相似于一个对角阵.

2. 设 $\boldsymbol{A},\boldsymbol{B}$ 为同阶矩阵.

(1) 如果 $\boldsymbol{A},\boldsymbol{B}$ 相似,试证 $\boldsymbol{A},\boldsymbol{B}$ 的特征多项式相等.

(2) 举一个二阶方阵的例子说明(1) 的逆命题不成立.

(3) 当 $\boldsymbol{A},\boldsymbol{B}$ 是实对称矩阵时,试证(1) 的逆命题成立.

证明:(1) 由于 $\boldsymbol{A},\boldsymbol{B}$ 相似,所以存在可逆矩阵 $\boldsymbol{P}$,使 $\boldsymbol{P}^{-1}\boldsymbol{A}\boldsymbol{P}=\boldsymbol{B}$,于是

$$f_{\boldsymbol{B}}(\lambda) = |\lambda\boldsymbol{E}-\boldsymbol{B}| = |\lambda\boldsymbol{E}-\boldsymbol{P}^{-1}\boldsymbol{A}\boldsymbol{P}| = |\boldsymbol{P}|\,|\lambda\boldsymbol{E}-\boldsymbol{A}|\,|\boldsymbol{P}| = |\lambda\boldsymbol{E}-\boldsymbol{A}| = f_{\boldsymbol{A}}(\lambda)$$

(2) 令

$$\boldsymbol{A} = \begin{pmatrix} 0 & 1 \\ 0 & 0 \end{pmatrix},\boldsymbol{B} = \begin{pmatrix} 0 & 0 \\ 0 & 0 \end{pmatrix}$$

则$f_A(\lambda)=|\lambda\boldsymbol{E}-\boldsymbol{A}|=\lambda^2,f_B(\lambda)=|\lambda\boldsymbol{E}-\boldsymbol{B}|=\lambda^2$,但是$r(\boldsymbol{A})=1,r(\boldsymbol{B})=0$,所以$\boldsymbol{A}$,$\boldsymbol{B}$不相似.

(3) 若$\boldsymbol{A},\boldsymbol{B}$是实对称矩阵,则$\boldsymbol{A},\boldsymbol{B}$的特征值都是实数,都相似于实对角矩阵,由于$f_B(\lambda)=f_A(\lambda)$,所以$\boldsymbol{A},\boldsymbol{B}$的特征值完全相同,设其为$\lambda_1,\lambda_2,\cdots,\lambda_n$,则存在可逆矩阵$\boldsymbol{P}$,使$\boldsymbol{P}^{-1}\boldsymbol{A}\boldsymbol{P}=\boldsymbol{\Lambda}$,于是$\boldsymbol{A}=\boldsymbol{P}\boldsymbol{\Lambda}\boldsymbol{P}^{-1}$.

存在可逆矩阵$\boldsymbol{Q}$,使$\boldsymbol{Q}^{-1}\boldsymbol{B}\boldsymbol{Q}=\boldsymbol{\Lambda}$,于是$\boldsymbol{Q}^{-1}\boldsymbol{B}\boldsymbol{Q}=\boldsymbol{P}^{-1}\boldsymbol{A}\boldsymbol{P}$,显然$\boldsymbol{P}\boldsymbol{Q}^{-1}$可逆,于是得到$\boldsymbol{Q}\boldsymbol{P}^{-1}\boldsymbol{A}\boldsymbol{P}\boldsymbol{Q}^{-1}=\boldsymbol{B}$就是$(\boldsymbol{P}\boldsymbol{Q}^{-1})^{-1}\boldsymbol{A}(\boldsymbol{P}\boldsymbol{Q}^{-1})=\boldsymbol{B}$,所以$\boldsymbol{A},\boldsymbol{B}$相似.

3. 设$\boldsymbol{A}=\begin{pmatrix}1&2&-3\\-1&4&-3\\1&a&5\end{pmatrix}$的特征方程有一个2重根,求$a$的值,并讨论$\boldsymbol{A}$是否可对角化

解:可得

$$|\lambda\boldsymbol{E}-\boldsymbol{A}|=\begin{vmatrix}\lambda-1&-2&3\\1&\lambda-4&3\\-1&-a&\lambda-5\end{vmatrix}=\begin{vmatrix}\lambda-2&2-\lambda&0\\1&\lambda-4&3\\-1&-a&\lambda-5\end{vmatrix}=$$

$$(\lambda-2)\begin{vmatrix}1&-1&0\\1&\lambda-4&3\\-1&-a&\lambda-5\end{vmatrix}=$$

$$(\lambda-2)\begin{vmatrix}1&0&0\\1&\lambda-3&3\\-1&-1-a&\lambda-5\end{vmatrix}=$$

$$(\lambda-2)[(\lambda-3)(\lambda-5)+3+3a]=$$

$$(\lambda-2)[\lambda^2-8\lambda+18+3a]$$

如果$\lambda=2$是二重根,则$2^2-36+18+3a=0\Rightarrow a=-2$.

如果$\lambda=2$不是二重根,则重根出现在$[\lambda^2-8\lambda+18+3a]$之中,于是判别式$\Delta=64-72-12a=0\Rightarrow a=-\dfrac{2}{3}$.

当$a=-2$时

$$|\lambda\boldsymbol{E}-\boldsymbol{A}|=(\lambda-2)^2(\lambda-6)\Rightarrow\lambda_1=\lambda_2=2,\lambda_3=6$$

考虑$(2\boldsymbol{E}-\boldsymbol{A})\boldsymbol{x}=\boldsymbol{0}$的基础解系

$$2\boldsymbol{E}-\boldsymbol{A}=\begin{pmatrix}1&-2&3\\1&-2&3\\-1&2&-3\end{pmatrix}\xleftrightarrow{r}\begin{pmatrix}1&-2&3\\0&0&0\\0&0&0\end{pmatrix}$$

由于$r(2\boldsymbol{E}-\boldsymbol{A})=1$,所以有两个线性无关的特征向量,可以对角化.

当$a=-\dfrac{2}{3}$,$|\lambda\boldsymbol{E}-\boldsymbol{A}|=(\lambda-2)(\lambda-4)^2=0\Rightarrow\lambda_1=2,\lambda_2=\lambda_3=4$.

考虑$(4\boldsymbol{E}-\boldsymbol{A})\boldsymbol{x}=\boldsymbol{0}$的基础解系

$$4\boldsymbol{E}-\boldsymbol{A}=\begin{pmatrix}3 & -2 & 3\\ 1 & 0 & 3\\ -1 & \frac{2}{3} & -1\end{pmatrix}\xleftrightarrow{r}\begin{pmatrix}3 & -2 & 3\\ 1 & 0 & 3\\ 0 & 0 & 0\end{pmatrix}$$

秩为 2,只有一个非零的特征向量,不能对角化.

题型 Ⅲ　相似时的可逆矩阵 $\boldsymbol{P}$

如果 $\boldsymbol{A}$ 可对角化,则以它的 n 个线性无关的特征向量为列,就得到可逆矩阵 $\boldsymbol{P}$.

1. 已知3阶矩阵 $\boldsymbol{A}$ 与3维向量 $\boldsymbol{x}$,使得 $\boldsymbol{x},\boldsymbol{Ax},\boldsymbol{A}^2\boldsymbol{x}$ 线性无关,且满足 $\boldsymbol{A}^3\boldsymbol{x}=3\boldsymbol{Ax}-2\boldsymbol{A}^2\boldsymbol{x}$.

(1) 记 $P=(\boldsymbol{x},\boldsymbol{Ax},\boldsymbol{A}^2\boldsymbol{x})$,求 3 阶矩阵 $\boldsymbol{B}$,使 $\boldsymbol{A}=\boldsymbol{PBP}^{-1}$;

(2) 计算 $|\boldsymbol{A}+\boldsymbol{E}|$.

解法一:由

$$\boldsymbol{A}=\boldsymbol{PBP}^{-1}$$

得

$$\boldsymbol{PA}=\boldsymbol{PB}$$

$$\boldsymbol{AP}=\boldsymbol{A}(\boldsymbol{x},\boldsymbol{Ax},\boldsymbol{A}^2\boldsymbol{x})=(\boldsymbol{Ax},\boldsymbol{A}^2\boldsymbol{x},\boldsymbol{A}^3\boldsymbol{x})=(\boldsymbol{x},\boldsymbol{Ax},\boldsymbol{A}^2\boldsymbol{x})\begin{pmatrix}0 & 0 & 0\\ 1 & 0 & 3\\ 0 & 1 & -2\end{pmatrix}=\boldsymbol{PT}$$

所以

$$\boldsymbol{B}=\boldsymbol{T}=\begin{pmatrix}0 & 0 & 0\\ 1 & 0 & 3\\ 0 & 1 & -2\end{pmatrix}$$

求得 $\boldsymbol{B}$ 的特征值

$$\begin{vmatrix}\lambda & 0 & 0\\ -1 & \lambda & -3\\ 0 & -1 & \lambda+2\end{vmatrix}=\lambda(\lambda^2+2\lambda-3)=\lambda(\lambda+3)(\lambda-1)=0$$

$\lambda_1=0,\lambda_2=1,\lambda_3=-3$,所以 $\boldsymbol{A}+\boldsymbol{E}$ 的特征值为

$$\lambda_1+1=1,\lambda_2+1=2,\lambda_3+1=-2$$

$$|\boldsymbol{A}+\boldsymbol{E}|=-4$$

这是最简单的方法.

解法二:先求出 $\boldsymbol{A}$ 的特征值与特征向量.

由 $\boldsymbol{A}^3\boldsymbol{x}=3\boldsymbol{Ax}-2\boldsymbol{A}^2\boldsymbol{x}$,得 $\boldsymbol{A}^3\boldsymbol{x}-3\boldsymbol{Ax}+2\boldsymbol{A}^2\boldsymbol{x}=\boldsymbol{0}$,即 $\boldsymbol{A}(\boldsymbol{A}^2\boldsymbol{x}+2\boldsymbol{Ax}-3\boldsymbol{x})=\boldsymbol{0}=0(\boldsymbol{A}^2\boldsymbol{x}+2\boldsymbol{Ax}-3\boldsymbol{x})$ 而 $\boldsymbol{x},\boldsymbol{Ax},\boldsymbol{A}^2\boldsymbol{x}$ 线性无关,所以 $\boldsymbol{A}^2\boldsymbol{x}+2\boldsymbol{Ax}-3\boldsymbol{x}\neq\boldsymbol{0}$,所以 $\boldsymbol{A}^2\boldsymbol{x}+2\boldsymbol{Ax}-3\boldsymbol{x}$ 是对应于特征值 $\lambda=0$ 的特征向量.

另外由 $\boldsymbol{A}^3\boldsymbol{x}-3\boldsymbol{Ax}+2\boldsymbol{A}^2\boldsymbol{x}=\boldsymbol{0}$,得 $\boldsymbol{A}^3\boldsymbol{x}-3\boldsymbol{Ax}+3\boldsymbol{A}^2\boldsymbol{x}-\boldsymbol{A}^2\boldsymbol{x}=\boldsymbol{0}$ 因式分解,得

$$(\boldsymbol{A}-\boldsymbol{E})(\boldsymbol{A}^2\boldsymbol{x}+3\boldsymbol{Ax})=\boldsymbol{0}=0(\boldsymbol{A}^2\boldsymbol{x}+3\boldsymbol{Ax})$$

且 $\boldsymbol{A}^2\boldsymbol{x}+3\boldsymbol{Ax}\neq\boldsymbol{0}$,所以 $\boldsymbol{A}^2\boldsymbol{x}+2\boldsymbol{Ax}-3\boldsymbol{x}$ 是矩阵 $\boldsymbol{A}-\boldsymbol{E}$ 对应于特征值 $\lambda=0$ 的特征向量,从而是矩阵 $\boldsymbol{A}$ 对应于特征值 $\lambda=1$ 的特征向量.

同理得 $(\boldsymbol{A}+3\boldsymbol{E})(\boldsymbol{A}^2\boldsymbol{x}-\boldsymbol{Ax})=\boldsymbol{0}$,知 $\boldsymbol{A}^2\boldsymbol{x}-\boldsymbol{Ax}$ 是矩阵 $\boldsymbol{A}$ 对应于特征值 $\lambda=-3$ 的特征向量,于是令

$$Q=(A^2x+3Ax,\ A^2x-Ax,A^2x+2Ax-3x)$$

则$Q^{-1}AQ=\begin{pmatrix}1&&\\&-3&\\&&0\end{pmatrix}$,注意到

$$Q=(x,Ax,A^2x)\begin{pmatrix}0&0&-3\\3&-1&2\\1&1&1\end{pmatrix}=PT$$

所以

$$B=P^{-1}AP=TQ^{-1}AQT^{-1}=T\Lambda T^{-1}$$

$$\begin{pmatrix}0&0&-3\\3&-1&2\\1&1&1\end{pmatrix}^{-1}=\frac{1}{12}\begin{pmatrix}3&3&3\\1&-3&9\\-4&0&0\end{pmatrix}$$

$$B=\frac{1}{12}\begin{pmatrix}0&0&-3\\3&-1&2\\1&1&1\end{pmatrix}\begin{pmatrix}1&0&0\\0&-3&0\\0&0&0\end{pmatrix}\begin{pmatrix}3&3&3\\1&-3&9\\-4&0&0\end{pmatrix}=$$

$$\frac{1}{12}\begin{pmatrix}0&0&0\\3&3&3\\1&-3&0\end{pmatrix}\begin{pmatrix}3&3&3\\1&-3&9\\-4&0&0\end{pmatrix}=$$

$$\begin{pmatrix}0&0&0\\1&0&3\\0&1&-2\end{pmatrix}$$

解法三:$P=(x,Ax,A^2x)$,x,Ax,A^2x线性无关,所以P可逆,于是

$$P^{-1}(x,Ax,A^2x)=E$$

于是有

$$P^{-1}x=(1,0,0)^{\mathrm{T}},P^{-1}(Ax)=(0,1,0)^{\mathrm{T}},P^{-1}(A^2x)=(0,0,1)^{\mathrm{T}}$$

$$B=P^{-1}AP=P^{-1}(AP)=P^{-1}(Ax,A^2x,A^3x)=P^{-1}(Ax,A^2x,3Ax-2A^2x)=$$

$$(P^{-1}Ax,P^{-1}A^2x,3P^{-1}Ax-2P^{-1}A^2x)=\begin{pmatrix}0&0&0\\1&0&3\\0&1&-2\end{pmatrix}$$

2. 设$A=\begin{pmatrix}2&2&0\\8&2&a\\0&0&6\end{pmatrix}$相似于对角矩阵$\Lambda$,试确定常数$a$,并求可逆矩阵$P$,使$P^{-1}AP=\Lambda$.

解:可得

$$|\lambda E-A|=\begin{vmatrix}\lambda-2&-2&0\\-8&\lambda-2&-a\\0&0&\lambda-6\end{vmatrix}=(\lambda-6)[(\lambda-2)^2-16]=$$

$$(\lambda-6)^2(\lambda+2)=0$$

解得 $\lambda_1=\lambda_2=6,\lambda_3=-2$.

由于 $\boldsymbol{A}$ 相似于对角矩阵 $\boldsymbol{\Lambda}$,故属于 $\lambda_1=\lambda_2=6$ 的特征向量是 2 个,于是有 $r(6\boldsymbol{E}-\boldsymbol{A})=1$, 从而

$$6\boldsymbol{E}-\boldsymbol{A}=\begin{pmatrix}4&-2&0\\-8&4&-a\\0&0&0\end{pmatrix}\xrightarrow{r}\begin{pmatrix}4&-2&0\\0&0&-a\\0&0&0\end{pmatrix}$$

可知 $a=0$,此时

$$6\boldsymbol{E}-\boldsymbol{A}=\begin{pmatrix}1&-\frac{1}{2}&0\\0&0&0\\0&0&0\end{pmatrix}$$

得到特征向量

$$\boldsymbol{p}_1=\begin{pmatrix}1\\2\\0\end{pmatrix},\boldsymbol{p}_2=\begin{pmatrix}0\\0\\1\end{pmatrix}$$

当 $\lambda_3=-2$ 时

$$\boldsymbol{A}+2\boldsymbol{E}=\begin{pmatrix}4&2&0\\8&4&0\\0&0&8\end{pmatrix}\xrightarrow{r}\begin{pmatrix}1&\frac{1}{2}&0\\0&0&0\\0&0&1\end{pmatrix}$$

得特征向量

$$\boldsymbol{p}_3=\begin{pmatrix}1\\-2\\0\end{pmatrix}$$

令

$$\boldsymbol{P}=(\boldsymbol{p}_1,\boldsymbol{p}_2,\boldsymbol{p}_3)=\begin{pmatrix}1&0&1\\2&0&-2\\0&1&0\end{pmatrix}$$

则有

$$\boldsymbol{P}^{-1}\boldsymbol{A}\boldsymbol{P}=\boldsymbol{\Lambda}=\begin{pmatrix}6&0&0\\0&6&0\\0&0&-2\end{pmatrix}$$

看两个经济类的试题.

3. 设 n 阶矩阵

$$\boldsymbol{A}=\begin{pmatrix}1&b&\cdots&b\\b&1&\cdots&b\\\vdots&\vdots&&\vdots\\b&b&\cdots&1\end{pmatrix}$$

(1) 求 $\boldsymbol{A}$ 的特征值;

(2) 求可逆矩阵 $\boldsymbol{P}$,使 $\boldsymbol{P}^{-1}\boldsymbol{AP}$ 为对角矩阵.

解:(1) 可得

$$\boldsymbol{A}=\begin{pmatrix} b & b & \cdots & b \\ b & b & \cdots & b \\ \vdots & \vdots & & \vdots \\ b & b & \cdots & b \end{pmatrix}+\begin{pmatrix} 1-b & 0 & \cdots & 0 \\ 0 & 1-b & \cdots & 0 \\ \vdots & \vdots & & \vdots \\ 0 & 0 & \cdots & 1-b \end{pmatrix}=\boldsymbol{B}+(1-b)\boldsymbol{E}$$

$\boldsymbol{B}$ 的特征值为 $nb,0,0,\cdots,0$,所以 $\boldsymbol{A}$ 的特征值为

$$\lambda_1=1+(n-1)b,\lambda_2=\lambda_3=\cdots=\lambda_n=1-b$$

(2) 求得 $\boldsymbol{B}$ 的对应于0的特征向量就是求得了 $\boldsymbol{A}$ 的特征值为 $\lambda_2=\lambda_3=\cdots=\lambda_n=1-b$ 的特征向量

$$\boldsymbol{B}\xrightarrow{r}\begin{pmatrix} 1 & 1 & \cdots & 1 \\ 0 & 0 & \cdots & 0 \\ \vdots & \vdots & & \vdots \\ 0 & 0 & \cdots & 0 \end{pmatrix}$$

得基础解系为

$$\boldsymbol{\eta}_1=(1,-1,0,\cdots,0)^{\mathrm{T}}$$
$$\boldsymbol{\eta}_2=(1,0,-1,\cdots,0)^{\mathrm{T}}$$
$$\vdots$$
$$\boldsymbol{\eta}_{n-1}=(1,0,0,\cdots,-1)^{\mathrm{T}}$$

所以矩阵 $\boldsymbol{A}$ 的对应于 $\lambda=1-b$ 的全体特征向量为

$$k_1\boldsymbol{\eta}_1+k_2\boldsymbol{\eta}_2+\cdots+k_{n-1}\boldsymbol{\eta}_{n-1}$$

注意到对于 $\boldsymbol{\xi}=(1,1,\cdots,1)^{\mathrm{T}}$,有 $\boldsymbol{B}\boldsymbol{\xi}_n=nb\boldsymbol{\xi}_n$,所以 $\boldsymbol{\xi}=(1,1,\cdots,1)^{\mathrm{T}}$ 是 $\boldsymbol{B}$ 的对应于特征值 $\boldsymbol{nb}$ 的特征向量,也就是 $\boldsymbol{A}$ 的对应于 $\boldsymbol{\lambda}=(n-1)\boldsymbol{b}$ 的特征向量.

当 $\boldsymbol{b}\neq\boldsymbol{0}$,令 $\boldsymbol{P}=(\boldsymbol{\eta}_1,\boldsymbol{\eta}_2,\cdots,\boldsymbol{\eta}_{n-1},\boldsymbol{\xi})$ 就是

$$\boldsymbol{P}=\begin{pmatrix} 1 & 1 & \cdots & 1 & 1 \\ -1 & 0 & \cdots & 0 & 1 \\ 0 & -1 & \cdots & 0 & 1 \\ \vdots & \vdots & & \vdots & \vdots \\ 0 & 0 & \cdots & -1 & 1 \end{pmatrix}$$

则

$$\boldsymbol{P}^{-1}\boldsymbol{AP}=\begin{pmatrix} 1-b & 0 & 0 & \cdots & 0 \\ 0 & 1-b & 0 & \cdots & 0 \\ 0 & 0 & 1-b & \cdots & 0 \\ \vdots & \vdots & \vdots & & \vdots \\ 0 & 0 & 0 & \cdots & (n-1)b \end{pmatrix}$$

当 $b=0,\boldsymbol{A}=\boldsymbol{E}$,其特征值为 $\lambda_1=\lambda_2=\cdots=\lambda_n=1$,任意 n 个线性无关的向量都是

其特征向量,取 $\boldsymbol{P}=\boldsymbol{E},\boldsymbol{P}^{-1}\boldsymbol{AP}=\boldsymbol{E}$.

4. 设 $\boldsymbol{A}$ 是3阶矩阵,$\boldsymbol{\alpha}_1,\boldsymbol{\alpha}_2,\boldsymbol{\alpha}_3$ 是线性无关的3维向量

$$\boldsymbol{A\alpha}_1=\boldsymbol{\alpha}_1+\boldsymbol{\alpha}_2+\boldsymbol{\alpha}_3,\boldsymbol{A\alpha}_2=2\boldsymbol{\alpha}_2+\boldsymbol{\alpha}_3,\boldsymbol{A\alpha}_3=2\boldsymbol{\alpha}_2+3\boldsymbol{\alpha}_3$$

(1) 求矩阵 $\boldsymbol{B}$,使 $\boldsymbol{A}(\boldsymbol{\alpha}_1,\boldsymbol{\alpha}_2,\boldsymbol{\alpha}_3)=(\boldsymbol{\alpha}_1,\boldsymbol{\alpha}_2,\boldsymbol{\alpha}_3)\boldsymbol{B}$;

(2) 求 $\boldsymbol{A}$ 的特征值;

(3) 求可逆矩阵 $\boldsymbol{P}$,使 $\boldsymbol{P}^{-1}\boldsymbol{AP}$ 为对角矩阵.

解:(1) 由于

$$\boldsymbol{A}(\boldsymbol{\alpha}_1,\boldsymbol{\alpha}_2,\boldsymbol{\alpha}_3)=(\boldsymbol{\alpha}_1,\boldsymbol{\alpha}_2,\boldsymbol{\alpha}_3)\begin{pmatrix}1&0&0\\1&2&2\\1&1&3\end{pmatrix},\boldsymbol{B}=\begin{pmatrix}1&0&0\\1&2&2\\1&1&3\end{pmatrix}$$

(2) 设 $\boldsymbol{C}=(\boldsymbol{\alpha}_1,\boldsymbol{\alpha}_2,\boldsymbol{\alpha}_3)$,由于 $\boldsymbol{\alpha}_1,\boldsymbol{\alpha}_2,\boldsymbol{\alpha}_3$ 线性无关,所以 $\boldsymbol{C}$ 可逆. 于是 $\boldsymbol{C}^{-1}\boldsymbol{AC}=\boldsymbol{B}$,表明矩阵 $\boldsymbol{A}$ 与 $\boldsymbol{B}$ 相似,所以求 $\boldsymbol{A}$ 的特征值就是求 $\boldsymbol{B}$ 的特征值

$$|\lambda\boldsymbol{E}-\boldsymbol{B}|=\begin{vmatrix}\lambda-1&0&0\\-1&\lambda-2&-2\\-1&-1&\lambda-3\end{vmatrix}=(\lambda-1)[(\lambda-2)(\lambda-3)-2)]=$$

$$(\lambda-1)^2(\lambda-4)=0\Rightarrow\lambda_1=\lambda_2=1,\lambda_3=4$$

所以 $\boldsymbol{A}$ 的特征值是1,1,4.

(3) 由于矩阵 $\boldsymbol{A}$ 与 $\boldsymbol{B}$ 相似,所以求 $\boldsymbol{A}$ 的特征向量就可以求出 $\boldsymbol{B}$ 的特征向量.

注意到:若 $\boldsymbol{P}^{-1}\boldsymbol{AP}=\boldsymbol{B}$,且 $\boldsymbol{A\xi}=\lambda\boldsymbol{\xi}$,于是 $\boldsymbol{P}^{-1}\boldsymbol{A\xi}=\boldsymbol{BP}^{-1}\boldsymbol{\xi}$,则有 $\boldsymbol{B}(\boldsymbol{P}^{-1}\boldsymbol{\xi})=\boldsymbol{\lambda}(\boldsymbol{P}^{-1}\boldsymbol{\xi})$.

当 $\lambda=1$ 时

$$(\boldsymbol{E}-\boldsymbol{B})=\begin{pmatrix}0&0&0\\-1&-1&-2\\-1&-1&-2\end{pmatrix}\xrightarrow{r}\begin{pmatrix}1&1&2\\0&0&0\\0&0&0\end{pmatrix}$$

得特征向量

$$\boldsymbol{q}_1=\begin{pmatrix}-1\\1\\0\end{pmatrix},\boldsymbol{q}_2=\begin{pmatrix}-2\\0\\1\end{pmatrix}$$

当 $\lambda=4$ 时

$$(4\boldsymbol{E}-\boldsymbol{B})=\begin{pmatrix}3&0&0\\-1&2&-2\\-1&-1&1\end{pmatrix}\xrightarrow{r}\begin{pmatrix}1&0&0\\0&1&-1\\0&0&0\end{pmatrix}$$

得特征向量

$$\boldsymbol{q}_3=\begin{pmatrix}0\\1\\1\end{pmatrix}$$

令 $\boldsymbol{Q}=(\boldsymbol{q}_1,\boldsymbol{q}_2,\boldsymbol{q}_3)$,则有

$$\boldsymbol{Q}^{-1}\boldsymbol{BQ}=\boldsymbol{\Lambda}=\mathrm{diag}(1,1,4)$$

于是

$$\boldsymbol{Q}^{-1}\boldsymbol{C}^{-1}\boldsymbol{ACQ}=\boldsymbol{\Lambda}=\mathrm{diag}(1,1,4)$$

令

$$P = CQ = (\boldsymbol{\alpha}_1, \boldsymbol{\alpha}_2, \boldsymbol{\alpha}_3)\begin{pmatrix} -1 & -2 & 0 \\ 1 & 0 & 1 \\ 0 & 1 & 1 \end{pmatrix} =$$

$$(-\boldsymbol{\alpha}_1 + \boldsymbol{\alpha}_2, -2\boldsymbol{\alpha}_1 + \boldsymbol{\alpha}_3, \boldsymbol{\alpha}_3 + \boldsymbol{\alpha}_4)$$

即可.

题型Ⅳ　相似的应用

1. 某试验性生产线每年一月份进行熟练工与非熟练工的统计，然后将$\frac{1}{6}$熟练工支援其他部门，其缺额由非熟练工补充，新老非熟练工年总考核有$\frac{2}{5}$成为熟练工，设第 n 年一月份统计的熟练工与非熟练工所占的百分比分别是 x_n, y_n，记成向量$\begin{pmatrix} x_n \\ y_n \end{pmatrix}$.

(1) 求$\begin{pmatrix} x_{n+1} \\ y_{n+1} \end{pmatrix}$与$\begin{pmatrix} x_n \\ y_n \end{pmatrix}$的关系式，并写成矩阵形式$\begin{pmatrix} x_{n+1} \\ y_{n+1} \end{pmatrix} = \boldsymbol{A}\begin{pmatrix} x_n \\ y_n \end{pmatrix}$.

(2) 验证$\boldsymbol{\eta}_1 = \begin{pmatrix} 4 \\ 1 \end{pmatrix}, \boldsymbol{\eta}_2 = \begin{pmatrix} -1 \\ 1 \end{pmatrix}$是$\boldsymbol{A}$的两个线性无关的特征向量，并求出相应的特征值.

(3) 当$\begin{pmatrix} x_1 \\ y_1 \end{pmatrix} = \begin{pmatrix} \frac{1}{2} \\ \frac{1}{2} \end{pmatrix}$时，求$\begin{pmatrix} x_{n+1} \\ y_{n+1} \end{pmatrix}$.

解：(1) 按题意有

$$x_{n+1} = \frac{5}{6}x_n + \frac{2}{5}(x_n + y_n) = \frac{9}{10}x_n + \frac{2}{5}y_n$$

$$y_{n+1} = \frac{3}{5}\left(\frac{1}{6}x_n + y_n\right) = \frac{1}{10}x_n + \frac{3}{5}y_n$$

$$\begin{pmatrix} x_{n+1} \\ y_{n+1} \end{pmatrix} = \begin{pmatrix} \frac{9}{10} & \frac{2}{5} \\ \frac{1}{10} & \frac{3}{5} \end{pmatrix}\begin{pmatrix} x_n \\ y_n \end{pmatrix}$$

于是，得

$$\boldsymbol{A} = \begin{pmatrix} \frac{9}{10} & \frac{2}{5} \\ \frac{1}{10} & \frac{3}{5} \end{pmatrix}$$

(2) 令$\boldsymbol{P} = (\boldsymbol{\eta}_1, \boldsymbol{\eta}_2) = \begin{pmatrix} 4 & -1 \\ 1 & 1 \end{pmatrix}$，则由$|\boldsymbol{P}| = 5 \neq 0$知$\boldsymbol{\eta}_1, \boldsymbol{\eta}_2$线性无关

$$A\boldsymbol{\eta}_1=\begin{pmatrix}\frac{9}{10}&\frac{2}{5}\\ \frac{1}{10}&\frac{3}{5}\end{pmatrix}\begin{pmatrix}4\\1\end{pmatrix}=1\cdot\begin{pmatrix}4\\1\end{pmatrix}$$

所以$\boldsymbol{\eta}_1$ 是 $\boldsymbol{A}$ 的对应于特征值 1 的特征向量

$$A\boldsymbol{\eta}_2=\begin{pmatrix}\frac{9}{10}&\frac{2}{5}\\ \frac{1}{10}&\frac{3}{5}\end{pmatrix}\begin{pmatrix}-1\\1\end{pmatrix}=\frac{1}{2}\cdot\begin{pmatrix}-1\\1\end{pmatrix}$$

所以$\boldsymbol{\eta}_2$ 是 $\boldsymbol{A}$ 的对应于特征值$\frac{1}{2}$ 的特征向量.

(3) $\begin{pmatrix}x_{n+1}\\y_{n+1}\end{pmatrix}=A\begin{pmatrix}x_n\\y_n\end{pmatrix}=A^2\begin{pmatrix}x_{n-1}\\y_{n-1}\end{pmatrix}=\cdots=A^n\begin{pmatrix}x_1\\y_1\end{pmatrix}$.

已有$P^{-1}AP=\Lambda$,所以

$$A^n=P\Lambda^nP^{-1},P^{-1}=\begin{pmatrix}\frac{1}{5}&\frac{1}{5}\\ -\frac{1}{5}&\frac{4}{5}\end{pmatrix}$$

$$A^n=P\Lambda^nP^{-1}$$

$$A^n=\begin{pmatrix}4&-1\\1&1\end{pmatrix}\begin{pmatrix}1&0\\0&\frac{1}{2^n}\end{pmatrix}\begin{pmatrix}\frac{1}{5}&\frac{1}{5}\\ -\frac{1}{5}&\frac{4}{4}\end{pmatrix}=\frac{1}{5}\begin{pmatrix}4+\frac{1}{2^n}&4-4\left(\frac{1}{2}\right)^n\\ 1-\frac{1}{2^n}&1+4\left(\frac{1}{2}\right)^n\end{pmatrix}$$

所以

$$\begin{pmatrix}x_{n+1}\\y_{n+1}\end{pmatrix}=A^n\begin{pmatrix}x_1\\y_1\end{pmatrix}=\frac{1}{10}\begin{pmatrix}4+\frac{1}{2^n}&4-4\left(\frac{1}{2}\right)^n\\ 1-\frac{1}{2^n}&1+4\left(\frac{1}{2}\right)^n\end{pmatrix}\begin{pmatrix}1\\1\end{pmatrix}=\frac{1}{10}\begin{pmatrix}8+3\left(\frac{1}{2}\right)^n\\ 2+3\left(\frac{1}{2}\right)^n\end{pmatrix}$$

2. 在某国,每年有比例为 p 的农村居民移居城市,有比例为 q 的城镇居民移居农村,假如该国总人口数不变,且上述人口迁移的规律不变,把 n 年后农村人口和城镇人口占总人口的比例记为 $x_n,y_n(x_n+y_n=1)$.

(1) 求关系式$\begin{pmatrix}x_{n+1}\\y_{n+1}\end{pmatrix}=A\begin{pmatrix}x_n\\y_n\end{pmatrix}$中的矩阵 $\boldsymbol{A}$.

(2) 设目前农村人口与城镇人口相等,即$\begin{pmatrix}x_0\\y_0\end{pmatrix}=\begin{pmatrix}0.5\\0.5\end{pmatrix}$,求 $\begin{pmatrix}x_n\\y_n\end{pmatrix}$.

解:(1) 由题设得

$$\begin{cases}x_{n+1}=(1-p)x_n+qy_n\\ y_{n+1}=px_n+(1-q)y_n\end{cases}$$

即
$$\begin{pmatrix} x_{n+1} \\ y_{n+1} \end{pmatrix} = \begin{pmatrix} 1-p & q \\ p & 1-q \end{pmatrix}\begin{pmatrix} x_n \\ y_n \end{pmatrix}$$

得
$$\boldsymbol{A} = \begin{pmatrix} 1-p & q \\ p & 1-q \end{pmatrix}$$

(2) 由(1) 得$\begin{pmatrix} x_n \\ y_n \end{pmatrix} = \boldsymbol{A}^n\begin{pmatrix} x_0 \\ y_0 \end{pmatrix} = \boldsymbol{A}^n\begin{pmatrix} 0.5 \\ 0.5 \end{pmatrix}$,下面求$\boldsymbol{A}^n$. 可得

$$|\boldsymbol{A} - \lambda\boldsymbol{E}| = \begin{vmatrix} 1-p-\lambda & q \\ p & 1-q-\lambda \end{vmatrix} = 0$$

解得$\lambda_1 = 1, \lambda_2 = 1-p-q$.

对应于$\lambda_1 = 1$,求得$(\boldsymbol{A} - \boldsymbol{E})\boldsymbol{x} = \boldsymbol{0}$的基础解系为

$$\boldsymbol{\xi}_1 = \begin{pmatrix} q \\ p \end{pmatrix}$$

对应于$\lambda_2 = 1-p-q = r$,求得$(\boldsymbol{A} - r\boldsymbol{E})\boldsymbol{x} = \boldsymbol{0}$的基础解系为

$$\boldsymbol{\xi}_2 = \begin{pmatrix} -1 \\ 1 \end{pmatrix}$$

令$\boldsymbol{P} = \begin{pmatrix} q & -1 \\ p & 1 \end{pmatrix}$,得

$$\boldsymbol{P}^{-1} = \frac{1}{p+q}\begin{pmatrix} 1 & 1 \\ -p & q \end{pmatrix}$$

所以

$$\boldsymbol{A}^n = \boldsymbol{P}\boldsymbol{\Lambda}^n\boldsymbol{P}^{-1} = \frac{1}{p+q}\begin{pmatrix} q & -1 \\ p & 1 \end{pmatrix}\begin{pmatrix} 1 & 0 \\ 0 & r^n \end{pmatrix}\begin{pmatrix} 1 & 1 \\ -p & q \end{pmatrix} =$$
$$\frac{1}{p+q}\begin{pmatrix} q+pr^n & q-qr^n \\ p-pr^n & p+qr^n \end{pmatrix}$$

于是

$$\begin{pmatrix} x_n \\ y_n \end{pmatrix} = \boldsymbol{A}^n\begin{pmatrix} x_0 \\ y_0 \end{pmatrix} = \boldsymbol{A}^n\begin{pmatrix} 0.5 \\ 0.5 \end{pmatrix} = \frac{1}{2(p+q)}\begin{pmatrix} q+pr^n & q-qr^n \\ p-pr^n & p+qr^n \end{pmatrix}\begin{pmatrix} 1 \\ 1 \end{pmatrix} =$$
$$\frac{1}{2(p+q)}\begin{pmatrix} 2q+(p-q)r^n \\ 2p-(p-q)r^n \end{pmatrix}$$

题型 V　实对称矩阵的特征值与特征向量

1. 设 3 阶实对称矩阵$\boldsymbol{A}$的特征值为$\lambda_1 = -1, \lambda_2 = \lambda_3 = 1$,对应于$\lambda_1 = -1$的特征向量为$\boldsymbol{\xi}_1 = (0,\ 1,\ 1)^{\mathrm{T}}$,求$\boldsymbol{A}$.

解:利用实对称矩阵的特征值与特征向量的性质,即属于不同特征值的特征向量正交,先求出对应于$\lambda_2 = \lambda_3 = 1$的特征向量.

设$\boldsymbol{\xi} = (x_1,\ x_2,\ x_3)^{\mathrm{T}}$是对应于$\lambda_2 = \lambda_3 = 1$的特征向量,则成立$x_2 + x_3 = 0$,即$x_2 = 0x_1 - x_3$,从而得

$$\boldsymbol{\xi}_2 = (1,0,0)^{\mathrm{T}}, \boldsymbol{\xi}_3 = (0,1,-1)^{\mathrm{T}}$$

于是设

$$P=(\xi_1,\xi_2,\xi_3)=\begin{pmatrix}0&1&0\\1&0&1\\1&0&-1\end{pmatrix},\Lambda=\begin{pmatrix}-1&0&0\\0&1&0\\0&0&1\end{pmatrix}$$

易求得

$$P^{-1}=\begin{pmatrix}0&1&0\\1&0&1\\1&0&-1\end{pmatrix}^{-1}=\begin{pmatrix}0&\frac{1}{2}&\frac{1}{2}\\1&0&0\\0&\frac{1}{2}&-\frac{1}{2}\end{pmatrix}$$

则$P^{-1}AP=\Lambda$,所以

$$A=P\Lambda P^{-1}$$

$$A=\begin{pmatrix}0&1&0\\1&0&1\\1&0&-1\end{pmatrix}\begin{pmatrix}-1&0&0\\0&1&0\\0&0&1\end{pmatrix}\begin{pmatrix}0&\frac{1}{2}&\frac{1}{2}\\1&0&0\\0&\frac{1}{2}&-\frac{1}{2}\end{pmatrix}=$$

$$\begin{pmatrix}0&1&0\\-1&0&1\\-1&0&-1\end{pmatrix}\begin{pmatrix}0&\frac{1}{2}&\frac{1}{2}\\1&0&0\\0&\frac{1}{2}&-\frac{1}{2}\end{pmatrix}=\begin{pmatrix}1&0&0\\0&0&-1\\0&-1&0\end{pmatrix}$$

2. 设3阶实对称矩阵A的各行之和为3,向量$\alpha_1=(-1,2,-1)^T$,$\alpha_2=(0,-1,1)^T$是齐次线性方程组的两个解.

求:(1) 矩阵A的特征值和特征向量;

(2) 求正交矩阵Q,使$Q^TAQ=\Lambda$.

解:(1) 由题设有$A\begin{pmatrix}1\\1\\1\end{pmatrix}=\begin{pmatrix}3\\3\\3\end{pmatrix}=3\begin{pmatrix}1\\1\\1\end{pmatrix}$,所以$\lambda=3$是矩阵$A$的特征值,$k_1(1,1,1)^T$是对应的特征向量;另外由$A\alpha_1=\mathbf{0}=0\alpha_1$,$A\alpha_2=\mathbf{0}=0\alpha_2$,表明$\alpha_1$,$\alpha_2$是$\lambda=0$的两个线性无关的特征向量. $k_2\alpha_1+k_3\alpha_2$是对应的全体特征向量.

(2) 将三个特征向量规范正交化.

取$\eta_1=\alpha_1$,令

$$q_1=\frac{1}{\|\eta_1\|}=\begin{pmatrix}-\frac{1}{\sqrt{6}}\\\frac{2}{\sqrt{6}}\\-\frac{1}{\sqrt{6}}\end{pmatrix}$$

$$\boldsymbol{\eta}_2=\boldsymbol{\alpha}_2-\frac{[\boldsymbol{\alpha}_2,\boldsymbol{\eta}_1]}{[\boldsymbol{\eta}_1,\boldsymbol{\eta}_1]}\boldsymbol{\eta}_1=\begin{pmatrix}0\\-1\\1\end{pmatrix}-\left(-\frac{3}{6}\right)\begin{pmatrix}-1\\2\\-1\end{pmatrix}=\begin{pmatrix}-\frac{1}{2}\\0\\\frac{1}{2}\end{pmatrix}$$

$$\boldsymbol{q}_2=\frac{1}{|\boldsymbol{\eta}_2|}\begin{pmatrix}-\frac{1}{2}\\0\\\frac{1}{2}\end{pmatrix}=\begin{pmatrix}-\frac{1}{\sqrt{2}}\\0\\\frac{1}{\sqrt{2}}\end{pmatrix},\boldsymbol{q}_2=\frac{1}{|\boldsymbol{\eta}_2|}\begin{pmatrix}-\frac{1}{2}\\0\\\frac{1}{2}\end{pmatrix}=\begin{pmatrix}-\frac{1}{\sqrt{2}}\\0\\\frac{1}{\sqrt{2}}\end{pmatrix}$$

令

$$\boldsymbol{q}_3=\begin{pmatrix}\frac{1}{\sqrt{3}}\\\frac{1}{\sqrt{3}}\\\frac{1}{\sqrt{3}}\end{pmatrix},\boldsymbol{Q}=(\boldsymbol{q}_1,\boldsymbol{q}_2,\boldsymbol{q}_3)=\begin{pmatrix}-\frac{1}{\sqrt{6}}&-\frac{1}{\sqrt{2}}&\frac{1}{\sqrt{3}}\\\frac{2}{\sqrt{6}}&0&\frac{1}{\sqrt{3}}\\-\frac{1}{\sqrt{6}}&\frac{1}{\sqrt{2}}&\frac{1}{\sqrt{3}}\end{pmatrix}$$

$$\boldsymbol{Q}^{\mathrm{T}}\boldsymbol{A}\boldsymbol{Q}=\boldsymbol{\Lambda}=\begin{pmatrix}0&0&0\\0&0&0\\0&0&3\end{pmatrix}$$

3. 设3阶实对称矩阵$\boldsymbol{A}$的特征值为$\lambda_1=1,\lambda_2=2,\lambda_3=-2,\boldsymbol{\alpha}_1=(1,-1,1)^{\mathrm{T}}$是$\boldsymbol{A}$的特征值为$\lambda_1=1$的一个特征向量,记$\boldsymbol{B}=\boldsymbol{A}^5-4\boldsymbol{A}^3+\boldsymbol{E}$,其中$\boldsymbol{E}$为3阶单位阵.

(1) 验证$\boldsymbol{\alpha}_1$是$\boldsymbol{B}$的特征向量,并求出$\boldsymbol{B}$的特征值和特征向量.

(2) 求矩阵$\boldsymbol{B}$.

解:(1) 由于$\boldsymbol{A}\boldsymbol{\alpha}_1=\boldsymbol{\alpha}_1$,所以$\boldsymbol{B}\boldsymbol{\alpha}_1=\boldsymbol{A}^5\boldsymbol{\alpha}_1-4\boldsymbol{A}^3\boldsymbol{\alpha}_1+\boldsymbol{E}\boldsymbol{\alpha}_1=\boldsymbol{\alpha}_1-4\boldsymbol{\alpha}_1+\boldsymbol{\alpha}_1=-2\boldsymbol{\alpha}_1$,所以$\boldsymbol{\alpha}_1$是$\boldsymbol{B}$的属于特征值$\mu_1=-2$的特征向量,以后记为$\boldsymbol{\beta}_1$.

设$\boldsymbol{\alpha}_2,\boldsymbol{\alpha}_3$分别是属于$\boldsymbol{A}$对应于$\lambda_2=2,\lambda_3=-2$的特征向量,则

$$\boldsymbol{B}\boldsymbol{\alpha}_2=\boldsymbol{A}^5\boldsymbol{\alpha}_2-4\boldsymbol{A}^3\boldsymbol{\alpha}_2+\boldsymbol{E}\boldsymbol{\alpha}_2=32\boldsymbol{\alpha}_2-32\boldsymbol{\alpha}_2+\boldsymbol{\alpha}_2=\boldsymbol{\alpha}_2$$

$$\boldsymbol{B}\boldsymbol{\alpha}_3=\boldsymbol{A}^5\boldsymbol{\alpha}_3-4\boldsymbol{A}^3\boldsymbol{\alpha}_3+\boldsymbol{E}\boldsymbol{\alpha}_3=-32\boldsymbol{\alpha}_3+32\boldsymbol{A}^3\boldsymbol{\alpha}_3+\boldsymbol{\alpha}_3=\boldsymbol{\alpha}_3$$

表明$\boldsymbol{\alpha}_2,\boldsymbol{\alpha}_3$分别是属于$\boldsymbol{B}$对应于$\lambda_2=1,\lambda_3=1$的特征向量,记为$\boldsymbol{\beta}_2,\boldsymbol{\beta}_3$,所以2,1,1是$\boldsymbol{B}$的特征值,所以$\boldsymbol{A},\boldsymbol{B}$相似.

由于$\boldsymbol{A}$为实对称矩阵,所以$\boldsymbol{B}$为实对称矩阵,设$\boldsymbol{\beta}=(x_1,x_2,x_3)^{\mathrm{T}}$是$\boldsymbol{B}$的对应于$\mu=1$的任意一个特征向量,则有$\boldsymbol{\beta}^{\mathrm{T}}\boldsymbol{\alpha}_1=0$(属于不同特征值的特征向量正交).

就是$x_1-x_2+x_3=0$,得$x_1=x_2-x_3$,取$\begin{pmatrix}x_2\\x_3\end{pmatrix}=\begin{pmatrix}0\\1\end{pmatrix},\begin{pmatrix}1\\0\end{pmatrix}$,得

$$\boldsymbol{\xi}_1=(1,1,0)^{\mathrm{T}},\boldsymbol{\xi}_2=(-1,0,1)^{\mathrm{T}}$$

所以$k_1\boldsymbol{\beta}_1=k(1,-1,1)^{\mathrm{T}}$是$\boldsymbol{B}$对应于$\mu_1=-2$的全部特征向量,所以$k_2\boldsymbol{\beta}_2=k(1,1,0)^{\mathrm{T}}+k_3(-1,0,1)^{\mathrm{T}}$是$\boldsymbol{B}$对应于$\mu_2=\mu_3=1$的全部特征向量.

(2) 令 $\boldsymbol{P}=(\boldsymbol{\beta}_1,\boldsymbol{\beta}_2,\boldsymbol{\beta}_3)=\begin{pmatrix}1&1&-1\\-1&1&0\\1&0&1\end{pmatrix}$,可求得

$$\boldsymbol{P}^{-1}=\frac{1}{3}\begin{pmatrix}1&-1&1\\1&2&1\\-1&1&2\end{pmatrix}$$

$$\boldsymbol{P}^{-1}\boldsymbol{B}\boldsymbol{P}=\boldsymbol{\Lambda}=\begin{pmatrix}-2&0&0\\0&1&0\\0&0&1\end{pmatrix}\Rightarrow\boldsymbol{B}=\boldsymbol{P}\boldsymbol{\Lambda}\boldsymbol{P}^{-1}$$

就是

$$\boldsymbol{B}=\frac{1}{3}\begin{pmatrix}1&1&-1\\-1&1&0\\1&0&1\end{pmatrix}\begin{pmatrix}-2&0&0\\0&1&0\\0&0&1\end{pmatrix}\begin{pmatrix}1&-1&1\\1&2&1\\-1&1&2\end{pmatrix}=$$

$$\frac{1}{3}\begin{pmatrix}-2&1&-1\\2&1&0\\-2&0&1\end{pmatrix}\begin{pmatrix}1&-1&1\\1&2&1\\-1&1&2\end{pmatrix}=$$

$$\frac{1}{3}\begin{pmatrix}0&3&-3\\3&0&3\\-3&3&0\end{pmatrix}=\begin{pmatrix}0&1&-1\\1&0&1\\-1&1&0\end{pmatrix}$$

看几个经济类的考题.

4. 设矩阵 $\boldsymbol{A}=\begin{pmatrix}1&1&a\\1&a&1\\a&1&1\end{pmatrix}$,$\boldsymbol{\beta}=\begin{pmatrix}1\\1\\-2\end{pmatrix}$,已知线性方程组 $\boldsymbol{Ax}=\boldsymbol{\beta}$ 有解但不唯一,试求:
(1) a 的值;(2) 正交矩阵 $\boldsymbol{Q}$,使 $\boldsymbol{Q}^{\mathrm{T}}\boldsymbol{AQ}=\boldsymbol{\Lambda}$,$\boldsymbol{\Lambda}$ 为对角矩阵.

解:(1) 线性方程组 $\boldsymbol{Ax}=\boldsymbol{\beta}$ 有解但不唯一,所以

$$|\boldsymbol{A}|=0$$

$$\begin{vmatrix}1&1&a\\1&a&1\\a&1&1\end{vmatrix}=(a+2)\begin{vmatrix}1&1&1\\0&a-1&0\\0&0&a-1\end{vmatrix}=$$

$$(a+2)(a-1)^2=0\Rightarrow a=1,a=-2$$

当 $a=1$ 时

$$(\boldsymbol{A},\boldsymbol{\beta})=\left(\begin{array}{ccc:c}1&1&1&1\\1&1&1&1\\1&1&1&-2\end{array}\right)\xrightarrow{r}\left(\begin{array}{ccc:c}1&1&1&1\\0&0&0&0\\0&0&0&1\end{array}\right),r(\boldsymbol{A})=1,r(\boldsymbol{A},\boldsymbol{\beta})=2$$

无解.

当 $a=-2$ 时

$$(\boldsymbol{A},\boldsymbol{\beta})=\left(\begin{array}{ccc:c}1&1&-2&1\\1&-2&1&1\\-2&1&1&-2\end{array}\right)\xrightarrow{r}\left(\begin{array}{ccc:c}1&0&-1&1\\0&1&-1&0\\0&0&0&0\end{array}\right)$$

有无穷多解，所以 $a=-2$.

(2) 可得

$$|\lambda E-A|=\begin{vmatrix}\lambda-1 & -1 & 2\\ -1 & \lambda+2 & -1\\ 2 & -1 & \lambda-1\end{vmatrix}=$$

$$\lambda\begin{vmatrix}1 & 1 & 1\\ 0 & \lambda+3 & 0\\ 0 & -3 & \lambda-3\end{vmatrix}=\lambda(\lambda+3)(\lambda-3)=0$$

解得 $\lambda_1=0,\lambda_2=-3,\lambda_3=3$.

当 $\lambda_1=0$ 时

$$(\boldsymbol{A}-0\boldsymbol{E})=\begin{pmatrix}1 & 1 & -2\\ 1 & -2 & 1\\ -2 & 1 & 1\end{pmatrix}\xrightarrow{r}\begin{pmatrix}1 & 0 & -1\\ 0 & 1 & -1\\ 0 & 0 & 0\end{pmatrix}$$

得特征向量 $\boldsymbol{\xi}_1=\begin{pmatrix}1\\1\\1\end{pmatrix}$，取 $\boldsymbol{q}_1=\begin{pmatrix}\frac{1}{\sqrt{3}}\\ \frac{1}{\sqrt{3}}\\ \frac{1}{\sqrt{3}}\end{pmatrix}$.

当 $\lambda_2=-3$ 时

$$(\boldsymbol{A}+3\boldsymbol{E})=\begin{pmatrix}4 & 1 & -2\\ 1 & 1 & 1\\ -2 & 1 & 4\end{pmatrix}\xrightarrow{r}\begin{pmatrix}1 & 1 & 1\\ 0 & 1 & 2\\ 0 & 1 & 2\end{pmatrix}\xrightarrow{r}\begin{pmatrix}1 & 0 & -1\\ 0 & 1 & 2\\ 0 & 0 & 0\end{pmatrix}$$

得特征向量 $\boldsymbol{\xi}=\begin{pmatrix}1\\-2\\1\end{pmatrix}$，取 $\boldsymbol{q}_2=\begin{pmatrix}\frac{1}{\sqrt{6}}\\ -\frac{2}{\sqrt{6}}\\ \frac{1}{\sqrt{6}}\end{pmatrix}$.

当 $\lambda_2=3$ 时

$$(\boldsymbol{A}-3\boldsymbol{E})=\begin{pmatrix}-2 & 1 & -2\\ 1 & -5 & 1\\ -2 & 1 & -2\end{pmatrix}\xrightarrow{r}\begin{pmatrix}1 & -5 & 1\\ 0 & 1 & 0\\ 0 & 0 & 0\end{pmatrix}\xrightarrow{r}\begin{pmatrix}1 & 0 & 1\\ 0 & 1 & 0\\ 0 & 0 & 0\end{pmatrix}$$

得特征向量 $\boldsymbol{\xi}_3=\begin{pmatrix}-1\\0\\1\end{pmatrix}$，取 $\boldsymbol{q}_3=\begin{pmatrix}-\frac{1}{\sqrt{2}}\\ 0\\ \frac{1}{\sqrt{2}}\end{pmatrix}$，令

$$Q=\begin{pmatrix}\frac{1}{\sqrt{3}} & \frac{1}{\sqrt{6}} & -\frac{1}{\sqrt{2}}\\ \frac{1}{\sqrt{3}} & -\frac{2}{\sqrt{6}} & 0\\ \frac{1}{\sqrt{3}} & \frac{1}{\sqrt{6}} & \frac{1}{\sqrt{2}}\end{pmatrix}$$

则
$$Q^{T}AQ=\Lambda=\mathrm{diag}(0,-3,3)$$

5. 设$A=\begin{pmatrix}a & 1 & 1\\ 1 & a & -1\\ 1 & -1 & a\end{pmatrix}$，求可逆矩阵$P$，使$P^{-1}AP$为对角矩阵，并求$|A-E|$的值.

解：该题比上题简单得多，并没有要求求出a的值，有

$$|\lambda E-A|=\begin{vmatrix}\lambda-a & -1 & -1\\ -1 & \lambda-a & 1\\ -1 & 1 & \lambda-a\end{vmatrix}=$$
$$(\lambda-a)^3+2-3(\lambda-a)=$$
$$(\lambda-a-1)^2(\lambda-a+2)$$

得$\lambda_1=\lambda_2=a+1,\lambda_3=a-2$.

当$\lambda_1=\lambda_2=a+1$，解

$$[(a+1)E-A]x=0$$

$$[(a+1)E-A]=\begin{pmatrix}1 & -1 & -1\\ -1 & 1 & 1\\ -1 & 1 & 1\end{pmatrix}\xrightarrow{r}\begin{pmatrix}1 & -1 & -1\\ 0 & 0 & 0\\ 0 & 0 & 0\end{pmatrix}$$

得到特征向量

$$\xi_1=\begin{pmatrix}1\\1\\0\end{pmatrix},\xi_2=\begin{pmatrix}1\\0\\1\end{pmatrix}$$

当$\lambda_3=a-2$时，解

$$[(a-2)E-A]x=0$$

$$[(a-2)E-A]=\begin{pmatrix}-2 & -1 & -1\\ -1 & -2 & 1\\ -1 & 1 & -2\end{pmatrix}\xrightarrow{r}\begin{pmatrix}1 & -1 & 2\\ 0 & -3 & 3\\ 0 & -3 & 3\end{pmatrix}\xrightarrow{r}\begin{pmatrix}1 & 0 & 1\\ 0 & 1 & -1\\ 0 & 0 & 0\end{pmatrix}$$

得
$$\xi_3=\begin{pmatrix}-1\\1\\1\end{pmatrix}$$

令
$$P=(\xi_1,\xi_2,\xi_3)=\begin{pmatrix}1 & 1 & -1\\ 1 & 0 & 1\\ 0 & 1 & 1\end{pmatrix}$$

则
$$P^{-1}AP=\begin{pmatrix}a+1&0&0\\0&a+1&0\\0&0&a-2\end{pmatrix}$$

(2) 由于 $\boldsymbol{A}$ 的特征值是 $\lambda_1=\lambda_2=a+1,\lambda_3=a-2$,所以 $\boldsymbol{A}-\boldsymbol{E}$ 的特征值是 $a,a,a-3,|\boldsymbol{A}-\boldsymbol{E}|=a^2(a-3)$.

题型Ⅵ 矩阵($\lambda\boldsymbol{E}-\boldsymbol{A}$) 是否可逆的证明

1. 证明:(1) 设 $\boldsymbol{A}$ 是 n 阶正交矩阵,$|\boldsymbol{A}|<0$,则 $\boldsymbol{E}+\boldsymbol{A}$ 不可逆;

(2) 设 $\boldsymbol{A}$ 是 $2n+1$ 阶正交矩阵,$|\boldsymbol{A}|>0$,则 $\boldsymbol{E}-\boldsymbol{A}$ 不可逆.

证明:(1) 由于 $\boldsymbol{A}$ 是 n 阶正交矩阵,所以其特征值为1或 -1,而 $|\boldsymbol{A}|<0$,所以 $\lambda=-1$ 的个数是奇数,$\boldsymbol{E}+\boldsymbol{A}$ 的特征值有奇数个0,所以 $|\boldsymbol{E}+\boldsymbol{A}|=0$,故 $\boldsymbol{E}+\boldsymbol{A}$ 不可逆.

这是说明性的证明.

还可以这样证明:由于 $\boldsymbol{A}$ 是 n 阶正交矩阵,所以 $\boldsymbol{A}^{\mathrm{T}}\boldsymbol{A}=\boldsymbol{E}\Rightarrow|\boldsymbol{A}|^2=1$,所以
$$|\boldsymbol{A}|=-1$$
$$|\boldsymbol{E}+\boldsymbol{A}|=|\boldsymbol{A}^{\mathrm{T}}\boldsymbol{A}+\boldsymbol{A}|=|\boldsymbol{A}^{\mathrm{T}}+\boldsymbol{E}||\boldsymbol{A}|=-|(\boldsymbol{E}+\boldsymbol{A})^{\mathrm{T}}|=-|\boldsymbol{E}+\boldsymbol{A}|$$
得 $|\boldsymbol{E}+\boldsymbol{A}|=0$,故($\boldsymbol{E}+\boldsymbol{A}$) 不可逆.

(2) 同上有
$$|\boldsymbol{A}|=1$$
$$|\boldsymbol{E}-\boldsymbol{A}|=|-(\boldsymbol{A}-\boldsymbol{E})|=(-1)^{2n+1}|\boldsymbol{A}-\boldsymbol{A}\boldsymbol{A}^{\mathrm{T}}|=-|\boldsymbol{A}||(\boldsymbol{E}-\boldsymbol{A})^{\mathrm{T}}|=-|\boldsymbol{E}-\boldsymbol{A}|$$
所以 $|\boldsymbol{E}-\boldsymbol{A}|=0$,故 $\boldsymbol{E}-\boldsymbol{A}$ 不可逆.

2. 设 $\boldsymbol{A}$ 是 n 阶实反对称矩阵,证明:

(1) $\boldsymbol{E}+\boldsymbol{A},\boldsymbol{E}-\boldsymbol{A}$ 均可逆;

(2) $(\boldsymbol{E}+\boldsymbol{A})(\boldsymbol{E}-\boldsymbol{A})^{-1}$ 是正交矩阵,且 -1 不是其特征值.

证明:(1) 只要证明 $\boldsymbol{E}+\boldsymbol{A},\boldsymbol{E}-\boldsymbol{A}$ 的特征值都不为0就可以证明 $\boldsymbol{E}+\boldsymbol{A},\boldsymbol{E}-\boldsymbol{A}$ 都可逆.

事实上,由于 $\boldsymbol{A}$ 是 n 阶实反对称矩阵,有 $\boldsymbol{A}^{\mathrm{T}}=-\boldsymbol{A}$.

设 $\boldsymbol{A}\boldsymbol{x}=\lambda\boldsymbol{x}$,由 $\boldsymbol{A}^{\mathrm{T}}=-\boldsymbol{A}$ 及 $\bar{\boldsymbol{A}}=\boldsymbol{A}$(实矩阵的共轭是本身).

$\boldsymbol{x}^{\mathrm{T}}\boldsymbol{A}^{\mathrm{T}}=\lambda\boldsymbol{x}^{\mathrm{T}}$,从而
$$-\boldsymbol{x}^{\mathrm{T}}\boldsymbol{A}=\lambda\boldsymbol{x}^{\mathrm{T}}\tag{1}$$
$$\overline{\boldsymbol{x}^{\mathrm{T}}}\,\overline{\boldsymbol{A}^{\mathrm{T}}}=\bar{\lambda}\,\overline{\boldsymbol{x}^{\mathrm{T}}}\tag{2}$$
由式(1),(2) 可推出 $\overline{\boldsymbol{x}^{\mathrm{T}}}\,\overline{(-\boldsymbol{A})}=\bar{\lambda}\,\overline{\boldsymbol{x}^{\mathrm{T}}}$,从而 $\overline{\boldsymbol{x}^{\mathrm{T}}}\,\bar{\boldsymbol{A}}=-\bar{\lambda}\,\overline{\boldsymbol{x}^{\mathrm{T}}}$,于是 $\overline{\boldsymbol{x}^{\mathrm{T}}}\,\bar{\boldsymbol{A}}\boldsymbol{x}=-\bar{\lambda}\,\overline{\boldsymbol{x}^{\mathrm{T}}}\boldsymbol{x}$,而 $\bar{\boldsymbol{A}}=\boldsymbol{A}$,所以 $\overline{\boldsymbol{x}^{\mathrm{T}}}\boldsymbol{A}\boldsymbol{x}=-\bar{\lambda}\,\overline{\boldsymbol{x}^{\mathrm{T}}}\boldsymbol{x}$,于是 $\lambda\,\overline{\boldsymbol{x}^{\mathrm{T}}}\boldsymbol{x}=-\bar{\lambda}\,\overline{\boldsymbol{x}^{\mathrm{T}}}\boldsymbol{x}$,这样就得到 $(\lambda+\bar{\lambda})\,\overline{\boldsymbol{x}^{\mathrm{T}}}\boldsymbol{x}$,而 $\boldsymbol{x}\neq\boldsymbol{0}$,所以 $\overline{\boldsymbol{x}^{\mathrm{T}}}\boldsymbol{x}\neq\boldsymbol{0}$,从而得 $(\lambda+\bar{\lambda})=0$,这表明 $\lambda=0$ 或 $\lambda=b\mathrm{i}$,所以 $\boldsymbol{E}+\boldsymbol{A},\boldsymbol{E}-\boldsymbol{A}$ 的特征值为1或 $1\pm b\mathrm{i}$,都没有0,故都可逆.

还可以这样证明:用反证法,若 $\boldsymbol{E}+\boldsymbol{A},\boldsymbol{E}-\boldsymbol{A}$ 不可逆,则其特征值至少有一个为0,于是 $\boldsymbol{A}$ 的特征值至少有一个是1或者 -1,对任何反对称矩阵都应该成立,而 $\boldsymbol{A}=-\boldsymbol{A}^{\mathrm{T}}$,当取 $\boldsymbol{A}=\boldsymbol{O}$,命题不成立,或者 $\boldsymbol{A}=\begin{pmatrix}0&1\\-1&0\end{pmatrix}$ 其特征值为 $\pm\mathrm{i}$,命题不成立.

(2) 可得

$$
\begin{aligned}
&[(\boldsymbol{E}-\boldsymbol{A})(\boldsymbol{E}+\boldsymbol{A})^{-1}][(\boldsymbol{E}-\boldsymbol{A})(\boldsymbol{E}+\boldsymbol{A})^{-1}]^{\mathrm{T}}=\\
&(\boldsymbol{E}-\boldsymbol{A})(\boldsymbol{E}+\boldsymbol{A})^{-1}[(\boldsymbol{E}+\boldsymbol{A})^{-1}]^{\mathrm{T}}(\boldsymbol{E}-\boldsymbol{A})^{\mathrm{T}}=\\
&(\boldsymbol{E}-\boldsymbol{A})(\boldsymbol{E}+\boldsymbol{A})^{-1}[(\boldsymbol{E}-\boldsymbol{A})^{-1}](\boldsymbol{E}+\boldsymbol{A})=\\
&(\boldsymbol{E}-\boldsymbol{A})[(\boldsymbol{E}-\boldsymbol{A})(\boldsymbol{E}+\boldsymbol{A})]^{-1}(\boldsymbol{E}+\boldsymbol{A})=\\
&(\boldsymbol{E}-\boldsymbol{A})[(\boldsymbol{E}+\boldsymbol{A})(\boldsymbol{E}-\boldsymbol{A})]^{-1}(\boldsymbol{E}+\boldsymbol{A})=\\
&(\boldsymbol{E}-\boldsymbol{A})(\boldsymbol{E}-\boldsymbol{A})^{-1}(\boldsymbol{E}+\boldsymbol{A})^{-1}(\boldsymbol{E}+\boldsymbol{A})=\boldsymbol{E}
\end{aligned}
$$

所以$(\boldsymbol{E}-\boldsymbol{A})(\boldsymbol{E}+\boldsymbol{A})^{-1}$是正交矩阵,且$-1$不是其特征值.

另外

$$
\begin{aligned}
&|-\boldsymbol{E}-(\boldsymbol{E}-\boldsymbol{A})(\boldsymbol{E}+\boldsymbol{A})^{-1}|=\\
&(-1)^n|(\boldsymbol{E}+\boldsymbol{A})(\boldsymbol{E}+\boldsymbol{A})^{-1}+(\boldsymbol{E}-\boldsymbol{A})(\boldsymbol{E}+\boldsymbol{A})^{-1}|=\\
&(-1)^n|\boldsymbol{E}+\boldsymbol{A}+\boldsymbol{E}-\boldsymbol{A}||(\boldsymbol{E}+\boldsymbol{A})^{-1}|=\\
&(-2)^n|(\boldsymbol{E}+\boldsymbol{A})^{-1}|\neq 0
\end{aligned}
$$

所以$(\boldsymbol{E}-\boldsymbol{A})(\boldsymbol{E}+\boldsymbol{A})^{-1}$的特征值不可能是$-1$.

题型Ⅶ　关于计算$\boldsymbol{A}^n$的题

1. 若$r(\boldsymbol{A})=1$,则可以把$\boldsymbol{A}$表示成$\boldsymbol{A}=\boldsymbol{\alpha\beta}^{\mathrm{T}}$,其中$\boldsymbol{\alpha},\boldsymbol{\beta}$都是$n$维列向量,设

$$\boldsymbol{\beta}^{\mathrm{T}}\boldsymbol{\alpha}=k$$

$$\boldsymbol{A}^n=\boldsymbol{\alpha\beta}^{\mathrm{T}}\boldsymbol{\alpha\beta}^{\mathrm{T}}\cdots\boldsymbol{\alpha\beta}^{\mathrm{T}}=\boldsymbol{\alpha}[\boldsymbol{\beta}^{\mathrm{T}}\boldsymbol{\alpha}]^{n-1}\boldsymbol{\beta}^{\mathrm{T}}=k^{n-1}\boldsymbol{A}$$

例如

$$\boldsymbol{A}=\begin{pmatrix}1&-1&2\\2&-2&4\\3&-3&6\end{pmatrix}$$

则有

$$\boldsymbol{A}=\begin{pmatrix}1&-1&2\\2&-2&4\\3&-3&6\end{pmatrix}=\begin{pmatrix}1\\2\\3\end{pmatrix}(1,-1,2)$$

而

$$(1,-1,2)\begin{pmatrix}1\\2\\3\end{pmatrix}=5$$

所以

$$\boldsymbol{A}^n=5^{n-1}\begin{pmatrix}1&-1&2\\2&-2&4\\3&-3&6\end{pmatrix}$$

2. $\boldsymbol{A}$可对角化

存在可逆矩阵$\boldsymbol{P}$,使

$$\boldsymbol{P}^{-1}\boldsymbol{AP}=\boldsymbol{\Lambda}=\mathrm{diag}(\lambda_1,\lambda_2,\cdots,\lambda_n)$$

于是有$\boldsymbol{A}^n=\boldsymbol{P\Lambda}^n\boldsymbol{P}^{-1}$,而

$$\boldsymbol{\Lambda}^n=\mathrm{diag}(\lambda_1^n,\lambda_2^n,\cdots,\lambda_n^n)$$

3. $\boldsymbol{A}$不可对角化

这类题很难,或者用数学归纳法,或者利用幂零矩阵的性质.

例如:$\boldsymbol{A}=\begin{pmatrix}1&1&1\\0&1&1\\0&0&1\end{pmatrix}$,求 $\boldsymbol{A}^n$.

解:可得

$$\boldsymbol{A}=\begin{pmatrix}1&1&1\\0&1&1\\0&0&1\end{pmatrix}=\begin{pmatrix}1&0&0\\0&1&0\\0&0&1\end{pmatrix}+\begin{pmatrix}0&1&1\\0&0&1\\0&0&0\end{pmatrix}$$

$$\boldsymbol{A}=\boldsymbol{E}+\boldsymbol{B}$$

$$\boldsymbol{B}=\begin{pmatrix}1&0&0\\0&1&0\\0&0&1\end{pmatrix},\boldsymbol{B}^2=\begin{pmatrix}0&0&1\\0&0&0\\0&0&0\end{pmatrix},\boldsymbol{B}^3=0$$

$$\boldsymbol{A}^n=(\boldsymbol{E}+\boldsymbol{B})^n=\boldsymbol{E}+n\boldsymbol{B}+\frac{n(n-1)}{2}\boldsymbol{B}^2=$$

$$\begin{pmatrix}1&0&0\\0&1&0\\0&0&1\end{pmatrix}+\begin{pmatrix}0&n&n\\0&0&n\\0&0&0\end{pmatrix}+\begin{pmatrix}0&0&\frac{n(n-1)}{2}\\0&0&0\\0&0&0\end{pmatrix}=\begin{pmatrix}1&n&\frac{n(n+1)}{2}\\0&1&n\\0&0&1\end{pmatrix}$$

Ⅱ　二次型

一、基础知识

1. 概念

(1) 掌握二次型的定义,二次型的秩,二次型对应的实对称矩阵.

(2) 掌握二次型的标准型与规范型的定义.

(3) 掌握什么叫合同变换,什么是两个矩阵合同.

(4) 了解二次型的正定性定义.

2. 基本理论

任何一个实二次型都可以化成标准型或规范型.

3. 基本方法

(1) 会求二次型对应的实对称矩阵.

(2) 会求二次型的秩.

(3) 能用两种方法化实二次型为标准型或规范型.

(4) 会求二次型的正惯性指标及负惯性指标.

(5) 能够判断二次型的有定性.

(6) 会判断两个矩阵是否合同.

(7) 掌握两个矩阵相似与合同的联系与区别.

注意合同的两个矩阵秩一样,符号差一样,但是特征值未必一样.

相似的两个矩阵要求两个矩阵秩一样,特征值一样,符号差也一样,相似必合同,反之未必成立.

例如,$\boldsymbol{A}=\begin{pmatrix}1&&\\&1&\\&&1\end{pmatrix}$,$\boldsymbol{B}=\begin{pmatrix}3&&\\&1&\\&&5\end{pmatrix}$合同,因为有$\boldsymbol{C}=\begin{pmatrix}\frac{1}{\sqrt{3}}&&\\&1&\\&&\frac{1}{\sqrt{5}}\end{pmatrix}$,使$\boldsymbol{C}^{\mathrm{T}}\boldsymbol{B}\boldsymbol{C}=\boldsymbol{A}$,

但是两者显然不相似.

题型 Ⅰ　二次型的标准型或规范型

1. 已知二次型$f(x_1,x_2,x_3)=5x_1^2+5x_2^2+cx_3^2-2x_1x_2+6x_1x_3-6x_2x_3$的秩为 2.

(1) 求参数 c 及此二次型对应矩阵的特征值.

(2) 指出方程$f(x_1,x_2,x_3)=1$代表何种曲面.

解:(1) 二次型对应矩阵是$\boldsymbol{A}=\begin{pmatrix}5&-1&3\\-1&5&-3\\3&-3&c\end{pmatrix}$,由于$r(\boldsymbol{A})=2$,有$|\boldsymbol{A}|=0$就是

$$\begin{vmatrix}5&-1&3\\-1&5&-3\\3&-3&c\end{vmatrix}=3\cdot(3-15)+3(-15+3)+c(25-1)=0\Rightarrow c=3$$

(2) 可得

$$|\lambda\boldsymbol{E}-\boldsymbol{A}|=\begin{vmatrix}\lambda-5&1&-3\\1&\lambda-5&3\\-3&3&\lambda-3\end{vmatrix}=\lambda(\lambda-4)(\lambda-9)=0\Rightarrow$$

$$\lambda_1=0,\lambda_2=4,\lambda_3=9$$

于是

$$f(x_1,x_2,x_3)=5x_1^2+5x_2^2+cx_3^2-2x_1x_2+6x_1x_3-6x_2x_3$$

$$f(y_1,y_2,y_3)=4y_1^2+9y_2^2$$

$4y_1^2+9y_2^2=1$是一个 椭圆柱面.

由于此题没有要求求出变换的矩阵,所以就简单得多了.

2. 已知二次曲面$x^2+ay^2+z^2+2bxy+2xz+2yz=4$可经过正交变换$\begin{pmatrix}x\\y\\z\end{pmatrix}=\boldsymbol{P}\begin{pmatrix}\xi\\\eta\\\zeta\end{pmatrix}$化为椭圆柱面$\eta^2+4\xi^2=4$,求 a,b 的值及正交矩阵 $\boldsymbol{P}$.

解:这道题就比上题难些.

由题设可知二次型$x^2+ay^2+z^2+2bxy+2xz+2yz$的矩阵为$\boldsymbol{A}=\begin{pmatrix}1&b&1\\b&a&1\\1&1&1\end{pmatrix}$它的秩为 2,特征值为 0,1,4,于是 $\boldsymbol{A}$ 相似于

$$\boldsymbol{\Lambda}=\begin{pmatrix}0&&\\&1&\\&&4\end{pmatrix}$$

所以

$$\operatorname{Tr} \boldsymbol{A} = \operatorname{Tr} \boldsymbol{\Lambda}, 1 + a + 1 = 0 + 1 + 4 \Rightarrow a = 3$$

$$|\boldsymbol{A}| = \begin{vmatrix} 1 & b & 1 \\ b & 3 & 1 \\ 1 & 1 & 1 \end{vmatrix} = 2 - b(b-1) + b - 3 = (b-1)^2 = 0 \Rightarrow b = 1$$

所以
$$\boldsymbol{A} = \begin{pmatrix} 1 & 1 & 1 \\ 1 & 3 & 1 \\ 1 & 1 & 1 \end{pmatrix}$$

由$(0\boldsymbol{E} - \boldsymbol{A})\boldsymbol{x} = \boldsymbol{0}$得

$$\boldsymbol{A} = \begin{pmatrix} 1 & 1 & 1 \\ 1 & 3 & 1 \\ 1 & 1 & 1 \end{pmatrix} \xrightarrow{r} \begin{pmatrix} 1 & 0 & 1 \\ 0 & 1 & 0 \\ 0 & 0 & 0 \end{pmatrix}$$

得特征向量

$$\boldsymbol{\xi}_1 = \begin{pmatrix} 1 \\ 0 \\ -1 \end{pmatrix}$$

由$(\boldsymbol{E} - \boldsymbol{A})\boldsymbol{x} = \boldsymbol{0}$得

$$\boldsymbol{A} = \begin{pmatrix} 0 & -1 & -1 \\ -1 & -2 & -1 \\ -1 & -1 & 0 \end{pmatrix} \xrightarrow{r} \begin{pmatrix} 1 & 0 & -1 \\ 0 & 1 & 1 \\ 0 & 0 & 0 \end{pmatrix}$$

得特征向量

$$\boldsymbol{\xi}_2 = \begin{pmatrix} 1 \\ -1 \\ 1 \end{pmatrix}$$

由$(4\boldsymbol{E} - \boldsymbol{A})\boldsymbol{x} = \boldsymbol{0}$得

$$\boldsymbol{A} = \begin{pmatrix} 3 & -1 & -1 \\ -1 & 1 & -1 \\ -1 & -1 & 3 \end{pmatrix} \xrightarrow{r} \begin{pmatrix} 1 & 0 & -1 \\ 0 & 1 & -2 \\ 0 & 0 & 0 \end{pmatrix}$$

得特征向量

$$\boldsymbol{\xi}_3 = \begin{pmatrix} 1 \\ 2 \\ 1 \end{pmatrix}$$

令
$$\boldsymbol{p}_1 = \begin{pmatrix} \frac{1}{\sqrt{2}} \\ 0 \\ -\frac{1}{\sqrt{2}} \end{pmatrix}, \boldsymbol{p}_2 = \begin{pmatrix} \frac{1}{\sqrt{3}} \\ -\frac{1}{\sqrt{3}} \\ \frac{1}{\sqrt{3}} \end{pmatrix}, \boldsymbol{p}_3 = \begin{pmatrix} \frac{1}{\sqrt{6}} \\ \frac{2}{\sqrt{6}} \\ \frac{1}{\sqrt{6}} \end{pmatrix}$$

则所求的正交矩阵

$$P=(p_1,p_2,p_3)=\begin{pmatrix}\frac{1}{\sqrt{2}} & \frac{1}{\sqrt{3}} & \frac{1}{\sqrt{6}}\\ 0 & -\frac{1}{\sqrt{3}} & \frac{2}{\sqrt{6}}\\ -\frac{1}{\sqrt{2}} & \frac{1}{\sqrt{3}} & \frac{1}{\sqrt{6}}\end{pmatrix}$$

3. 已知实二次型 $f(x_1,x_2,x_3)=a(x_1^2+x_2^2+x_3^2)+4x_1x_2+4x_1x_3+4x_2x_3$ 经过正交变换 $\boldsymbol{x}=\boldsymbol{P}\boldsymbol{y}$ 可化成标准形 $f=6y_1^2$，则 a 为何值？

解：二次型 $f(x_1,x_2,x_3)$ 的矩阵为 $\boldsymbol{A}=\begin{pmatrix}a & 2 & 2\\ 2 & a & 2\\ 2 & 2 & a\end{pmatrix}$，$\mathrm{Tr}\,\boldsymbol{A}=3a$，并且有 $\boldsymbol{P}^{\mathrm{T}}\boldsymbol{A}\boldsymbol{P}=\boldsymbol{\Lambda}=\begin{pmatrix}6 & 0 & 0\\ 0 & 0 & 0\\ 0 & 0 & 0\end{pmatrix}$，正交变换也是相似变换，所以

$$\mathrm{Tr}\,\boldsymbol{A}=3a=\mathrm{Tr}\,\boldsymbol{\Lambda}=6\Rightarrow a=2$$

4. 已知二次形 $f(x_1,x_2,x_3)=(1-a)x_1^2+(1-a)x_2^2+2x_3^2+2(1+a)x_1x_2$ 的秩为2.

(1) 求 a 的值.

(2) 正交变换 $\boldsymbol{x}=\boldsymbol{Q}\boldsymbol{y}$，把 $f(x_1,x_2,x_3)$ 化成标准形.

(3) 求方程 $f(x_1,x_2,x_3)=0$ 的解.

解：(1) $f(x_1,x_2,x_3)=\boldsymbol{x}^{\mathrm{T}}\boldsymbol{A}\boldsymbol{x}$，其中 $\boldsymbol{A}=\begin{pmatrix}1-a & 1+a & 0\\ 1+a & 1-a & 0\\ 0 & 0 & 2\end{pmatrix}$. 由于秩为2，所以

$$\begin{vmatrix}1-a & 1+a & 0\\ 1+a & 1-a & 0\\ 0 & 0 & 2\end{vmatrix}=0\Rightarrow a=0$$

(2) 此时 $\boldsymbol{A}=\begin{pmatrix}1 & 1 & 0\\ 1 & 1 & 0\\ 0 & 0 & 2\end{pmatrix}$，求它的特征值

$$|\lambda\boldsymbol{E}-\boldsymbol{A}|=\begin{vmatrix}\lambda-1 & -1 & 0\\ -1 & \lambda-1 & 0\\ 0 & 0 & -2\end{vmatrix}=-2[(\lambda-1)^2-1]=$$

$$-2\lambda(\lambda-2)=0\Rightarrow\lambda_1=0,\lambda_2=2$$

当 $\lambda_1=0$ 解

$$\boldsymbol{A}\boldsymbol{x}=\boldsymbol{0}$$

$$\boldsymbol{A}=\begin{pmatrix}1 & 1 & 0\\ 1 & 1 & 0\\ 0 & 0 & 2\end{pmatrix}\overset{r}{\longleftrightarrow}\begin{pmatrix}1 & 1 & 0\\ 0 & 0 & 0\\ 0 & 0 & 1\end{pmatrix}$$

得
$$\boldsymbol{\xi}_1 = (1, -1, 0)^{\mathrm{T}}$$

当 $\lambda_2 = 2$ 解
$$(2\boldsymbol{E} - \boldsymbol{A})\boldsymbol{x} = \boldsymbol{0}$$
$$2\boldsymbol{E} - \boldsymbol{A} = \begin{pmatrix} 1 & -1 & 0 \\ -1 & 1 & 0 \\ 0 & 0 & 0 \end{pmatrix} \xleftrightarrow{r} \begin{pmatrix} 1 & -1 & 0 \\ 0 & 0 & 0 \\ 0 & 0 & 0 \end{pmatrix}$$

得同解方程组 $x_1 = x_2 + 0x_3$，得
$$\boldsymbol{\xi}_2 = (1,1,0)^{\mathrm{T}}, \boldsymbol{\xi}_3 = (0,0,1)^{\mathrm{T}}$$

三个特征向量两两正交.

令
$$\boldsymbol{q}_1 = \boldsymbol{\xi}_3, \boldsymbol{q}_2 = \frac{1}{\sqrt{2}}\boldsymbol{\xi}_2, \boldsymbol{q}_3 = \frac{1}{\sqrt{2}}\boldsymbol{\xi}_1$$

得正交矩阵
$$\boldsymbol{Q} = \begin{pmatrix} 0 & \frac{1}{\sqrt{2}} & \frac{1}{\sqrt{2}} \\ 0 & \frac{1}{\sqrt{2}} & -\frac{1}{\sqrt{2}} \\ 1 & 0 & 0 \end{pmatrix}$$

于是
$$\boldsymbol{Q}^{\mathrm{T}}\boldsymbol{A}\boldsymbol{Q} = \boldsymbol{\Lambda} = \begin{pmatrix} 2 & 0 & 0 \\ 0 & 2 & 0 \\ 0 & 0 & 0 \end{pmatrix}$$

从而得正交变换
$$\boldsymbol{x} = \boldsymbol{Q}\boldsymbol{y} = \begin{pmatrix} 0 & \frac{1}{\sqrt{2}} & \frac{1}{\sqrt{2}} \\ 0 & \frac{1}{\sqrt{2}} & -\frac{1}{\sqrt{2}} \\ 1 & 0 & 0 \end{pmatrix}\boldsymbol{y}$$
$$f(x_1, x_2, x_3) = \boldsymbol{x}^{\mathrm{T}}\boldsymbol{A}\boldsymbol{x} = \boldsymbol{y}^{\mathrm{T}}(\boldsymbol{Q}^{\mathrm{T}}\boldsymbol{A}\boldsymbol{Q})\boldsymbol{y} = \boldsymbol{y}^{\mathrm{T}}\boldsymbol{\Lambda}\boldsymbol{y} = 2y_1^2 + 2y_2^2$$

(3) $f(x_1, x_2, x_3) = x_1^2 + x_2^2 + 2x_3^2 + 2x_1x_2 = (x_1 + x_2)^2 + 2x_3^2 = 0$，得 $\begin{cases} x_1 + x_2 = 0 \\ x_3 = 0 \end{cases}$ 的同解方程组 $x_1 = -x_2 + 0x_3$，得
$$\boldsymbol{\xi}_1 = (-1,1,0)^{\mathrm{T}}, \boldsymbol{\xi}_2 = (0,0,1)^{\mathrm{T}}$$

$\boldsymbol{x} = k_1\boldsymbol{\xi}_1 + k_2\boldsymbol{\xi}_2$ 为通解.

5. 设 $f = \boldsymbol{x}^{\mathrm{T}}\boldsymbol{A}\boldsymbol{x} = ax_1^2 + 2x_2^2 - 2x_3^2 + 2bx_1x_3 (b > 0)$，$\boldsymbol{A}$ 的特征值之和为 1，之积为 -12. 求：(1) a, b.

(2) 求一个正交变换，化 f 为标准形，写出相应的正交矩阵.

解：(1) 易求得

$$A=\begin{pmatrix}a&0&b\\0&2&0\\b&0&-2\end{pmatrix}$$

由题设有

$$\begin{cases}\lambda_1+\lambda_2+\lambda_3=\operatorname{Tr}A=a+2-2=1\\ \lambda_1\lambda_2\lambda_3=|A|=2\begin{vmatrix}a&b\\b&-2\end{vmatrix}=-2(2a+b^2)=-12\end{cases}$$

解得$\begin{cases}a=1\\b=2\end{cases}$,所以

$$A=\begin{pmatrix}1&0&2\\0&2&0\\2&0&-2\end{pmatrix}$$

(2) 可得

$$|\lambda E-A|=\begin{vmatrix}\lambda-1&0&-2\\0&\lambda-2&0\\-2&0&\lambda+2\end{vmatrix}=$$

$$(\lambda-2)\begin{vmatrix}\lambda-1&-2\\-2&\lambda+2\end{vmatrix}=$$

$$(\lambda-2)^2(\lambda+3)=0$$

解得 $\lambda_1=\lambda_2=2,\lambda_3=-3$.

当 $\lambda_1=\lambda_2=2$,解

$$(2E-A)x=0$$

$$\begin{pmatrix}1&0&-2\\0&0&0\\-2&0&4\end{pmatrix}\xleftrightarrow{r}\begin{pmatrix}1&0&-2\\0&0&0\\0&0&0\end{pmatrix}$$

的同解方程组 $x_1=0x_2+2x_3$,得基础解系为

$$\xi_1=\begin{pmatrix}0\\1\\0\end{pmatrix},\xi_2=\begin{pmatrix}2\\0\\1\end{pmatrix}\text{(已经正交)}$$

当 $\lambda_3=-3$,解

$$(3E-A)x=0$$

$$\begin{pmatrix}-4&0&-2\\0&-5&0\\-2&0&-1\end{pmatrix}\xleftrightarrow{r}\begin{pmatrix}2&0&1\\0&1&0\\0&0&0\end{pmatrix}$$

得同解方程组

$$\begin{cases}x_2=0\\x_3=-2x_1\end{cases}$$

得
$$\boldsymbol{\xi}_3=\begin{pmatrix}1\\0\\-2\end{pmatrix}$$

取
$$\boldsymbol{p}_1=\boldsymbol{\xi}_1=\begin{pmatrix}0\\1\\0\end{pmatrix},\boldsymbol{p}_2=\frac{1}{\|\boldsymbol{\xi}_2\|}\boldsymbol{\xi}_2=\begin{pmatrix}\frac{2}{\sqrt{5}}\\0\\\frac{1}{\sqrt{5}}\end{pmatrix},\boldsymbol{p}_3=\frac{1}{\|\boldsymbol{\xi}_3\|}\boldsymbol{\xi}_3=\begin{pmatrix}\frac{1}{\sqrt{5}}\\0\\-\frac{2}{\sqrt{5}}\end{pmatrix}$$

得正交矩阵
$$\boldsymbol{P}=\begin{pmatrix}0&\frac{2}{\sqrt{5}}&\frac{1}{\sqrt{5}}\\1&0&0\\0&\frac{1}{\sqrt{5}}&-\frac{2}{\sqrt{5}}\end{pmatrix}$$

$\boldsymbol{x}=\boldsymbol{P}\boldsymbol{y}$ 为所求的正交变换
$$\boldsymbol{\Lambda}=\begin{pmatrix}2&&\\&2&\\&&-3\end{pmatrix}$$
$$\boldsymbol{x}^{\mathrm{T}}\boldsymbol{A}\boldsymbol{x}=\boldsymbol{y}^{\mathrm{T}}\boldsymbol{\Lambda}\boldsymbol{y}=2y_1^2+2y_2^2-3y_3^2$$

题型 Ⅱ　二次型的正定性

1. 设$\boldsymbol{A}=\begin{pmatrix}1&0&1\\0&2&0\\1&0&1\end{pmatrix}$,$\boldsymbol{B}=(k\boldsymbol{E}+\boldsymbol{A})^2$,其中$\boldsymbol{E}$是单位矩阵,$k$为实数,求对角矩阵$\boldsymbol{\Lambda}$使$\boldsymbol{B},\boldsymbol{\Lambda}$相似,并求$k$为何值时$\boldsymbol{B}$是正定矩阵.

解:由于$\boldsymbol{A}$是实对称矩阵,所以有
$$\boldsymbol{B}^{\mathrm{T}}=[(k\boldsymbol{E}+\boldsymbol{A})^{\mathrm{T}}]^2=(k\boldsymbol{E}+\boldsymbol{A}^{\mathrm{T}})^2=(k\boldsymbol{E}+\boldsymbol{A})^2=\boldsymbol{B}$$
可知$\boldsymbol{B}$也是实对称矩阵,故可相似对角化.

由
$$|\lambda\boldsymbol{E}-\boldsymbol{A}|=\begin{vmatrix}\lambda-1&0&-1\\0&\lambda-2&0\\-1&0&\lambda-1\end{vmatrix}=(\lambda-1)^2(\lambda-2)-(\lambda-2)=\lambda(\lambda-2)^2=0$$
$\boldsymbol{A}$的特征值为0,2,2,于是$\boldsymbol{B}=(k\boldsymbol{E}+\boldsymbol{A})^2$的特征值为$k^2,(k+2)^2,(k+2)^2$,令
$$\boldsymbol{\Lambda}=\begin{pmatrix}k^2&&\\&(k+2)^2&\\&&(k+2)^2\end{pmatrix}$$
则$\boldsymbol{B},\boldsymbol{\Lambda}$相似.

要使$\boldsymbol{B}$是正定矩阵,只需特征值都是正数,于是当$k\neq0$及$k\neq-2$时,有$k^2,(k+2)^2,(k+2)^2$都是正数.

2. 设 $\boldsymbol{A}$ 是 $m\times n$ 实矩阵，$\boldsymbol{E}$ 为 n 阶单位矩阵，$\boldsymbol{B}=\lambda\boldsymbol{E}+\boldsymbol{A}^{\mathrm{T}}\boldsymbol{A}$，证明：当 $\lambda>0$ 时 $\boldsymbol{B}$ 是正定矩阵.

分析：该题中的矩阵都是抽象给出，所以只好用定义进行证明.

证明：由于 $\boldsymbol{A}$ 是 $m\times n$ 实矩阵，所以 $\boldsymbol{B}=\lambda\boldsymbol{E}+\boldsymbol{A}^{\mathrm{T}}\boldsymbol{A}$ 是 n 阶实矩阵，并且有$\boldsymbol{B}^{\mathrm{T}}=(\lambda\boldsymbol{E}+\boldsymbol{A}^{\mathrm{T}}\boldsymbol{A})^{\mathrm{T}}=\lambda\boldsymbol{E}+\boldsymbol{A}^{\mathrm{T}}\boldsymbol{A}=\boldsymbol{B}$，所以 $\boldsymbol{B}$ 是 n 阶实对称矩阵.

这样 $\boldsymbol{B}$ 就可以成为一个 n 元二次型的矩阵，令 $f=\boldsymbol{x}^{\mathrm{T}}\boldsymbol{B}\boldsymbol{x}$，则有

$$f=\boldsymbol{x}^{\mathrm{T}}\boldsymbol{B}\boldsymbol{x}=\boldsymbol{x}^{\mathrm{T}}(\lambda\boldsymbol{E}+\boldsymbol{A}^{\mathrm{T}}\boldsymbol{A})\boldsymbol{x}=\lambda\,\boldsymbol{x}^{\mathrm{T}}\boldsymbol{x}+\boldsymbol{x}^{\mathrm{T}}\boldsymbol{A}^{\mathrm{T}}\boldsymbol{A}\boldsymbol{x}=\lambda\,\|\boldsymbol{x}\|^2+\|\boldsymbol{A}\boldsymbol{x}\|^2$$

于是 $\forall\boldsymbol{x}\neq 0$，由 $\lambda>0$ 得

$$\lambda\,\|\boldsymbol{x}\|^2>0,\ \|\boldsymbol{A}\boldsymbol{x}\|^2\geqslant 0$$

所以$f=\boldsymbol{x}^{\mathrm{T}}\boldsymbol{B}\boldsymbol{x}>0$，二次型$f$是正定的，所以它对应的实对称矩阵 $\boldsymbol{B}$ 也是正定的.

3. 设 n 元实二次型

$$\begin{aligned}f(x_1,x_2,\cdots,x_n)=&(x_1+a_1x_2)^2+(x_2+a_2x_3)^2+\cdots+\\&(x_{n-1}+a_{n-1}x_n)^2+(x_n+a_nx_1)^2\end{aligned}$$

$a_1,a_2,\cdots,a_n$ 是实数，问 $a_1,a_2,\cdots,a_n$ 满足什么条件，二次型是正定的.

解：由题设有 $\forall\boldsymbol{x}\in\mathbf{R}^n$，有$f(x_1,x_2,\cdots,x_n)\geqslant 0$，要保证二次型是正定的，只需上面的等号不成立，也就是等号成立的充分必要条件是齐次线性方程组

$$\begin{cases}x_1+a_1x_2=0\\x_2+a_2x_3=0\\\quad\vdots\\x_{n-1}+a_{n-1}x_n=0\\x_n+a_nx_1=0\end{cases}$$

有唯一的零解，因此当行列式

$$\begin{vmatrix}1&a_1&0&\cdots&0\\0&1&a_2&\cdots&0\\0&0&1&\cdots&0\\\vdots&\vdots&\vdots&&\vdots\\0&0&0&\cdots&a_{n-1}\\a_n&0&0&\cdots&1\end{vmatrix}=1+(-1)^{n+1}a_1a_2\cdots a_n\neq 0$$

时二次型是正定的就是当满足条件 $a_1a_2\cdots a_n=(-1)^n$ 时二次型是正定的.

题型 Ⅲ　关于合同矩阵的题

1. 设 $\boldsymbol{A}=\begin{pmatrix}1&1&1&1\\1&1&1&1\\1&1&1&1\\1&1&1&1\end{pmatrix}$，$\boldsymbol{B}=\begin{pmatrix}4&0&0&0\\0&0&0&0\\0&0&0&0\\0&0&0&0\end{pmatrix}$，则 $\boldsymbol{A}$ 与 $\boldsymbol{B}$ 是(　　)

A. 合同且相似　　B. 合同不相似　　C. 不合同但相似　　D. 不合同不相似

解：$r(\boldsymbol{A})=r(\boldsymbol{B})=1$ $|\lambda\boldsymbol{E}-\boldsymbol{A}|=\begin{vmatrix}\lambda-1 & -1 & -1 & -1\\ -1 & \lambda-1 & -1 & -1\\ -1 & -1 & \lambda-1 & -1\\ -1 & -1 & -1 & \lambda-1\end{vmatrix}=\lambda^3(\lambda-4)=$ $|\lambda\boldsymbol{E}-\boldsymbol{B}|$，所以 $\boldsymbol{A}$ 与 $\boldsymbol{B}$ 有完全相同的特征值4，0，0，0，所以相似，选择 A，B.

下面看是否合同.

$\boldsymbol{A}$ 与 $\boldsymbol{B}$ 都是实对称矩阵当有完全相同的特征值4，0，0，0时，它们对应的二次型有相同的正惯性指标，所以合同，选择 A.

2. 设 $\boldsymbol{A}=\begin{pmatrix}2 & -1 & -1\\ -1 & 2 & -1\\ -1 & -1 & 2\end{pmatrix}$，$\boldsymbol{B}=\begin{pmatrix}1 & 0 & 0\\ 0 & 1 & 0\\ 0 & 0 & 0\end{pmatrix}$，则 $\boldsymbol{A},\boldsymbol{B}$（　　）

A. 合同且相似　　B. 合同不相似　　C. 不合同但相似　　D. 不合同不相似

解：$\mathrm{Tr}\,\boldsymbol{A}=6$，$\mathrm{Tr}\,\boldsymbol{B}=2$ 由此可知不相似

$$|\lambda\boldsymbol{E}-\boldsymbol{A}|=\begin{vmatrix}\lambda-2 & 1 & 1\\ 1 & \lambda-2 & 1\\ 1 & 1 & \lambda-2\end{vmatrix}=(\lambda-2)^3+2-3(\lambda-2)=$$

$$\lambda^3-6\lambda^2+12\lambda-8+2-3\lambda+6=$$

$$\lambda^3-6\lambda^2+9\lambda=\lambda(\lambda-3)^2$$

特征值为3，3，0，于是两个实对称矩阵有完全一样的正惯性指标，合同，选择 B，合同不相似.

*第 6 章

线 性 变 换

向量空间也叫做线性空间,在第4章已经讨论过. 不过,那时向量空间中的元素都是n元数组. 本章把向量的概念加以推广,使之更抽象,从而使向量空间的概念更加抽象;同时我们讨论两个向量空间之间的线性变换及相关的性质.(本章内容仅供选学)

6.1 线性变换

6.1.1 向量空间的一般化

在第4章我们已经学习过了关于向量空间的某些理论,不过当时讨论的都是具体的n元数组做成的向量空间,在那样的空间中,向量是具体的,可以用n维行向量表示,也可以用n维列向量表示. 在这一章我们将用线性变换的方法讨论任意的一般的向量空间,由于向量空间中主要是线性运算,因此也把它叫做线性空间.

把我们已经讨论过的内容简单叙述一下,并进一步加深理解.

(1) 空间的基与维数:设V是线性空间,如果V中的一个向量组$\boldsymbol{\alpha}_1,\boldsymbol{\alpha}_2,\cdots,\boldsymbol{\alpha}_n$满足:

① 线性无关;

② $\forall \boldsymbol{\beta} \in V$,都可以被$\boldsymbol{\alpha}_1,\boldsymbol{\alpha}_2,\cdots,\boldsymbol{\alpha}_n$线性表示;

那么称$\boldsymbol{\alpha}_1,\boldsymbol{\alpha}_2,\cdots,\boldsymbol{\alpha}_n$是$V$的一个基,将基向量的个数(也就是基的秩)叫做$V$的维数,记为$\dim V$.

例如,第4章4.1节中例1中,根据矩阵的数乘运算和加法运算,一切相同类型的矩阵构成一个向量空间,一般记这个线性空间为$M_{m\times n}(\mathbf{R})$,$\mathbf{R}$表示构成矩阵的元素都是实数.

这个空间的一个标准基就是

$$\boldsymbol{E}_{11}=\begin{pmatrix}1&0&\cdots&0\\0&0&\cdots&0\\\vdots&\vdots&&\vdots\\0&0&\cdots&0\end{pmatrix},\boldsymbol{E}_{12}=\begin{pmatrix}0&1&\cdots&0\\0&0&\cdots&0\\\vdots&\vdots&&\vdots\\0&0&\cdots&0\end{pmatrix},\cdots,\boldsymbol{E}_{1n}=\begin{pmatrix}0&0&\cdots&1\\0&0&\cdots&0\\\vdots&\vdots&&\vdots\\0&0&\cdots&0\end{pmatrix}$$

$$E_{21}=\begin{pmatrix}0&0&\cdots&0\\1&0&\cdots&0\\\vdots&\vdots&&\vdots\\0&0&\cdots&0\end{pmatrix},E_{22}=\begin{pmatrix}0&0&\cdots&0\\0&1&\cdots&0\\\vdots&\vdots&&\vdots\\0&0&\cdots&0\end{pmatrix},\cdots,E_{2n}=\begin{pmatrix}0&0&\cdots&0\\0&0&\cdots&1\\\vdots&\vdots&&\vdots\\0&0&\cdots&0\end{pmatrix}$$

$$\vdots$$

$$E_{m1}=\begin{pmatrix}0&0&\cdots&0\\0&0&\cdots&0\\\vdots&\vdots&&\vdots\\1&0&\cdots&0\end{pmatrix},E_{m2}=\begin{pmatrix}0&0&\cdots&0\\0&0&\cdots&0\\\vdots&\vdots&&\vdots\\0&1&\cdots&0\end{pmatrix},\cdots,E_{mn}=\begin{pmatrix}0&0&\cdots&0\\0&0&\cdots&0\\\vdots&\vdots&&\vdots\\0&0&\cdots&1\end{pmatrix}$$

并且 $\dim M_{m\times n}=mn$,就是 mn 维线性空间,如果是一切 n 阶方阵所构成的线性空间则是 n^2 维;一般称 E_{ij} 为基础矩阵(就是在第 i 行第 j 列交叉处是 1,其余位置都是 0 的矩阵).

一切 n 阶实对称方阵所构成的线性空间是 $\frac{n(n+1)}{2}$ 维,其基是

$$E_{11},E_{22},\cdots,E_{nn},\frac{1}{2}(E_{12}+E_{21}),\frac{1}{2}(E_{13}+E_{31}),\cdots,\frac{1}{2}(E_{n-1,n}+E_{n,n-1})$$

如果 $A^{\mathrm{T}}=-A$,则称 A 为反对称矩阵,一切 n 阶实反对称方阵所构成的线性空间是 $\frac{n(n-1)}{2}$ 维,$\frac{1}{2}(E_{12}-E_{21}),\frac{1}{2}(E_{13}-E_{31}),\cdots,\frac{1}{2}(E_{n-1,n}-E_{n,n-1})$.

$\{0\}$的维数是 0,没有基.

实系数 n 次多项式构成一个线性空间,记为 $P[x]_n$,这个线性空间的一个基就是:$1,x,x^2,\cdots,x^n$,并且 $\dim P[x]_n=n+1$.

(2) 空间中每一个向量在一个基下的唯一的线性表示的系数叫做向量在这个基下的坐标,一个向量组在基下的坐标就构成了这个向量组在基下的矩阵(由每一个向量在基下的坐标作为列而形成).

例如,矩阵 $A=\begin{pmatrix}1&2&5\\3&4&1\end{pmatrix}$ 就可以写成

$$A=E_{11}+2E_{12}+5E_{13}+3E_{21}+4E_{22}+E_{23}=(E_{11},E_{12},E_{13},E_{21},E_{22},E_{23})(1,2,5,3,4,1)^{\mathrm{T}}$$

多项式 $f(x)=2+3x+5x^2$ 就可以写成

$$f(x)=2+3x+5x^2=(1,x,x^2)(2,3,5)^{\mathrm{T}}$$

(3)(一个空间中两个基之间的过渡矩阵) 设 $\alpha_1,\alpha_2,\cdots,\alpha_n$ 与 $\beta_1,\beta_2,\cdots,\beta_n$ 分别是 V_n 的基,并且 $(\beta_1,\beta_2,\cdots,\beta_n)=(\alpha_1,\alpha_2,\cdots,\alpha_n)P$,称 n 阶方阵 P 为由基 $\alpha_1,\alpha_2,\cdots,\alpha_n$ 到 $\beta_1,\beta_2,\cdots,\beta_n$ 的过渡矩阵.

显然,P 是可逆矩阵.

一般先要求出 V_n 的标准基 $\varepsilon_1,\varepsilon_2,\cdots,\varepsilon_n$,于是

$$(\alpha_1,\alpha_2,\cdots,\alpha_n)=(\varepsilon_1,\varepsilon_2,\cdots,\varepsilon_n)A$$
$$(\beta_1,\beta_2,\cdots,\beta_n)=(\varepsilon_1,\varepsilon_2,\cdots,\varepsilon_n)B$$

则有
$$(\beta_1,\beta_2,\cdots,\beta_n)=(\alpha_1,\alpha_2,\cdots,\alpha_n)A^{-1}B$$

也就是

$$P = A^{-1}B$$

例如，$1,x,x^2$ 是 $P[x]_2$ 的一个基，$1,x-1,(x-1)^2$ 也是 $P[x]_2$ 的一个基，那么

$$(1,x-1,(x-1)^2) = (1,-1+x,1-2x+x^2) = (1,x,x^2)\boldsymbol{P}$$

其中

$$\boldsymbol{P} = \begin{pmatrix} 1 & -1 & 1 \\ 0 & 1 & -2 \\ 0 & 0 & 1 \end{pmatrix}$$

(4)(基变换与坐标变换) 设 $\boldsymbol{\alpha}_1,\boldsymbol{\alpha}_2,\cdots,\boldsymbol{\alpha}_n$ 与 $\boldsymbol{\beta}_1,\boldsymbol{\beta}_2,\cdots,\boldsymbol{\beta}_n$ 分别是 V_n 的基，并且

$$(\boldsymbol{\beta}_1,\boldsymbol{\beta}_2,\cdots,\boldsymbol{\beta}_n) = (\boldsymbol{\alpha}_1,\boldsymbol{\alpha}_2,\cdots,\boldsymbol{\alpha}_n)\boldsymbol{P} = \boldsymbol{P}^{\mathrm{T}}(\boldsymbol{\alpha}_1,\boldsymbol{\alpha}_2,\cdots,\boldsymbol{\alpha}_n)^{\mathrm{T}} \tag{1}$$

n 阶方阵 $\boldsymbol{P}$ 为由基 $\boldsymbol{\alpha}_1,\boldsymbol{\alpha}_2,\cdots,\boldsymbol{\alpha}_n$ 到 $\boldsymbol{\beta}_1,\boldsymbol{\beta}_2,\cdots,\boldsymbol{\beta}_n$ 的过渡矩阵，把式(1) 叫做基变换公式.

设 $\boldsymbol{\alpha}\in V$，并且

$$\boldsymbol{\alpha} = (\boldsymbol{\alpha}_1,\boldsymbol{\alpha}_2,\cdots,\boldsymbol{\alpha}_n)\boldsymbol{x},\boldsymbol{\alpha} = (\boldsymbol{\beta}_1,\boldsymbol{\beta}_2,\cdots,\boldsymbol{\beta}_n)\boldsymbol{y}$$

那么有

$$\boldsymbol{\alpha} = (\boldsymbol{\beta}_1,\boldsymbol{\beta}_2,\cdots,\boldsymbol{\beta}_n)\boldsymbol{y} = (\boldsymbol{\alpha}_1,\boldsymbol{\alpha}_2,\cdots,\boldsymbol{\alpha}_n)\boldsymbol{P}\boldsymbol{y} = (\boldsymbol{\alpha}_1,\boldsymbol{\alpha}_2,\cdots,\boldsymbol{\alpha}_n)\boldsymbol{x}$$

或者

$$\boldsymbol{\alpha} = (\boldsymbol{\alpha}_1,\boldsymbol{\alpha}_2,\cdots,\boldsymbol{\alpha}_n)\boldsymbol{x} = (\boldsymbol{\beta}_1,\boldsymbol{\beta}_2,\cdots,\boldsymbol{\beta}_n)\boldsymbol{P}^{-1}\boldsymbol{x} = (\boldsymbol{\beta}_1,\boldsymbol{\beta}_2,\cdots,\boldsymbol{\beta}_n)\boldsymbol{y}$$

从而有

$$\boldsymbol{x} = \boldsymbol{P}\boldsymbol{y}$$

或者

$$\boldsymbol{y} = \boldsymbol{P}^{-1}\boldsymbol{x} \tag{2}$$

把式(2) 叫做坐标变换公式.

定义1　设 V 是一个线性空间，$V_1\subset V$，如果：

(1) $\forall\boldsymbol{\alpha}\in V_1$，有 $k\boldsymbol{\alpha}\in V_1$，$k\in\mathbf{R}$(按照 V 中数乘)；

(2) $\forall\boldsymbol{\alpha},\boldsymbol{\beta}\in V_1$，有 $\boldsymbol{\alpha}+\boldsymbol{\beta}\in V_1$(按照 V 中的加法)；

称 V_1 是 V 的一个子空间.

例如，设 V 是一个线性空间，$\boldsymbol{a}_1,\boldsymbol{a}_2,\cdots,\boldsymbol{a}_s\in V$，$L(\boldsymbol{a}_1,\boldsymbol{a}_2,\cdots,\boldsymbol{a}_s)$ 就是 V 的一个子空间.

$\{0\}$及 V 也都是 V 的子空间，一般将它们叫做 V 的平凡子空间.

$P[x]_2$ 是 $P[x]_n$ 的子空间.

n 阶对称矩阵空间是 n 阶矩阵空间的子空间.

$\mathbf{R}^3$ 是 $\mathbf{R}^n$ 的子空间.

设 V_1,V_2 都是 V 的子空间，令

$$V_1+V_2 = \{\boldsymbol{c}\mid\boldsymbol{c} = \boldsymbol{a}+\boldsymbol{b},\boldsymbol{a}\in V_1,\boldsymbol{b}\in V_2\}$$

那么 $\forall\boldsymbol{c}\in V_1+V_2$，则存在 $\boldsymbol{a}\in V_1,\boldsymbol{b}\in V_2$，使 $\boldsymbol{c}=\boldsymbol{a}+\boldsymbol{b}$，那么 $\forall k\in\mathbf{R}$，有 $k\boldsymbol{c}=k\boldsymbol{a}+k\boldsymbol{b}$，而 $k\boldsymbol{a}\in V_1,k\boldsymbol{b}\in V_2$，所以 $k\boldsymbol{c}\in V_1+V_2$.

另外，$\forall\boldsymbol{c}_1,\boldsymbol{c}_2\in V_1+V_2$，则存在 $\boldsymbol{a}_1,\boldsymbol{a}_2\in V_1,\boldsymbol{b}_1,\boldsymbol{b}_2\in V_2$，使 $\boldsymbol{c}_1=\boldsymbol{a}_1+\boldsymbol{b}_1,\boldsymbol{c}_2=\boldsymbol{a}_2+\boldsymbol{b}_2$，于是

$$\boldsymbol{c}_1+\boldsymbol{c}_2 = (\boldsymbol{a}_1+\boldsymbol{b}_1)+(\boldsymbol{a}_2+\boldsymbol{b}_2) = (\boldsymbol{a}_1+\boldsymbol{a}_2)+(\boldsymbol{b}_1+\boldsymbol{b}_2)$$

而 $\boldsymbol{a}_1+\boldsymbol{a}_2\in V_1,\boldsymbol{b}_1+\boldsymbol{b}_2\in V_2$，所以 $\boldsymbol{c}_1+\boldsymbol{c}_2\in V_1+V_2$.

这样按照 V 的线性运算,V_1+V_2 就构成 V 的子空间,叫做V_1 与V_2 的和空间.

把$\boldsymbol{c}=\boldsymbol{a}+\boldsymbol{b},\boldsymbol{a}\in V_1,\boldsymbol{b}\in V_2$ 叫做向量$\boldsymbol{c}$ 在V_1+V_2 下的分解式.

同样地,令$V_1\cap V_2=\{\boldsymbol{c}\mid\boldsymbol{c}\in V_1,\boldsymbol{c}\in V_2\}$.

按照 V 的线性运算也构成 V 的子空间(可自行验证),叫做V_1 与V_2 的交空间,记为 $V_1\cap V_2$.

例如,$\mathbf{R}^2=\{(x,y,0)\mid x\in\mathbf{R},y\in\mathbf{R}\},S^2=\{(0,y,z)\mid y\in\mathbf{R},z\in\mathbf{R}\}$都是$\mathbf{R}^3$ 的子空间,而$\mathbf{R}^2+S^2=\{(x,y,z)\mid x\in\mathbf{R},y\in\mathbf{R},z\in\mathbf{R}\}=\mathbf{R}^3$. 在这个和空间中,向量的分解式未必唯一.

例如,$\boldsymbol{\alpha}=(0,1,0)^{\mathrm{T}}=(0,-1,0)^{\mathrm{T}}+(0,2,0)^{\mathrm{T}}$,其中$(0,-1,0)\in\mathbf{R}^2,(0,2,0)\in S^2$,又有$\boldsymbol{\alpha}=(0,1,0)^{\mathrm{T}}=(0,-2,0)^{\mathrm{T}}+(0,3,0)^{\mathrm{T}}$,其中$(0,-2,0)\in\mathbf{R}^2,(0,3,0)\in S^2$.

定义2　设V_1,V_2是线性空间V的子空间,而$\forall\boldsymbol{c}\in V_1+V_2$,若存在唯一的$\boldsymbol{a}\in V_1,\boldsymbol{b}\in V_2$,使$\boldsymbol{c}=\boldsymbol{a}+\boldsymbol{b}$,那么把这样的和空间叫做$V_1$ 与V_2 的直和,记做$V_1\oplus V_2$.

根据这个定义有:

定理1　$V_1+V_2=V_1\oplus V_2\Leftrightarrow\boldsymbol{a}+\boldsymbol{b}=\mathbf{0}$ 只有在$\boldsymbol{a}=\mathbf{0},\boldsymbol{b}=\mathbf{0}$时才成立,其中$\boldsymbol{a}\in V_1$, $\boldsymbol{b}\in V_2$.(就是$\mathbf{0}$ 向量的分解是唯一的)

证明　必要性:设V_1+V_2 是直和$V_1\oplus V_2$,则分解式是唯一的,$\mathbf{0}=\mathbf{0}+\mathbf{0},\mathbf{0}\in V_1,\mathbf{0}\in V_2$,所以推出$\boldsymbol{a}+\boldsymbol{b}=\mathbf{0}$时,必有$\boldsymbol{a}=\mathbf{0},\boldsymbol{b}=\mathbf{0}$.

充分性:设$\boldsymbol{a}+\boldsymbol{b}=\mathbf{0}$时,只有$\boldsymbol{a}=\mathbf{0},\boldsymbol{b}=\mathbf{0}$时才成立,那么设$\boldsymbol{\alpha}\in V_1+V_2$有两个分解式$\boldsymbol{\alpha}=\boldsymbol{a}+\boldsymbol{b}$及$\boldsymbol{\alpha}=\boldsymbol{a}'+\boldsymbol{b}'$,那么$\mathbf{0}=\boldsymbol{\alpha}-\boldsymbol{\alpha}=(\boldsymbol{a}-\boldsymbol{a}')+(\boldsymbol{b}-\boldsymbol{b}')$,于是有$\boldsymbol{a}-\boldsymbol{a}'=\mathbf{0},\boldsymbol{b}-\boldsymbol{b}'=\mathbf{0}$,即有$\boldsymbol{a}=\boldsymbol{a}',\boldsymbol{b}=\boldsymbol{b}'$,所以分解式是唯一的. 所以$V_1+V_2$ 是直和$V_1\oplus V_2$.

推论　$V_1+V_2=V_1\oplus V_2\Leftrightarrow V_1\cap V_2=\{0\}$.

证明　必要性:设$V_1+V_2=V_1\oplus V_2$,则分解式是唯一的.

$\forall\boldsymbol{\alpha}\in V_1\cap V_2$,于是有$\mathbf{0}=\boldsymbol{\alpha}+(-\boldsymbol{\alpha})$,所以$\boldsymbol{\alpha}=(-\boldsymbol{\alpha})=\mathbf{0}$,故$V_1\cap V_2=\{0\}$.

充分性:设$V_1\cap V_2=\{0\}$,考虑$\boldsymbol{\alpha}+\boldsymbol{\beta}=\mathbf{0},\boldsymbol{\alpha}\in V_1,\boldsymbol{\beta}\in V_2$,那么$\boldsymbol{\alpha}=-\boldsymbol{\beta}\in V_1$, $\boldsymbol{\beta}=-\boldsymbol{\alpha}\in V_2$, 所以$\boldsymbol{\alpha}\in V_1\cap V_2=\{0\}$,有$\boldsymbol{\alpha}=\mathbf{0}$,及$\boldsymbol{\beta}\in V_1\cap V_2=\{0\}$,有$\boldsymbol{\beta}=\mathbf{0}$,由定理1,$V_1+V_2$ 是直和.

线性空间研究的一个核心问题就是如何将一个 n 维线性空间分解成 n 个 1 维子空间的直和.

就是,设$\boldsymbol{\alpha}_1,\boldsymbol{\alpha}_2,\cdots,\boldsymbol{\alpha}_n$ 是 V_n 的一个基,如何能有

$$V_n=L(\boldsymbol{\alpha}_1)\oplus L(\boldsymbol{\alpha}_2)\oplus\cdots\oplus L(\boldsymbol{\alpha}_n)$$

6.1.2　线性变换

定义3　设 V,W 都是线性空间,T 是 V 到 W 的一个映射,若满足:

(1) $\forall\boldsymbol{\alpha}\in V$,有 $T(k\boldsymbol{\alpha})=kT(\boldsymbol{\alpha}),k\in\mathbf{R}$;

(2) $\forall\boldsymbol{\alpha},\boldsymbol{\beta}\in V$,有 $T(\boldsymbol{\alpha}+\boldsymbol{\beta})=T(\boldsymbol{\alpha})+T(\boldsymbol{\beta})$.

则称该映射 T 为线性映射. 将 V 中的向量$\boldsymbol{\alpha}$叫做映射 T 的原象,将 $T(\boldsymbol{\alpha})$ 叫做原象$\boldsymbol{\alpha}$的象,将 $T(\boldsymbol{\alpha})$ 的全体叫做映射 T 的象集合,记做 $T(V)$ 或者 $\mathrm{Im}(T)$;将 W 中$\mathbf{0}$ 向量的所有的原

象形成的集合叫做映射的核,记做 $\mathrm{Ker}(T)$.

定义4　设 T 是 V 到 W 的一个线性映射,若 $\forall \boldsymbol{\alpha}' \in W$, $\exists \boldsymbol{\alpha} \in V$,使 $T(\boldsymbol{\alpha}) = \boldsymbol{\alpha}'$,称 T 是 V 到 W 的一个满线性映射;若 $\forall \boldsymbol{\alpha},\boldsymbol{\beta} \in V,\boldsymbol{\alpha} \neq \boldsymbol{\beta}$,有 $T(\boldsymbol{\alpha}) \neq T(\boldsymbol{\beta})$,则称 T 是 V 到 W 的一个单线性映射;既单且满的线性映射叫做双线性映射,双线性映射也叫做一一线性映射或者可逆线性映射.

把 V 到 W 的双线性映射 T 叫做 V 到 W 的同构映射,同构映射既是一一映射,又是线性映射,此时称 V 与 W 同构,记为 $V \cong W$.

定理2　线性映射有下列性质:

设 T 是 V 到 W 的一个线性映射,则:

(1) $T(\mathbf{0}) = \mathbf{0}, T(-\boldsymbol{\alpha}) = -T(\boldsymbol{\alpha})$;

(2) 若向量组:$\boldsymbol{\alpha}_1,\boldsymbol{\alpha}_2,\cdots,\boldsymbol{\alpha}_n$ 线性相关,则 $T(\boldsymbol{\alpha}_1),T(\boldsymbol{\alpha}_2),\cdots,T(\boldsymbol{\alpha}_n)$ 线性相关;

(3) $\mathrm{Im}(T)$ 是 W 的一个子空间,$\mathrm{Ker}(T)$ 是 V 的一个子空间.

证明　(1) 注意到

$$T(\mathbf{0}) = T(\boldsymbol{\alpha} - \boldsymbol{\alpha}) = T(\boldsymbol{\alpha}) - T(\boldsymbol{\alpha}) = 0$$

及
$$T(-\boldsymbol{\alpha}) = T(\mathbf{0} - \boldsymbol{\alpha}) = T(\mathbf{0}) - T(\boldsymbol{\alpha}) = -T(\boldsymbol{\alpha})$$

(2) 由于 $\boldsymbol{\alpha}_1,\boldsymbol{\alpha}_2,\cdots,\boldsymbol{\alpha}_n$ 线性相关,所以有不全为0的数 $k_1,k_2,\cdots,k_n$,使

$$k_1\boldsymbol{\alpha}_1 + k_2\boldsymbol{\alpha}_2 + \cdots + k_n\boldsymbol{\alpha}_n = \mathbf{0}$$

于是
$$T(k_1\boldsymbol{\alpha}_1 + k_2\boldsymbol{\alpha}_2 + \cdots + k_n\boldsymbol{\alpha}_n) = \mathbf{0}$$

就是
$$k_1T(\boldsymbol{\alpha}_1) + k_2T(\boldsymbol{\alpha}_2) + \cdots + k_nT(\boldsymbol{\alpha}_n) = \mathbf{0}$$

(3) 首先有 $\mathrm{Im}(T) \subset W$, 另外 $\forall \boldsymbol{\alpha}' \in \mathrm{Im}(T)$, $\exists \boldsymbol{\alpha} \in V$, 使 $T(\boldsymbol{\alpha}) = \boldsymbol{\alpha}'$, 而 $T(k\boldsymbol{\alpha}) = k\boldsymbol{\alpha}'$, 所以 $k\boldsymbol{\alpha}' \in \mathrm{Im}(T)$, $\forall \boldsymbol{\alpha}',\boldsymbol{\beta}' \in \mathrm{Im}(T)$, $\exists \boldsymbol{\alpha},\boldsymbol{\beta} \in V$, 使 $T(\boldsymbol{\alpha}) = \boldsymbol{\alpha}'$, $T(\boldsymbol{\beta}) = \boldsymbol{\beta}'$, 而 $T(\boldsymbol{\alpha}+\boldsymbol{\beta}) = T(\boldsymbol{\alpha}) + T(\boldsymbol{\beta}) = \boldsymbol{\alpha}' + \boldsymbol{\beta}'$,所以 $\boldsymbol{\alpha}' + \boldsymbol{\beta}' \in \mathrm{Im}(T)$,故 $\mathrm{Im}(T)$ 是 W 的一个子空间.

设 $\forall \boldsymbol{\alpha} \in \mathrm{Ker}(T)$,则 $T(\boldsymbol{\alpha}) = \mathbf{0}$,那么 $T(k\boldsymbol{\alpha}) = k\mathbf{0} = \mathbf{0}$,所以 $k\boldsymbol{\alpha} \in \mathrm{Ker}(T)$.

另外,设 $\boldsymbol{\alpha},\boldsymbol{\beta} \in \mathrm{Ker}(T)$,则 $T(\boldsymbol{\alpha}) = \mathbf{0}, T(\boldsymbol{\beta}) = \mathbf{0}$,于是

$$T(\boldsymbol{\alpha}+\boldsymbol{\beta}) = T(\boldsymbol{\alpha}) + T(\boldsymbol{\beta}) = \mathbf{0} + \mathbf{0} = \mathbf{0}$$

所以
$$\boldsymbol{\alpha} + \boldsymbol{\beta} \in \mathrm{Ker}(T)$$

故 $\mathrm{Ker}(T)$ 是 V 的一个子空间.

定理3　同构映射有下列性质:

设 T 是 V 到 W 的一个同构映射,则:

(1) 若 $\boldsymbol{\alpha}_1,\boldsymbol{\alpha}_2,\cdots,\boldsymbol{\alpha}_n$ 是 V 的一个基,则 $T(\boldsymbol{\alpha}_1),T(\boldsymbol{\alpha}_2),\cdots,T(\boldsymbol{\alpha}_n)$ 是 W 的一个基;

(2) $\dim V = \dim W$;

于是有:任何 n 维线性空间都与 $\mathbf{R}^n$ 同构.

证明　考虑

$$k_1T(\boldsymbol{\alpha}_1) + k_2T(\boldsymbol{\alpha}_2) + \cdots + k_nT(\boldsymbol{\alpha}_n) = \mathbf{0}$$

就是
$$T(k_1\boldsymbol{\alpha}_1 + k_2\boldsymbol{\alpha}_2 + \cdots + k_n\boldsymbol{\alpha}_n) = \mathbf{0}$$

而
$$T(\mathbf{0}) = \mathbf{0}$$

由于 T 是 V 到 W 的一个同构映射,所以 是一一映射,所以

$$k_1\boldsymbol{\alpha}_1+k_2\boldsymbol{\alpha}_2+\cdots+k_n\boldsymbol{\alpha}_n=\mathbf{0}$$

而$\boldsymbol{\alpha}_1,\boldsymbol{\alpha}_2,\cdots,\boldsymbol{\alpha}_n$是线性无关的,所以

$$k_1=k_2=\cdots=k_n=0$$

这就表明,只有$k_1=k_2=\cdots=k_n=0$时,才有

$$k_1T(\boldsymbol{\alpha}_1)+k_2T(\boldsymbol{\alpha}_2)+\cdots+k_nT(\boldsymbol{\alpha}_n)=\mathbf{0}$$

所以$T(\boldsymbol{\alpha}_1),T(\boldsymbol{\alpha}_2),\cdots,T(\boldsymbol{\alpha}_n)$是线性无关的.

另外,$\forall\boldsymbol{\alpha}'\in W$,必存在$\boldsymbol{\alpha}\in V$,使$T(\boldsymbol{\alpha})=\boldsymbol{\alpha}'$,由于$\boldsymbol{\alpha}_1,\boldsymbol{\alpha}_2,\cdots,\boldsymbol{\alpha}_n$是$V$的一个基,所以$\boldsymbol{\alpha}$可唯一地被$\boldsymbol{\alpha}_1,\boldsymbol{\alpha}_2,\cdots,\boldsymbol{\alpha}_n$线性表示,即

$$\boldsymbol{\alpha}=\lambda_1\boldsymbol{\alpha}_1+\lambda_2\boldsymbol{\alpha}_2+\cdots+\lambda_n\boldsymbol{\alpha}_n$$

从而

$$\boldsymbol{\alpha}'=T(\boldsymbol{\alpha})=T(\lambda_1\boldsymbol{\alpha}_1+\lambda_2\boldsymbol{\alpha}_2+\cdots+\lambda_n\boldsymbol{\alpha}_n)=\lambda_1T(\boldsymbol{\alpha}_1)+\lambda_2T(\boldsymbol{\alpha}_2)+\cdots+\lambda_nT(\boldsymbol{\alpha}_n)$$

所以$\boldsymbol{\alpha}'$可以被$T(\boldsymbol{\alpha}_1),T(\boldsymbol{\alpha}_2),\cdots,T(\boldsymbol{\alpha}_n)$线性表示,所以$T(\boldsymbol{\alpha}_1),T(\boldsymbol{\alpha}_2),\cdots,T(\boldsymbol{\alpha}_n)$是$W$的一个基.

(2) 显然成立.

这样,一切抽象的n维线性空间都与具体的n维线性空间$\mathbf{R}^n$同构,就是$V_n\cong\mathbf{R}^n$. 我们就可以把对抽象的线性空间的研究转化为对具体的线性空间$\mathbf{R}^n$的研究.

6.2 线性变换的矩阵

本节仅研究V_n到V_n的线性映射T,此时称T为V_n到V_n的线性变换.

6.2.1 线性变换的矩阵

定义5 设T是线性空间V_n到V_n的线性变换,取定V_n的一个基$\boldsymbol{\alpha}_1,\boldsymbol{\alpha}_2,\cdots,\boldsymbol{\alpha}_n$,则$T(\boldsymbol{\alpha}_1),T(\boldsymbol{\alpha}_2),\cdots,T(\boldsymbol{\alpha}_n)$在这个基下有

$$T(\boldsymbol{\alpha}_1)=a_{11}\boldsymbol{\alpha}_1+a_{21}\boldsymbol{\alpha}_2+\cdots+a_{n1}\boldsymbol{\alpha}_n=(\boldsymbol{\alpha}_1,\boldsymbol{\alpha}_2,\cdots,\boldsymbol{\alpha}_n)\begin{pmatrix}a_{11}\\a_{21}\\\vdots\\a_{n1}\end{pmatrix}$$

$$T(\boldsymbol{\alpha}_2)=a_{12}\boldsymbol{\alpha}_1+a_{22}\boldsymbol{\alpha}_2+\cdots+a_{n2}\boldsymbol{\alpha}_n=(\boldsymbol{\alpha}_1,\boldsymbol{\alpha}_2,\cdots,\boldsymbol{\alpha}_n)\begin{pmatrix}a_{12}\\a_{22}\\\vdots\\a_{n2}\end{pmatrix}$$

$$\vdots$$

$$T(\boldsymbol{\alpha}_n)=a_{1n}\boldsymbol{\alpha}_1+a_{2n}\boldsymbol{\alpha}_2+\cdots+a_{nn}\boldsymbol{\alpha}_n=(\boldsymbol{\alpha}_1,\boldsymbol{\alpha}_2,\cdots,\boldsymbol{\alpha}_n)\begin{pmatrix}a_{1n}\\a_{2n}\\\vdots\\a_{nn}\end{pmatrix}$$

记

$$T(\boldsymbol{\alpha}_1,\boldsymbol{\alpha}_2,\cdots,\boldsymbol{\alpha}_n)=(T(\boldsymbol{\alpha}_1),T(\boldsymbol{\alpha}_2),\cdots,T(\boldsymbol{\alpha}_n))=(\boldsymbol{\alpha}_1,\boldsymbol{\alpha}_2,\cdots,\boldsymbol{\alpha}_n)\begin{pmatrix}a_{11}&a_{12}&\cdots&a_{1n}\\a_{21}&a_{22}&\cdots&a_{2n}\\\vdots&\vdots&&\vdots\\a_{n1}&a_{n2}&\cdots&a_{nn}\end{pmatrix}$$

将矩阵 $\boldsymbol{A}=\begin{pmatrix}a_{11}&a_{12}&\cdots&a_{1n}\\a_{21}&a_{22}&\cdots&a_{2n}\\\vdots&\vdots&&\vdots\\a_{n1}&a_{n2}&\cdots&a_{nn}\end{pmatrix}$ 叫做线性变换 T 在基 $\boldsymbol{\alpha}_1,\boldsymbol{\alpha}_2,\cdots,\boldsymbol{\alpha}_n$ 下的矩阵. 写成

$$T(\boldsymbol{\alpha}_1,\boldsymbol{\alpha}_2,\cdots,\boldsymbol{\alpha}_n)=(\boldsymbol{\alpha}_1,\boldsymbol{\alpha}_2,\cdots,\boldsymbol{\alpha}_n)\boldsymbol{A}$$

另外,设 $\boldsymbol{\beta}_1,\boldsymbol{\beta}_2,\cdots,\boldsymbol{\beta}_n$ 是 V_n 的另一个基,线性变换 T 在基 $\boldsymbol{\beta}_1,\boldsymbol{\beta}_2,\cdots,\boldsymbol{\beta}_n$ 下的矩阵是 $\boldsymbol{B}$,即

$$T(\boldsymbol{\beta}_1,\boldsymbol{\beta}_2,\cdots,\boldsymbol{\beta}_n)=(\boldsymbol{\beta}_1,\boldsymbol{\beta}_2,\cdots,\boldsymbol{\beta}_n)\boldsymbol{B}$$

如果由基 $\boldsymbol{\alpha}_1,\boldsymbol{\alpha}_2,\cdots,\boldsymbol{\alpha}_n$ 到基 $\boldsymbol{\beta}_1,\boldsymbol{\beta}_2,\cdots,\boldsymbol{\beta}_n$ 的过渡矩阵是 $\boldsymbol{P}$,即

$$(\boldsymbol{\beta}_1,\boldsymbol{\beta}_2,\cdots,\boldsymbol{\beta}_n)=(\boldsymbol{\alpha}_1,\boldsymbol{\alpha}_2,\cdots,\boldsymbol{\alpha}_n)\boldsymbol{P}$$

或者

$$(\boldsymbol{\alpha}_1,\boldsymbol{\alpha}_2,\cdots,\boldsymbol{\alpha}_n)=(\boldsymbol{\beta}_1,\boldsymbol{\beta}_2,\cdots,\boldsymbol{\beta}_n)\boldsymbol{P}^{-1}$$

于是

$$\begin{aligned}&(T(\boldsymbol{\beta}_1),T(\boldsymbol{\beta}_2),\cdots,T(\boldsymbol{\beta}_n))=T(\boldsymbol{\beta}_1,\boldsymbol{\beta}_2,\cdots,\boldsymbol{\beta}_n)=\\&T(\boldsymbol{\alpha}_1,\boldsymbol{\alpha}_2,\cdots,\boldsymbol{\alpha}_n)\boldsymbol{P}=\\&(T(\boldsymbol{\alpha}_1),T(\boldsymbol{\alpha}_2),\cdots,T(\boldsymbol{\alpha}_n))\boldsymbol{P}=\\&(\boldsymbol{\alpha}_1,\boldsymbol{\alpha}_2,\cdots,\boldsymbol{\alpha}_n)\boldsymbol{AP}=(\boldsymbol{\beta}_1,\boldsymbol{\beta}_2,\cdots,\boldsymbol{\beta}_n)\boldsymbol{P}^{-1}\boldsymbol{AP}\end{aligned}$$

这样就有

$$\boldsymbol{B}=\boldsymbol{P}^{-1}\boldsymbol{AP}$$

定理4　设线性空间 V 中线性变换 T 在两组基

$$\boldsymbol{\alpha}_1,\boldsymbol{\alpha}_2,\cdots,\boldsymbol{\alpha}_n \tag{1}$$

$$\boldsymbol{\beta}_1,\boldsymbol{\beta}_2,\cdots,\boldsymbol{\beta}_n \tag{2}$$

下的矩阵分别为 $\boldsymbol{A}$ 和 $\boldsymbol{B}$,从基(1)到(2)的过渡矩阵为 $\boldsymbol{P}$,那么成立

$$\boldsymbol{B}=\boldsymbol{P}^{-1}\boldsymbol{AP}$$

定理4告诉我们:一个线性变换在不同基下的矩阵是相似的.

6.2.2　线性变换的运算

本节介绍一下线性变换的运算,进而从整体上认识线性变换.

定义6　设 $L(T)$ 表示线性空间 V 中所有的线性变换 T 的集合,在这个集合中可以定义下列运算:

(1) $T_1,T_2\in L(T)$,$\forall\boldsymbol{\xi}\in V$,规定 $(T_1+T_2)(\boldsymbol{\xi})=T_1(\boldsymbol{\xi})+T_2(\boldsymbol{\xi})$,称 T_1+T_2 为 T_1,T_2 的和变换.

(2) $T_1,T_2\in L(T)$,$\forall\boldsymbol{\xi}\in V$,规定 $(T_1T_2)(\boldsymbol{\xi})=T_1(T_2(\boldsymbol{\xi}))$,称 T_1T_2 为 T_1,T_2 的乘积.

(3) $T \in L(T), k \in \mathbf{R}, \forall \boldsymbol{\xi} \in V$,规定 $(kT)(\boldsymbol{\xi}) = k(T(\boldsymbol{\xi}))$.

容易验证上述变换都是线性变换,并且还满足下列性质:

(1) $T_1 + (T_2 + T_3) = (T_1 + T_2) + T_3$;

(2) $T_1 + T_2 = T_2 + T_1$;

(3) $\exists O \in L(T)$,使 $\forall \boldsymbol{\xi} \in V, O(\boldsymbol{\xi}) = 0$,此时 $O + T = T$;

(4) $\forall T \in L(T), \exists -T \in L(T)$,使 $T + (-T) = O$;

(5) $k(T_1 + T_2) = kT_1 + kT_2$;

(6) $(k + l)T = kT + lT$;

(7) $(kl)T = k(lT)$;

(8) $1T = T$.

于是可知,$L(T)$ 是一个线性空间. 并且,设

$$f: L(T) \to M_n[\mathbf{R}]$$

$$T \xrightarrow{f} \boldsymbol{A}$$

就是通过一个基,将 T 与其在这个基下的矩阵相对应,可以验证,这是一个同构变换,所以 $L(T)$ 是一个 n^2 维的线性空间.

6.3　不变子空间

定义 7　设 T 是线性空间 V 上的一个线性变换,若存在 $\lambda \in \mathbf{R}, \boldsymbol{\xi} \in V, \boldsymbol{\xi} \neq \mathbf{0}$,使

$$T(\boldsymbol{\xi}) = \lambda \boldsymbol{\xi} \tag{1}$$

称 λ 是 T 的一个特征值,称 $\boldsymbol{\xi}$ 是 T 的属于特征值 λ 的特征向量.

设 $\boldsymbol{\alpha}_1, \boldsymbol{\alpha}_2, \cdots, \boldsymbol{\alpha}_n$ 是 V 的一个基,T 在这个基下的矩阵为 $\boldsymbol{A}$,那么当

$$\boldsymbol{\xi} = (\boldsymbol{\alpha}_1, \boldsymbol{\alpha}_2, \cdots, \boldsymbol{\alpha}_n)\boldsymbol{a}$$

由 $T(\boldsymbol{\xi}) = \lambda \boldsymbol{\xi}$, 得

$$T(\boldsymbol{\xi}) = T((\boldsymbol{\alpha}_1, \boldsymbol{\alpha}_2, \cdots, \boldsymbol{\alpha}_n)\boldsymbol{a}) = ((T(\boldsymbol{\alpha}_1), T(\boldsymbol{\alpha}_2), \cdots, T(\boldsymbol{\alpha}_n))\boldsymbol{a} = (\boldsymbol{\alpha}_1, \boldsymbol{\alpha}_2, \cdots, \boldsymbol{\alpha}_n)\boldsymbol{A}\boldsymbol{a}$$

$$\lambda \boldsymbol{\xi} = (\boldsymbol{\alpha}_1, \boldsymbol{\alpha}_2, \cdots, \boldsymbol{\alpha}_n)\lambda \boldsymbol{a}$$

所以有

$$\boldsymbol{A}\boldsymbol{a} = \lambda \boldsymbol{a} \tag{2}$$

这就表明,λ 也是 $\boldsymbol{A}$ 的特征值,而 $\boldsymbol{\xi}$ 在基 $\boldsymbol{\alpha}_1, \boldsymbol{\alpha}_2, \cdots, \boldsymbol{\alpha}_n$ 下的坐标则是 $\boldsymbol{A}$ 的属于特征值 λ 的特征向量.

由于相似矩阵具有相同的特征值,而一个线性变换在不同基下的矩阵都是相似的,所以求线性变换 T 的特征值就相当于求其在一个基下的矩阵 $\boldsymbol{A}$ 的特征值,而求 T 的属于特征值 λ 的特征向量也转化为求 $\boldsymbol{A}$ 的属于特征值 λ 的特征向量 $\boldsymbol{a}$ 的问题,只需注意到此时求得的向量 $\boldsymbol{a}$ 是 $\boldsymbol{\xi}$ 的在该基下的坐标.

定理 5　设 λ 是线性空间 V 上的线性变换 T 的一个特征值,那么线性变换 T 的属于 λ 的特征向量构成 V 的一个子空间.

证明　设V_λ是 T 的属于 λ 的特征向量构成的集合,那么 $\forall \boldsymbol{\xi} \in V_\lambda, \forall k \in \mathbf{R}$,有

$$T(k\boldsymbol{\xi}) = kT(\boldsymbol{\xi}) = k(\lambda\boldsymbol{\xi}) = \lambda(k\boldsymbol{\xi})$$

所以 $k\boldsymbol{\xi} \in V_\lambda$. 同时 $\forall \boldsymbol{\xi}_1, \boldsymbol{\xi}_2 \in V_\lambda$,有

$$T(\boldsymbol{\xi}_1 + \boldsymbol{\xi}_2) = T(\boldsymbol{\xi}_1) + T(\boldsymbol{\xi}_2) = \lambda\boldsymbol{\xi}_1 + \lambda\boldsymbol{\xi}_2 = \lambda(\boldsymbol{\xi}_1 + \boldsymbol{\xi}_2)$$

所以,$\boldsymbol{\xi}_1 + \boldsymbol{\xi}_2 \in V_\lambda$,故$V_\lambda$是 V 的一个子空间.

将V_λ叫做 V 的一个特征子空间.

定义 8　设V_1是 V 的一个子空间,T 是 V_1 上的线性变换,若 $T(V_1) \subset V_1$,则称V_1是 T 的一个不变子空间.

$\{0\}$与 V 显然是 T 的不变子空间,称这两个不变子空间为平凡的不变子空间.

例 1　证明:$\mathrm{Ker}(T)$,$\mathrm{Im}(T)$,V_λ 都是 T 的非平凡的不变子空间.

证明　(1) $\forall \boldsymbol{\xi} \in \mathrm{Ker}(T)$,则 $T(\boldsymbol{\xi}) = 0 \in \mathrm{Ker}(T)$,所以

$$T(\mathrm{Ker}(T)) \subset \mathrm{Ker}(T)$$

所以 $\mathrm{Ker}(T)$ 是 T 的不变子空间 .

(2) $T(\mathrm{Im}(T)) \subset \mathrm{Im}(T)$ 是显然的 .

(3) $\forall \boldsymbol{\xi} \in V_\lambda$,有 $T(\boldsymbol{\xi}) = \lambda\boldsymbol{\xi} \in V_\lambda$,所以 $T(V_\lambda) \subseteq V_\lambda$,故$V_\lambda$是 T 的一个不变子空间.

设$\boldsymbol{\xi}_1, \boldsymbol{\xi}_2, \cdots, \boldsymbol{\xi}_r$是$V_\lambda$的一个基,于是有

$$T(\boldsymbol{\xi}_1, \boldsymbol{\xi}_2, \cdots, \boldsymbol{\xi}_r) = (T(\boldsymbol{\xi}_1), T(\boldsymbol{\xi}_2), \cdots, T(\boldsymbol{\xi}_r)) = (\boldsymbol{\xi}_1, \boldsymbol{\xi}_2, \cdots, \boldsymbol{\xi}_r)\begin{pmatrix} \boldsymbol{\Lambda} & \boldsymbol{O} \\ \boldsymbol{O} & \boldsymbol{O} \end{pmatrix}$$

其中

$$\boldsymbol{\Lambda} = \begin{pmatrix} \lambda & & \\ & \ddots & \\ & & \lambda \end{pmatrix}_{r\times r}$$

V_λ 在线性空间的研究中具有重要意义,因为 T 的每一个特征子空间在线性变换之下保持不变,而属于不同特征值的特征向量线性无关,这样,如果 $\lambda_1 \neq \lambda_2$,则 $V_{\lambda_1} + V_{\lambda_2}$ 就是直和,于是取 V_{λ_1} 的一个基,再取 V_{λ_2} 的一个基,合在一起就凑成了 $V_{\lambda_1} \oplus V_{\lambda_2}$ 的一个基.

特别地,如果 T 有 n 个不同的特征值,那么就得到

$$V = V_{\lambda_1} \oplus V_{\lambda_2} \oplus \cdots \oplus V_{\lambda_n}$$

设$\boldsymbol{\xi}_i$是 T 的属于 λ_i 的特征向量,则

$$V = L(\boldsymbol{\xi}_1) \oplus L(\boldsymbol{\xi}_2) \oplus \cdots \oplus L(\boldsymbol{\xi}_n)$$

这样就把一个 n 维线性空间分解成了 n 个 1 维子空间的直和. 此时

$$T(\boldsymbol{\xi}_1, \boldsymbol{\xi}_2, \cdots, \boldsymbol{\xi}_n) = (T(\boldsymbol{\xi}_1), T(\boldsymbol{\xi}_2), \cdots, T(\boldsymbol{\xi}_n)) = (\boldsymbol{\xi}_1, \boldsymbol{\xi}_2, \cdots, \boldsymbol{\xi}_n)\begin{pmatrix} \lambda_1 & & & \\ & \lambda_2 & & \\ & & \ddots & \\ & & & \lambda_n \end{pmatrix}$$

线性变换 T 在基下的矩阵是对角形矩阵 $\boldsymbol{\Lambda} = \mathrm{diag}(\lambda_1, \lambda_2, \cdots, \lambda_n)$. 从而线性变换 T 在 V 的任意基下的矩阵都与 $\boldsymbol{\Lambda} = \mathrm{diag}(\lambda_1, \lambda_2, \cdots, \lambda_n)$ 相似,故可对角化.

定义 9　$\mathrm{Im}(T)$ 的维数叫做线性变换的秩,即 $r(\mathrm{Im}(T)) = r(T)$.

显然如果 $\boldsymbol{A}$ 是线性变换 T 在一个基下的矩阵,则必有 $r(\boldsymbol{A}) = r(T)$.

关于 $r(T)$ 有下面的一些简单的结论:

(1) T 可逆 $\Leftrightarrow r(T)=n \Leftrightarrow r(\boldsymbol{A})=n \Leftrightarrow |\boldsymbol{A}| \neq 0 \Leftrightarrow \boldsymbol{A}$ 可逆 $\Leftrightarrow \boldsymbol{A}$ 的列(行)向量线性无关 $\Leftrightarrow \boldsymbol{A}$ 的特征值都不为0.

(2) T 不可逆 $\Leftrightarrow r(T)=r<n \Leftrightarrow r(\boldsymbol{A})=r<n \Leftrightarrow |\boldsymbol{A}|=0 \Leftrightarrow \boldsymbol{A}$ 不可逆 $\Leftrightarrow \boldsymbol{A}$ 的列(行)向量线性相关 $\Leftrightarrow \boldsymbol{A}$ 的特征值至少有一个为0.

(3) $r(T)=r<n \Leftrightarrow \dim \operatorname{Ker}(T)=n-r$.

例2 在 $P[x]_3$ 中,取基 $p_1=3x^3, p_2=x^2, p_3=x, p_4=1$.

验证微分算子 D 是一个线性变换,求出它在这个基下的矩阵,并且求微分算子的秩 $r(\mathrm{D})$.

解 由于 $\forall p \in P[x]_n$,有

$$\mathrm{D}(kp)=kp'=k\mathrm{D}(p) \in P[x]_n$$

$\forall p_1, p_2 \in P[x]_n$,有

$$\mathrm{D}(p_1+p_2)=p'_1+p'_2=\mathrm{D}(p_1)+\mathrm{D}(p_2) \in P[x]_n$$

所以 D 是一个线性变换

$$\mathrm{D}(p_1,p_2,p_3,p_4)=\mathrm{D}(3x^3,x^2,x,1)=(6x^2,2x,1,0)=(3x^3,x^2,x,1)\begin{pmatrix}0&0&0&0\\6&0&0&0\\0&2&0&0\\0&0&1&0\end{pmatrix}$$

所以 D 在这个基下的矩阵是

$$\boldsymbol{A}=\begin{pmatrix}0&0&0&0\\6&0&0&0\\0&2&0&0\\0&0&1&0\end{pmatrix}$$

显然 $$r(\boldsymbol{A})=3$$

所以 $$r(\mathrm{D})=3$$

本章要点

一、基本要求

1. 了解向量空间从具体的 n 维数组空间到一般抽象的线性空间的深化及同构原理.

2. 了解线性变换的概念,了解 $\operatorname{Im}(T)$ 及 $\operatorname{Ker}(T)$,会求线性变换在一个基下的矩阵,知道一个线性变换在不同基下的矩阵是相似的,知道线性变换的秩.

3. 了解线性变换的特征值与特征多项式的概念,知道与其对应的矩阵的特征值的关系,了解特征子空间的概念及如何将一个 n 维线性空间分解成 n 个1维子空间的直和的原理及方法.

习题 6

1. 在$\mathbf{R}^3$ 中求向量$\boldsymbol{\alpha}=(7,3,1)^{\mathrm{T}}$在基$\boldsymbol{\alpha}_1=(1,3,5)^{\mathrm{T}},\boldsymbol{\alpha}_2=(6,3,2)^{\mathrm{T}},\boldsymbol{\alpha}_3=(3,1,0)^{\mathrm{T}}$下的坐标.

2. 在$\mathbf{R}^4$ 中取两个基

$$\begin{cases}\boldsymbol{e}_1=(1,0,0,0)^{\mathrm{T}}\\ \boldsymbol{e}_2=(0,1,0,0)^{\mathrm{T}}\\ \boldsymbol{e}_3=(0,0,1,0)^{\mathrm{T}}\\ \boldsymbol{e}_4=(0,0,0,1)^{\mathrm{T}}\end{cases},\quad \begin{cases}\boldsymbol{\alpha}_1=(2,1,-1,1)^{\mathrm{T}}\\ \boldsymbol{\alpha}_2=(0,3,1,0)^{\mathrm{T}}\\ \boldsymbol{\alpha}_3=(5,3,2,1)^{\mathrm{T}}\\ \boldsymbol{\alpha}_4=(6,6,1,3)^{\mathrm{T}}\end{cases}$$

(1) 求由前一个基到后一个基的过渡矩阵;

(2) 求向量$(x_1,x_2,x_3,x_4)^{\mathrm{T}}$在后一基下的坐标;

(3) 求在两个基下有相同坐标的向量.

3. n 阶对称矩阵全体 V 对于矩阵的线性运算构成一个$\dfrac{n(n+1)}{2}$维线性空间,给出 n 阶可逆矩阵 $\boldsymbol{P}$,以 $\boldsymbol{A}$ 表示 V 中任意元素,试证合同变换

$$T(\boldsymbol{A})=\boldsymbol{P}^{\mathrm{T}}\boldsymbol{A}\boldsymbol{P}$$

是 V 中的线性变换.

4. 函数集合

$$V_3=\{\boldsymbol{\alpha}\mid\boldsymbol{\alpha}=(a_2x+a_1x+a_0)\mathrm{e}^x,a_1,a_2,a_0\in\mathbf{R}\}$$

对于函数运算构成一个线性空间,在V_3 中取一个基

$$\boldsymbol{\alpha}_1=x^2\mathrm{e}^x,\boldsymbol{\alpha}_2=x\mathrm{e}^x,\boldsymbol{\alpha}_3=\mathrm{e}^x$$

求微分算子 D 在这个基下的矩阵.

5. 2 阶对称矩阵$V_3=\left\{\boldsymbol{A}\,\middle|\,\boldsymbol{A}=\begin{pmatrix}x_1&x_2\\x_2&x_3\end{pmatrix},x_1,x_2,x_3\in\mathbf{R}\right\}$对于矩阵的线性运算构成 3 维线性空间. 在$V_3$ 中取一个基

$$\boldsymbol{A}_1=\begin{pmatrix}1&0\\0&0\end{pmatrix},\boldsymbol{A}_2=\begin{pmatrix}0&1\\1&0\end{pmatrix},\boldsymbol{A}_3=\begin{pmatrix}0&0\\0&1\end{pmatrix}$$

在V_3 中定义合同变换

$$T(\boldsymbol{A})=\begin{pmatrix}1&0\\1&1\end{pmatrix}\boldsymbol{A}\begin{pmatrix}1&1\\0&1\end{pmatrix}$$

求 T 在基$\boldsymbol{A}_1,\boldsymbol{A}_2,\boldsymbol{A}_3$ 下的矩阵.

习题及单元自测题答案

习题 1

1. 提示：由 $\begin{pmatrix}1&2&3&4\\1&3&2&4\end{pmatrix}$，$\begin{pmatrix}1&2&3&4\\1&3&4&2\end{pmatrix}$，$\begin{pmatrix}1&2&3&4\\2&3&1&4\end{pmatrix}$，$\begin{pmatrix}1&2&3&4\\2&3&4&1\end{pmatrix}$，$\begin{pmatrix}1&2&3&4\\4&3&1&2\end{pmatrix}$，$\begin{pmatrix}1&2&3&4\\4&3&2&1\end{pmatrix}$知，4 阶行列式中含有 a_{23} 的项为：$-a_{11}a_{23}a_{32}a_{44}$，$a_{11}a_{23}a_{34}a_{42}$，$-a_{12}a_{23}a_{34}a_{41}$，$a_{12}a_{23}a_{31}a_{44}$，$-a_{14}a_{23}a_{31}a_{42}$，$a_{14}a_{23}a_{32}a_{41}$.

2. (1) $\pi(2,3,4,5,1,6)+\pi(3,1,2,6,4,5)=4+(1+1+1+1)=8$ 取正号；

(2) $\pi(2,1,3,5,6,4)+\pi(1,3,2,5,4,6)=(1+2)+(1+1)=5$，取负号.

3. (1) 利用分块方法得 $D=-9$；

(2) 各行都加到第 1 行后提取公因子，化成三角形行列式得 $D=-7$.

4. (1) 作 $r_{(2n+1)-k}+(-\frac{b}{a})\times r_k$，$k=1,2,\cdots,n$ 化成三角行列式，得 $D_{2n}=(a^2-b^2)^n$；

(2) $-\frac{c_k}{a_k}\cdot r_k+r_{2n+1-k}$，$k=1,2,\cdots,n$，得到

$$D_{2n}=a_1a_2\cdots a_n(d_1-\frac{c_1b_1}{a_1})(d_2-\frac{c_2b_2}{a_2})\cdots(d_n-\frac{c_nb_n}{a_n})=\prod_{i=1}^{n}(a_id_i-b_ic_i)$$

5. 展开左边得

$$(x+3)(x^2-3)=0,x_1=-3,x_2=\sqrt{3},x_3=-\sqrt{3}$$

6. x^4 的系数为主对角线元素乘积，系数为 2.

第 1 行取 $a_{13}(=1)$，$a_{14}(=2)$，则含有 $a_{13}(=1)$，或者 $a_{14}(=2)$ 的项中仅有 x^2 项，含 $a_{11}(=2x)$ 的项中也不会出现 x^3，所以 x^3 只会出现在含 $a_{12}(=x)$ 的项中，即出现在 $(-1)^{\pi(2,1,3,4)}a_{12}a_{21}a_{33}a_{44}=(-1)x\cdot1\cdot x\cdot x=-x^3$，所以 x^3 的系数为 -1.

7. 提示：(1) 用 1,1,1,0,0 取代第 3 行；(2) 用 0,0,0,1,1 取代第 3 行；(3) 用 1,1,1,1,1 取代第 5 行.

(1)$A_{31}+A_{32}+A_{33}=0$;(2)$A_{34}+A_{35}=0$;(3)$A_{51}+A_{52}+A_{53}+A_{54}+A_{55}=0$.

8. 证明略.

9. 用$(1,1,1,1)^{\mathrm{T}}$替代第 1 列得到的行列式第 1 列与第 4 列成比例,$A_{11}+A_{21}+A_{31}+A_{41}=0$.

10. 提示:$M_{41}+M_{42}+M_{43}+M_{44}=-A_{41}+A_{42}-A_{43}+A_{44}$,用$(-1,1,-1,1)$替代第 4 行即可得 $D_4=-28$.

11. (1) 提示:$r_i+(-1)\times r_1(i=2,3,\cdots,n)$ 得 $D_2=x_1-x_2, D_n=0(n>2)$.

*12. 提示:在 D_n 的各元素中加上(-1)后得

$$(D_n)_*=\begin{vmatrix}0&0&0&\cdots&0\\0&1-x&0&\cdots&0\\0&0&2-x&\cdots&0\\\vdots&\vdots&\vdots&&\vdots\\0&0&0&\cdots&(n-2)-x\end{vmatrix}=0$$

$$A_{11}=\prod_{k=1}^{n-1}(k-x), A_{22}=A_{33}=\cdots=A_{nn}=0$$

$$D_n=(D_n)_*-(-1)\sum_{i=1}^{n}A_{ii}=A_{11}=\prod_{k=1}^{n-1}(k-x)$$

*13. 提示:在 D_n 的各元素中加上$(-x)$后得

$$(D_n)_*=\begin{vmatrix}1&0&0&\cdots&0\\0&2&0&\cdots&0\\0&0&2^2&\cdots&0\\\vdots&\vdots&\vdots&&\vdots\\0&0&0&\cdots&2^n\end{vmatrix}=1\cdot2\cdot2^2\cdot\cdots\cdot2^n=2^{\frac{n(n+1)}{2}}$$

$$A_{11}=2^{\frac{n(n+1)}{2}}, A_{22}=2^{-2}2^{\frac{n(n+1)}{2}},\cdots,A_{nn}=2^{-n}2^{\frac{n(n+1)}{2}}$$

$$\sum_{i=1}^{n}A_{ii}=2^{\frac{n(n+1)}{2}}(1+2^{-1}+2^{-2}+\cdots+2^{-n})=2^{\frac{n(n+1)}{2}}(2-\frac{1}{2^n})$$

$$D_n=(D_n)_*-(-x)\sum_{i=1}^{n}A_{ii}=2^{\frac{n(n+1)}{2}}[1+x(2-\frac{1}{2^n})]$$

*14. 提示:在 D_n 的各元素中加上(-2)后得

$$(D_n)_*=\begin{vmatrix}-1&0&0&\cdots&0\\0&0&0&\cdots&0\\0&0&1&\cdots&0\\\vdots&\vdots&\vdots&&\vdots\\0&0&0&\cdots&n-2\end{vmatrix}=0$$

$$A_{11}=0, A_{22}=-(n-2)!, A_{33}=\cdots=A_{nn}=0$$

$$D_n=(D_n)_*-(-2)\sum_{i=1}^{n}A_{ii}=-2(n-2)!$$

*15. 提示:注意对行列式函数求导

$$\frac{\mathrm{d}}{\mathrm{d}x}\begin{vmatrix} a_{11}(x) & a_{12}(x) & \cdots & a_{1n}(x) \\ a_{21}(x) & a_{22}(x) & \cdots & a_{2n}(x) \\ \vdots & \vdots & & \vdots \\ a_{n1}(x) & a_{n2}(x) & \cdots & a_{nn}(x) \end{vmatrix} = \begin{vmatrix} a_{11}'(x) & a_{12}'(x) & \cdots & a_{1n}'(x) \\ a_{21}(x) & a_{22}(x) & \cdots & a_{2n}(x) \\ \vdots & \vdots & & \vdots \\ a_{n1}(x) & a_{n2}(x) & \cdots & a_{nn}(x) \end{vmatrix} +$$

$$\begin{vmatrix} a_{11}(x) & a_{12}(x) & \cdots & a_{1n}(x) \\ a_{21}'(x) & a_{22}'(x) & \cdots & a_{2n}'(x) \\ \vdots & \vdots & & \vdots \\ a_{n1}(x) & a_{n2}(x) & \cdots & a_{nn}(x) \end{vmatrix} + \cdots + \begin{vmatrix} a_{11}(x) & a_{12}(x) & \cdots & a_{1n}(x) \\ a_{21}(x) & a_{22}(x) & \cdots & a_{2n}(x) \\ \vdots & \vdots & & \vdots \\ a_{n1}'(x) & a_{n2}'(x) & \cdots & a_{nn}'(x) \end{vmatrix}$$

用洛比塔法则

$$\lim_{x\to 0}\frac{\begin{vmatrix} x & x^2 & x^3 \\ 1 & 2 & 3 \\ \sin x & x & 2 \end{vmatrix}}{\begin{vmatrix} 1 & 1 & 1 \\ 1+\sin x & \cos x & 1 \\ -1 & 0 & 1 \end{vmatrix}} =$$

$$\lim_{x\to 0}\frac{\begin{vmatrix} 1 & 2x & 3x^2 \\ 1 & 2 & 3 \\ \sin x & x & 2 \end{vmatrix} + \begin{vmatrix} x & x^2 & x_3 \\ 0 & 0 & 0 \\ \sin x & x & 2 \end{vmatrix} + \begin{vmatrix} x & x^2 & x^3 \\ 1 & 2 & 3 \\ \cos x & 1 & 0 \end{vmatrix}}{\begin{vmatrix} 0 & 0 & 0 \\ 1+\sin x & \cos x & 1 \\ -1 & 0 & 1 \end{vmatrix} + \begin{vmatrix} 1 & 1 & 1 \\ \cos x & -\sin x & 0 \\ -1 & 0 & 1 \end{vmatrix} + \begin{vmatrix} 1 & 1 & 1 \\ 1+\sin x & \cos x & 1 \\ 0 & 0 & 0 \end{vmatrix}} =$$

$$\lim_{x\to 0}\frac{\begin{vmatrix} 1 & 0 & 0 \\ 1 & 2 & 3 \\ 0 & 0 & 2 \end{vmatrix}}{\begin{vmatrix} 1 & 1 & 1 \\ 1 & 0 & 0 \\ -1 & 0 & 1 \end{vmatrix}} = \frac{4}{-1} = -4$$

*16. 提示:作辅助函数$F(x) = \begin{vmatrix} f(a) & g(a) & \varphi(a) \\ f(b) & g(b) & \varphi(b) \\ f(x) & g(x) & \varphi(x) \end{vmatrix}$,那么$F(a) = F(b) = 0$,满足罗尔定理,于是存在一个$\xi \in (a,b)$,使

$$F'(\xi) = \begin{vmatrix} f(a) & g(a) & \varphi(a) \\ f(b) & g(b) & \varphi(b) \\ f'(\xi) & g'(\xi) & \varphi'(\xi) \end{vmatrix} = 0$$

单元自测题 1

1. (1)2，8；(2)16；(3)$a_{11}a_{23}a_{32}a_{44}$；(4) -12；(5)15.

2. (1)C；(2)C；(3)D；(4)B；(5)B.

3. (1)a^4；(2)0；(3) $(-1)^{n+1}n!$.

4. (1)160； (2)$(a-e)(b-e)(c-e)(d-e)\left[1+e\left(\frac{1}{a-e}+\frac{1}{b-e}+\frac{1}{c-e}+\frac{1}{d-e}\right)\right]$；

(3)12；(4) 24.

5. 证明略.

6. $\lambda=1$ 或 $\mu=0$

习题 2

1. (1)$\begin{pmatrix}35\\4\\49\end{pmatrix}$； (2)(10)； (3)$\begin{pmatrix}-2&4\\-1&2\\-3&6\end{pmatrix}$；

(4)$\begin{pmatrix}x+2y+z\\x+3z\\2x+3y\end{pmatrix}$； (5) $x^2+2y^2+3z^2+4xy+2xz+6yz$.

2. $3\boldsymbol{AB}-2\boldsymbol{A}=\begin{pmatrix}-2&13&22\\-2&-17&20\\4&29&-2\end{pmatrix}$，$\boldsymbol{A}^{\mathrm{T}}\boldsymbol{B}=\begin{pmatrix}0&5&8\\0&-5&6\\2&9&0\end{pmatrix}$.

3. $\begin{cases}x_1=-6z_1+z_2+3z_3\\x_2=12z_1-4z_2+9z_3\\x_3=-10z_1-z_2+16z_3\end{cases}$.

4. 提示：$\boldsymbol{A}^k=\begin{pmatrix}1&0\\k\lambda&1\end{pmatrix}$.

5. 提示：$\boldsymbol{A}=\lambda\boldsymbol{E}+\boldsymbol{B}$，其中 $\boldsymbol{B}=\begin{pmatrix}0&1&0\\0&0&1\\0&0&0\end{pmatrix}$，满足

$$\boldsymbol{B}^2=\begin{pmatrix}0&0&1\\0&0&0\\0&0&0\end{pmatrix},\quad \boldsymbol{B}^k=\begin{pmatrix}0&0&0\\0&0&0\\0&0&0\end{pmatrix}\quad (k\geqslant 3)$$

于是

$$\boldsymbol{A}^n=(\lambda\boldsymbol{E}+\boldsymbol{B})^n=\lambda^n\boldsymbol{E}+n\lambda^{n-1}\boldsymbol{B}+\frac{n(n-1)}{2}\boldsymbol{B}^2$$

$$A^n=\lambda^{n-2}\begin{pmatrix}\lambda^2 & n\lambda & \dfrac{n(n-1)}{2}\\ 0 & \lambda^2 & n\lambda\\ 0 & 0 & \lambda^2\end{pmatrix}$$

6. (1) $\begin{pmatrix}1 & 2\\ 2 & 5\end{pmatrix}^{-1}=\begin{pmatrix}5 & -2\\ -2 & 1\end{pmatrix}$;

(2) $\begin{pmatrix}\cos t & -\sin t\\ \sin t & \cos t\end{pmatrix}^{-1}=\begin{pmatrix}\cos t & \sin t\\ -\sin t & \cos t\end{pmatrix}$;

(3) $A^{-1}=\begin{pmatrix}1 & 3 & -2\\ -\dfrac{3}{2} & -3 & \dfrac{5}{2}\\ 1 & 1 & -1\end{pmatrix}$;

(4) $\begin{pmatrix}-3 & 2 & 0 & 0\\ 2 & -1 & 0 & 0\\ 0 & 0 & \cos t & \sin t\\ 0 & 0 & -\sin t & \cos t\end{pmatrix}$;

(5) $\begin{pmatrix}1 & 0 & 0 & 0\\ 0 & \dfrac{1}{3} & 0 & 0\\ 0 & 0 & \dfrac{1}{2} & 0\\ 0 & 0 & 0 & \dfrac{\sqrt{2}}{2}\end{pmatrix}$.

7. (1) $x=\begin{pmatrix}2 & -23\\ 0 & 8\end{pmatrix}$; (2) $x=\begin{pmatrix}-2 & 2 & 1\\ -\dfrac{8}{3} & 5 & -\dfrac{2}{3}\end{pmatrix}$.

8. $\begin{cases}y_1=-7x_1-4x_2+9x_3\\ y_2=6x_1+3x_2-7x_3\\ y_3=3x_1+2x_2-4x_3\end{cases}$.

9. (1) $\begin{cases}x_1=1\\ x_2=0\\ x_3=0\end{cases}$; (2) $\begin{cases}x_1=5\\ x_2=0.\\ x_3=3\end{cases}$

10. 提示

$$A^k=P\Lambda^kP^{-1}$$

$$\varphi(A)=P\varphi(\Lambda)P^{-1}$$

$$\varphi(1)=0,\ \varphi(2)=10,\ \varphi(-3)=0$$

$$\varphi(\boldsymbol{A})=\boldsymbol{P}\varphi(\boldsymbol{\Lambda})\boldsymbol{P}^{-1}=\begin{pmatrix}-1&1&1\\1&0&2\\1&1&-1\end{pmatrix}\begin{pmatrix}0&&\\&10&\\&&0\end{pmatrix}\begin{pmatrix}-1&1&1\\1&0&2\\1&1&-1\end{pmatrix}^{-1}=5\begin{pmatrix}1&0&1\\0&0&0\\1&0&1\end{pmatrix}$$

11. 提示:先证明可逆,利用$\boldsymbol{A}^*=|\boldsymbol{A}|\boldsymbol{A}^{-1}=\frac{1}{2}\boldsymbol{A}^{-1}$,得

$$(2\boldsymbol{A})^{-1}-5\boldsymbol{A}^*=\frac{1}{2}\boldsymbol{A}^{-1}-\frac{5}{2}\boldsymbol{A}^{-1}=-2\boldsymbol{A}^{-1}$$

$$|(2\boldsymbol{A})^{-1}-5\boldsymbol{A}^*|=|-2\boldsymbol{A}^{-1}|=(-2)^3\times 2=-16$$

12. 提示:$\boldsymbol{B}=(\boldsymbol{A}-2\boldsymbol{E})^{-1}\boldsymbol{A}=\begin{pmatrix}0&3&3\\-1&2&3\\1&1&0\end{pmatrix}$.

13. $\boldsymbol{B}=\boldsymbol{A}+\boldsymbol{E}=\begin{pmatrix}2&0&1\\0&3&0\\1&0&2\end{pmatrix}$.

14. 提示:先证明$\boldsymbol{P}$可逆,得$\boldsymbol{A}^k=\boldsymbol{P}\boldsymbol{\Lambda}^k\boldsymbol{P}^{-1}$,记$\varphi(x)=x^8(5-6x+x^2)$,$\varphi(\boldsymbol{A})=\boldsymbol{P}\varphi(\boldsymbol{\Lambda})\boldsymbol{P}^{-1}$,$\varphi(\boldsymbol{\Lambda})=\mathrm{diag}(\varphi(-1),\varphi(1),\varphi(5))\varphi(\boldsymbol{\Lambda})=\mathrm{diag}(12,0,0)$,得

$$\varphi(\boldsymbol{A})=\boldsymbol{P}\varphi(\boldsymbol{\Lambda})\boldsymbol{P}^{-1}=\begin{pmatrix}1&1&1\\1&0&-2\\1&-1&1\end{pmatrix}\begin{pmatrix}12&&\\&0&\\&&0\end{pmatrix}\begin{pmatrix}1&1&1\\1&0&-2\\1&-1&1\end{pmatrix}^{-1}=4\begin{pmatrix}1&1&1\\1&1&1\\1&1&1\end{pmatrix}$$

15. (1) $(\boldsymbol{B}^{\mathrm{T}}\boldsymbol{A}\boldsymbol{B})^{\mathrm{T}}=\boldsymbol{B}^{\mathrm{T}}\boldsymbol{A}^{\mathrm{T}}(\boldsymbol{B}^{\mathrm{T}})^{\mathrm{T}}=\boldsymbol{B}^{\mathrm{T}}\boldsymbol{A}\boldsymbol{B}$;

(2) $(\boldsymbol{A}\boldsymbol{B})^{\mathrm{T}}=\boldsymbol{A}\boldsymbol{B}\Rightarrow\boldsymbol{B}^{\mathrm{T}}\boldsymbol{A}^{\mathrm{T}}=\boldsymbol{A}\boldsymbol{B}\Rightarrow\boldsymbol{B}\boldsymbol{A}=\boldsymbol{A}\boldsymbol{B}$,$\boldsymbol{A}\boldsymbol{B}=\boldsymbol{B}\boldsymbol{A}\Rightarrow\boldsymbol{A}\boldsymbol{B}=\boldsymbol{B}^{\mathrm{T}}\boldsymbol{A}^{\mathrm{T}}\Rightarrow\boldsymbol{A}\boldsymbol{B}=(\boldsymbol{A}\boldsymbol{B})^{\mathrm{T}}$.

16. 提示:$\boldsymbol{A}=\boldsymbol{O}\Rightarrow\boldsymbol{A}^{\mathrm{T}}\boldsymbol{A}=\boldsymbol{O}\boldsymbol{O}=\boldsymbol{O}$.

设
$$\boldsymbol{A}^{\mathrm{T}}\boldsymbol{A}=\begin{pmatrix}\boldsymbol{a}_1^{\mathrm{T}}\\\boldsymbol{a}_2^{\mathrm{T}}\\\vdots\\\boldsymbol{a}_n^{\mathrm{T}}\end{pmatrix}(\boldsymbol{a}_1,\boldsymbol{a}_2,\cdots,\boldsymbol{a}_n)=\begin{pmatrix}\boldsymbol{a}_1^{\mathrm{T}}\boldsymbol{a}_1&\boldsymbol{a}_1^{\mathrm{T}}\boldsymbol{a}_2&\cdots&\boldsymbol{a}_1^{\mathrm{T}}\boldsymbol{a}_n\\\boldsymbol{a}_2^{\mathrm{T}}\boldsymbol{a}_1&\boldsymbol{a}_2^{\mathrm{T}}\boldsymbol{a}_2&\cdots&\boldsymbol{a}_2^{\mathrm{T}}\boldsymbol{a}_n\\\vdots&\vdots&&\vdots\\\boldsymbol{a}_n^{\mathrm{T}}\boldsymbol{a}_1&\boldsymbol{a}_n^{\mathrm{T}}\boldsymbol{a}_2&\cdots&\boldsymbol{a}_n^{\mathrm{T}}\boldsymbol{a}_n\end{pmatrix}=\boldsymbol{O}$$

得
$$\boldsymbol{a}_i^{\mathrm{T}}\boldsymbol{a}_j=0\quad(i,j=1,2,\cdots,n)$$

特别地
$$\boldsymbol{a}_j^{\mathrm{T}}\boldsymbol{a}_j=0\quad(j=1,2,\cdots,n)$$

而
$$\boldsymbol{a}_j^{\mathrm{T}}\boldsymbol{a}_j=(a_{1j},a_{2j},\cdots,a_{nj})\begin{pmatrix}a_{1j}\\a_{2j}\\\vdots\\a_{nj}\end{pmatrix}=a_{1j}^2+a_{2j}^2+\cdots+a_{nj}^2=0$$

得
$$a_{1j}=a_{2j}=\cdots=a_{nj}=0\quad(j=1,2,\cdots,n)$$

从而有$a_{ij}=0(i,j=1,2,\cdots,n)$,所以$\boldsymbol{A}=\boldsymbol{O}$.

17. (1) 可得

$$\begin{pmatrix} A_1 & E \\ O & A_2 \end{pmatrix}\begin{pmatrix} E & B_1 \\ O & B_2 \end{pmatrix} = \begin{pmatrix} A_1 & A_1B_1 + B_2 \\ O & A_2B_2 \end{pmatrix}$$

$$A_1 = \begin{pmatrix} 1 & 2 \\ 0 & 1 \end{pmatrix}, A_2 = \begin{pmatrix} 2 & 1 \\ 0 & 3 \end{pmatrix}, B_1 = \begin{pmatrix} 3 & 1 \\ 2 & -1 \end{pmatrix}, B_2 = \begin{pmatrix} -2 & 3 \\ 0 & -3 \end{pmatrix}$$

$$A_1B_1 + B_2 = \begin{pmatrix} 1 & 2 \\ 0 & 1 \end{pmatrix}\begin{pmatrix} 3 & 1 \\ 2 & -1 \end{pmatrix} + \begin{pmatrix} -2 & 3 \\ 0 & -3 \end{pmatrix} = \begin{pmatrix} 7 & -1 \\ 2 & -1 \end{pmatrix} + \begin{pmatrix} -2 & 3 \\ 0 & -3 \end{pmatrix} = \begin{pmatrix} 5 & 2 \\ 2 & -4 \end{pmatrix}$$

$$A_2B_2 = \begin{pmatrix} 2 & 1 \\ 0 & 3 \end{pmatrix}\begin{pmatrix} -2 & 3 \\ 0 & -3 \end{pmatrix} = \begin{pmatrix} -4 & 3 \\ 0 & -9 \end{pmatrix}$$

$$\begin{pmatrix} 1 & 2 & 1 & 0 \\ 0 & 1 & 0 & 1 \\ 0 & 0 & 2 & 1 \\ 0 & 0 & 0 & 3 \end{pmatrix}\begin{pmatrix} 1 & 0 & 3 & 1 \\ 0 & 1 & 2 & -1 \\ 0 & 0 & -2 & 3 \\ 0 & 0 & 0 & -3 \end{pmatrix} = \begin{pmatrix} 1 & 2 & 5 & 2 \\ 0 & 1 & 2 & -4 \\ 0 & 0 & -4 & 3 \\ 0 & 0 & 0 & -9 \end{pmatrix}$$

(2) 提示

$$|A| = \begin{vmatrix} 3 & 4 \\ 4 & -3 \end{vmatrix}\begin{vmatrix} 2 & 0 \\ 2 & 2 \end{vmatrix} = -100, |A^8| = |A|^8 = 10^{16}$$

$$A^4 = \begin{pmatrix} A_1 & O \\ O & A_2 \end{pmatrix}^4 = \begin{pmatrix} A_1^4 & O \\ O & A_2^4 \end{pmatrix}$$

$$A_1^2 = \begin{pmatrix} 25 & 0 \\ 0 & 25 \end{pmatrix} = 25E, A_1^4 = 5^4E$$

$$A_2 = 2\begin{pmatrix} 1 & 0 \\ 1 & 1 \end{pmatrix}, A_2^4 = 2^4\begin{pmatrix} 1 & 0 \\ 1 & 1 \end{pmatrix}^4 = 2^4\begin{pmatrix} 1 & 0 \\ 4 & 1 \end{pmatrix}$$

得

$$A^4 = \begin{pmatrix} 5^4 & 0 & 0 & 0 \\ 0 & 5^4 & 0 & 0 \\ 0 & 0 & 2^4 & 0 \\ 0 & 0 & 2^6 & 2^4 \end{pmatrix}$$

18. (1) $$\begin{pmatrix} 5 & 2 & 0 & 0 \\ 2 & 1 & 0 & 0 \\ 0 & 0 & 8 & 3 \\ 0 & 0 & 5 & 2 \end{pmatrix}^{-1} = \begin{pmatrix} \begin{pmatrix} 5 & 2 \\ 2 & 1 \end{pmatrix}^{-1} & O \\ O & \begin{pmatrix} 8 & 3 \\ 5 & 2 \end{pmatrix}^{-1} \end{pmatrix} = \begin{pmatrix} 1 & -2 & 0 & 0 \\ -2 & 5 & 0 & 0 \\ 0 & 0 & 2 & -3 \\ 0 & 0 & -5 & 8 \end{pmatrix}$$

(2) $$\begin{pmatrix} 1 & 0 & 0 & 0 \\ 1 & 2 & 0 & 0 \\ 2 & 1 & 3 & 0 \\ 1 & 2 & 1 & 4 \end{pmatrix}^{-1} = \begin{pmatrix} A & O \\ C & B \end{pmatrix}^{-1} = \begin{pmatrix} A^{-1} & O \\ -B^{-1}CA^{-1} & B^{-1} \end{pmatrix} =$$

$$\frac{1}{24}\begin{pmatrix}24 & 0 & 0 & 0\\ -12 & 12 & 0 & 0\\ -12 & -4 & 8 & 0\\ 3 & -5 & -2 & 6\end{pmatrix}$$

单元自测题 2

1. (1)10, $\begin{pmatrix}3 & 6 & 9\\ 2 & 4 & 6\\ 1 & 2 & 3\end{pmatrix}$;(2)$\begin{pmatrix}0 & 0\\ 0 & 0\end{pmatrix}$;(3)8;(4) $\frac{16}{3}$,$\frac{1}{48}$;(5)8.

2. (1)D;(2)A;(3) B;(4)A;(5)A.

3. (1)① $\begin{pmatrix}-1 & 3 & 1 & 3\\ 8 & 2 & 8 & 2\\ 3 & 7 & 9 & 13\end{pmatrix}$;② $\begin{pmatrix}14 & 13 & 8 & 7\\ -2 & 5 & -2 & 5\\ 2 & 1 & 6 & 5\end{pmatrix}$;③ $\begin{pmatrix}3 & 1 & 1 & -1\\ -4 & 0 & -4 & 0\\ -1 & -3 & -3 & -5\end{pmatrix}$.

(2)$x=4, y=-\frac{15}{4}, u=-\frac{1}{2}, v=\frac{1}{4}$.

(3)$\begin{pmatrix}\lambda^3 & 3\lambda^2 & 3\lambda\\ 0 & \lambda^3 & 3\lambda^2\\ 0 & 0 & \lambda^3\end{pmatrix}$.

4. (1)$\begin{pmatrix}\cos\theta & \sin\theta\\ -\sin\theta & \cos\theta\end{pmatrix}$; (2) $\frac{1}{2}\begin{pmatrix}-4 & 2 & 0\\ -13 & 6 & -1\\ -32 & 14 & -2\end{pmatrix}$;(3) $\begin{pmatrix}1 & -2 & 0 & 0\\ -2 & 5 & 0 & 0\\ 0 & 0 & 2 & -3\\ 0 & 0 & -5 & 8\end{pmatrix}$.

5. 由于$\boldsymbol{A}\boldsymbol{A}^*=|\boldsymbol{A}|\boldsymbol{E}$及$|\boldsymbol{A}|\neq 0$,有$|\boldsymbol{A}^*|=|\boldsymbol{A}|^{n-1}\neq 0$,故$\boldsymbol{A}^*$可逆. 另外

$$(\boldsymbol{A}^*)^{-1}=\frac{\boldsymbol{A}}{|\boldsymbol{A}|}=\frac{(\boldsymbol{A}^{-1})^{-1}}{|\boldsymbol{A}|}=\frac{1}{|\boldsymbol{A}|}\frac{1}{|\boldsymbol{A}^{-1}|}(\boldsymbol{A}^{-1})^*=(\boldsymbol{A}^{-1})^*$$

6. (1)$\boldsymbol{X}=\frac{1}{3}\begin{pmatrix}-6 & 6 & 3\\ -8 & 15 & -2\end{pmatrix}$; (2)$\boldsymbol{X}=\frac{1}{4}\begin{pmatrix}4 & 4\\ 1 & 0\end{pmatrix}$;(3)$\begin{cases}x_1=5\\ x_2=0.\\ x_3=3\end{cases}$

习题 3

1. (1) $\begin{pmatrix}1 & -1 & 0 & 2 & -3\\ 0 & 0 & 1 & -2 & 2\\ 0 & 0 & 0 & 0 & 0\\ 0 & 0 & 0 & 0 & 0\end{pmatrix}$;(2) $\begin{pmatrix}1 & 0 & 5 & 2 & 0\\ 0 & 1 & 2 & 6 & -3\\ 0 & 0 & 0 & 0 & 0\end{pmatrix}$;

(3) $\begin{pmatrix} 1 & 0 & 2 & 0 & -2 \\ 0 & 1 & -1 & 0 & 3 \\ 0 & 0 & 0 & 1 & 4 \\ 0 & 0 & 0 & 0 & 0 \end{pmatrix}$；(4) $\begin{pmatrix} 1 & 0 & -\frac{2}{7} & -\frac{3}{7} \\ 0 & 1 & -\frac{5}{7} & -\frac{4}{7} \\ 0 & 0 & 0 & 0 \end{pmatrix}$.

2. (1) $\begin{pmatrix} 1 & 2 & -1 \\ 3 & 4 & -2 \\ 5 & -3 & 1 \end{pmatrix}^{-1} = \begin{pmatrix} -2 & 1 & 0 \\ -13 & 6 & -1 \\ -29 & 13 & -2 \end{pmatrix}$；

(2) $\begin{pmatrix} 1 & 2 & -1 \\ 3 & 4 & -2 \\ 5 & -4 & 1 \end{pmatrix}^{-1} = \frac{1}{2}\begin{pmatrix} -4 & 2 & 0 \\ -13 & 6 & -1 \\ -32 & 14 & -2 \end{pmatrix}$；

(3) $\begin{pmatrix} 1 & 2 & -1 \\ 3 & 1 & 0 \\ -1 & 0 & -2 \end{pmatrix}^{-1} = \frac{1}{9}\begin{pmatrix} -2 & 4 & 1 \\ 6 & -3 & -3 \\ 1 & -2 & -5 \end{pmatrix}$；

(4) $\begin{pmatrix} 3 & -2 & 0 & -1 \\ 0 & 2 & 2 & 1 \\ 1 & -2 & -3 & -2 \\ 0 & 1 & 2 & 1 \end{pmatrix}^{-1} = \begin{pmatrix} 1 & 1 & -2 & -4 \\ 0 & 1 & 0 & -1 \\ -1 & -1 & 3 & 6 \\ 2 & 1 & -6 & -10 \end{pmatrix}$.

3. (1) $\boldsymbol{x} = \frac{1}{15}\begin{pmatrix} 6 & -18 \\ 15 & 35 \\ -12 & -4 \end{pmatrix}$；(2) $\boldsymbol{x} = \begin{pmatrix} 2 & -1 & -1 \\ -4 & 7 & 4 \end{pmatrix}$；

(3) $\boldsymbol{x} = \begin{pmatrix} 6 & 2 & 1 \\ 2 & -1 & 3 \\ -3 & 3 & -4 \end{pmatrix}$.

4. 提示：求出行阶梯形，在求出该阶梯形中单位块对应的子式即可求下列矩阵的秩，并求一个最高阶的非零子式.

(1) 秩为2，最高阶的非零子式为由第1，2行和第1，2列构成$\begin{pmatrix} 3 & 1 \\ 1 & -1 \end{pmatrix}$；

(2) 秩为3，最高阶的非零子式由第1，2，3行和第1，2，5列构成$\begin{pmatrix} 3 & 2 & -1 \\ 2 & -1 & -3 \\ 7 & 0 & 8 \end{pmatrix}$；

(3) 秩为3，最高阶的非零子式由第1，2，4行和第1，2，5列构成$\begin{pmatrix} 2 & 1 & 7 \\ 2 & -3 & -5 \\ 1 & 0 & 0 \end{pmatrix}$；

(4) 秩为4，最高阶的非零子式是本身$\begin{pmatrix} 2 & 3 & -1 & -7 \\ 3 & 1 & 2 & -7 \\ 4 & 1 & -3 & 6 \\ 1 & -2 & 5 & -5 \end{pmatrix}$.

5. (1)$\boldsymbol{x} = k_1\boldsymbol{\xi}_1 + k_2\boldsymbol{\xi}_2$，其中，$\boldsymbol{\xi}_1 = (-2, 1, 0, 0)^{\mathrm{T}}$，$\xi_2 = (1, 0, 0, 1)^{\mathrm{T}}$；

(2)$\boldsymbol{x} = k\boldsymbol{\xi}$，其中，$\boldsymbol{\xi}_1 = (-1, 7, 5, 2)^{\mathrm{T}}$.

6. (1)$\boldsymbol{x} = \boldsymbol{\xi}_0 + k\boldsymbol{\xi}_1$，其中，$\boldsymbol{\xi}_0 = (-1, 2, 0)^{\mathrm{T}}$，$\boldsymbol{\xi}_1 = (-1, 1, 1)^{\mathrm{T}}$；

(2)$\boldsymbol{x} = \boldsymbol{\xi}_0 + k_1\boldsymbol{\xi}_1 + k_2\boldsymbol{\xi}_2$，其中，$\boldsymbol{\xi}_0 = (\frac{1}{2}, 0, 0, 0)^{\mathrm{T}}$，$\boldsymbol{\xi}_1 = (-1, 2, 0, 0)^{\mathrm{T}}$，$\boldsymbol{\xi}_2 = (1, 0, 2, 0)^{\mathrm{T}}$.

7. (1)$\lambda \neq 1, -2$ 有唯一解；(2)$\lambda = -2$ 无解；(3)$\lambda = 1$ 有无限多解.

8. $\lambda = 1$ 时有解 $\boldsymbol{x} = \boldsymbol{\xi}_0 + k\boldsymbol{\xi}_1$， 其中，$\boldsymbol{\xi}_0 = (1, 0, 0)^{\mathrm{T}}$，$\boldsymbol{\xi}_1 = (1, 1, 1)^{\mathrm{T}}$.

$\lambda = -2$ 时有解 $\boldsymbol{x} = \boldsymbol{\xi}_0 + k\boldsymbol{\xi}_1$， 其中，$\boldsymbol{\xi}_0 = (2, 2, 0)^{\mathrm{T}}$，$\boldsymbol{\xi}_1 = (1, 1, 1)^{\mathrm{T}}$.

9. 提示：设 $r(\boldsymbol{A}) = r$，则存在可逆矩阵 $\boldsymbol{P}$，$\boldsymbol{Q}$，使

$$\boldsymbol{PAQ} = \begin{pmatrix} \boldsymbol{E}_r & \boldsymbol{O} \\ \boldsymbol{O} & \boldsymbol{O} \end{pmatrix} = \boldsymbol{E}_{11} + \boldsymbol{E}_{22} + \cdots + \boldsymbol{E}_{rr}$$

于是
$$\boldsymbol{A} = \boldsymbol{P}^{-1}\boldsymbol{E}_{11}\boldsymbol{Q}^{-1} + \boldsymbol{P}^{-1}\boldsymbol{E}_{22}\boldsymbol{Q}^{-1} + \cdots + \boldsymbol{P}^{-1}\boldsymbol{E}_{rr}\boldsymbol{Q}^{-1}$$

10. 提示：设 $\boldsymbol{x}$ 是 $\boldsymbol{Bx} = \boldsymbol{0}$ 的解，则 $\boldsymbol{ABx} = \boldsymbol{A0} = \boldsymbol{0} \Rightarrow \boldsymbol{Cx} = \boldsymbol{0}$.

反之：设 x 是 $\boldsymbol{Cx} = \boldsymbol{0}$ 的解，则有 $\boldsymbol{ABx} = \boldsymbol{0}$，$\boldsymbol{A}$ 为列满秩矩阵，$\boldsymbol{Ax} = \boldsymbol{0}$ 只有唯一的零解，所以 $\boldsymbol{Bx} = \boldsymbol{0}$，表明线性方程组 $\boldsymbol{Bx} = \boldsymbol{0}$ 与 $\boldsymbol{Cx} = \boldsymbol{0}$ 同解.

11. 提示 $\boldsymbol{Ax} = \boldsymbol{E}_m$ 有解 $\Leftrightarrow r(\boldsymbol{A}) = r(\boldsymbol{A}, \boldsymbol{E}_m)$，而$(\boldsymbol{A}, \boldsymbol{E}_m)$ 只有 m 行，有 $r(\boldsymbol{A}, \boldsymbol{E}_m) \leqslant m$，又 $r(\boldsymbol{A}, \boldsymbol{E}_m) \geqslant r(\boldsymbol{E}_m) = m$，所以 $r(\boldsymbol{A}, \boldsymbol{E}_m) = m$，所以方程 $\boldsymbol{Ax} = \boldsymbol{E}_m$ 有解的充要条件是 $r(\boldsymbol{A}) = m$.

12. 提示：$\boldsymbol{A}^2 = \boldsymbol{E} \Leftrightarrow (\boldsymbol{A} + \boldsymbol{E})(\boldsymbol{A} - \boldsymbol{E}) = \boldsymbol{0}$，表明 $\boldsymbol{A} - \boldsymbol{E}$ 的列是$(\boldsymbol{A} + \boldsymbol{E})\boldsymbol{x} = \boldsymbol{0}$ 的解向量，所以有 $r(\boldsymbol{A} + \boldsymbol{E}) + r(\boldsymbol{A} - \boldsymbol{E}) \leqslant n$，而对任意 n 阶方阵 $\boldsymbol{A}$ 有 $r(\boldsymbol{A} + \boldsymbol{E}) + r(\boldsymbol{A} - \boldsymbol{E}) \geqslant n$，从而有 $r(\boldsymbol{A} + \boldsymbol{E}) + r(\boldsymbol{A} - \boldsymbol{E}) = n$.

13. 提示：由题设知 $\boldsymbol{Ax} = \boldsymbol{0}$ 有非零解，所以 $|\boldsymbol{A}| = 0$，解得 $t = -3$.

单元自测题3

1. (1)0；(2)0；(3) -3；(4)1；(5)$|\boldsymbol{A}| \neq 0$.

2. (1)C；(2)C；(3) A；(4)B；(5)D.

3. (1)$\boldsymbol{A}^{-1} = \frac{1}{4}\begin{pmatrix} 1 & 1 & 1 \\ 2 & -2 & 2 \\ -1 & -1 & 3 \end{pmatrix}$；(2)$a \neq 1$ 时，$\boldsymbol{A}$ 满秩，$a = 1$ 时，$r(\boldsymbol{A}) = 2$.

4. $\boldsymbol{x} = k\boldsymbol{\xi}$，其中，$\boldsymbol{\xi} = \begin{pmatrix} 4 \\ -3 \\ 4 \\ 3 \end{pmatrix}$，$k \in \mathbf{R}$.

5. (1)$a = \frac{1}{2}$.

(2) 当 $a \neq 2$ 且 $a \neq -3$ 时有唯一解；当 $a=-3$ 时无解；当 $a=2$ 时有无穷多解，通解为 $\boldsymbol{x}=\boldsymbol{\xi}_0+k\boldsymbol{\xi}_1$，其中，$\boldsymbol{\xi}_0=\begin{pmatrix}0\\1\\0\end{pmatrix}$，$\boldsymbol{\xi}_1=\begin{pmatrix}5\\-4\\1\end{pmatrix}$，$k \in \mathbf{R}$.

6. 注意到 $\boldsymbol{A}(\boldsymbol{x}-\boldsymbol{y})=\mathbf{0}$ 在 $r(\boldsymbol{A})=n$ 时仅有零解即可.

习题 4

1. 提示：$\boldsymbol{B}$ 组能被 $\boldsymbol{A}$ 组线性表示 $\Leftrightarrow r(\boldsymbol{A},\boldsymbol{B})=r(\boldsymbol{A})$；$\boldsymbol{A}$ 组不能被 $\boldsymbol{B}$ 组线性表示 $\Leftrightarrow r(\boldsymbol{B},\boldsymbol{A}) \neq r(\boldsymbol{B})$；计算 $r(\boldsymbol{A},\boldsymbol{B})$，$r(\boldsymbol{A})$，$r(\boldsymbol{B})$ 即可.

2. 只需证明 $r(\boldsymbol{A})=r(\boldsymbol{B})=r(\boldsymbol{A},\boldsymbol{B})$.

3. 提示：(1) $r(\boldsymbol{a}_2,\boldsymbol{a}_3,\boldsymbol{a}_4)=3 \Leftrightarrow \boldsymbol{a}_2,\boldsymbol{a}_3,\boldsymbol{a}_4$ 线性无关，推出 $\boldsymbol{a}_2,\boldsymbol{a}_3$ 线性无关，而 $r(\boldsymbol{a}_1,\boldsymbol{a}_2,\boldsymbol{a}_3)=2<3 \Rightarrow \boldsymbol{a}_1,\boldsymbol{a}_2,\boldsymbol{a}_3$ 线性相关，所以 $\boldsymbol{a}_1$ 能由 $\boldsymbol{a}_2,\boldsymbol{a}_3$ 线性表示.

(2) 反证法：设 $\boldsymbol{a}_4$ 能由 $\boldsymbol{a}_1,\boldsymbol{a}_2,\boldsymbol{a}_3$ 线性表示，而由 (1) $\boldsymbol{a}_1$ 能由 $\boldsymbol{a}_2,\boldsymbol{a}_3$ 线性表示，所以 $\boldsymbol{a}_4$ 能由 $\boldsymbol{a}_2,\boldsymbol{a}_3$ 线性表示，于是 $r(\boldsymbol{a}_2,\boldsymbol{a}_3,\boldsymbol{a}_4)<3$，矛盾.

4. (1) $|\boldsymbol{A}|=0$ 线性相关；(2) $|\boldsymbol{B}| \neq 0$ 线性无关.

5. 提示：记 $\boldsymbol{A}=(\boldsymbol{a}_1,\boldsymbol{a}_2,\boldsymbol{a}_3)$，当 $|A|=0$ 时，解得 $a=-1$ 或 $a=2$，此时 $\boldsymbol{a}_1,\boldsymbol{a}_2,\boldsymbol{a}_3$ 线性相关.

6. 提示：由于 $\boldsymbol{a}_1+\boldsymbol{b},\boldsymbol{a}_2+\boldsymbol{b}$ 线性相关，所以有

$$\boldsymbol{a}_1+\boldsymbol{b}=\boldsymbol{k}(\boldsymbol{a}_2+\boldsymbol{b})$$

其中 $k \neq 1$，否则有 $\boldsymbol{a}_1=\boldsymbol{a}_2$，与 $\boldsymbol{a}_1,\boldsymbol{a}_2$ 线性无关矛盾，于是有

$$\boldsymbol{b}=\frac{1}{k-1}\boldsymbol{a}_1-\left(1+\frac{1}{k-1}\right)\boldsymbol{a}_2$$

取 $c=\dfrac{1}{k-1}(k \neq 1)$，有

$$\boldsymbol{b}=c\,\boldsymbol{a}_1-(1+c)\,\boldsymbol{a}_2$$

7. 提示：设 $\boldsymbol{a}_1=\begin{pmatrix}1\\0\end{pmatrix}$，$\boldsymbol{a}_2=\begin{pmatrix}0\\0\end{pmatrix}$ 线性相关，$\boldsymbol{b}_1=\begin{pmatrix}0\\0\end{pmatrix}$，$\boldsymbol{b}_2=\begin{pmatrix}0\\1\end{pmatrix}$ 线性相关，但是 $\boldsymbol{a}_1+\boldsymbol{b}_1=\begin{pmatrix}1\\0\end{pmatrix}$，$\boldsymbol{a}_2+\boldsymbol{b}_2=\begin{pmatrix}0\\1\end{pmatrix}$ 线性无关.

8. (1) $\boldsymbol{a}_1=\begin{pmatrix}1\\0\\0\\0\end{pmatrix}$，$\boldsymbol{a}_2=\begin{pmatrix}0\\0\\0\\0\end{pmatrix}$，$\boldsymbol{a}_3=\begin{pmatrix}0\\1\\0\\0\end{pmatrix}$ 是线性相关的，但是 $\boldsymbol{a}_1$ 不能由 $\boldsymbol{a}_2,\boldsymbol{a}_3$ 线性表示.

(2) $\boldsymbol{a}_1=\begin{pmatrix}1\\0\\0\\0\end{pmatrix}$，$\boldsymbol{a}_2=\begin{pmatrix}0\\1\\0\\0\end{pmatrix}$，$\boldsymbol{a}_3=\begin{pmatrix}0\\0\\1\\0\end{pmatrix}$ 线性无关；

$$\boldsymbol{b}_1=\begin{pmatrix}-1\\0\\0\\0\end{pmatrix},\boldsymbol{b}_2=\begin{pmatrix}0\\-1\\0\\0\end{pmatrix},\boldsymbol{b}_3=\begin{pmatrix}0\\0\\-1\\0\end{pmatrix}$$也线性无关；

但是取 $\lambda_1=\lambda_2=\lambda_3=1$，却有 $\lambda_1\boldsymbol{a}_1+\lambda_2\boldsymbol{a}_2+\lambda_3\boldsymbol{a}_3+\lambda_1\boldsymbol{b}_1+\lambda_2\boldsymbol{b}_2+\lambda_3\boldsymbol{b}_3=\boldsymbol{0}$ 成立.

(3) 取$\boldsymbol{a}_1=\begin{pmatrix}1\\0\\0\\0\end{pmatrix},\boldsymbol{a}_2=\begin{pmatrix}0\\0\\0\\0\end{pmatrix},\boldsymbol{a}_3=\begin{pmatrix}0\\0\\1\\0\end{pmatrix}$，则$\boldsymbol{a}_1,\boldsymbol{a}_2,\boldsymbol{a}_3$ 线性相关；

$$\boldsymbol{b}_1=\begin{pmatrix}0\\0\\0\\0\end{pmatrix},\boldsymbol{b}_2=\begin{pmatrix}0\\1\\0\\0\end{pmatrix},\boldsymbol{b}_3=\begin{pmatrix}0\\0\\0\\1\end{pmatrix}$$，$\boldsymbol{b}_1,\boldsymbol{b}_2,\boldsymbol{b}_3$ 也线性相关.

可见$\boldsymbol{a}_1+\boldsymbol{b}_1=\begin{pmatrix}1\\0\\0\\0\end{pmatrix},\boldsymbol{a}_2+\boldsymbol{b}_2=\begin{pmatrix}0\\1\\0\\0\end{pmatrix},\boldsymbol{a}_3+\boldsymbol{b}_3=\begin{pmatrix}0\\0\\1\\1\end{pmatrix}$线性无关.

所以只有 $\lambda_1,\lambda_2,\lambda_3$ 全为零时，等式 $\lambda_1\boldsymbol{a}_1+\lambda_2\boldsymbol{a}_2+\lambda_3\boldsymbol{a}_3+\lambda_1\boldsymbol{b}_1+\lambda_2\boldsymbol{b}_2+\lambda_3\boldsymbol{b}_3=\boldsymbol{0}$ 才成立.

9. 提示：设由题设有$\boldsymbol{b}_1-\boldsymbol{b}_2+\boldsymbol{b}_3-\boldsymbol{b}_4=\boldsymbol{0}$，根据定义得证.

10. 提示：注意到$(\boldsymbol{b}_1,\boldsymbol{b}_2,\cdots,\boldsymbol{b}_r)=(\boldsymbol{a}_1,\boldsymbol{a}_2,\cdots,\boldsymbol{a}_r)\boldsymbol{K}$，其中

$$\boldsymbol{K}=\begin{pmatrix}1&1&1&1\\&1&0&0\\&&\ddots&\vdots\\&&&1\end{pmatrix}$$

可逆，表明$\boldsymbol{b}_1,\boldsymbol{b}_2,\cdots,\boldsymbol{b}_r$与$\boldsymbol{a}_1,\boldsymbol{a}_2,\cdots,\boldsymbol{a}_r$ 等价，所以$\boldsymbol{b}_1,\boldsymbol{b}_2,\cdots,\boldsymbol{b}_r$ 线性无关.

11. (1)$r(\boldsymbol{a}_1,\boldsymbol{a}_2,\boldsymbol{a}_3)=2$，$\boldsymbol{a}_1,\boldsymbol{a}_2$ 是极大无关组；

(2) $r(\boldsymbol{a}_1,\boldsymbol{a}_2,\boldsymbol{a}_3)=2$，$\boldsymbol{a}_1,\boldsymbol{a}_2$ 是极大无关组.

12. 设$\boldsymbol{A}=(\boldsymbol{a}_1,\boldsymbol{a}_2,\cdots,\boldsymbol{a}_5)$极大无关组是$\boldsymbol{a}_1,\boldsymbol{a}_2,\boldsymbol{a}_3$，$\boldsymbol{a}_4=\boldsymbol{a}_1+3\boldsymbol{a}_2-\boldsymbol{a}_3$，$\boldsymbol{a}_5=-\boldsymbol{a}_2+\boldsymbol{a}_3$.

13. $a=2,b=5$.

14. 提示：由于$\boldsymbol{\beta}_1\boldsymbol{\beta}_2\cdots\boldsymbol{\beta}_n=(\boldsymbol{\alpha}_1\boldsymbol{\alpha}_2\cdots\boldsymbol{\alpha}_n)\boldsymbol{T}$，很容易判定$\boldsymbol{T}$可逆，所以$(\boldsymbol{\alpha}_1\boldsymbol{\alpha}_2\cdots\boldsymbol{\alpha}_n)=(\boldsymbol{\beta}_1\boldsymbol{\beta}_2\cdots\boldsymbol{\beta}_n)\boldsymbol{T}^{-1}$，所以向量组$\boldsymbol{\alpha}_1\boldsymbol{\alpha}_2\cdots\boldsymbol{\alpha}_n$与$\boldsymbol{\beta}_1\boldsymbol{\beta}_2\cdots\boldsymbol{\beta}_n$ 等价.

15. (1) 得$\boldsymbol{\xi}_1=\begin{pmatrix}0\\1\\0\\4\end{pmatrix},\boldsymbol{\xi}_2=\begin{pmatrix}-4\\0\\1\\-3\end{pmatrix}$；(2) $\boldsymbol{\xi}_1=\begin{pmatrix}1\\7\\0\\19\end{pmatrix},\boldsymbol{\xi}_2=\begin{pmatrix}0\\0\\1\\2\end{pmatrix}$.

16. (1) 特解为$\boldsymbol{\eta}=(-8,13,0,2)^{\mathrm{T}}$,基础解系为$\boldsymbol{\xi}=(-1,1,1,0)^{\mathrm{T}}$,解为$\boldsymbol{x}=\boldsymbol{\eta}+k\boldsymbol{\xi}$;

(2) 特解为$\boldsymbol{\eta}=(1,-2,0,0)^{\mathrm{T}}$,基础解系为$\boldsymbol{\xi}_1=(-9,1,7,0)^{\mathrm{T}}$,$\boldsymbol{\xi}_2=(1,-1,0,2)^{\mathrm{T}}$,解为$\boldsymbol{x}=\boldsymbol{\eta}+k_1\boldsymbol{\xi}_1+k_2\boldsymbol{\xi}_2$.

17. 通解是$\boldsymbol{x}=(1,1,1,1)^{\mathrm{T}}+c(1,-2,1,0)^{\mathrm{T}}$.

18. $\begin{pmatrix}2&3&4\\0&-1&0\\-1&0&-1\end{pmatrix}$.

19. 提示:(1) 由于$\boldsymbol{\xi}_1,\boldsymbol{\xi}_2,\cdots,\boldsymbol{\xi}_{n-r}$是对应的齐次线性方程组的基础解系,所以$\boldsymbol{\xi}_1,\boldsymbol{\xi}_2,\cdots,\boldsymbol{\xi}_{n-r}$线性无关.

如果$\boldsymbol{\eta}^*,\boldsymbol{\xi}_1,\boldsymbol{\xi}_2,\cdots,\boldsymbol{\xi}_{n-r}$线性相关,则$\boldsymbol{\eta}^*$可由$\boldsymbol{\xi}_1,\boldsymbol{\xi}_2,\cdots,\boldsymbol{\xi}_{n-r}$线性表示,于是$\boldsymbol{\eta}^*$是$\boldsymbol{Ax}=\boldsymbol{0}$的解,矛盾.所以$\boldsymbol{\eta}^*,\boldsymbol{\xi}_1,\boldsymbol{\xi}_2,\cdots,\boldsymbol{\xi}_{n-r}$线性无关.

(2) 考虑

$$k\boldsymbol{\eta}^*+c_1(\boldsymbol{\eta}^*+\boldsymbol{\xi}_1)+c_2(\boldsymbol{\eta}^*+\boldsymbol{\xi}_2)+\cdots+c_{n-r}(\boldsymbol{\eta}^*+\boldsymbol{\xi}_{n-r})=\boldsymbol{0}$$

即是

$$(k+c_1+c_2+\cdots+c_{n-r})\boldsymbol{\eta}^*+c_1\boldsymbol{\xi}_1+c_2\boldsymbol{\xi}_2+\cdots+c_{n-r}\boldsymbol{\xi}_{n-r}=\boldsymbol{0}$$

而$\boldsymbol{\eta}^*,\boldsymbol{\xi}_1,\boldsymbol{\xi}_2,\cdots,\boldsymbol{\xi}_{n-r}$线性无关,所以只有

$$k+c_1+c_2+\cdots+c_{n-r}=0$$
$$c_1=c_2=\cdots=c_{n-r}=0$$

从而

$$k=0$$

所以$\boldsymbol{\eta}^*,\boldsymbol{\eta}^*+\boldsymbol{\xi}_1,\boldsymbol{\eta}^*+\boldsymbol{\xi}_2,\cdots,\boldsymbol{\eta}^*+\boldsymbol{\xi}_{n-r}$线性无关.

20. 提示:由题设可知

$$\boldsymbol{A}\boldsymbol{\eta}_i=\boldsymbol{b}\quad i=1,2,\cdots,s$$

于是

$$\boldsymbol{Ax}=\boldsymbol{A}(k_1\boldsymbol{\eta}_1+k_2\boldsymbol{\eta}_2+\cdots+k_s\boldsymbol{\eta}_s)=k_1(\boldsymbol{A}\boldsymbol{\eta}_1)+k_2(\boldsymbol{A}\boldsymbol{\eta}_2)+\cdots+k_s(\boldsymbol{A}\boldsymbol{\eta}_s)=(k_1+k_2+\cdots+k_s)\boldsymbol{b}=\boldsymbol{b}$$

所以$\boldsymbol{x}=k_1\boldsymbol{\eta}_1+k_2\boldsymbol{\eta}_2+\cdots+k_s\boldsymbol{\eta}_s$也是它的解.

21. 提示:$(\boldsymbol{a}_1,\boldsymbol{a}_2,\boldsymbol{a}_3\,\vdots\,\boldsymbol{v}_1,\boldsymbol{v}_2)\xleftrightarrow{r}\left(\begin{array}{ccc:cc}1&&&2&3\\&1&&3&-3\\&&1&-1&-2\end{array}\right)$.

表明$r(\boldsymbol{a}_1,\boldsymbol{a}_2,\boldsymbol{a}_3)=3$,所以$\boldsymbol{a}_1,\boldsymbol{a}_2,\boldsymbol{a}_3$线性无关,故是$\mathbf{R}^3$的一个基,并且

$$\boldsymbol{v}_1=2\boldsymbol{a}_1+3\boldsymbol{a}_2-\boldsymbol{a}_3,\boldsymbol{v}_2=3\boldsymbol{a}_1-3\boldsymbol{a}_2-2\boldsymbol{a}_3$$

22. $\begin{pmatrix}2&3&4\\0&-1&0\\-1&0&-1\end{pmatrix}$.

单元自测题 4

1. (1) $\boldsymbol{\alpha}_1,\boldsymbol{\alpha}_3,\boldsymbol{\alpha}_4$;(2) $lm\neq1$;(3) -1;(4) n;(5) $(1,1,-1)^{\mathrm{T}}$.

2. (1) A;(2) D;(3) B;(4) C;(5) A.

3. (1) ① $\boldsymbol{A}:\boldsymbol{\alpha}_1,\boldsymbol{\alpha}_2,\boldsymbol{\alpha}_3,\boldsymbol{\alpha}_4,\boldsymbol{\alpha}_5$ 线性相关;② $\boldsymbol{\alpha}_4,\boldsymbol{\alpha}_5$ 线性无关;

③$r(\boldsymbol{A})=3$, $\boldsymbol{\alpha}_1,\boldsymbol{\alpha}_2,\boldsymbol{\alpha}_4$ 是极大无关组,$\boldsymbol{\alpha}_3=3\boldsymbol{\alpha}_1+\boldsymbol{\alpha}_2,\boldsymbol{\alpha}_5=\boldsymbol{\alpha}_1+\boldsymbol{\alpha}_2+\boldsymbol{\alpha}_4$.

(2) ① $\boldsymbol{\alpha}_1,\boldsymbol{\alpha}_2,\boldsymbol{\alpha}_3$ 线性相关;② $\boldsymbol{\alpha}_1,\boldsymbol{\alpha}_2$ 线性无关.

4. (1) 基础解系$\boldsymbol{\xi}_1=\begin{pmatrix}1\\1\\0\\0\end{pmatrix},\boldsymbol{\xi}_2=\begin{pmatrix}1\\0\\2\\1\end{pmatrix}$,通解 $\boldsymbol{x}=k_1\boldsymbol{\xi}_1+k_2\boldsymbol{\xi}_2,k_1,k_2\in\mathbf{R}$.

(2) $\boldsymbol{x}=\boldsymbol{\eta}^*+k_1\boldsymbol{\xi}_1+k_2\boldsymbol{\xi}_2$,其中,$\boldsymbol{\eta}^*=\begin{pmatrix}-2\\3\\0\\0\\0\end{pmatrix},\boldsymbol{\xi}_1=\begin{pmatrix}1\\-2\\1\\0\\0\end{pmatrix},\boldsymbol{\xi}_2=\begin{pmatrix}5\\-6\\0\\0\\1\end{pmatrix},k_1,k_2\in\mathbf{R}$.

5. $\begin{pmatrix}2&3&4\\0&-1&0\\-1&0&-1\end{pmatrix}$.

6. 注意到 $(\boldsymbol{\beta}_1,\boldsymbol{\beta}_2,\boldsymbol{\beta}_3,\boldsymbol{\beta}_4)=(\boldsymbol{\alpha}_1,\boldsymbol{\alpha}_2,\boldsymbol{\alpha}_3,\boldsymbol{\alpha}_4)\boldsymbol{K}$,其中

$$\boldsymbol{K}=\begin{pmatrix}1&1&1&1\\1&1&1&0\\1&1&0&0\\1&0&0&0\end{pmatrix}$$

而$|\boldsymbol{K}|\neq 0$ 故可逆,有

$$(\boldsymbol{\alpha}_1,\boldsymbol{\alpha}_2,\boldsymbol{\alpha}_3,\boldsymbol{\alpha}_4)=(\boldsymbol{\beta}_1,\boldsymbol{\beta}_2,\boldsymbol{\beta}_3,\boldsymbol{\beta}_4)\boldsymbol{K}^{-1}$$

所以两个向量组可以互相线性表示,故等价,所以$\boldsymbol{\beta}_1,\boldsymbol{\beta}_2,\boldsymbol{\beta}_3,\boldsymbol{\beta}_4$ 线性无关.

习题 5

1. $\lambda=-2$, $\boldsymbol{c}=(-2\quad 2\quad -1)^{\mathrm{T}}$.

2. (1) $\boldsymbol{p}_1=(1,1,1)^{\mathrm{T}},\boldsymbol{p}_2=(-1,0,1)^{\mathrm{T}},\boldsymbol{p}_3=\frac{1}{3}(1,-2,1)^{\mathrm{T}}$;

(2) $\boldsymbol{p}_1=(1,0,-1,1)^{\mathrm{T}},\boldsymbol{p}_2=\frac{1}{3}(1,-3,2,1)^{\mathrm{T}},\boldsymbol{p}_3=\frac{1}{3}(1,1,1,4)^{\mathrm{T}}$.

3. (1) 不是,第一列不是单位向量;

(2) 是,列向量两两正交,并且是单位向量.

4. 提示:$(\boldsymbol{AB})(\boldsymbol{AB})^{\mathrm{T}}=\boldsymbol{AB}\boldsymbol{B}^{\mathrm{T}}\boldsymbol{A}^{\mathrm{T}}=\boldsymbol{A}(\boldsymbol{B}\boldsymbol{B}^{\mathrm{T}})\boldsymbol{A}^{\mathrm{T}}=\boldsymbol{A}\boldsymbol{A}^{\mathrm{T}}=\boldsymbol{E}$.

5. (1) $\lambda_1=-1,\lambda_2=0,\lambda_3=9$.

对应于 $\lambda_1=-1$ 的特征向量是$\boldsymbol{p}_1=(-1,1,0)^{\mathrm{T}}$;

对应于 $\lambda_2=0$ 的特征向量是$\boldsymbol{p}_2=(-1,-1,1)^{\mathrm{T}}$;

对应于 $\lambda_3=9$ 的特征向量是$\boldsymbol{p}_3=(1,1,2)^{\mathrm{T}}$.

(2)$\lambda_1=0,\lambda_2=-1,\lambda_3=9$.

$\lambda_1=0$, 对应$\boldsymbol{p}_1=(1,1,-1)^{\mathrm{T}}$ 为特征向量;

$\lambda_2=-1$,对应$\boldsymbol{p}_2=(1,-1,0)^{\mathrm{T}}$ 为特征向量;

$\lambda_3=9$,对应$\boldsymbol{p}_3=(1,1,2)^{\mathrm{T}}$ 为特征向量.

6. 提示:由于$|\boldsymbol{A}-\lambda\boldsymbol{E}|=|(\boldsymbol{A}-\lambda\boldsymbol{E})^{\mathrm{T}}|=|\boldsymbol{A}^{\mathrm{T}}-\lambda\boldsymbol{E}|$,所以$\boldsymbol{A}^{\mathrm{T}}$ 与 $\boldsymbol{A}$ 的特征值相同.

7. 提示:由于$r(\boldsymbol{A})+r(\boldsymbol{B})<n$,所以有$r(\boldsymbol{A})<n,r(\boldsymbol{B})<n$,于是 $|\boldsymbol{A}|=|\boldsymbol{B}|=0$,于是有 $\boldsymbol{Ax}=\boldsymbol{0}=0\boldsymbol{\xi},\boldsymbol{Bx}=\boldsymbol{0}=0\boldsymbol{\xi}$,所以有公共的特征值0.

8. 提示:设λ是$\boldsymbol{A}$的特征值,则$\lambda^2-3\lambda+2$是$\boldsymbol{A}^2-3\boldsymbol{A}+2\boldsymbol{E}=\boldsymbol{O}$的特征值,但零矩阵只有特征值0,所以$\lambda^2-3\lambda+2=0$,解得$\lambda=1,\lambda=2$.

9. 提示:$\lambda=-1$是$\boldsymbol{A}$的特征值$\Leftrightarrow|\boldsymbol{A}+\boldsymbol{E}|=0$,为此只需证明$|\boldsymbol{A}+\boldsymbol{E}|=0$.

$|\boldsymbol{A}+\boldsymbol{E}|=|\boldsymbol{A}+\boldsymbol{A}^{\mathrm{T}}\boldsymbol{A}|=|(\boldsymbol{E}+\boldsymbol{A}^{\mathrm{T}})\boldsymbol{A}|=|\boldsymbol{A}+\boldsymbol{E}||\boldsymbol{A}|=-|\boldsymbol{A}+\boldsymbol{E}|$, 所以 $|\boldsymbol{A}+\boldsymbol{E}|=0$.

10. 提示:用定义证明:设$\boldsymbol{\xi}$是属于m阶矩阵$\boldsymbol{A}_{m\times n}\boldsymbol{B}_{n\times m}$的特征值$\lambda\neq0$的特征向量,则$\boldsymbol{AB\xi}=\lambda\boldsymbol{\xi}\Rightarrow\boldsymbol{BA}(\boldsymbol{B\xi})=\boldsymbol{B}(\boldsymbol{AB\xi})=\boldsymbol{B}(\lambda\boldsymbol{\xi})=\lambda(\boldsymbol{B\xi})$.

11. 提示:设$\varphi(\lambda)=\lambda^3-5\lambda^2+7\lambda$,由于3 阶矩阵$\boldsymbol{A}$的特征值是1,2,3,所以$\varphi(1)=3,\varphi(2)=2,\varphi(3)=3$是$\varphi(\boldsymbol{A})=\boldsymbol{A}^3-5\boldsymbol{A}^2+7\boldsymbol{A}$的特征值,所以

$$|\boldsymbol{A}^3-5\boldsymbol{A}^2+7\boldsymbol{A}|=\varphi(1)\varphi(2)\varphi(3)=18$$

12. 提示:设$\varphi(\lambda)=-\dfrac{6}{\lambda}+3\lambda+2$,由于3 阶矩阵$\boldsymbol{A}$的特征值是1,2,-3,所以$\varphi(1)=-1,\varphi(2)=5,\varphi(-3)=-5$是$\varphi(\boldsymbol{A})=|\boldsymbol{A}|\boldsymbol{A}^{-1}+3\boldsymbol{A}+2\boldsymbol{E}=\boldsymbol{A}^*+3\boldsymbol{A}+2\boldsymbol{E}$的特征值,所以$|\boldsymbol{A}^*+3\boldsymbol{A}+2\boldsymbol{E}|=\varphi(1)\varphi(2)\varphi(-3)=25$.

13. 提示:由$\boldsymbol{A}^{-1}(\boldsymbol{AB})\boldsymbol{A}=\boldsymbol{BA}$可证.

14. 提示:易求得$|\boldsymbol{A}-\lambda\boldsymbol{E}|=(1-\lambda)^2(6-\lambda)$,所以特征值为$\lambda=1$(二重根),$\lambda=6$(单根),由于$\boldsymbol{A}$可以对角化,所以$(\boldsymbol{A}-\boldsymbol{E})\boldsymbol{x}=\boldsymbol{0}$有两个线性无关的基础解,$(\boldsymbol{A}-6\boldsymbol{E})\boldsymbol{x}=\boldsymbol{0}$有一个线性无关的基础解. 由此可知道,$r(\boldsymbol{A}-\boldsymbol{E})=1$, $r(\boldsymbol{A}-6\boldsymbol{E})=2$.

$$\boldsymbol{A}-\boldsymbol{E}=\begin{pmatrix}1&0&1\\3&0&x\\4&0&4\end{pmatrix}\xrightarrow[r_3-4r_1]{r_2-3r_1}\begin{pmatrix}1&0&1\\0&0&x-3\\0&0&0\end{pmatrix}$$,由于$r(\boldsymbol{A}-\boldsymbol{E})=1$,所以$x-3=0$,解得$x=3$.

15. 提示:(1) 由题设可知$\boldsymbol{AP}=\lambda\boldsymbol{P}$,即

$$\begin{pmatrix}2&-1&2\\5&a&3\\-1&b&-2\end{pmatrix}\begin{pmatrix}1\\1\\-1\end{pmatrix}=\lambda\begin{pmatrix}1\\1\\-1\end{pmatrix}$$

也就是$\begin{pmatrix}-1\\a+2\\b+1\end{pmatrix}=\begin{pmatrix}\lambda\\\lambda\\-\lambda\end{pmatrix}$,解得$\begin{cases}\lambda=-1\\a=-2\\b=0\end{cases}$.

(2) 于是得矩阵$\boldsymbol{A}=\begin{pmatrix}2&-1&2\\5&-2&3\\-1&0&-2\end{pmatrix}$,可求得$|\boldsymbol{A}-\lambda\boldsymbol{E}|=0$的根为$\lambda=-1$为三重根．因此,如果$\boldsymbol{A}$可对角化,则矩阵$\boldsymbol{A}+\boldsymbol{E}$的秩应该为0,但是显然$\boldsymbol{A}+\boldsymbol{E}\neq\boldsymbol{O}$,所以$\boldsymbol{A}$不可对角化.

16. 提示:先求$|\boldsymbol{A}-\lambda\boldsymbol{E}|=0$的特征根为$\lambda=1,\lambda=5$,再分别求得属于两个不同特征值的特征向量$\lambda=1$的特征向量是$\begin{pmatrix}1\\0\\0\end{pmatrix}$; 属于$\lambda=5$的特征向量是$\begin{pmatrix}1\\1\\0\end{pmatrix}$与$\begin{pmatrix}1\\0\\2\end{pmatrix}$.

于是有

$$\boldsymbol{P}=\begin{pmatrix}1&1&1\\0&1&0\\0&0&2\end{pmatrix},\boldsymbol{P}^{-1}=\begin{pmatrix}1&-1&-\frac{1}{2}\\0&1&0\\0&0&\frac{1}{2}\end{pmatrix}$$

$$\boldsymbol{P}^{-1}\boldsymbol{A}\boldsymbol{P}=\begin{pmatrix}1&&\\&5&\\&&-5\end{pmatrix},\boldsymbol{P}^{-1}\boldsymbol{A}^{100}\boldsymbol{P}=\begin{pmatrix}1&&\\&5^{100}&\\&&5^{100}\end{pmatrix}$$

$$\boldsymbol{A}^{100}=\boldsymbol{P}\begin{pmatrix}1&&\\&5^{100}&\\&&5^{100}\end{pmatrix}\boldsymbol{P}^{-1}=\begin{pmatrix}1&0&5^{100}-1\\0&5^{100}&0\\0&0&5^{100}\end{pmatrix}$$

17. 提示:(1) 方法:先求得$\boldsymbol{A}$的特征值为$\lambda_1=-2,\lambda_2=1,\lambda_3=4$,再求特征向量,最后把特征向量形成的矩阵标准正交化．

当$\lambda_1=-2$时,求得$(\boldsymbol{A}+2\boldsymbol{E})\boldsymbol{x}=\boldsymbol{0}$的基础解系为$\boldsymbol{\xi}_1=(1,2,2)^{\mathrm{T}}$,将它单位化为

$$\boldsymbol{p}_1=\frac{1}{3}(1,2,2)^{\mathrm{T}}$$

当$\lambda_2=1$时,求得$(\boldsymbol{A}-\boldsymbol{E})\boldsymbol{x}=\boldsymbol{0}$的基础解系为$\boldsymbol{\xi}_2=(2,1,-2)^{\mathrm{T}}$,将它单位化为

$$\boldsymbol{p}_2=\frac{1}{3}(2,1,-2)^{\mathrm{T}}$$

当$\lambda_3=4$时,求$(\boldsymbol{A}-4\boldsymbol{E})\boldsymbol{x}=\boldsymbol{0}$的基础解系为$\boldsymbol{\xi}_3=(2,-2,1)^{\mathrm{T}}$,将它单位化为

$$\boldsymbol{p}_3=\frac{1}{3}(2,-2,1)^{\mathrm{T}}$$

可以验证$\boldsymbol{p}_1,\boldsymbol{p}_2,\boldsymbol{p}_3$是两两正交的,所以所求的正交矩阵为

$$P = \frac{1}{3}\begin{pmatrix} 1 & 2 & 2 \\ 2 & 1 & -2 \\ 2 & -2 & 1 \end{pmatrix}$$

于是

$$P^{-1}AP = \begin{pmatrix} -2 & 0 & 0 \\ 0 & 1 & 0 \\ 0 & 0 & 4 \end{pmatrix}$$

(2) 方法同上,求得 A 的特征值为 $\lambda_1 = \lambda_2 = 1, \lambda_3 = 10$.

当 $\lambda_1 = \lambda_2 = 1$,求 $(A - E)x = 0$ 的基础解系为 $\xi_1 = (0,1,1)^T, \xi_2 = (2,0,1)^T$,将其正交化为 $p_1 = \frac{1}{\sqrt{2}}(0,1,1)^T, p_2 = \frac{\sqrt{2}}{3}\left(2, -\frac{1}{2}, \frac{1}{2}\right)^T$.

当 $\lambda_3 = 10$,求 $(A - 10E)x = 0$ 的基础解系为 $\xi_3 = (1,2,-2)^T$,将它单位化为 $p_3 = \frac{1}{3}(1,2,-2)^T$;可以验证 p_1, p_2, p_3 是两两正交的,所以所求的正交矩阵为

$$P = \frac{1}{3\sqrt{2}}\begin{pmatrix} 0 & 4 & \sqrt{2} \\ 3 & -1 & 2\sqrt{2} \\ 3 & 3 & -2\sqrt{2} \end{pmatrix}$$

于是

$$P^{-1}AP = \begin{pmatrix} 1 & 0 & 0 \\ 0 & 1 & 0 \\ 0 & 0 & 10 \end{pmatrix}$$

18. 提示:由于矩阵 A 与 Λ 相似,所以 $|A| = |\Lambda| = -20y$, $\mathrm{Tr}\,A = \mathrm{Tr}\,\Lambda$,于是得方程组

$$\begin{cases} -15x - 40 = -20y \\ x + 2 = y + 1 \end{cases}$$

解得 $\begin{cases} x = 4 \\ y = 5 \end{cases}$,于是,得

$$A = \begin{pmatrix} 1 & -2 & -4 \\ -2 & 4 & -2 \\ -4 & -2 & 1 \end{pmatrix}, \Lambda = \begin{pmatrix} 5 & 0 & 0 \\ 0 & -4 & 0 \\ 0 & 0 & 5 \end{pmatrix}$$

化为将 A 对角化的问题,可得

$$P = \frac{1}{3\sqrt{2}}\begin{pmatrix} 3 & 2\sqrt{2} & 1 \\ 0 & \sqrt{2} & -4 \\ -3 & 2\sqrt{2} & 1 \end{pmatrix}$$

使

$$P^{-1}AP = \begin{pmatrix} 5 & 0 & 0 \\ 0 & -4 & 0 \\ 0 & 0 & 5 \end{pmatrix}$$

19. 提示:由题设可知

$$\boldsymbol{P}=\begin{pmatrix}0&1&1\\1&1&1\\1&1&0\end{pmatrix},\boldsymbol{\Lambda}=\begin{pmatrix}2&0&0\\0&-2&0\\0&0&1\end{pmatrix}$$

$$\boldsymbol{A}=\boldsymbol{P\Lambda P}^{-1}=\begin{pmatrix}-2&3&-3\\-4&5&-3\\-4&4&-2\end{pmatrix}$$

20. (1) $f=\boldsymbol{x}^{\mathrm{T}}\boldsymbol{Ax}=(x,y,z)\begin{pmatrix}1&2&1\\2&4&2\\1&2&1\end{pmatrix}\begin{pmatrix}x\\y\\z\end{pmatrix}$;

(2) $f=\boldsymbol{x}^{\mathrm{T}}\boldsymbol{Ax}=(x,y,z)\begin{pmatrix}1&-1&-2\\-1&1&-2\\-2&-2&-7\end{pmatrix}\begin{pmatrix}x\\y\\z\end{pmatrix}$.

21. (1) $f=\boldsymbol{x}^{\mathrm{T}}\boldsymbol{Ax}=(x_1,x_2)\begin{pmatrix}2&2\\2&1\end{pmatrix}\begin{pmatrix}x_1\\x_2\end{pmatrix}$, $\boldsymbol{A}=\begin{pmatrix}2&2\\2&1\end{pmatrix}$;

(2) $f=\boldsymbol{x}^{\mathrm{T}}\boldsymbol{Ax}=(x,y,z)\begin{pmatrix}1&3&5\\3&5&7\\5&7&9\end{pmatrix}\begin{pmatrix}x\\y\\z\end{pmatrix}$, $\boldsymbol{A}=\begin{pmatrix}1&3&5\\3&5&7\\5&7&9\end{pmatrix}$.

22. (1) 提示：求 f 的矩阵 $\boldsymbol{A}=\begin{pmatrix}2&0&0\\0&3&2\\0&2&3\end{pmatrix}$，再求其特征值 $\lambda=1,2,5$ 及相应的特征向量，把特征向量标准正交化，得正交矩阵 $\boldsymbol{P}=\begin{pmatrix}0&1&0\\-\frac{1}{\sqrt{2}}&0&\frac{1}{\sqrt{2}}\\\frac{1}{\sqrt{2}}&0&\frac{1}{\sqrt{2}}\end{pmatrix}$，再作正交变换：$\boldsymbol{x}=\boldsymbol{Py}$，得 $f=y_1^2+2y_2^2+5y_3^2$.

(2) 同上 $f=2y_1^2+y_2^2-y_3^2$.

23. 提示，把方程左面的二次型通过正交变换化成标准形即可得 $2v^2+11w^2=1$，是一个椭圆柱面.

24. (1) 可得

$$\begin{aligned}f(x_1,x_2,x_3)=&(x_1+x_2-2x_3)^2-x_2^2-4x_3^2-2x_1x_2+4x_1x_3+\\&4x_2x_3+3x_2^2+5x_3^2+2x_1x_2-4x_1x_3=\\&(x_1+x_2-2x_3)^2+2x_2^2+x_3^2+4x_2x_3=\\&(x_1+x_2-2x_3)^2-x_3^2+[\sqrt{2}(x_2+x_3)]^2-x_3^2=\\&y_1^2+y_2^2-y_3^2\end{aligned}$$

令 $$\begin{cases} y_1 = x_1 + x_2 - 2x_3 \\ y_2 = \sqrt{2}(x_2 + x_3) \\ y_3 = x_3 \end{cases}, \boldsymbol{y} = \begin{pmatrix} 1 & 1 & -2 \\ \sqrt{2} & \sqrt{2} & 0 \\ 0 & 0 & 1 \end{pmatrix}\boldsymbol{x}, \boldsymbol{x} = \begin{pmatrix} 1 & -\frac{1}{\sqrt{2}} & 3 \\ 0 & \frac{1}{\sqrt{2}} & -1 \\ 0 & 0 & 1 \end{pmatrix}\boldsymbol{y}$$

所以得 $\boldsymbol{x} = \boldsymbol{C}\boldsymbol{y}$,这里 $\boldsymbol{C} = \begin{pmatrix} 1 & -\frac{1}{\sqrt{2}} & 3 \\ 0 & \frac{1}{\sqrt{2}} & -1 \\ 0 & 0 & 1 \end{pmatrix}$. 可见用配方的方法不是正交变换.

(2) 可得

$$f(x_1, x_2, x_3) = (x_1 + x_3)^2 + x_3^2 + 2x_2x_3 = (x_1 + x_3)^2 - x_2^2 + (x_2 + x_3)^2 = y_1^2 - y_2^2 + y_3^2$$

令 $$\begin{cases} y_1 = x_1 + x_3 \\ y_2 = x_2 \\ y_3 = x_2 + x_3 \end{cases}, \boldsymbol{y} = \begin{pmatrix} 1 & 0 & 1 \\ 0 & 1 & 0 \\ 0 & 1 & 1 \end{pmatrix}\boldsymbol{x}, \boldsymbol{x} = \begin{pmatrix} 1 & 1 & -1 \\ 0 & 1 & 0 \\ 0 & -1 & 1 \end{pmatrix}\boldsymbol{y}$$

所以 $$\boldsymbol{x} = \boldsymbol{C}\boldsymbol{y}, \boldsymbol{C} = \begin{pmatrix} 1 & 1 & -1 \\ 0 & 1 & 0 \\ 0 & -1 & 1 \end{pmatrix}$$

(3) 可得

$$f(x_1, x_2, x_3) = 2x_1^2 + x_2^2 + 4x_3^2 + 2x_1x_2 - 2x_2x_3$$

$$f(x_1, x_2, x_3) = (\sqrt{2}x_1 + \frac{1}{\sqrt{2}}x_2)^2 + \frac{1}{2}x_2^2 + 4x_3^2 - 2x_2x_3 = (\sqrt{2}x_1 + \frac{1}{\sqrt{2}}x_2)^2 + (\frac{1}{\sqrt{2}}x_2 - \sqrt{2}x_3)^2 + (\sqrt{2}x_3)^2 = y_1^2 + y_2^2 + y_3^2$$

令

$$\begin{cases} y_1 = \sqrt{2}x_1 + \frac{1}{\sqrt{2}}x_2 \\ y_2 = \frac{1}{\sqrt{2}}x_2 - \sqrt{2}x_3 \\ y_3 = \sqrt{2}x_3 \end{cases}, \boldsymbol{y} = \begin{pmatrix} \sqrt{2} & \frac{1}{\sqrt{2}} & 0 \\ 0 & \frac{1}{\sqrt{2}} & -\sqrt{2} \\ 0 & 0 & \sqrt{2} \end{pmatrix}\boldsymbol{x}, \boldsymbol{y} = \boldsymbol{P}\boldsymbol{x} = \begin{pmatrix} \sqrt{2} & \frac{1}{\sqrt{2}} & 0 \\ 0 & \frac{1}{\sqrt{2}} & -\sqrt{2} \\ 0 & 0 & \sqrt{2} \end{pmatrix}\boldsymbol{x}$$

$$\boldsymbol{x} = \boldsymbol{C}\boldsymbol{y}, \boldsymbol{C} = \boldsymbol{P}^{-1} = \frac{1}{\sqrt{2}}\begin{pmatrix} 1 & -1 & -1 \\ 0 & 2 & 2 \\ 0 & 0 & 1 \end{pmatrix}$$

25. f 对应的矩阵为

$$A=\begin{pmatrix}1 & a & -1\\ a & 1 & 2\\ -1 & 2 & 5\end{pmatrix}$$

其顺序主子式为 $|1|>0$, $\begin{vmatrix}1 & a\\ a & 1\end{vmatrix}=1-a^2>0$, $\begin{vmatrix}1 & a & -1\\ a & 1 & 2\\ -1 & 2 & 5\end{vmatrix}=-a(5a+4)>0$,从而得

$$\begin{cases}1-a^2>0\\ -a(5a+4)>0\end{cases}$$

解得

$$-\frac{4}{5}<a<0$$

26. (1) f 其对应的矩阵为 $A=\begin{pmatrix}-2 & 1 & 1\\ 1 & -6 & 0\\ 1 & 0 & -4\end{pmatrix}$,其顺序主子式为

$$|a_{11}|=-2<0,\begin{vmatrix}-2 & 1\\ 1 & -6\end{vmatrix}=11>0,\begin{vmatrix}-2 & 1 & 1\\ 1 & -6 & 0\\ 1 & 0 & -4\end{vmatrix}=-48+6+4=-38<0$$

所以是负定的.

(2) f 其对应的矩阵为 $A=\begin{pmatrix}1 & -1 & 2\\ -1 & 3 & 0\\ 2 & 0 & 9\end{pmatrix}$,其顺序主子式为

$$|a_{11}|=1>0,\begin{vmatrix}1 & -1\\ -1 & 3\end{vmatrix}=2>0,\begin{vmatrix}1 & -1 & 2\\ -1 & 3 & 0\\ 2 & 0 & 9\end{vmatrix}=27-12-9=8>0$$

是正定的.

27. 提示:求 A 的特征值为 $\lambda=1,\lambda=5$,分别求得属于两个不同特征值的特征向量.

属于 $\lambda=1$ 的特征向量是 $\begin{pmatrix}1\\0\\0\end{pmatrix}$,属于 $\lambda=5$ 的特征向量是 $\begin{pmatrix}1\\1\\0\end{pmatrix}$ 与 $\begin{pmatrix}1\\0\\2\end{pmatrix}$,于是有

$$P=\begin{pmatrix}1 & 1 & 1\\ 0 & 1 & 0\\ 0 & 0 & 2\end{pmatrix},P^{-1}=\begin{pmatrix}1 & -1 & -\frac{1}{2}\\ 0 & 1 & 0\\ 0 & 0 & \frac{1}{2}\end{pmatrix}$$

$$P^{-1}AP=\begin{pmatrix}1&&\\&5&\\&&5\end{pmatrix},P^{-1}A^{100}P=\begin{pmatrix}1&&\\&5^{100}&\\&&5^{100}\end{pmatrix}$$

$$A^{100}=P\begin{pmatrix}1&&\\&5^{100}&\\&&5^{100}\end{pmatrix},P^{-1}=\begin{pmatrix}1&0&5^{100}-1\\0&5^{100}&0\\0&0&5^{100}\end{pmatrix}$$

28. 提示:设 A 的特征值为 $\lambda_1\geqslant\lambda_2\geqslant\cdots\geqslant\lambda_n$,往证 $\max\limits_{\|x\|=1}\{x^{\mathrm{T}}Ax\}=\lambda_1$. 由对称矩阵的性质有:存在正交矩阵 P 使

$$P^{\mathrm{T}}AP=\Lambda=\begin{pmatrix}\lambda_1&&&\\&\lambda_2&&\\&&\ddots&\\&&&\lambda_n\end{pmatrix}$$

且有

$$Ap_i=\lambda_ip_i\quad i=1,2,\cdots,n$$

令 $x=Py$,于是

$$\|x\|^2=x^{\mathrm{T}}x=y^{\mathrm{T}}P^{\mathrm{T}}Py=y^{\mathrm{T}}y=\|y\|^2 \tag{1}$$

也就是当 $\|x\|=1$ 时,有 $\|y\|=1$.

一方面

$$\max_{\|x\|=1}\{x^{\mathrm{T}}Ax\}=\max_{\|y\|=1}\{y^{\mathrm{T}}P^{\mathrm{T}}APy\}=\max_{\|y\|=1}(y^{\mathrm{T}}\Lambda y)=$$
$$\max_{\|y\|=1}\{\lambda_1y_1^2+\lambda_2y_2^2+\cdots+\lambda_ny_n^2\}\leqslant$$
$$\lambda_1\max_{\sum\limits_{i=1}^{n}y_i^2=1}\{y_1^2+y_2^2+\cdots+y_n^2\}=\lambda_1$$

另外,取 $y_0=(1,0,\cdots,0)^{\mathrm{T}}$ 时,有 $\|y_0\|=1,x_0=Py_0$,于是有

$$\|x_0\|=1$$

$$f(x_0)=x_0^{\mathrm{T}}Ax_0=y_0^{\mathrm{T}}\Lambda y_0=\lambda_1$$

表明二次型取到极大值 λ_1,综合有 $\max\limits_{\|x\|=1}\{x^{\mathrm{T}}Ax\}=\lambda_1$.

29. 提示:必要性:因为对称矩阵 A 为正定,故它的 n 个特征值都是正数,设 $\lambda_1,\lambda_2,\cdots,\lambda_n$ 为它的特征值,$\sqrt{\Lambda}=\mathrm{diag}(\sqrt{\lambda_1},\sqrt{\lambda_2},\cdots,\sqrt{\lambda_n})$ 存在正交矩阵 P,使

$$A=P^{\mathrm{T}}\sqrt{\Lambda}\sqrt{\Lambda}P=(P^{\mathrm{T}}\sqrt{\Lambda})(\sqrt{\Lambda}P)=(P\sqrt{\Lambda})^{\mathrm{T}}(\sqrt{\Lambda}P)=U^{\mathrm{T}}U$$

P 是正交矩阵,$\sqrt{\Lambda}$ 是可逆矩阵,所以 U 是可逆矩阵.

充分性:设 U 是可逆矩阵,且 $A=U^{\mathrm{T}}U$,取 $x\neq 0,x\in\mathbf{R}^n$ 那么有 $Ux\neq 0$. 否则当 $Ux=0$,由于设 U 是可逆矩阵,必然有 $x=0,x\in\mathbf{R}^n$,矛盾.

对应的二次型在 x 处的值为

$$f(x)=x^{\mathrm{T}}Ax=x^{\mathrm{T}}U^{\mathrm{T}}Ux=(Ux)^{\mathrm{T}}(Ux)=\|Ux\|^2>0$$

所以二次型是正定的,故 A 是正定的.

30. 提示:先证明 A 的特征值 λ 必须满足 $\lambda^2-\|a\|^2\lambda=0$, 于是有 $\lambda=0,\lambda=\|a\|^2$,由于 A 的 n 个特征值之和就是迹 $\mathrm{Tr}\,A=0+\|a\|^2$,所以 $\lambda=0$ 是 A 的 $n-1$ 重特征值.

(2) 对于 $\lambda=0$,解 $(A-0E)x=0$,即 $Ax=0$,求得基础解系为

$$\xi_1=(-\frac{a_2}{a_1},1,0,\cdots,0)^{\mathrm{T}}$$

$$\xi_2=(-\frac{a_3}{a_1},0,1,0,\cdots,0)^{\mathrm{T}}$$

$$\vdots$$

$$\xi_{n-1}=(-\frac{a_n}{a_1},0,0,0,\cdots,1)^{\mathrm{T}}$$

对于 $\lambda=\|a\|^2$,解 $(A-\|a\|^2E)x=0$,求得基础解系为

$$\xi_n=a=(a_1,a_2,\cdots,a_n)^{\mathrm{T}}$$

于是所求的 n 个非零线性无关的特征向量是 $\xi_1,\xi_2,\cdots,\xi_n$.

31. 提示:先求 A 的特征值为

$$\lambda_1=1,\lambda_2=5$$

$$\varphi(\lambda)=\lambda^{10}-5\lambda^9,\varphi(1)=1-5=-4,\varphi(5)=0$$

取 $\Lambda=\mathrm{diag}(1,5)$,则

$$P^{\mathrm{T}}\varphi(A)P=\mathrm{diag}(\varphi(1),\varphi(5))=\mathrm{diag}(-4,0)$$

于是 $\varphi(A)=P\varphi(\Lambda\Lambda)^{\mathrm{T}}$,求正交矩阵 P,得 $P=\frac{1}{\sqrt{2}}\begin{pmatrix}1&1\\1&-1\end{pmatrix}$,从而有

$$\varphi(A)=P\varphi(\Lambda\Lambda)^{\mathrm{T}}=\begin{pmatrix}-2&-2\\-2&-2\end{pmatrix}$$

单元自测题 5

1. (1) 3, -1, 5;(2)2;(3)0;(4) $\frac{1}{6},\frac{1}{3},\frac{1}{2}$;(5) $\mathrm{diag}(0,\ -2,\ 4)$.

2. (1)C;(2)A;(3) D;(4)C;(5)D.

3. (1) $\xi_1=\frac{1}{4}(1,\ 1,\ 2,\ 3,\ -1)^{\mathrm{T}}$,$\xi_2=\frac{1}{\sqrt{6}}(1,\ 2,\ 0,\ -1,\ 0)^{\mathrm{T}}$.

(2) $\xi_3=\left(-\frac{4}{9},\ -\frac{4}{9},\ \frac{7}{9}\right)^{\mathrm{T}}$.

4. (1) 特征值为 $\lambda_1=-1,\lambda_2=1,\lambda_3=2$.

当 $\lambda_1=-1$ 时,$\xi_1=\begin{pmatrix}1\\-2\\1\end{pmatrix}$, $k_1\xi_1,k_1\in\mathbf{R},k_1\neq0$,为属于 $\lambda_1=-1$ 的全部特征向量;

当 $\lambda_2 = 1$ 时, $\boldsymbol{\xi}_2 = \begin{pmatrix} -1 \\ 0 \\ 1 \end{pmatrix}$, $k_2\boldsymbol{\xi}_2, k_2 \in \mathbf{R}, k_2 \neq 0$, 为属于 $\lambda_2 = 1$ 的全部特征向量;

当 $\lambda_3 = 2$ 时, $\boldsymbol{\xi}_3 = \begin{pmatrix} 1 \\ 1 \\ 1 \end{pmatrix}$, $k_3\boldsymbol{\xi}_3, k_3 \in \mathbf{R}, k_3 \neq 0$, 为属于 $\lambda_3 = 2$ 的全部特征向量.

(2) 当 $k = 1$ 时, $\boldsymbol{\xi}$ 是 $\boldsymbol{A}^{-1}$ 属于 $\lambda = \frac{1}{4}$ 的特征向量, 当 $k = -2$ 时, $\boldsymbol{\xi}$ 是 $\boldsymbol{A}^{-1}$ 属于 $\lambda = 1$ 的特征向量.

5. $\boldsymbol{x} = \boldsymbol{P}\boldsymbol{y}$, 其中 $\boldsymbol{P} = \begin{pmatrix} \frac{2}{\sqrt{5}} & -\frac{2}{3\sqrt{5}} & \frac{1}{3} \\ \frac{1}{\sqrt{5}} & \frac{4}{3\sqrt{5}} & -\frac{2}{3} \\ 0 & \frac{5}{3\sqrt{5}} & \frac{2}{3} \end{pmatrix}$, 标准形为 $f = 9y_3^2$.

6. 注意到 $(\boldsymbol{AB})^{\mathrm{T}}\boldsymbol{AB} = \boldsymbol{B}^{\mathrm{T}}\boldsymbol{A}^{\mathrm{T}}\boldsymbol{AB} = \boldsymbol{B}^{\mathrm{T}}(\boldsymbol{A}^{\mathrm{T}}\boldsymbol{A})\boldsymbol{B} = \boldsymbol{B}^{\mathrm{T}}\boldsymbol{B} = \boldsymbol{E}$ 即可.

习题 6

1. 提示:设

$$\boldsymbol{\alpha} = (\boldsymbol{\alpha}_1, \boldsymbol{\alpha}_2, \boldsymbol{\alpha}_3)\boldsymbol{x} = \boldsymbol{A}\boldsymbol{x} \Rightarrow \boldsymbol{x} = \boldsymbol{A}^{-1}\boldsymbol{\alpha}$$

$$(\boldsymbol{A} \mid \boldsymbol{\alpha}) = \left(\begin{array}{ccc:c} 1 & 6 & 3 & 1 \\ 3 & 3 & 1 & 3 \\ 5 & 2 & 0 & 5 \end{array}\right) \stackrel{r}{\longleftrightarrow} \left(\begin{array}{ccc:c} 1 & 0 & 0 & 1 \\ 0 & 1 & 0 & -2 \\ 0 & 0 & 1 & 6 \end{array}\right)$$

于是 $\boldsymbol{\alpha} = (7,3,1)^{\mathrm{T}}$ 在所给的基下的坐标 $(1, -2, 6)^{\mathrm{T}}$.

2. (1) $(\boldsymbol{\alpha}_1, \boldsymbol{\alpha}_2, \boldsymbol{\alpha}_3, \boldsymbol{\alpha}_4) = (\boldsymbol{e}_1, \boldsymbol{e}_2, \boldsymbol{e}_3, \boldsymbol{e}_4)\begin{pmatrix} 2 & 0 & 5 & 6 \\ 1 & 3 & 3 & 6 \\ -1 & 1 & 2 & 1 \\ 1 & 0 & 0 & 3 \end{pmatrix}$.

过渡矩阵为

$$\boldsymbol{P} = \begin{pmatrix} 2 & 0 & 5 & 6 \\ 1 & 3 & 3 & 6 \\ -1 & 1 & 2 & 1 \\ 1 & 0 & 0 & 3 \end{pmatrix}$$

(2) 设 (x_1, x_2, x_3, x_4) 在第 2 基下的坐标为 y, 则

$$(x_1, x_2, x_3, x_4) = (\boldsymbol{e}_1, \boldsymbol{e}_2, \boldsymbol{e}_3, \boldsymbol{e}_4)\boldsymbol{x} = (\boldsymbol{\alpha}_1, \boldsymbol{\alpha}_2, \boldsymbol{\alpha}_3, \boldsymbol{\alpha}_4)\boldsymbol{P}^{-1}\boldsymbol{x}$$

所以

$$y = P^{-1}x$$

$$(P \mid x) \xleftrightarrow{r} (E \mid P^{-1}x)$$

$$\begin{pmatrix} 2 & 0 & 5 & 6 & x_1 \\ 1 & 3 & 3 & 6 & x_2 \\ -1 & 1 & 2 & 1 & x_3 \\ 1 & 0 & 1 & 3 & x_4 \end{pmatrix} \xleftrightarrow{r} \begin{pmatrix} 1 & 0 & 0 & 0 & \frac{4}{9}x_1 + \frac{1}{3}x_2 - x_3 - \frac{11}{9}x_4 \\ 0 & 1 & 0 & 0 & \frac{1}{27}x_1 + \frac{4}{9}x_2 - \frac{1}{3}x_3 - \frac{23}{27}x_4 \\ 0 & 0 & 1 & 0 & \frac{1}{3}x_1 + 0x_2 + 0x_3 - \frac{2}{3}x_4 \\ 0 & 0 & 0 & 1 & -\frac{7}{27}x_1 - \frac{1}{8}x_2 + x_3 + \frac{26}{27}x_4 \end{pmatrix}$$

(3) 设向量 y 在两个基下有相同的坐标,则 $y = P^{-1}y$,于是$(P - E)y = 0$,就是

$$\begin{pmatrix} 1 & 0 & 5 & 6 \\ 1 & 2 & 3 & 6 \\ -1 & 1 & 1 & 1 \\ 1 & 0 & 1 & 2 \end{pmatrix} y = 0$$

$$\begin{pmatrix} 1 & 0 & 5 & 6 \\ 1 & 2 & 3 & 6 \\ -1 & 1 & 1 & 1 \\ 1 & 0 & 1 & 2 \end{pmatrix} \xleftrightarrow{r} \begin{pmatrix} 1 & 0 & 0 & 1 \\ 0 & 1 & 0 & 1 \\ 0 & 0 & 1 & 1 \\ 0 & 0 & 0 & 0 \end{pmatrix}$$

得基础解系为

$$\xi = \begin{pmatrix} 1 \\ 1 \\ 1 \\ -1 \end{pmatrix}$$

3. 提示:$\forall A, B \in V$,有

$$T(A) = P^{\mathrm{T}}AP, T(B) = P^{\mathrm{T}}BP$$

于是 $T(A) + T(B) = P^{\mathrm{T}}(A + B)P = T(A + B)$,所以 $A + B \in V$.

$\forall A \in V, \forall k \in \mathbf{R}$,有

$$kT(A) = kP^{\mathrm{T}}AP = P^{\mathrm{T}}(kA)P = T(kA)$$

所以是线性变换.

4. 提示:

$$\mathrm{D}(\alpha_1) = (x^2 + 2x)\mathrm{e}^x = (x^2\mathrm{e}^x + 2x\mathrm{e}^x + 0\mathrm{e}^x) = (\alpha_1, \alpha_2, \alpha_3)\begin{pmatrix} 1 \\ 2 \\ 0 \end{pmatrix}$$

$$\mathrm{D}(\alpha_2) = (x + 1)\mathrm{e}^x = (0x^2\mathrm{e}^x + x\mathrm{e}^x + 1\mathrm{e}^x) = (\alpha_1, \alpha_2, \alpha_3)\begin{pmatrix} 0 \\ 1 \\ 1 \end{pmatrix}$$

$$D(\boldsymbol{\alpha}_3) = e^x = (0x^2e^x + 0xe^x + e^x) = (\boldsymbol{\alpha}_1, \boldsymbol{\alpha}_2, \boldsymbol{\alpha}_3)\begin{pmatrix}0\\0\\1\end{pmatrix}$$

于是有

$$D(\boldsymbol{\alpha}_1, \boldsymbol{\alpha}_2, \boldsymbol{\alpha}_3) = (D(\boldsymbol{\alpha}_1), D(\boldsymbol{\alpha}_2), D(\boldsymbol{\alpha}_3)) = (\boldsymbol{\alpha}_1, \boldsymbol{\alpha}_2, \boldsymbol{\alpha}_3)\begin{pmatrix}1 & 0 & 0\\2 & 1 & 0\\0 & 1 & 1\end{pmatrix}$$

5. 提示:

$$T(\boldsymbol{A}_1) = \begin{pmatrix}1 & 0\\1 & 1\end{pmatrix}\begin{pmatrix}1 & 0\\0 & 0\end{pmatrix}\begin{pmatrix}1 & 1\\0 & 1\end{pmatrix} = \begin{pmatrix}1 & 1\\1 & 1\end{pmatrix} =$$

$$\boldsymbol{A}_1 + \boldsymbol{A}_2 + \boldsymbol{A}_3 = (\boldsymbol{A}_1, \boldsymbol{A}_2, \boldsymbol{A}_3)\begin{pmatrix}1\\1\\1\end{pmatrix}$$

$$T(\boldsymbol{A}_2) = \begin{pmatrix}1 & 0\\1 & 1\end{pmatrix}\begin{pmatrix}0 & 1\\1 & 0\end{pmatrix}\begin{pmatrix}1 & 1\\0 & 1\end{pmatrix} = \begin{pmatrix}0 & 1\\1 & 2\end{pmatrix} =$$

$$0\boldsymbol{A}_1 + \boldsymbol{A}_2 + 2\boldsymbol{A}_3 = (\boldsymbol{A}_1, \boldsymbol{A}_2, \boldsymbol{A}_3)\begin{pmatrix}0\\1\\2\end{pmatrix}$$

$$T(\boldsymbol{A}_3) = \begin{pmatrix}1 & 0\\1 & 1\end{pmatrix}\begin{pmatrix}0 & 0\\0 & 1\end{pmatrix}\begin{pmatrix}1 & 1\\0 & 1\end{pmatrix} = \begin{pmatrix}0 & 0\\0 & 1\end{pmatrix} =$$

$$0\boldsymbol{A}_1 + 0\boldsymbol{A}_2 + \boldsymbol{A}_3 = (\boldsymbol{A}_1, \boldsymbol{A}_2, \boldsymbol{A}_3)\begin{pmatrix}0\\0\\1\end{pmatrix}$$

所以

$$T(\boldsymbol{A}_1, \boldsymbol{A}_2, \boldsymbol{A}_3) = (\boldsymbol{A}_1, \boldsymbol{A}_2, \boldsymbol{A}_3)\begin{pmatrix}1 & 0 & 0\\1 & 1 & 0\\1 & 2 & 1\end{pmatrix}$$

参考文献

[1] 张禾瑞,郝炳新. 高等代数[M].3 版. 北京:高等教育出版社,1983.
[2] 北京大学数学力学系. 高等代数[M]. 北京:人民教育出版社,1978.
[3] 谢邦杰. 线性代数[M].2 版. 北京:人民教育出版社,1978.
[4] 同济大学数学系. 线性代数[M].5 版. 北京:高等教育出版社,2007.

读者反馈表

尊敬的读者：

您好！感谢您多年来对哈尔滨工业大学出版社的支持与厚爱！为了更好地满足您的需要，提供更好的服务，希望您对本书提出宝贵意见，将下表填好后，寄回我社或登录我社网站（http://hitpress.hit.edu.cn）进行填写。谢谢！您可享有的权益：

☆ 免费获得我社的最新图书书目 ☆ 可参加不定期的促销活动

☆ 解答阅读中遇到的问题 ☆ 购买此系列图书可优惠

读者信息

姓名__________ □先生 □女士 年龄________ 学历________

工作单位________________________ 职务__________

E-mail ________________________ 邮编__________

通讯地址____________________________

购书名称______________________ 购书地点______________________

1. 您对本书的评价

内容质量	□很好	□较好	□一般	□较差
封面设计	□很好	□一般	□较差	
编排	□利于阅读	□一般	□较差	
本书定价	□偏高	□合适	□偏低	

2. 在您获取专业知识和专业信息的主要渠道中，排在前三位的是：

①__________ ②__________ ③__________

A. 网络 B. 期刊 C. 图书 D. 报纸 E. 电视 F. 会议 G. 内部交流 H. 其他：________

3. 您认为编写最好的专业图书（国内外）

书名	著作者	出版社	出版日期	定价

4. 您是否愿意与我们合作，参与编写、编译、翻译图书？

____

5. 您还需要阅读哪些图书？

____

网址：http://hitpress.hit.edu.cn

技术支持与课件下载：网站课件下载区

服务邮箱 wenbinzh@hit.edu.cn duyanwell@163.com

邮购电话 0451－86281013 0451－86418760

组稿编辑及联系方式 赵文斌（0451－86281226） 杜燕（0451－86281408）

回寄地址：黑龙江省哈尔滨市南岗区复华四道街10号 哈尔滨工业大学出版社

邮编：150006 传真 0451－86414049